Die Wissenschaft in der Gesellschaft

Nico Stehr · Hans von Storch

Die Wissenschaft in der Gesellschaft

Klima, Klimawandel und Klimapolitik

Nico Stehr
Wangen, Deutschland

Hans von Storch
Hamburg, Deutschland

ISBN 978-3-658-41881-6   ISBN 978-3-658-41882-3 (eBook)
https://doi.org/10.1007/978-3-658-41882-3

Die Deutsche Nationalbibliothek verzeichnet diese Publikation in der Deutschen Nationalbibliografie; detaillierte bibliografische Daten sind im Internet über http://dnb.d-nb.de abrufbar.

Übersetzung der englischen Ausgabe: „Science in Society. Climate Change and Climate Policies" von Nico Stehr und Hans von Storch, © World Scientific 2023. Veröffentlicht durch World Scientific. Alle Rechte vorbehalten.

© Der/die Herausgeber bzw. der/die Autor(en), exklusiv lizenziert an Springer Fachmedien Wiesbaden GmbH, ein Teil von Springer Nature 2023

Das Werk einschließlich aller seiner Teile ist urheberrechtlich geschützt. Jede Verwertung, die nicht ausdrücklich vom Urheberrechtsgesetz zugelassen ist, bedarf der vorherigen Zustimmung des Verlags. Das gilt insbesondere für Vervielfältigungen, Bearbeitungen, Mikroverfilmungen und die Einspeicherung und Verarbeitung in elektronischen Systemen.
Die Wiedergabe von allgemein beschreibenden Bezeichnungen, Marken, Unternehmensnamen etc. in diesem Werk bedeutet nicht, dass diese frei durch jedermann benutzt werden dürfen. Die Berechtigung zur Benutzung unterliegt, auch ohne gesonderten Hinweis hierzu, den Regeln des Markenrechts. Die Rechte des jeweiligen Zeicheninhabers sind zu beachten.
Der Verlag, die Autoren und die Herausgeber gehen davon aus, dass die Angaben und Informationen in diesem Werk zum Zeitpunkt der Veröffentlichung vollständig und korrekt sind. Weder der Verlag noch die Autoren oder die Herausgeber übernehmen, ausdrücklich oder implizit, Gewähr für den Inhalt des Werkes, etwaige Fehler oder Äußerungen. Der Verlag bleibt im Hinblick auf geografische Zuordnungen und Gebietsbezeichnungen in veröffentlichten Karten und Institutionsadressen neutral.

Cover: https://stock.adobe.com/de/images/blurred-crowd-of-people-business-concept-generative-ai/589246554?prev_url=detail

Planung/Lektorat: Katrin Emmerich
Springer ist ein Imprint der eingetragenen Gesellschaft Springer Fachmedien Wiesbaden GmbH und ist ein Teil von Springer Nature.
Die Anschrift der Gesellschaft ist: Abraham-Lincoln-Str. 46, 65189 Wiesbaden, Germany

Inhaltsverzeichnis

1 Einleitende Worte der Autoren — 1

Teil I Einführung

2 Kontext — 11

3 Brückenschlag zwischen den Wissenschaftskulturen — 15

4 Überblick — 21

Teil II Wahrnehmung und Deutung des Klimas und des Klimawandels

5 Das soziale Konstrukt des Klimas und des Klimawandels — 25

6 Die Bedeutung der Sozialwissenschaften für die Klimaforschung — 45

7	Das Klima in den Köpfen der Menschen	69
8	Klimaforschung und Politikberatung: zwischen Bringeschuld und Postnormalität	83

Teil III   Ideengeschichte des Klimas

9	Klima wirkt: Die Anatomie einer aufgegebenen Forschungslinie	105
10	Über die Macht des Klimas. Ist der Klimadeterminismus nur eine Ideengeschichte oder ein relevanter Faktor für die aktuelle Klimapolitik?	173
11	Die Ideen von Eduard Brückner – relevant zu seiner Zeit und heute	201
12	Der vom Menschen verursachte Klimawandel: Ein Grund zur Sorge seit dem 18. Jahrhundert	233

Teil IV   Kulturen der Wissenschaft

13	Klimaschutz	255
14	Mikro/Makro und weich/hart: divergierende und konvergierende Themen in den Natur- und Sozialwissenschaften	269
15	Die Naturwissenschaften und die Klimapolitik	287

Teil V   Klimapolitik

16	Durchführbarkeitsorientierte Politiken: Untersuchung Anwendung	315

17	Effiziente Kommunikation	325
18	Klimaforschung und Klimapolitik – Rollenverteilung und Nachhaltigkeit	333
19	Die Atmosphäre der Demokratie: Wissen und politisches Handeln	351
20	Ein sehr blinder Fleck	389
21	Anpassung und Vermeidung oder von der Illusion der Differenz	393

Teil VI   Ausblick

22	Zeppelin Manifest zum Klimaschutz (2008)	405
23	Laufende verwandte Arbeiten von Nico Stehr	413
24	Laufende, verwandte Arbeiten von Hans von Storch	423
25	Regionales Klimawissen für die Gesellschaft	427

1

Einleitende Worte der Autoren

Der Gegenwartspunkt ist [...] immer auch Vergangenheit und Zukunft zugleich.
René König ([1962] 1965)

Jahrzehntelang haben viele Wissenschaftler, Nichtregierungsorganisationen, Politiker und andere Befürworter der Klimaschutzpolitik die Dringlichkeit ehrgeiziger Maßnahmen zur Reduzierung der Treibhausgasemissionen betont und falsche Versprechungen über die Machbarkeit dieser Maßnahmen gemacht. Daran hat auch die Klimakonferenz in Ägypten im Herbst 2022 nichts geändert. Das politische Rezept beruht fast ausschließlich auf einem einzigen Ansatz: der Reduzierung des Ausstoßes von Kohlendioxid (CO_2) und anderen Treibhausgasen. Doch seit 1990 sind die weltweiten CO_2-Emissionen um 60 % gestiegen, die CO_2-Konzentration in der Atmosphäre hat die 400-ppm-Marke überschritten und die Temperaturen steigen immer schneller.[1]

---

[1] Eine neue Studie (Diffenbaugh und Barnes, 2023) kommt zu dem Ergebnis, dass die globale

Die einseitige politische Strategie ist gescheitert.[2] Zudem hat die Politik bisher zu wenig getan, um breite Teile der Bevölkerung in klimapolitische Maßnahmen einzubinden.[3] Wir brauchen einen Gesellschaftsvertrag zwischen Bürgern und Politikern[4] als Grundlage für eine erfolgreiche demokratische Klimapolitik und Antwort auf die Klimakrise.[5] Darüber hinaus ist die typische Tagespolitik blind für eine greifbare Vision für die lange Zukunft.[6] Die Rechte setzt oft nur auf den

---

Erwärmung die 1,5 Grad-Marke schon in den frühen 2030er Jahren erreichen dürfte und zwar unabhängig davon, wie stark die globalen Treibhausemissionen im kommenden Jahrzehnt *steigen* oder *sinken* werden. Die gleiche Untersuchung kommt zu der Prognose, dass die Erde auf dem Weg sei, die zwei Grad-Marke bis zum Jahr 2060 zu überschreiten. Vergleiche auch Willis, 2020: 69–79.

[2] Im Gegenteil, eine einseitige Mitigationspolitik führt zu nicht-antizipierten oder nicht-entworfenen Folgen und nachteiligen Konsequenzen, wie beispielsweise in der weltweiten Handelspolitik: „Die Bemühungen um die Eindämmung des Klimawandels [Mitigation] veranlassen Länder auf der ganzen Welt zu dramatisch unterschiedlichen Industrie- und Handelspolitiken und bringen die Regierungen in Konflikt miteinander. Diese neuen Auseinandersetzungen über die Klimapolitik belasten internationale Allianzen und das globale Handelssystem und deuten auf eine Zukunft hin, in der Maßnahmen zur Abwendung von Umweltkatastrophen auch zu häufigeren grenzüberschreitenden Handelskriegen führen könnten" (Swanson, 2023).

[3] Eine Umfrage (Dechezleprêtre et al., 2022) unter mehr als 40.000 Befragten in zwanzig Ländern zeigt, dass der Schwerpunkt der globalen Klimapolitik auf der Verringerung der Treibhausgasemissionen liegt. Die Studie zeigt auch, dass eine Erläuterung der Funktionsweise von politischen Maßnahmen und der Frage, wer von ihnen profitieren kann, entscheidend ist, um die Unterstützung der Politik [durch die Öffentlichkeit] zu fördern, während die bloße Information der Menschen über die Auswirkungen des Klimawandels Auswirkungen des Klimawandels nicht wirksam ist.

[4] Rayner, 2010.

[5] Vergleiche Willis, 2020; Stehr, 2015; Beckert, 2022 und Darian-Smith, 2022. Siehe auch den Artikel in der *New York Times* (Yuan, 2023), warum die Software ChatGPT nicht in China entwickelt wurde, sowie Reiner Grundmanns (2023) Studie de Expertentums.

[6] Wissenschaftler vom U.K Institute for Public Policy Research (IPPR) und Chatham House machen Anfang 2023 darauf aufmerksam, was „die Bemühungen um eine Verringerung der Emissionen und andere Maßnahmen erschweren, sei die Debatte darüber, ob es noch möglich sei, den globalen Temperaturanstieg unter 1,5 °C – dem internationalen Ziel – zu halten. Diejenigen, die dafür plädierten, dass 1,5 °C noch möglich sei, riskierten, die Selbstgefälligkeit aufrechtzuerhalten, dass das derzeitige langsame Tempo der Maßnahmen ausreichend sei, so die Forscher, während diejenigen, die dafür plädierten, dass es nicht möglich sei, den Fatalismus unterstützten, dass nur noch wenig getan werden könne, oder ‚extreme Ansätze' wie Geoengineering." („World risks descending into a climate ‚doom loop', warn thinktanks", *The Guardian*, 17. Februar 2023). Siehe: Laybourn, Laurie, Henry Throp and Suzannah Sherman, 2023.

imaginären Ruhm der Vergangenheit, die Linke hat oft nur ein Auge für die Ungerechtigkeiten der Gegenwart. Seit vielen Jahren versuchen wir, die einseitige gesellschaftspolitische und sozioökonomische Strategie der Klimapolitik zu korrigieren.

Als wir, Hans von Storch und Nico Stehr, die Autoren der Beiträge dieses Sammelbandes, Anfang der 90er Jahre begannen, über die populäre und wissenschaftliche und Konstruktion des Phänomens Klima, des Klimawandels, der Klimapolitik und der Auswirkungen des Klimas auf die Gesellschaft nachzudenken,[7] stießen wir allerdings auf erhebliche Widerstände, insbesondere wenn wir über die dringende Notwendigkeit gesellschaftlicher Anpassung an den Klimawandel schrieben.[8]

Wir sehen uns als Pioniere in diesem Politikfeld. Etwas stimmt nicht mit unserem Planeten, und es ist offensichtlich, dass dies mit menschlichem Verhalten zu tun hat.[9] Viele, wenn nicht die meisten Gegenmaßnahmen gegen die Auswirkungen des Klimawandels erfordern die Innovationsfähigkeit von Wissenschaft und Technik. Die Umsetzung wissenschaftlicher Erkenntnisse in die Gesellschaft ist

---

[7] Um nur ein von vielen Beispielen gesellschaftlichen Folgen des Klimawandels zu nennen: Die Auswirkungen auf die Gesundheit und Gesundheitsrisiken des Klimawandels: siehe Mandavilli, 2023.

[8] Unsere Betonung liegt selbstverständlich auf der *gesellschaftlichen* Anpassung an die Veränderungen des Klimas, also dem gesellschaftlichen Wandel in einem kurzen Zeitabschnitt, allenfalls in historischer Zeit und demzufolge nicht „in the long run", in dem sich angeblich im Verlauf der Evolutionsgeschichte der Menschheit die physiologische oder biologische Konstitution des Menschen an klimatische Bedingungen angepasst haben sollen. Der Philosoph Arnold Gehlen (1993: 88) spekuliert beispielsweise in seinem Hauptwerk *Der Mensch* über solche „in den einzelnen Rassen vorhandene Klimaanpassungen", allerdings seien solche Anpassungen „sekundär". Nichtsdestotrotz, es gibt auch „plötzliche" gesellschaftliche Anpassungsformen: sofern „menschliche Gesellschaften ‚ihre Umwelt' wechseln […] [erfordert dies]" „dann eine Revolution der Kultur eine völlige Umstellung der Lebenstechniken und Denkmittel, die sich bis zum Religiösen hin zu erstrecken pflegt" (ebenda, S. 88–89).

[9] Siehe Kahn, 2016; Chakrabarty, 2021. Laut dem vom *Copernicus Climate Change Service* (C3S) erstellten und vom *Europäischen Zentrum für mittelfristige Wettervorhersage* (ECMWF) im Auftrag der *Europäischen Kommission* durchgeführten *European State of the Climate Report* (ESOTC) 2021 war das Jahr 2021 das wärmste in Europa seit Beginn der Aufzeichnungen. Die Sommermonate waren im Durchschnitt etwa 1 °C wärmer als in den letzten drei Jahrzehnten. In Sizilien wurde mit 48,8 °C ein neuer Rekordwert erreicht.

jedoch kein Automatismus oder eine autonome Kraft.[10] Die Umsetzung von Wissenschaft in die Gesellschaft unterliegt wirtschaftlichen, politischen und kulturellen Zwängen.

Nico Stehr ist Soziologe mit den Schwerpunkten Theorie der modernen Gesellschaft und Wissenssoziologie; Hans von Storch ist Mathematiker und zugleich physikalischer Klimaforscher. Da wir in sehr unterschiedlichen Wissenschaftskulturen „leben", ist unsere Zusammenarbeit wirklich interdisziplinär:[11] Die eine Kultur beschäftigt sich vor allem mit gesellschaftlichen Prozessen und Veränderungen, die andere mit den Veränderungen und Auswirkungen des Klimas auf die reale Welt, wie sie die Naturwissenschaften verstehen.

Natürlich hat es in der Vergangenheit immer wieder Überlegungen gegeben, wie Gesellschaft und Klima und Klimaveränderungen zusammenhängen. Jahrhundertelang dominierte der Klimadeterminismus (siehe Kap. 9 in diesem Band) das Nachdenken über die Beziehung zwischen Gesellschaft und Klima, bis er Mitte des 20. Jahrhunderts zumindest in der Wissenschaft seine Legitimation verlor, um dann in einer neuen, modernen Version wieder aufzutauchen – in einem Großteil des Denkens von Umweltökonomen und theoretischen Physikern.[12] Einige der faszinierenden Fragen über die Praxis der

---

[10] Pielke Jr. 2007; Naustdalslid, 2011.

[11] Vgl. Weingart und Stehr 2000 zu einer Reihe von Fallstudien interdisziplinärer Forschungsaktivitäten; siehe auch Castree et al., 2014.

[12] Siehe Stehr, 2022. Der Historiker Peter Frankopan (2023) macht in seiner neuen Weltgeschichte auf die enge Beziehung von menschlicher Geschichte und Klima eindringlich als ein neues Paradigma seiner Wissenschaft aufmerksam: „Wir leben nicht in einem goldenen Zeitalter der neuen Erkenntnisse, sondern in einem Zeitalter des Überflusses. Fast alle davon stammen aus den physikalischen und natürlichen Wissenschaften. Politiker sprechen oft grob von einer ,Wahl' zwischen den Geistes- und den Naturwissenschaften, aber in der heutigen Welt geht es in der modernen Geschichtswissenschaft darum, Materialien aus Quellen zu verstehen, zu bewerten und zu integrieren, die den meisten Historikern, die noch vor einer Generation schrieben, völlig fremd gewesen wären. Diese Materialien verändern die Vorstellungen über die Vergangenheit – oft auf radikale Weise. Und das Klima ist für diesen Wandel von zentraler Bedeutung" […] „Die Historiker der Vergangenheit schenkten den Veränderungen der natürlichen Umwelt oft große Aufmerksamkeit […ˍaber] solche Ansätze wurden als zu deterministisch und abhängig von Meinungen und nicht von harten Fakten angesehen. Das Klima wurde als treibende Kraft menschlicher Angelegenheiten herabgesetzt oder ignoriert, aber die Geschichte war infolgedessen unvollständig. Jetzt schließt sich der Kreis […] Das ist der Verbreitung neuer Instrumente und Methoden sowie dem Enthusiasmus vieler moderner Wissenschaftler zu verdanken, die historische Veränderungen zu Recht in den größtmöglichen Zusammenhang stellen wollen."

Klimawissenschaft betreffen jedoch den sozialen Prozess der wissenschaftlichen Argumentation selbst, z. B. warum Ideen außerordentlich resistent gegen Veränderungen sind, oder wie die Handlungsweisen von Wissenschaftlern in der Gesellschaft bestenfalls zweitrangig oder gar nicht untersucht werden.

Angesichts der langen Geschichte des Nachdenkens über die Wechselwirkungen zwischen Klima und Gesellschaft haben sich in den letzten Jahrzehnten nur wenige Sozialwissenschaftler mit der Klimafrage beschäftigt.[13] Vielleicht fühlten sie sich von der naturwissenschaftlichen Herangehensweise an das Klimaproblem ausgeschlossen, während die Naturwissenschaften bei ihren Überlegungen zu den Auswirkungen des Klimas auf die Gesellschaft der Versuchung eines Klimadeterminismus erlagen.

Kurz gesagt, sowohl die Natur- als auch die Sozialwissenschaften haben sich auf den vorherrschenden Zeitgeist innerhalb und außerhalb der Wissenschaft verlassen, anstatt sich auf die bestehenden Besonderheiten der jeweils anderen Disziplin einzulassen, um gemeinsame Forschungsanstrengungen zu entwickeln. Wir glauben, dass es uns gelungen ist, einen solchen Ansatz zu initiieren. In unserem Sammelband skizzieren wir, wie wir unseren Beitrag zur Ideengeschichte der Klimawissenschaft sehen, und stellen fest, dass sich in den letzten Jahrzehnten eine weitreichende, fast selbstverständliche und notwendige Zusammenarbeit zwischen Sozial- und Klimawissenschaftlern entwickelt hat.

Genauer gesagt dokumentiert unser Sammelband den interdisziplinären Weg und das breite Spektrum an Themen, die uns in mehr als drei Jahrzehnten gemeinsamer Forschung und Publikation beschäftigt haben und die für die aktuelle Forschung und Reflexion über die Wechselbeziehungen zwischen Natur, Demokratie, Gesellschaft, Governance und Klima weiterhin von Nutzen sind.

(Peter Frankopan, "The big idea: Why you can't leave climate of our history" *The Guardian*, 27. Februar, 2023).
[13] Grundmann und Stehr, 2014; Grundmann und Stehr, 2010.

Einige der Artikel sind rund 30 Jahre alt, andere jüngeren Datums – aber wir sind sicher, dass sie weder an analytischer Tiefe noch an gesellschaftlicher Relevanz verloren haben.

Abschließend noch eine kurze Bemerkung zum Titel unseres Sammelbandes: Der Untertitel ist selbsterklärend. Der Untertitel „Gesellschaften, Klimawandel und Politik" deckt das breite Spektrum unserer Forschung zur Dynamik der Wechselwirkung zwischen Gesellschaft und Klima und zu den zunehmend bewussten Eingriffen der Gesellschaft in das Klima ab. Der Haupttitel „Wissenschaft in der Gesellschaft" kennzeichnet eines der Alleinstellungsmerkmale unserer Forschungsinteressen: Der Klimawandel und das Phänomen des „Anthropozäns" sind heute eher eine Entdeckung der Wissenschaft als ein wissenschaftliches Feld, das auf drängende politische, wirtschaftliche oder gesundheitliche Probleme reagiert. Die Tatsache des Klimawandels selbst wurde von den Wissenschaften entdeckt. Unser Verständnis des Klimawandels ist nach wie vor weitgehend untrennbar mit dem Wissen und den Instrumenten der Klimaforscher verbunden. Deshalb: *Wissenschaft in der Gesellschaft*. Natürlich stehen heute und auch in Zukunft gesellschaftliche Belange ganz oben auf der Agenda der Klimawissenschaft.[14]

Fehler, die wir bei der Erstveröffentlichung der Beiträge unseres Sammelbandes festgestellt haben, haben wir stillschweigend korrigiert. In wenigen Fällen haben wir die Literatur aktualisiert. Es liegt in der Natur eines solchen Sammelbandes, dass sich Redundanzen nicht vollständig vermeiden lassen.

---

[14] Dazu gehört beispielsweise geopolitische die Frage der *Nationalen Sicherheit* der Gesellschaften. Ein Bericht des amerikanischen *National Intelligence Council*, der den Titel „Climate Change and International Responses Increasing Challenges to the US National Security Through 2040" (2021) trägt, kommt zu folgenden Schlussfolgerungen: „Die globalen Spannungen werden zunehmen, da die Länder darüber streiten, wie sie die Reduzierung der Treibhausgasemissionen beschleunigen können. Der Klimawandel wird grenzüberschreitende Krisenherde verschärfen und den strategischen Wettbewerb in der Arktis verstärken. Und die Auswirkungen des Klimawandels werden in den Entwicklungsländern, die am wenigsten für eine Anpassung gerüstet sind, am stärksten zu spüren sein" (Christopher Flavelle et al., *„Climate Change Poses a Widening Threat to National Security*. Intelligence and defense agencies issued reports warning that the warming planet will increase strife between countries and spur migration," *New York Times*, 21. Oktober 2021).

Literatur

Beckert, Jens, „Verkaufte Zukunft: Dilemmata des globalen Kapitalismus in der Klimakrise," MPIfG Discussion Paper, No. 22/7, Max-Planck-Institute for the Study of Societies, Cologne, 2022, https://hdl.handle.net/21.11116/0000-000B-678F-1.

Chakrabarty, Dipesh, *The Climate of History in a Planetary Age*. Chicago: University of Chicago Press, 2021.

Castree, Noel et al., "Changing the intellectual climate," *Nature Climate Change* 4, 763–768, 2014.

Darian-Smith, Eve, *Global Burning*. Rising Antidemocracy and the Climate Crisis. Stanford: Stanford University Press, 2022.

Dechezleprêtre, Antoine, Adrien Fabre, Tobias Kruse, Bluebery Planterose, Ana Sanchez Chico, und Stefanie Stantcheva, "Fighting Climate Change: International Attitudes Toward Climate Policies," *NBER Working Paper* No. 30265 July 2022, Revised September 2022.

Diffenbaugh, Noah S., und Elizabeth A. Barnes. "Data-driven predictions of the time remaining until critical global warming thresholds are reached." *Proceedings of the National Academy of Sciences* 120.6 (2023): e2207183120.

Frankopan, Peter, *The Earth Transformed*. An Untold History. London: Bloomsbury, 2023.

Gehlen, Arnold, *Der Mensch*. Teilband 1. Gesamtausgabe, 1993.

Grundmann, Reiner, *Making Sense of Expertise*. Cases from Law, Medicine, Journalism, Covid-19, and Climate. New York: Routledge, 2023.

Grundmann, Reiner und Nico Stehr, "Social science and the absence of nature: Uncertainty and the reality of extremes," S. 130-146 in Rayner, Steve and Mark Caine (Hrsg.), *The Hartwell Approach to Climate Policy*, London: Routledge, 2014;

Grundmann, Reiner und Nico Stehr, "Climate Change: What Role for Sociology?," *Current Sociology* 58:897-910, 2010.

Kahn, Matthew E., "The climate change adaptation literature," *Review of Environmental Economics and Policy* 10:166-178, 2016.

König, René, „Das Nachhinken der Kultur," S. 54–62 in René König, *Soziologische Orientierungen*. Vorträge und Aufsätze. Köln und Berlin: Kiepenheuer & Witsch, [1962] 1965.

Laybourn, Laurie, Henry Throp und Suzannah Sherman, *1.5°C – dead or alive?* The risk s to transformational change from reaching and breaching the Paris Agreement goal, IPPR and Chatham House. 2023. http://www.ippr.org/research/publications/1-5c-dead-or-alive.

Mandavilli, Apoorva „How Climate Change Is Spreading Malaria in Africa. The mosquitoes that transmit the disease dramatically increased their range over the last century as temperatures warmed, scientists reported." *New York Times*, 15. Februar 2023; https://www.nytimes.com/2023/02/14/health/malaria-mosquitoes-climate-change.html?action=click&module=Well&pgtype=Homepage&section=Health.

Naustdalslid, Jon. "Climate change–the challenge of translating scientific knowledge into action," *International Journal of Sustainable Development & World ecology* 18.3: 243-252, 2011.

Pielke Jr., Roger, *The Honest Broker: Making Sense of Science in Policy and Politics*. Cambridge: Cambridge University Press, 2007.

Rayner Steve, "How to eat an elephant: a bottom-up approach to climate policy," *Climate Policy*. 10(6):615–621, 2010.

Stehr, Nico, "In-between: The Simultaneity of the Non-simultaneous," *Social Epistemology* 36:4, 407-424, 2022.

Stehr, Nico, "Democracy is not an inconvenience," *Nature* 525:449-450, 2015.

Swanson, Ana, „*Climate Change May Usher in a New Era of Trade Wars*. Countries are pursuing new solutions to try to mitigate climate change. More trade fights are likely to come hand in hand," *New York Times*, 25. Januar 2023.

Weingart, Peter und Nico Stehr (Hrsg.), *Practising Interdisciplinarity*. Toronto: University of Toronto Press, 2000.

Willis, Rebecca, *More, and Better, Democracy*. Bristol: Bristol University Press, 2020.

Yuan, Li, "*Why China Didn't Invent ChatGPT*. The state's hardening censorship and heavier hand have held back its tech industry; so has entrepreneurs' reluctance to invest for the long term. It wasn't always that way," *New York Times*, 17. Februar, 2023. https://www.nytimes.com/2023/02/17/business/china-chatgpt-microsoft-openai.html?action=click&module=Well&pgtype=Homepage&section=Technology.

Teil I
Einführung

2
Kontext

Einige der hier abgedruckten Beiträge gehen auf frühere Überlegungen zur Natur des Klimas, zum Klimawandel und seinen Auswirkungen zurück. Ellsworth Huntington (1876–1947) und Eduard Brückner (1862–1927) waren prominente Vertreter traditioneller wissenschaftlicher Standpunkte, die entweder voll entwickelte klimadeterministische Ansichten waren oder Perspektiven, die einen geringeren Einfluss des Klimas und seiner Schwankungen auf Wirtschaft, politische Macht und Gesellschaft anerkannten. Diese Sichtweise hat sich in den letzten 50 Jahren verändert. Wenn sich westliche Gesellschaften heute mit zukünftigen Klimabedingungen befassen, ist die wahrscheinliche Klimakatastrophe oft das vorherrschende Narrativ, insbesondere wenn davon ausgegangen wird, dass sich an den gesellschaftlichen Bedingungen nichts Wesentliches ändern wird, abgesehen von der Entwicklung des Klimas der Gesellschaften. Es gibt eine spürbare Wiederbelebung des Klimadeterminismus, aber mit einem wichtigen Unterschied. In der Vergangenheit bestand die Herausforderung darin, die Menschen vor den Auswirkungen des Klimas zu schützen; heute hat sich die deterministische Perspektive auf das vorherrschende Narrativ des Schutzes des Klimas vor den Auswirkungen menschlicher Aktivitäten verlagert. Einige Beobachter haben versucht, diese restriktive Sichtweise zu überwinden und darauf hingewiesen, dass sich nicht nur das Klima, sondern auch die Weltwirtschaft im Umbruch befindet, mit neuen Potenzialen und Herausforderungen. Die Herausforderung besteht nicht nur in der Begrenzung des Klimawandels durch Emissionsminderung, sondern auch in der Anpassung der Gesellschaften an den Klimawandel. Bisher ist die globale Durchschnittstemperatur um mehr als 1 Grad gestiegen.

Eine weitere wichtige Perspektive der versammelten Beiträge betrifft die Nutzung wissenschaftlicher Erkenntnisse in politischen Entscheidungsprozessen und die Steuerung der Klimapolitik. Nicht nur unter Naturwissenschaftlern gibt es viele, die davon überzeugt sind, dass die Naturwissenschaften der Schlüssel zur Lösung des Klimaproblems sind. Eine „extremere" Gruppe von Beobachtern ist bereit, die Demokratie zu opfern, um sicherzustellen, dass die Erkenntnisse der Klimawissenschaften vollständig umgesetzt werden.

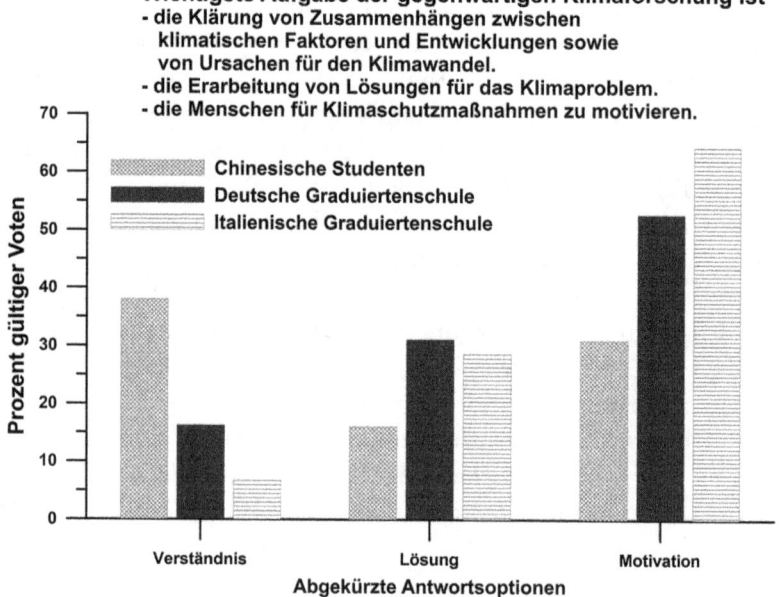

2 Kontext

In einer Meinungsumfrage unter Nachwuchswissenschaftlern der Klima- und anderer Umweltwissenschaften wählte eine Mehrheit der Mitglieder von zwei Graduiertenschulen in Europa auf die Frage „Was würden Sie heute als wichtigste Aufgabe der Klimawissenschaft ansehen?" die Antwort „Menschen zum Handeln gegen den Klimawandel motivieren" vor den Alternativen „Klimaprobleme definieren und die Ursachen des Klimawandels benennen" und „Lösungen für den Klimawandel finden" (siehe Abbildung).[1]

Ein praktisches Ziel der Forschungsarbeiten von Nico Stehr und Hans von Storch war es, klimapolitische Maßnahmen auf der Grundlage eines umfassenden Verständnisses der aktiven Rolle bzw. des Einflusses des Menschen auf das Klima und des Klimas auf die menschliche Gesellschaft zu untersuchen. Für unsere Zwecke definieren wir Wissen als die Fähigkeit zu handeln. Das Klima ist wichtig. Die entgegengesetzte Sichtweise sieht den Menschen, menschliche Organisationen und ganze Gesellschaften als bloße passive Empfänger von Herausforderungen, die durch klimatische Bedingungen verursacht werden. Eine Sichtweise, die über weite Strecken der Geschichte in vielen Regionen der Welt Gültigkeit hatte, da das Klima als weitgehend stabiler Hintergrund für soziales, politisches und wirtschaftliches Verhalten erlebt und interpretiert wurde. Daher passten sich die Menschen in der Regel mit allen Mitteln an das Klima an, in dem sie lebten. Dennoch spielte das Klima als lebenswichtige Hintergrundbedingung eine Rolle. Heute und in absehbarer Zukunft müssen sich die Gesellschaften nicht nur bewusst mit dem Ausstieg aus der Emission von Treibhausgasen auseinandersetzen, sondern auch mit der Anpassung an zukünftige Klimabedingungen.

Die Definition von Wissen als Handlungsfähigkeit hat mehrere Vorteile.[2] Sie impliziert zum Beispiel, dass Wissen immer vielfältige

---

[1] Von Storch, H., Chen X, B. Pfau-Effinger, D. Bray und A. Ullmann, 2019: Attitudes of young scholars in Qingdao and Hamburg about climate change and climate policy – the role of culture for the explanation of differences. *Advances in Climate Change Research*, 10, 158–164.

[2] Der folgende Absatz findet sich in Nico Stehr, *Die Moralisierung der Märkte. Eine Gesellschaftstheorie*. Frankfurt am Main: Suhrkmap, 2007. Ausführlichere Diskussionen zu Wissen als Handlungsfähigkeit in Nico Stehr, *Arbeit, Eigentum und Wissen. Zur Theorie von Wissensgesellschaften*. Frankfurt am Main: Suhrkamp, 1994, und Marian Adolf und Nico Stehr, *Ist Wissen*

Implikationen und Konsequenzen für das Handeln hat. Der Begriff der Handlungsfähigkeit signalisiert, dass Wissen ungenutzt bleiben kann, für irrationale Zwecke eingesetzt werden kann oder nicht in der Lage ist, die Realität zu verändern. Die These, dass Wissen ohne Reibung immer an seine Grenzen stößt, dass es nahezu ohne Rücksicht auf seine Folgen realisiert und umgesetzt wird (so beispielsweise C.P. Snow), ist eine Sichtweise, die unter Beobachtern der technologischen Entwicklung nicht unüblich ist. Die Vorstellung, dass Wissenschaft und Technik ihre eigene Umsetzung in die Praxis naturwüchsig und zwangsläufig erzwingen, indem sie einen solchen Automatismus der Umsetzung technisch-wissenschaftlicher Erkenntnisse unterstellen, verkennt jedoch den Kontext der Umsetzung. Jede Vorstellung einer unmittelbaren praktischen Wirksamkeit wissenschaftlich-technischer Erkenntnisse (etwa im Sinne von „nichts ist so praktisch wie eine gute Theorie") überschätzt die „eingebaute" oder inhärente Praktikabilität wissenschaftlich generierter Wissensansprüche. An dieser Stelle soll der Hinweis genügen, dass die Umsetzung von Wissen in Handlungsfähigkeit von den bestehenden Rahmenbedingungen gesellschaftlichen Handelns abhängt. Es ist daher wichtig, klimapolitisches Wissen auf ein umfassendes Verständnis der Gesellschaft und der Möglichkeiten, wie Wissen nutzbar gemacht werden kann, zu gründen.

Macht? Wissen als gesellschaftliche Tatsache. Zweite erweiterte Auflage. Weilerswist: Velbrück Wissenschaft, 2018.

3

Brückenschlag zwischen den Wissenschaftskulturen

Im Jahr 1959 sprach C.P. Snow von der Existenz „zweier Kulturen" in der wissenschaftlichen Gemeinschaft, von denen die eine die Geisteswissenschaften und die andere die Naturwissenschaften leitet. Snow zufolge stehen diese beiden Kulturen in einem starken Widerspruch zueinander. Das vorliegende Buch versucht, Snows Dilemma zu überwinden und plädiert für eine für beide Seiten vorteilhafte Konvergenz der beiden Wissenschaftskulturen der Geistes- und Naturwissenschaften („science" im Sinne des deutschen Wortes „Wissenschaft").

Einer der Autoren, Nico Stehr[1], ist Soziologe, der andere, Hans von Storch[2], ist Naturwissenschaftler. Sie lernten sich Anfang der 1990er Jahre kennen, als das „Klimaproblem" zu einer, vielleicht sogar zur wichtigsten globalen Herausforderung wurde. Sie kamen aus sehr unterschiedlichen Bereichen – Stehr von einem nordamerikanischen Universitätscampus und von Storch vom deutschen Max-Planck-Institut

---

[1] Weitere Informationen finden Sie unter https://zeppelin-university.academia.edu/NicoStehr oder https://de.wikipedia.org/wiki/Nico_Stehr.

[2] Weitere Einzelheiten sind unter http://www.hvonstorch.de/klima oder https://hzg.academia.edu/HansvonStorch zu finden.

von Klaus Hasselmann, dessen Leistungen 2021 mit dem Nobelpreis für Physik gewürdigt wurden.

In den frühen 1990er Jahren konzentrierte sich Nico Stehr darauf, die gesellschaftliche Rolle des Wissens im weitesten Sinne zu untersuchen: seine Produktion, die konstruktive Arbeit, die es leistet, aber auch die Konflikte, die es hervorruft. Wenn wir uns in der modernen Welt bewegen, ist das Phänomen, das wir Wissen nennen, immer dabei. Ob wir von Know-how, Technologie, Innovation, Politik oder Bildung sprechen, der Begriff des Wissens verbindet sie alle. Doch trotz seiner Allgegenwart als modernes Schlagwort begegnen wir dem Wissen als solchem nur selten, schenken ihm wenig Aufmerksamkeit: Wie wird es produziert, wo befindet es sich, wem gehört es? Ist Wissen immer von Vorteil, werden wir – irgendwann in der Zukunft – alles wissen, was es zu wissen gibt? Und ist Wissen wirklich Macht? Stehrs besonderes Interesse galt dem Thema „praktisches Wissen", d. h. der wissenschaftssoziologischen und -philosophischen Frage nach den Eigenschaften, die wissenschaftliche Wissensansprüche auszeichnen sollten, um einen nützlichen/praktischen Unterschied zu machen.

Ursprünglich hatte Nico Stehr die Idee, eine Monographie mit dem Titel „Freud und Keynes" zu schreiben. Sowohl die Wirtschaftstheorie von John Maynard Keynes als auch die Psychoanalyse von Sigmund Freud galten als herausragende wissenschaftliche Entwürfe, die zudem in den Jahren seit ihrer Entstehung vielfach in der Praxis erprobt worden waren: Sind die Handlungsanweisungen in den Theorien von Freud und Keynes wirklich erfolgreich? Es zeigte sich, dass der praktische Erfolg der Freud'schen Theorie weitgehend umstritten war, während sich Wirtschaftswissenschaft und Wirtschaftspolitik weitgehend einig waren, dass die Keynes'sche Theorie aufgrund der praktischen Wirksamkeit der von ihr implizierten wirtschaftspolitischen Maßnahmen in der Praxis sehr erfolgversprechend war. Keynes wurde zum Heilsbringer des Kapitalismus stilisiert. Schließlich wurde Stehrs Buch Anfang der 90er Jahre als „Praktische Erkenntnis"[3] veröffentlicht. In der Überzeugung, dass seine Erkenntnisse über die

---

[3] Stehr, Nico Praktische Erkenntnis. Frankfurt am Main: Suhrkamp, 1991.

3 Brückenschlag zwischen den Wissenschaftskulturen

Hebelwirkung bzw. den Nutzen sozialwissenschaftlichen Wissens auch für die Naturwissenschaften gelten müssen, machte sich Stehr auf die Suche nach einer wissenschaftlichen Disziplin, in der diese Forschungsfrage empirisch untersucht werden kann. Seine Wahl fiel auf die Klimawissenschaften.

Mitte der 1990er Jahre war es Hans von Storch und seiner Gruppe am Max-Planck-Institut für Meteorologie (MPI) gelungen, den statistischen Nachweis für die Realität eines Klimawandels jenseits der natürlichen Schwankungsbreite zu erbringen („detection") und festzustellen, dass eine Erklärung dieses Wandels ohne den Erklärungsfaktor erhöhter Treibhausgaskonzentrationen in der Atmosphäre nicht möglich ist („attribution").[4]

In einem nächsten Schritt beschäftigte er sich mit der Frage, was der Klimawandel für die Gesellschaft und die Wirtschaft bedeuten würde, wobei er sich mit Themen wie Downscaling,[5] Auswirkungen auf die Küstengebiete, aber auch mit stark vereinfachten, gekoppelten Klima-Gesellschafts-Modellen[6] befasste, die von und in Zusammenarbeit mit seinem Direktor Klaus Hasselmann vorgeschlagen wurden.

Die innovative und qualitativ andere Zusammenarbeit zwischen Stehr und von Storch begann, als sie sich 1992 am neu gegründeten Potsdam-Institut für Klimafolgenforschung kennenlernten. Der MPI-Wissenschaftler von Storch lud den Soziologen Stehr zu einem längeren Besuch am MPI ein. Stehr nahm die Einladung an und kam 1993 für zwei Monate. Die beiden Wissenschaftler begannen, sich gegenseitig kennen zu lernen.

Ein Ereignis, das die Unterschiede zwischen den beiden Kulturen deutlich machte, war Nico Stehrs Seminar am MPI. Naturwissen-

---

[4] Vgl. Hegerl, G., H. von Storch, K. Hasselmann, B.D. Santer, U. Cubasch, und P.D. Jones, 1996: Erkennen von anthropogenen Klimaänderungen mit einer optimalen Fingerprint-Methode. - *J. Climate* 9, 2281–2306.
[5] Vgl. von Storch, H., 1995: Ungereimtheiten an der Schnittstelle von Klimafolgenforschung und globaler Klimaforschung. - *Meteor. Z.* 4 NF, 72–80.
[6] Vgl. Tahvonen, O., H. von Storch, und J. von Storch, 1994: Economic efficiency of CO_2 reduction programs. – *Clim Res.* 4, 127–141; Hasselmann, K., S. Hasselmann, R. Giering, V. Ocaña, H. von Storch, 1997: Sensitivity study of optimal CO_2 emission paths using a simplified structural integrated assessment model (SIAM). *Clim. Change* 37, 345–386.

schaftler sind es gewohnt, dass ein Vortragender steht und Diagramme auf einen Overhead-Projektor projiziert – was in den meisten Fällen wichtiger ist als das Gesagte. Doch Stehr tat das nicht. Er setzte sich, las aus einem Manuskript vor und die beiden Overhead-Folien waren nur eine unbedeutende Illustration. Das Publikum war schockiert. Die klugen Naturwissenschaftler hatten Mühe, den Argumenten und Thesen zu folgen.

Das Seminar vermittelte ein wichtiges Konzept, nämlich das der sozialen Konstruktion von Klima und Klimawandel, und diskutierte es am Beispiel der Dürre in England 1316–19. Die Bedeutung dieser Diskussion war, dass zwei Arten von Wissen vorherrschen, wenn Klima und Klimawandel in der Öffentlichkeit diskutiert werden: wissenschaftliche Konstruktionen und soziale Konstruktionen.[7]

Bei gesellschaftlichen Entscheidungen führt nicht die wissenschaftlich konstruierte „Wahrheit" zu Entscheidungen, sondern eine Vielzahl sozialer Konstruktionen, die mit der Kultur und den Weltanschauungen übereinstimmen. Für Sozialwissenschaftler ist diese Behauptung fast trivial, aber für Naturwissenschaftler war sie eine Art ernüchternder Angriff auf ihren Anspruch, der alleinige Anbieter von robustem Wissen zu sein. Aber es scheint, dass die Anwendung dieser Behauptung auf die Klimawissenschaft damals nicht wirklich üblich war – Stehr und von Storch testeten das, indem sie einen Artikel „Vom Wettergott getäuscht"[8] in einem wöchentlichen Nachrichtenmagazin veröffentlichten und Antworten von anderen Sozialwissenschaftlern erwarteten, die in die gleiche Richtung gedacht hatten. Doch nur ein einziger antwortete.

Jetzt, im Jahr 2023, arbeiten Stehr und von Storch mehr als 30 Jahre zusammen, beide sind im Ruhestand. Sie haben sich mit einer ganzen Reihe von Themen rund um die Klimaproblematik, die Ideengeschichte des Klimawandels und die gesellschaftliche Bedeutung von Klima und Klimawandel beschäftigt. Und tatsächlich ist die Zusammenarbeit

---

[7] Streng genommen sind die wissenschaftlichen Konstruktionen auch soziale Konstruktionen, aber um der Klarheit willen betrachten wir sie als unterschiedliche Arten von Wissensansprüchen.
[8] Von Storch, H., und N. Stehr, 1993: Genarrt vom Wettergott. ZEIT 37, 10.9.93, 41–42.

zwischen Sozial- und Naturwissenschaftlern in den letzten Jahren viel häufiger geworden, wie zum Beispiel die Einbeziehung der Sozialwissenschaften in das Exzellenzzentrum für Klimawissenschaften in Hamburg, Deutschland, zeigt.

4

Überblick

Dieser Sammelband enthält eine Reihe von Aufsätzen, die die beiden Autoren in den letzten 30 Jahren geschrieben haben. Die hier versammelten Aufsätze sind größtenteils historisch ausgerichtet und inzwischen selbst historisch geworden, obwohl unsere Ideen in vielerlei Hinsicht nach wie vor aktuell sind. Unsere Forschung hat sich darauf konzentriert, Ideen über die Art der Wechselwirkung zwischen Gesellschaft und Klima und Klima und Gesellschaft zu finden, zu etablieren und vor allem zu verwerfen.

Dies Buch hat sechs Teile. Teil I bietet eine Einordnung und Überblick an. Die Teile II-V beinhalten Nachdrucke früherer Publikationen, die sich tunvermeidbar teilweise inhaltlich überschneiden.

Teil II führt in das Konzept der sozialen Konstruktion des Klimas und des Klimawandels ein (Kap. 5), klärt die Rolle, die die Sozialwissenschaften in der Klimawissenschaft spielen können (Kap. 6), und diskutiert schließlich, was die Öffentlichkeit versteht, wenn von Klima die Rede ist (Kap. 7). Der letzte Artikel befasst sich mit der Konkurrenz zwischen sozialem und wissenschaftlichem Wissen (Kap. 8).

Teil III zur Ideengeschichte von Klima und Klimawandel befasst sich zunächst mit der Lehre vom Klimadeterminismus (Kap. 9 und 10), dann mit den Arbeiten des frühen Klimaforschers Eduard Brückner, der sich um die Jahrhundertwende 19. und 20 (Kap. 11 und 12).

Teil IV über Wissenschaftskulturen befasst sich erstens mit der Rolle und dem Verhältnis von Natur- und Sozialwissenschaften in Bezug auf die Klimafrage (Kap. 13). Zweitens werden die unterschiedlichen Rollen der Skalen diskutiert, wobei das Klimasystem von oben nach unten, von den großen zu den kleinen Skalen, gesteuert wird, während die Gesellschaft eher von unten nach oben, von der Mikrodynamik zur Makrodynamik, gesteuert wird (Kap. 14). Wie sich die Naturwissenschaften in der Beratung der Gesellschaft sehen, wird analysiert (Kap. 15), und zwar von drei Autoren, darunter der theoretische Physiker Armin Bunde.

Klimapolitik ist das Thema von Teil V. Die ersten beiden Beiträge befassen sich mit der Frage, was mit Klimapolitik erreicht werden kann (Kap. 16) und mit der Rolle der Kommunikation (Kap. 17). Die Rolle der Wissenschaft bei der nachhaltigen Beratung des politischen Entscheidungsprozesses wird in (Kap. 18) untersucht. Die gelegentlich zu hörende Behauptung, dass demokratisches Regieren und Klimaschutz kaum zusammenpassen, wird dekonstruiert (Kap. 16). Die letzten beiden Kapitel befassen sich mit dem Thema Anpassung als unausweichliche Ergänzung zur Klimaschutzpolitik: Oft wird dieses Thema schlicht ignoriert (Kap. 20) oder es wird schlicht behauptet, Anpassung sei dasselbe wie Klimaschutz (Kap. 21).

Der abschließende Teil VI befasst sich mit der weiteren Entwicklung der Arbeit der Autoren – die allgemeinen Ratschläge für den politischen Prozess sind in der Liste der 10 Thesen des *Zeppelin-Manifests* von 2008 verschlüsselt (Kap. 22). Die drei weiteren Kap. 23 und 24 fassen zusammen, was die beiden Autoren dieses Sammelbandes über ihre bisherige Zusammenarbeit hinaus geleistet haben, mit einer breiteren Arbeit zur Theorie der modernen Gesellschaft, zur Wissens- und Politikanalyse von Nico Stehr und einer eher empirischen Analyse unter Wissenschaftlern und der Einrichtung von Klimadiensten von Hans von Storch (Kap. 25).

Teil II

Wahrnehmung und Deutung des Klimas und des Klimawandels

In diesem Teil sind vier Artikel abgedruckt. Kap. 5 ist ein Nachdruck des ersten regulären Artikel von Nico Stehr und Hans von Storch, in dem das Konzept einer sozialen Konstruktion des Klimas einem vorwiegend naturwissenschaftlichen Publikum vorgestellt wird. Eine erste Fassung dieses Papiers wurde bereits 1994 auf einer Konferenz der American Meteorological Society vorgestellt.

Es ist offensichtlich, dass gesellschaftliche Konstruktionen des Klimaphänomens, die mit der wissenschaftlichen Konstruktion von Wissen konkurrieren, einen erheblichen Einfluss auf den wissenschaftlichen Prozess ausüben können. Daher ist für jeden politikrelevanten Zweig der Naturwissenschaften ergänzendes sozialwissenschaftliches Wissen erforderlich, um sowohl die politische Entscheidungsfindung als auch die naturwissenschaftliche Forschung zu verbessern (Kap. 6).

Welche sozialen Konstruktionen des Klimawandels derzeit in der Öffentlichkeit tatsächlich aktiviert werden, ist Gegenstand von Kap. 7. Die Konkurrenz zwischen den beiden Wissensarten über Klima, Klimawandel und Klimafolgen wird in Kap. 8 untersucht.

5

Das soziale Konstrukt des Klimas und des Klimawandels

Zusammenfassung Verschiedene Zeitskalen des Klimawandels und ihre unterschiedliche Wahrnehmung in der Gesellschaft werden diskutiert. Eine historische Betrachtung der natürlichen Klimaveränderungen des letzten Jahrtausends legt nahe, dass kurzfristige, insbesondere signifikante Veränderungen eine starke Reaktion in und durch die Gesellschaft auslösen. Kurzfristige Änderungen entsprechen dem „Zeithorizont des täglichen Lebens", d. h. einer Zeitskala von Tagen und Wochen bis zu einigen Jahren. Die derzeit erwarteten anthropogenen Klimaänderungen werden sich jedoch auf einer längeren Zeitskala abspielen. Sie erfordern gesellschaftliche Reaktionen, die nicht auf der Basis von Primärerfahrungen, sondern auf der Basis wissenschaftlich konstruierter Szenarien und der Art und Weise, wie diese Informationen z. B. in den modernen Medien präsentiert werden, erfolgen. Die sozio-ökonomische Wirkungsforschung stützt sich auf Konzepte, die von perfekt informierten Akteuren ausgehen, um optimale Anpassungsstrategien zu entwickeln. Im Gegensatz dazu

---

Zuerst: Nico Stehr und Hans von Storch: „The social construct of the climate and climate change," *Climate Research* 5:99–105, 1995.

entwickeln wir das Konzept der „sozialen Konstruktion des Klimas", das für die öffentliche Wahrnehmung wissenschaftlicher Erkenntnisse über das Klima und für die öffentliche Politik zum Klimawandel entscheidend ist. Das Konzept wird anhand einer Reihe von Beispielen illustriert.

5.1 Einführung

In diesem Beitrag erörtern wir das Konzept des „sozialen Konstrukts von Klima und Klimawandel", seine Beziehung zum physischen Klima und seine Auswirkungen auf die Gestaltung der Klimapolitik. Wir veranschaulichen unsere Idee, indem wir die gegenwärtige Situation mit historischen Analogien aus dem Mittelalter und der ersten Hälfte des vorigen Jahrhunderts vergleichen.

In den modernen Gesellschaften sind die Auswirkungen des Klimas und insbesondere der mögliche künftige, vom Menschen verursachte Klimawandel vor einigen Jahren schlagartig in das öffentliche Bewusstsein gerückt und ziehen weiterhin große öffentliche Aufmerksamkeit auf sich. In den Naturwissenschaften herrscht die Ansicht vor, dass das Fehlen einer wirksamen Reaktion auf die Bedrohung durch eine sich verändernde globale Umwelt darauf zurückzuführen ist, dass die Physik der laufenden natürlichen Prozesse nicht verstanden wird. Wir sind der Meinung, dass dieser Ansatz die Dynamik des öffentlichen Diskurses nur unzureichend wiedergibt, da Probleme nur als soziale Konstrukte wahrgenommen werden, die mit anderen Umweltproblemen sowie sozialen, politischen und wirtschaftlichen Problemen um die öffentliche Aufmerksamkeit konkurrieren. Die Aufmerksamkeit der Öffentlichkeit und der politischen Entscheidungsträger für solche Probleme hängt davon ab, ob sie als Bedrohung für die Gesellschaft wahrgenommen werden. Den erforderlichen Nachweis für eine solche „unmittelbare Bedrohung" des Klimas liefern in erster Linie bestimmte extreme Naturereignisse, die unabhängig vom realen Klimawandel sind (wie z. B. die intensive Dürre 1988 in den Vereinigten Staaten oder die Sturmsaison 1993 in Nordeuropa).

5 Das soziale Konstrukt des Klimas und des Klimawandels

Der Aufsatz ist wie folgt gegliedert. Zunächst werden physikalische Aspekte des Klimas und seiner natürlichen Variabilität sowie der Stand unseres Wissens über den zu erwartenden anthropogenen Klimawandel kurz diskutiert. Im nächsten Abschnitt definieren wir das soziale Konstrukt des Klimas und des (anthropogenen) Klimawandels, und im darauffolgenden Abschnitt befassen wir uns mit der Dynamik des sozialen Konstrukts des Klimas, indem wir die Wechselbeziehung zwischen der Wahrnehmung des Klimawandels, der modernen Kulturindustrie und der öffentlichen Sphäre betrachten. Anschließend diskutieren wir den technokratischen Ansatz bei der Gestaltung der Klimapolitik und kontrastieren diese Ideen mit den tatsächlichen Entwicklungen in Vergangenheit und Gegenwart. Im letzten Abschnitt stellen wir die Optionen für einen realistischeren und praktikableren Ansatz in der Klimapolitik vor.

5.2 Das Klimasystem und seine natürliche Variabilität

Der physikalische Zustand des Klimas und insbesondere der Zustand der unteren Troposphäre, der sich am stärksten auf die Gesellschaft auswirkt, schwankt aufgrund verschiedener natürlicher Prozesse in einem breiten Spektrum von Zeitskalen. Diese Variabilität ist aus zwei Gründen von Bedeutung: Erstens kann sie mögliche vom Menschen verursachte Signale überdecken (Hasselmann 1993); zweitens hat sie frühere Gesellschaften gezwungen, sich mit der Bedrohung durch den Klimawandel auseinanderzusetzen, so dass wir in der Lage sind, die Reaktion der heutigen Gesellschaft mit der früherer Gesellschaften zu vergleichen.

Die kürzesten Zeiträume sind Tage, mit Wetterereignissen wie Stürmen oder Blockierungen. Die Häufigkeit und Intensität dieser Ereignisse sind meist zufällig verteilt. Es besteht immer die Möglichkeit, dass ein „1000-jähriger" Sturm auftritt (vgl. Hoyt, 1981). Die Wahrscheinlichkeit eines solchen Ereignisses ist zwar gering, aber nicht Null. Auch auf etwas längeren Zeitskalen von Wochen können Dürren und Überschwemmungen mit einer geringen, aber nicht gleich Null liegenden Wahrscheinlichkeit auftreten. Genauer gesagt ist die Wahrscheinlichkeit, dass an einem bestimmten Ort ein starker Sturm, eine Dürre oder eine Überschwemmung auftritt, gering. Aber die Wahrscheinlichkeit, dass an irgendeinem Ort der Welt ein starker Sturm, eine Dürre oder eine Überschwemmung auftritt, ist nicht mehr klein.

Auf Zeitskalen von Jahren, Jahrzehnten und noch längeren Zeiträumen weist das Klimasystem ebenfalls deutliche Schwankungen auf. Die Dynamik dieser „niederfrequenten" Schwankungen ist bisher nicht gut verstanden, aber ein robustes Konzept, innerhalb dessen diese Schwankungen sinnvoll erscheinen, ist der Ansatz des „stochastischen Klimamodells", das die Rötung des Klimaspektrums als Reaktion eines langsamen Systems auf kurzfristige zufällige Einflüsse ansieht (Hasselmann, 1976).

5.3 Anthropogener Klimawandel

Heute, wo der Klimawandel zum geflügelten Wort geworden ist, lohnt es sich, an die reale materielle Basis des Szenarios des CO_2-induzierten Klimawandels zu erinnern. Der Stand der Diskussion wurde 1990 und 1992 vom anerkannten Intergovernmental Panel of Climate Change (IPCC), einem Gremium aus angesehenen Naturwissenschaftlern, zusammengefasst (Houghton et al., 1992). Dieses Gremium kam zu dem Schluss, dass die Konzentration strahlungsaktiver Gase in der Atmosphäre seit der Industrialisierung dramatisch zugenommen hat und dass sich dieser Anstieg wahrscheinlich fortsetzen wird, wenn keine politischen Maßnahmen zur Verringerung der Emissionen ergriffen werden. Theoretische Überlegungen sowie umfangreiche (und teure) Experimente mit detaillierten Klimamodellen haben zu der Prognose geführt, dass die erhöhte Konzentration strahlungsaktiver Gase eine Veränderung des globalen Klimas verursachen wird. Die meisten Wissenschaftler erwarten einen Anstieg der gesamten oberflächennahen Temperatur (im Bereich von einigen Zehntel Grad pro Jahrzehnt) und einen allgemeinen Anstieg des Meeresspiegels (im Bereich von einigen Dezimetern pro Jahrhundert).

5 Das soziale Konstrukt des Klimas und des Klimawandels

Diese Erwartung wurde (noch) nicht eindeutig durch Beobachtungsstudien gestützt, da es an adäquaten sowie ausreichend langfristigen und homogenen Beobachtungsdaten mangelt. Hegerl et al. (1994) haben mit Hilfe einer ausgefeilten statistischen Methodik, die mehrere Facetten von Klimamodellergebnissen einbezieht, gezeigt, daß die jüngsten Temperaturerhöhungen außerhalb des erwarteten Bereichs der natürlichen Variabilität liegen und daher durch externe Faktoren, z. B. durch den Treibhauseffekt, ausgelöst worden sein müssen. Dieser Befund hängt ziemlich stark von einigen aus Klimamodellen abgeleiteten Schätzungen ab, so daß die Analyse von Hegerl et al. (1994) zu Recht in Frage gestellt wird. Es wird jedoch allgemein erwartet, daß die in den nächsten Jahren zu sammelnden Beweise ausreichen werden, um die beobachteten Veränderungen auf den menschlichen Ausstoß von Gasen und Partikeln in die globale Umwelt zurückzuführen.

Kurz gesagt, das von der Erwärmung durch den Treibhauseffekt erzeugte Signal steht kurz davor, aus dem Ozean der „natürlichen Klimavariabilität" herauszutreten, wie im vorherigen Abschnitt beschrieben. Die allgemeine oberflächennahe Erwärmung auf der Erde in den letzten 100 Jahren oder so, mit besonders hohen Erwärmungsraten in den letzten Jahrzehnten, ist wahrscheinlich auf den anthropogenen Treibhauseffekt zurückzuführen, sowohl was das Muster als auch die Intensität betrifft. Es ist jedoch möglich, dass dieses „Signal" vollständig durch natürliche Prozesse erzeugt wird – und die Stärke des jüngsten Signals ist in der Tat vergleichbar mit der in den 20er bis 30er Jahren, als niemand behauptete, dass es zu einer anthropogenen Klimaänderung gekommen sei (siehe Hegerl et al., 1994). Wegen dieser Unsicherheiten hat der IPCC in seinem Bericht von 1990 den folgenden Warnhinweis gegeben:

Diese Erwärmung stimmt im Großen und Ganzen mit den Vorhersagen der Klimamodelle überein, aber sie hat auch die gleiche Größenordnung wie die natürliche Klimavariabilität. Daher könnte der beobachtete Anstieg weitgehend auf diese interne Variabilität zurückzuführen sein [...] [D]er eindeutige Nachweis des verstärkten Treibhauseffekts anhand von Beobachtungen ist erst in einem Jahrzehnt oder später zu erwarten.

Es sollte betont werden, dass alle Szenarien der globalen Erwärmung mit einigen räumlichen Details auf „Klimamodellen" beruhen, die die besten verfügbaren Forschungsinstrumente für die Untersuchung der Klimavariabilität und die Entwicklung von Szenarien des vom Menschen verursachten Klimawandels sind. Diese Klimamodelle sind eine Annäherung an das reale Klimasystem und beruhen auf detaillierten „allgemeinen Zirkulationsmodellen" des Ozeans, der Atmosphäre und anderer Komponenten des Klimasystems. Die ozeanischen und atmosphärischen Komponenten sind relativ zuverlässige Elemente in diesen komplexen Klimamodellen. Andere Komponenten, wie die Erdoberfläche oder das Meereis, sind weit weniger zuverlässig dargestellt. (Für weitere Einzelheiten siehe z. B. Washington & Parkinson 1986).

Alle Klimamodelle sind in gewisser Weise konzeptionell verwandt, nicht nur durch ihre grundlegenden Gleichungen, sondern auch durch die Wahl der Parameter für verschiedene Prozesse, die nicht direkt dargestellt werden können (wie z. B. der turbulente Austausch in den Grenzschichten), weshalb ähnliche Szenarien, die aus zwei verschiedenen Klimamodellen abgeleitet werden, z. B. vom Geophysical Fluid Dynamics Laboratory, Princeton, NJ, USA, und dem Max-Planck-Institut für Meteorologie, Hamburg, Deutschland, der wissenschaftlichen Gemeinschaft nicht zwei unabhängige Beweisquellen dafür liefern, dass diese Szenarien korrekt sein könnten.

Aufgrund der begrenzten Beobachtungsdaten ist es nicht möglich, die Klimamodelle rigoros zu testen, um zu zeigen, dass sie in der Lage sind, die (natürliche und vom Menschen verursachte) Klimavariabilität realistisch zu simulieren. Natürlich wurden diese Modelle im Hinblick auf die Wettervorhersage, die Vorhersage des El Niño, die Simulation der heutigen Klimatologie und andere Anwendungen geprüft. Ihr Erfolg und die Tatsache, dass ein erheblicher Teil der Modelle auf physikalischen Grundprinzipien beruht, stimmen uns zuversichtlich. Wir glauben, dass die Modelle bedeutende Empfindlichkeiten im Klimasystem beschreiben – aber wir wissen es nicht wirklich.

5.4 Das soziale Konstrukt des Klimas und des Klimawandels

Die Gesellschaft hängt offensichtlich vom Klima ab. Aber wie wirken sich Klimaanomalien auf die Gesellschaft aus? Wir behaupten, dass diese Abhängigkeit weitgehend von der Zeitskala abhängt. „Langsame" Zeitskalen von etwa 1 bis 30 Jahren, die jenseits des Zeithorizonts des täglichen Lebens liegen, sind für den Klimawandel relevant, unabhängig davon, ob er vom Menschen verursacht wird oder auf natürliche Prozesse zurückzuführen ist. „Schnelle" Zeitskalen, die innerhalb des Zeithorizonts des täglichen Lebens liegen, zeichnen sich durch „normale Extreme" wie eine „100-jährige Sturmflut" und mehrjährige Anomalien wie die Kältewelle in Europa im letzten Drittel des 17. Jahrhunderts aus (Lindgren & Neumann, 1981).

Die langsamen Veränderungen scheinen in der Vergangenheit nur geringe soziale und wirtschaftliche Auswirkungen gehabt zu haben. Schnelle Veränderungen haben zu irreversiblen sozialen, wirtschaftlichen und kulturellen Veränderungen geführt, entweder durch ihre Auswirkungen auf die natürliche Umwelt einer Gesellschaft (z. B. Landverlust durch das Meer, Wüstenbildung) oder durch demografische (Landflucht, Sterblichkeit), kulturelle (neue Werte) und wirtschaftliche Veränderungen (Lebensstandard, Handelsmuster, Organisation und Standort der Produktion, landwirtschaftliche Erträge).

Im Zusammenhang mit dem vom Menschen verursachten Klimawandel sind die langsamen Zeitskalen von Bedeutung. Infolgedessen treffen wir im öffentlichen Diskurs auf zwei konkurrierende Bilder: das (langsame) Klima und seine Veränderungen und das (schnelle) Wetter und die Klimavariabilität (einschließlich natürlich auftretender seltener Extreme und mehrjähriger Anomalien). Diese beiden kognitiven Entitäten sind (physikalisch) gar nicht oder höchstens schwach miteinander verbunden. (Die Klimatologie beginnt gerade erst, die Art der Wechselbeziehung zwischen den langsamen und schnellen Zeitskalenvariablen zu untersuchen). Unsere Behauptung ist, dass die Gesellschaft einseitig auf die Extreme achtet und daher Extreme fälschlicherweise als Klimawandel ansieht.

Die manchmal fast unbestrittene Interpretation von Klimaschwankungen durch gesellschaftliche Autoritäten ist ebenfalls ein wichtiger Faktor für die gesellschaftliche Reaktion auf einen beobachteten realen oder imaginären Klimawandel. Solche Autoritäten können Wissenschaftler oder Scharlatane sein, aber auch die modernen Medien, Aberglaube oder religiöse Institutionen. Ein weiterer wichtiger Faktor ist zu jedem Zeitpunkt der Wettbewerb um die öffentliche Aufmerksamkeit und um Lösungen für aktuelle soziale Probleme. Es gibt viele mehr oder weniger dringende soziale Probleme, die mit der Bedrohung durch den Klimawandel um die knappe öffentliche Aufmerksamkeit und Ressourcen konkurrieren (z. B. Ungar, 1992). Aufgrund dieser Prozesse erhält die Öffentlichkeit nie eine unvermittelte Perspektive des Klimas, wie sie von den physikalischen Experten erarbeitet wurde, sondern nur ein gefiltertes Bild davon, nämlich das soziale Konstrukt des Klimas. Wir schlagen vor, dass das Klima und sein soziales Konstrukt unabhängige Einheiten oder Ereignisse sein können.

5.5 Kulturwirtschaft, Öffentlichkeit und die Wahrnehmung des Klimawandels

Klimaforscher, die mit ihrer wissenschaftlichen Fähigkeit versuchen, verlässliche Szenarien des Klimawandels abzuleiten, haben einen bedeutenden Teil ihrer Literatur dem Gesamtproblem der Ungewissheiten gewidmet, die solche Szenarien jetzt und im Allgemeinen umgeben. Trotz dieser allgemein vorsichtigen Haltung gibt es Klimatologen, die auf die Risiken für die Gesellschaft hinweisen, wenn sie auf solche anfechtbaren Vermutungen mit Ungläubigkeit reagiert (z. B. Schneider & Mesirow, 1976, Kellogg, 1978).

Weder die Produktion noch die Kommunikation von Forschung über Klima und Klimawandel findet in einem sozialen Vakuum statt. Diese Aktivitäten sowohl innerhalb als auch außerhalb der Wissenschaft sind mit verschiedenen sozialen Praktiken verbunden, die sich über Zeit und Raum verteilen. Im Folgenden werden wir nur zwei wichtige Aspekte dieser sozialen Praktiken ansprechen, die sich auf

5 Das soziale Konstrukt des Klimas und des Klimawandels

die Art und Weise auswirken, in der wissenschaftliche Vermutungen an die Öffentlichkeit kommuniziert werden können, ohne auf Desinteresse oder Unglauben zu stoßen. Insbesondere die Kommunikation von Forschungsergebnissen an Einzelpersonen und Gruppen außerhalb der wissenschaftlichen Gemeinschaft wird in erheblichem Maße von sozialen Prozessen beeinflusst, die die Organisation von Bildern und die Art und Weise, wie Menschen die Dynamik von Gesellschaft und natürlichen Prozessen verstehen, beeinflussen. Forschungsergebnisse sind zwar sorgfältig konstruiert, werden jedoch auf verschiedene Weise gefiltert und transformiert. Diese Prozesse, z. B. in der Kulturindustrie als einer der wichtigsten Informations- und Sinnquellen der modernen Gesellschaft, vermitteln und rekonstruieren die von Klimaforschern gewonnenen wissenschaftlichen Erkenntnisse. Und das Ergebnis dieser Prozesse wird bestimmen, wie diese Erkenntnisse letztendlich von der breiten Öffentlichkeit sowie von Gruppen wie sozialen Bewegungen interpretiert werden (vgl. Lowe & Morrison, 1984, Lacey & Longman, 1993, Singer & Endreny, 1993).

Die Kulturindustrien bieten nicht nur Zugang zu einem breiten Spektrum an Informationen, begründeten Ratschlägen und interpretativen Analysen zu verschiedenen Themen, um rationale Diskussionen und öffentliche Entscheidungen zu erleichtern (wie es in einem idealen Sinne der Fall sein könnte). Eine solche Konzeption des Kommunikationssektors der modernen Gesellschaft stellt bestenfalls einen wünschenswerten Maßstab dar, an dem seine tatsächliche Leistung bewertet werden kann. Da die Kulturindustrie verschiedenen anderen bedeutenden Zwängen unterliegt, nicht zuletzt ökonomischen und ideologischen Zwängen, ist ihre tatsächliche Leistung, die Reichweite und Tiefe der Berichterstattung, meist nicht in der Lage, eine öffentliche Sphäre aufrechtzuerhalten und zu unterstützen, in der Forschungsergebnisse in einer Weise dargestellt und umgedeutet werden, die ihre radikale Umformung verhindert und in der Vorsichtshinweise und Qualifikationen vollständig ignoriert werden (siehe Gamson, 1993).

Kurzum, das Bestreben der Klimaforscher, ihre Ergebnisse eindeutig für den öffentlichen Diskurs zu kommunizieren, stößt erstens auf das Hindernis der modernen Kulturindustrie und ihrer eigentümlichen

Kontingenzen. Zweitens interpretiert die Öffentlichkeit oder besser verschiedene Teile der Öffentlichkeit die Forschungsergebnisse in einer Weise, die den Intentionen der Forscher entsprechen kann oder auch nicht.

Bei der Untersuchung der öffentlichen Reaktion auf soziale und ökologische Probleme (z. B. Drogenkonsum oder öffentliche Begegnungen mit Krankheiten oder Katastrophen), haben die objektivistischen und die konstruktivistischen Ansätze die Untersuchung der kollektiven oder individuellen Reaktion auf soziale Fragen dominiert (vgl. Merton & Nisbet, 1966, Douglas & Wildavsky, 1982, Douglas, 1992).

Der objektivistische Ansatz geht davon aus, dass die betreffende „Bedrohung", z. B. der Klimawandel, durchaus real ist, wissenschaftlich nachgewiesen werden kann und wahrscheinlich ernsthafte Schäden für das menschliche Leben und die Gesellschaft verursachen wird. Der konstruktivistische Ansatz hingegen konzentriert sich auf die öffentliche Wahrnehmung der Risiken und betont die Art und Weise, in der die Wahrnehmung und Bewertung von Risiken durch soziale und kulturelle Faktoren beeinflusst wird. Die erste Sichtweise konzentriert sich auf die Erstellung von Hypothesen (durch Experten) und betont deren objektive, unbestreitbare Konsequenzen, während der zweite Ansatz die Rezeption solcher Hypothesen (durch Laien) in verschiedenen sozialen, kulturellen und politischen Kontexten betont. Die Unterschiede und Diskrepanzen zwischen den beiden Formen der Schlussfolgerung werden oft hervorgehoben und führen zu der Schlussfolgerung, dass eine allgemein „wahre" Definition von Risiken und Bedrohungen bestenfalls ein zweifelhaftes Unterfangen ist (z. B. Rayner & Cantor, 1987).

Im Allgemeinen bewegt sich die Forschung über Risikokommunikation, die öffentliche Wahrnehmung sozialer Probleme und Bedrohungen durch verschiedene natürliche oder soziale Ereignisse jedoch in einem pragmatischen Mittelweg zwischen den beiden Extremen, wobei weder geleugnet wird, dass die Bedrohungen objektiv sind, noch dass die Öffentlichkeit zuweilen sehr unterschiedlich reagiert und/oder sich dafür entscheidet, solche Warnungen ganz zu ignorieren (z. B. Goode, 1989). Lacey & Longman (1993, S. 239) beispielsweise kommen in ihrer Analyse der jüngsten Presseberichterstattung über

5 Das soziale Konstrukt des Klimas und des Klimawandels

Umwelt- und Entwicklungsthemen in England zu folgendem Schluss: „Die Berichterstattung über die globale Erwärmung, die 1989 und 1990 ihren Höhepunkt erreicht hatte, war im Frühjahr 1991 fast auf das Niveau von vor dem Herbst 1988 zurückgegangen. Dies war ein allgemeines Phänomen, das sich durch alle betrachteten Zeitungen zog. Dies ist ein beunruhigendes Merkmal der Presseberichterstattung. Es bedeutet, dass trotz der Verschlechterung der tatsächlichen Situation (Treibhausgasemissionen und globale Erwärmung) und ohne Anzeichen dafür, dass die Besorgnis der Öffentlichkeit nachgelassen hat, die „Torwächter" der Presse entschieden haben, dass das Thema nicht mehr berichtenswert ist. In der Literatur zur Risikokommunikation wird häufig nach Wegen gesucht, wie „objektive" Experteninformationen effektiver an eine Öffentlichkeit vermittelt werden können, deren Wahrnehmung durch verschiedene kulturelle Prozesse „vermittelt" wird" (vgl. Wiedemann, 1991).

Eine solche Herangehensweise an die Kommunikation und öffentliche Wahrnehmung von Risiken vereinfacht jedoch – wie wir bereits versucht haben, in einem allgemeinen Sinne zu zeigen – komplizierte Sachverhalte in erheblichem Maße. Zunächst einmal ist die Kommunikation von Informationen, insbesondere das Ausmaß, in dem Vermutungen „geglaubt" werden, selten eine Frage der „Qualität" (etwa im Sinne der Objektivität oder Wissenschaftlichkeit) ihrer Inhalte. Vielmehr kommt es auf die Qualität der sich rasch verändernden oder dauerhaften sozialen Beziehungen und der bedeutenden kulturellen Ressourcen (z. B. Weltanschauungen) der Akteure in Wissenschaft, Kulturindustrie und Öffentlichkeit an. An der Formulierung von Risiken oder der Bewertung von Gefahren, der Berichterstattung und Interpretation dieser Themen und nicht zuletzt an der öffentlichen Reaktion auf diese Darstellungen sind zu jedem Zeitpunkt Akteure mit unterschiedlichen Zielen beteiligt, die zu ihren Interpretationen dessen gelangen, was dann zu sozial konstruierten Bedeutungen wird. Das Ergebnis ist eine komplizierte Form des Diskurses und der Verflechtung sozialer Kontexte, die nicht ohne weiteres beeinflusst werden können, um sicherzustellen, dass sich eine bestimmte Formulierung der Themen und der Schlussfolgerungen durchsetzt. Die Herstellung von und die anschließende Reaktion auf objektive, statistisch formulierte Behauptungen, die zum Beispiel von der Klimaforschung aufgestellt werden, ist keine Ausnahme. Klimaforscher konstruieren objektive Vermutungen über das Klima gemäß bestimmten sozialen Praktiken und Standards, die in der wissenschaftlichen Gemeinschaft allgemein vorherrschen und akzeptiert werden. Objektive und konstruktive Merkmale wissenschaftlicher Szenarien und erwarteter Risiken des Klimawandels neigen dazu, sich zu vermischen und ineinander überzugehen (vgl. Krohn & Krücken, 1993), vor allem, wenn die Szenarien in Form von „Vorhersagen" in die öffentliche Diskussion gelangen.

5.6 Klimapolitik

Die Unterscheidung zwischen dem Klima und seiner sozialen Konstruktion bedeutet, dass nur das soziale Konstrukt letztlich die Klimapolitik prägt, während das Klima selbst keine oder nur eine unbedeutende Rolle im Prozess der Gestaltung der Klimapolitik spielt.

In der Wissenschaft dominieren ökonomische Konzepte und Perspektiven die Diskussionen darüber, wie auf die Möglichkeit eines vom Menschen verursachten Klimawandels zu reagieren ist. Und in der intellektuellen Tradition der neoklassischen Ökonomie wird von einer perfekt informierten Gesellschaft erwartet, dass sie eine „optimale" Reaktionsstrategie entwickelt (z. B. Nordhaus, 1991, Tahvonen et al., 1994). Ein Prototyp wäre eine schematische Darstellung der Beziehung zwischen der globalen Umwelt und der Gesellschaft, in der angenommen wird, dass die beiden Entitäten „Klima" und „Sozioökonomie" über Umweltparameter wie Temperatur oder Niederschlag (die wiederum die Biosphäre und damit den Menschen beeinflussen) und die Emission strahlungsaktiver Gase miteinander interagieren. Die „Kosten" eines Klimawandels („Schadens-" oder „Anpassungskosten") sowie die Kosten für die zur Vermeidung oder Verringerung des Klimawandels erforderlichen Veränderungen in der Wirtschaft („Vermeidungskosten") sind zumindest im Prinzip bekannt und können (in Geld oder moralischen Einheiten) quantifiziert werden. Diese Quantifizierung erfolgt auf der Grundlage sozialer Normen und politischer

5 Das soziale Konstrukt des Klimas und des Klimawandels

Entscheidungen, die gesellschaftliche Präferenzen und Nutzenskalen darstellen. Eine „optimale" Klimapolitik wird dann so konzipiert, dass die Gesamtkosten unter Berücksichtigung der Schadenskosten und der Vermeidungskosten minimiert werden (Hasselmann, 1990).

Wir möchten einer solchen Sichtweise – die man am besten als „technokratischen" Ansatz bezeichnet – eine Perspektive gegenüberstellen, nach der nicht das Klima selbst, sondern das soziale Konstrukt des Klimas der dominierende Faktor ist. Wir meinen, dass die Gesellschaft dem realen und damit langsamen Klimasignal nicht genügend Aufmerksamkeit schenkt. Stattdessen reagiert die Gesellschaft auf das soziale Konstrukt des Klimawandels und hält damit natürliche Extreme fälschlicherweise für Indikatoren des Klimawandels. Wir veranschaulichen unser Konzept anhand von drei Beispielen.

Zwischen 1315 und 1317 fiel die Ernte in England aus, vor allem wegen der anhaltenden Niederschläge im Sommer. Infolgedessen kam es zu einer Hungersnot, und Seuchen breiteten sich aus (bis zu 10 % der Bevölkerung starben). Die Obrigkeit, vor allem die Kirche, hatte ihre Untertanen vor den Missernten gewarnt, dass Gott sie bestrafen würde, wenn sie sich in ihrem Leben nicht an höhere moralische Standards hielten. Die aufgetretenen klimatischen Extreme wurden als Klimaveränderung interpretiert. Der (einzige) glaubwürdige Faktor, der das Klima steuert, war Gott, und die Klimaveränderung spiegelte somit Gottes Zorn und Rache wider. Aufgrund des lebensbedrohlichen Charakters der Auswirkungen des Klimawandels (Hungersnot, Tod) war „Anpassung" keine akzeptable Klimapolitik. Die einzig verfügbare Option war die „Eindämmung", was bedeutete, dem Zorn Gottes ein Ende zu setzen. Und genau das war die damalige gesellschaftliche Reaktion. Wie ein Sozialhistoriker (Kershaw, 1973) berichtet:

Der Erzbischof von Canterbury befahl dem Klerus, feierliche Barfußprozessionen mit dem Sakrament und den Reliquien durchzuführen, begleitet vom Läuten der Glocken, dem Singen der Litanei und der Feier der Messe. Dies geschah in der Hoffnung, die Menschen zu ermutigen, für ihre Sünden zu büßen und den Zorn Gottes durch Gebet, Fasten, Almosen und andere wohltätige Werke zu besänftigen.

Diese Klimapolitik wurde als erfolgreich empfunden: Die Klimaanomalie verschwand, die Ernten erholten sich. Das soziale Konstrukt des Klimas und das Klima waren in diesem Fall eindeutig nicht miteinander verbunden. Ein weiteres Beispiel für eine soziale Konstruktion des Klimawandels im Mittelalter sind die Hexen, von denen weithin angenommen wurde, dass sie das Klima entweder direkt durch Hexerei oder indirekt dadurch veränderten, dass sie den Zorn Gottes hervorriefen, weil die Gemeinden nicht gegen die bösen Praktiken der Hexen vorgingen (Behringer 1988).

Die Idee, dass die Emission von Treibhausgasen das globale Klima künstlich verändern und zu einem Anstieg der oberflächennahen Temperatur führen könnte, wurde bereits Ende des 19. Jahrhunderts von dem schwedischen Wissenschaftler Arrhenius (1896) vorgeschlagen. Lange Zeit galt dieser Gedanke als intellektuell reizvoll, aber praktisch unbedeutend. Erst in den 1970er Jahren wurden die möglichen Auswirkungen des anthropogenen Treibhauseffekts ernsthafter diskutiert. In den 1980er Jahren wurde der „Treibhauseffekt" zum wichtigsten Thema der Klimaforschung und wird seitdem immer stärker gefördert. Die Öffentlichkeit schien das Treibhausproblem nach mehreren Extremereignissen plötzlich als wichtiges Thema zu akzeptieren.

Die nordamerikanische Dürre von 1988 war in Nordamerika von entscheidender Bedeutung. Der bekannte Klimaforscher James Hansen erklärte in einer Anhörung des US-Senats, dass die Dürre mit „99-prozentiger Sicherheit" mit dem anthropogenen Klimawandel zusammenhänge (Schneider, 1989). Diese Aussage hatte eine schwache inhaltliche Grundlage und erscheint zweifelhaft angesichts des Ausbleibens weiterer Dürren in den Folgejahren (die Schlagzeilen im Sommer 1993 wurden von Berichten über dramatische Überschwemmungen in denselben Regionen beherrscht). Eine alternative Erklärung für die Dürre, dass sie auf eine besondere Konfiguration von Temperaturanomalien der Meeresoberfläche im Nordpazifik zurückzuführen sei, wurde von anderen Klimaforschern vorgeschlagen (Trenberth et al., 1988).

Im Frühjahr 1991 und 1993 kam es in Nordeuropa zu einer Reihe schwerer Stürme, die erhebliche Schäden verursachten. Die Stürme wurden von den Medien als Indikator für den vorhergesagten Klimawandel interpretiert, und selbst angesehene Wissenschaftler erklärten mehr oder weniger offen, dass die Häufigkeit intensiver Stürme zugenommen habe und als Reaktion auf die menschlichen Treibhausgasemissionen weiter zunehmen werde. Eine statistische Analyse der Häufigkeit von Stürmen im Nordseegebiet und anderen Teilen des Nordatlantiks (von Storch et al., 1993) in den letzten 100 Jahren ergab keine derartigen systematischen Veränderungen. Das Ergebnis wurde von den Medien weitgehend ignoriert, obwohl eine Kurzfassung in Nature veröffentlicht wurde (Schmidt & von Storch, 1993).

Ein weiteres Beispiel bezieht sich auf die Jahrzehnte der 1920er und 1930er Jahre auf der Nordhalbkugel. Innerhalb von zwei Jahrzehnten, von 1911–20 bis 1931–40, stieg die Jahresmitteltemperatur in der nördlichen Hemisphäre um 0,3 "C. Örtliche Veränderungen betrugen bis zu 1 °C und mehr. Die Öffentlichkeit nahm diese Veränderung nicht zur Kenntnis, obwohl sie in ihrer Größenordnung mit der heutigen vergleichbar war (die mittlere Temperaturveränderung auf der Nordhalbkugel zwischen 1971–80 und 1981–90 betrug nach den zuverlässigsten Schätzungen nur 0,25 "C). Wir vermuten, dass der Klimawandel in jenen Jahren einfach nicht zu einem großen öffentlichen Anliegen wurde, weil traumatische soziale Probleme wie die gesellschaftliche Neuordnung nach dem Ersten Weltkrieg, die wirtschaftliche Depression und die Bildung totalitärer Regime im Vordergrund standen.

5.7 Optionen für die Klimapolitik

Wir argumentieren daher, dass jede Klimapolitik den folgenden Dilemmata unterworfen ist:

- Wenn ein langsamer Klimawandel stattfindet und die Öffentlichkeit von den politischen und/oder wissenschaftlichen Behörden vor einem solchen Wandel gewarnt wurde, dann wird das tatsächliche, sich langsam entwickelnde Signal kaum wahrgenommen. Stattdessen wird die Öffentlichkeit Extreme, die mit den Warnungen übereinstimmen (aber in Wirklichkeit meist nichts damit zu tun haben), als

„Beweis" für die Realität des Klimawandels akzeptieren. Eine aktive Vermeidungs- oder Anpassungspolitik kann entworfen werden, aber ob diese Politik angemessen sein wird, bleibt eine offene Frage.
- Wenn sich das Klima allmählich verändert und die Öffentlichkeit nicht über eine solche Veränderung beunruhigt ist, findet eine passive Anpassung statt. Die natürlich auftretenden Extreme werden dann von der Öffentlichkeit als unvermeidbare natürliche Unterbrechungen akzeptiert.
- Wenn sich das Klima nicht ändert, die Öffentlichkeit aber dennoch einen Klimawandel erwartet, dann wird jedes Extrem (oder jede mehrjährige Anomalie) als Beweis für den Klimawandel interpretiert und eine Klimapolitik entsprechend den in einer bestimmten Gesellschaft und historischen Periode akzeptierten Normen eingeführt.
- Wenn das Klima stationär ist und die Gesellschaft keine Veränderungen erwartet, werden Extreme keine Nachfrage nach einer Klimapolitik erzeugen.

Die letzte Konfiguration ist die häufigste in der Geschichte. In den meisten historischen Schriften werden das Wetter und wetterbedingte Katastrophen vor allem aus Gründen der Vollständigkeit behandelt (z. B. Weikinn, 1958–61). Der Fall „England 1314–1317" gehört zur dritten Kategorie, der Fall „Nördliche Hemisphäre 1920–1930" ist der zweiten Kategorie zuzuordnen und die gegenwärtige Situation kann der ersten oder der dritten Gruppe angehören.

Daraus schließen wir:

- Die Physik des Klimawandels ist für die Öffentlichkeit weitgehend unverständlich. Der zu erwartende Klimawandel vollzieht sich auf Zeitskalen, die viel länger sind als der „Zeithorizont des täglichen Lebens", so dass die Menschen auf Bedrohungen reagieren müssen, die sie eigentlich nicht persönlich erleben. Selbst gesellschaftliche Gruppen, die stark von klimasensiblen Umweltfaktoren abhängig sind, wie die Landwirtschaft oder die Bewohner von Küstengebieten, haben Schwierigkeiten, mit einem langsamen, aber stetigen Klimawandel umzugehen.

5 Das soziale Konstrukt des Klimas und des Klimawandels

- Die Begriffe Klima und soziales Konstrukt von Klima und Klimawandel widersprechen sich zwar nicht, sind aber oft unabhängig voneinander.
- Eine „vernünftige" gesellschaftliche Reaktion auf den vom Menschen verursachten Klimawandel, der zumindest prinzipiell durch politische Maßnahmen steuerbar ist, ist realistischerweise nicht zu erwarten. Eine solche Reaktion könnte vielleicht durch eine geschickte Manipulation des „Missverständnisses" von Extremen (eine solche Möglichkeit scheint es in den Köpfen einiger Naturwissenschaftler zu geben) oder durch eine energische öffentliche Kampagne erzeugt werden.

Die Erforschung globaler Umweltveränderungen im Allgemeinen und des Klimawandels im Besonderen wird nach wie vor im Wesentlichen als ein Fachgebiet der Naturwissenschaften angesehen. Trotz der in jüngster Zeit von einer Minderheit von Klimaforschern und anderen geäußerten Kritik am Begriff der globalen Erwärmung (z. B. Salmon, 1993) üben die Naturwissenschaften, die einen Konsens über den Klimawandel herstellen und vertreten (IPCC, 1990; Houghton et al., 1992), weiterhin den größten Einfluss in der internationalen politischen Arena aus. Aber es ist auch notwendig, die Vorstellung kritisch zu hinterfragen, wo die Autorität der Wissenschaft und ihr Wissen über den Klimawandel herkommt, ob sie natürlich ist, oder innerhalb der wissenschaftlichen Gemeinschaft konstruiert ist.

In jedem Fall besteht ein erheblicher Bedarf an Interaktion zwischen den streng getrennten und nach wie vor souveränen Bereichen der naturwissenschaftlichen Klimaforschung und der Sozialforschung, um die Wechselwirkungen zwischen Klima und sozialer Konstruktion des Klimas zu verstehen. Wir brauchen z. B. mehr historische Vergleiche mit aktuellen Situationen. Darüber hinaus sind empirische Analysen der gesellschaftlichen Wahrnehmung von Klima und Wetter erforderlich, um zentrale Fragen wie „Was ist das Besondere am Klimaproblem, dass es mitunter gravierender erscheint als die meisten anderen gesellschaftlichen Probleme?" ansatzweise zu beantworten.

Literatur

Arrhenius, S.A., 1896: On the influence of carbonic acid in the air upon the temperature of the ground. *Phil Mag J Sci* 41:237-276

Behringer, W., 1988: *Hexenverfolgung in Bayern*. R Oldenbourg Verlag, München

Douglas M 1992: *Risk and blame*. Essays in cultural theory. Routledge, London

Douglas M., Wildavsky A., 1982: *Risk and culture. an essay on the selection of technological and environmental dangers*. University of California Press, Berkeley

Gamson, W.A., 1993: *Talking politics*. Cambridge University Press, Cambridge

Goode E., 1989: The American drug panic of the 1980s: social construction or objective threat? *Violence Aggression Terrorism* 3:327-348

Hasselmann, K., 1976: Stochastic climate models. Part I. Theory. *Tellus* 28:473-484

Hasselmann K, 1990: How well can we predict the climate crisis? In: Siebert, H. (Hg.): *Environmental scarcity. The International Dimension*. J.C.B. Mohr, Tübingen, p 165–183

Hasselmann, K., 1993: Optimal fingerprints for the detection of time-dependent climate change. J Clim 6. 1957–1971

Hegerl, G.C., von Storch, H., Hasselmann, K., Santer, B.D., Cubasch, U., Jones, P.D., 1994: Detecting anthropogenic climate change with an optimal fingerprint method. *Max-Planck-Institut für Meteorologie Report* 142, Hamburg

Houghton, J.T., Callander, B.A., Varney, S.K., 1992: *Climate Change 1992. The supplementary report to the IPCC Scientific Assessment*. Cambridge University Press, Cambridge

Hoyt. D.V., 1981: Weather 'records' and climate change. *Clim Change* 3:243-249

IPCC, 1990: Scientific assessment of climate change. The policymakers' summary of the Report of Working Group I to the Intergovernmental Panel on Climate Change. World Meteorological Organization/United Nations Environment Programme, Geneva

Kellogg W.W., 1978: Global influences of mankind on the climate. Gribbin J. (Hg.): Climatic change. Cambridge University Press, Cambridge, p. 205–227

Kershaw, I., 1973: The great famine and agrarian crisis In England, 1315-1322. *Past Present* 59:3-50

Krohn, W., Krücken, G., 1993: Risiko als Konstruktion und Wirklichkeit. In: Krohn W., Krücken G. (Hrsg.): *Riskante Technologien: Reflexion und Regulation. Einführung in die sozial-wissenschaftliche Rsikoforschung.* Suhrkamp, Frankfurt am Main, p. 9–44

Lacey, C., Longman, D., 1993: The press and public access to the environment and development debate. *Sociol Rev* 41:207-243

Lindgren, S., Neumann, J., 1981: The cold and wet year 1695 – a contemporary German account. *Clim Change* 3:173-187

Lowe, P., Morrison, D., 1984: Bad news or good news: environmental politics and the mass media. *Sociol Rev* 32:75-90

Merton, R.K., Nisbet, R. (Hrsg.), 1966: *Contemporary social problems.* Harcourt Brace & World, New York

Nordhaus, W.D., 1991: To slow or not to slow: the economics of the greenhouse effect. *Econ J* 101:920-937

Rayner, S., Cantor, R., 1987: How fair is safe enough? The cultural approach to societal technology. *Risk Anal* 7:3-9

Salmon, J., 1993: Greenhouse anxiety. *Commentary* 45:25-28

Schmidt, H., von Storch, H., 1993: German Blight storms analysed. *Nature* 365:791

Schneider, S., 1989: *Global warming: are we entering the greenhouse century?* Sierra Club Books, San Francisco

Schneider, S.H., Mesirow, L.E., 1976: *The Genesis Strategy: climate and survival.* Plenum Press, New York

Singer, E., Endreny. P.M., 1993: *Reporting on risk. How the mass media portray accidents, diseases, disasters, and other hazards.* Russell Sage Foundation, New York

Tahvonen, O., von Storch, H., von Storch, J., 1994: Economic efficiency of CO_2 reduction programs. *Clim Res* 4 127-141

Trenberth, K., Branstator, G.W., Arkin P.A., 1988: Origins of the 1988 North American drought. *Science* 242:1540-1645

Ungar, S., 1992: The rise and relative fall of global warming as a social problem. *Sociol Quart* 33:483-501

von Storch, H., Guddal, J., Iden, K., Jonsson, T., Perlwitz, J., Reistad. M, de Ronde, J., Schmidt, H., Zorita, E., 1993: Changing statistics of storms in the North Atlantic? *Max-Planck-Institut für Meteorologie Report* 116, Hamburg

Washington. W.M., Parkinson C.L., 1986: An introduction to three-dimensional chmate modelling. *University Science Books,* Mill Valley, CA

Weikinn, C., 1958-61: *Quellentexte zur Witterungsgeschichte Europas von der Zeitwende bis zum Jahre 1850*, 4 Volumes. *Akademie Verlag*, Berlin.

Wiedemann, P.M., 1991: Strategien der Risiko-Kommunikation und lhre Probleme. In Jungermann, H., Rohrmann, B., Wiedemann, P.M. (Hrsg.): *Risikokontroversen. Konzepte, Konflikte, Kornmunikation.*

6

Die Bedeutung der Sozialwissenschaften für die Klimaforschung

Zusammenfassung Die gegenwärtigen Dilemmata, die durch den vom Menschen verursachten Klimawandel hervorgerufen werden, sind in vielerlei Hinsicht beispiellos. Das Wissen über die physikalische Natur des globalen Klimawandels reicht nicht aus, um vom Verstehen zur Lösung des Problems zu gelangen. Die Geschichte zeigt, dass auch frühere Generationen von den Auswirkungen des Klimas und des anthropogenen Klimawandels auf die Gesellschaft fasziniert und beunruhigt waren. Diese Bemühungen waren jedoch weitgehend von der Doktrin des Klimadeterminismus geprägt. Wir fragen daher, wie eine realistischere Form der Wirkungsforschung als Grundlage für die Klimapolitik aussehen müsste. Wir argumentieren, dass die Konzeption des Themas als „optimales Steuerungsproblem" zu kurz greift. Wirkungsforschung muss sich der dynamischen sozialen Konstruktion des Klimas bewusst sein. Klimapolitik als eine Form der Steuerung des Klimawandels muss daher in hohem Maße auf sozialwissenschaftliche Expertise zurückgreifen.

Zuerst: von Storch, H., und N. Stehr, „The case for the social sciences in climate research" *Ambio* 26: 66–71, 1997.

6.1 Einführung

Die Klimaforschung hat sich in den letzten Jahrzehnten in der Wissenschaft stark entwickelt. Bisher hat sich die Klimaforschung hauptsächlich mit Fragen der physikalischen Dynamik des Klimas als Naturphänomen beschäftigt. Für die Politik werden exakte numerische und systemanalytische Antworten als ausreichend angesehen, während die Umsetzung dieser Erkenntnisse in praktische Entscheidungen in Gesellschaft und Politik als selbstverständlich vorausgesetzt wird.

Die Erfolge der Klimaforschung haben jedoch nicht dazu geführt, dass politische Maßnahmen ergriffen werden, um die zu erwartenden Schäden und Vermeidungskosten gegeneinander abzuwägen und so die negativen Folgen des erwarteten anthropogenen Klimawandels abzumildern oder gar zu vermeiden. Stattdessen sind die – oft falsch interpretierten – Informationen der Klimaforschung für die Alarmierung der Öffentlichkeit („Klimakatastrophe") und die politische Untätigkeit verantwortlich. Die Zauberwörter „Treibhauseffekt" und „globale Erwärmung" sind aus dem Alltag nicht mehr wegzudenken; ebenso verbreitet ist jedoch die Verwirrung darüber, was damit gemeint ist. Politisches Handeln beschränkt sich meist auf verbale Ankündigungen und eine mehr oder weniger großzügige Finanzierung der Klimaforschung. Naturwissenschaftler sind nach wie vor so optimistisch und wohlmeinend, wie es die meisten Naturwissenschaftler in der Vergangenheit waren.

Um Missverständnissen vorzubeugen: Wir halten es für unerlässlich, sozialwissenschaftliche Expertise in den Mittelpunkt der Klimaforschung zu stellen. Wir stellen eine Reihe von Beispielen vor, die zeigen, wie sozialwissenschaftliche Expertise dazu beitragen kann, ein ganzheitlicheres und realistischeres Bild von Klima und Gesellschaft zu zeichnen.

In diesem Beitrag nehmen wir eine skeptische Haltung gegenüber der gesellschaftlichen Relevanz „naturwissenschaftlicher" Informationen über Klima und Klimawandel ein. Diese Skepsis bedeutet nicht, dass wir die Realität der anthropogenen globalen Erwärmung in Frage stellen (Hegerl et al. (1996), Houghton et al. (1996), Bengtsson (1997)). Die

6 Die Bedeutung der Sozialwissenschaften für die Klimaforschung

Existenz und das Verständnis des natürlichen Prozesses implizieren jedoch nicht notwendigerweise seine Relevanz für die Gesellschaft. Ob der anthropogene Klimawandel gesellschaftlich relevant ist oder nicht, muss von der Klimafolgenforschung untersucht werden, die zunehmend an Bedeutung gewinnt. In den folgenden beiden Abschnitten werden zwei konventionelle Ansätze der Klimafolgenforschung hinterfragt.

Konkret geht es um zwei Fragen:

- *Ist die Klimafolgenforschung ein neuer Wissenschaftszweig?* Wir werden zeigen, dass sie nicht neu ist, sondern eine vergessene „Wissenschaft", die unzählige Generationen in vielen Gesellschaften fasziniert hat. In der Vergangenheit gehörte die Klimafolgenforschung jedoch hauptsächlich dem Genre des „Klimadeterminismus" an, einem Paradigma, das vielleicht wegen seiner engen Verbindung zu Rassentheorien aus dem wissenschaftlichen Diskurs verschwunden ist. Aber auch wenn es von der wissenschaftlichen Agenda verschwunden ist, ist der Klimadeterminismus in der Öffentlichkeit der heutigen Gesellschaft, einschließlich der Entscheidungsträger und Politiker, immer noch ein sehr lebendiges Konzept.
- *Ist es sinnvoll, die sozialen Folgen der globalen Erwärmung als ein „optimales Kontrollproblem" zu betrachten, das die Entwicklung einer „Klimapolitik" erfordert, die die erwarteten Vermeidungskosten gegen die erwarteten Kosten der Klimaveränderung abwägt?* Wir werden behaupten, dass dieser Ansatz fragwürdig ist, weil er die Dynamik der sozialen Wertzuweisung im Laufe der Zeit außer Acht lässt. Die von künftigen Generationen wahrgenommenen Kosten des Klimawandels können sich radikal von unseren heutigen Wertmaßstäben oder sozialen Präferenzen unterscheiden.

Während sich diese beiden Fragen an die konventionelle Klimafolgenforschung von Geographen, Ökologen und Ökonomen richten, sehen wir die Notwendigkeit einer anderen Art von Klimafolgenforschung, die mit der öffentlichen Wahrnehmung und den Überzeugungen, mit der subjektiven Rolle von Naturwissenschaftlern und Entscheidungsträgern und ihrer Interaktion mit der Gesellschaft zu tun hat. Im Einklang mit diesem allgemeinen Punkt fragen wir in einem späteren

Abschnitt: Stimmt die Wahrnehmung der globalen Erwärmung durch die Öffentlichkeit mit den Ansichten der Naturwissenschaftler überein? Was ist das zeitgenössische soziale Konstrukt von Klima und Klimawandel? Wir werden zeigen, dass dieses soziale Konstrukt, wie es von der breiten Öffentlichkeit geäußert und von den Medien verstärkt und dramatisiert wird, oft weit von dem entfernt ist, was Naturwissenschaftler für richtig halten.

Das Papier schließt mit einer vorläufigen Liste von Forschungsfragen, die nicht nur intellektuell ansprechend sind, sondern auch für den Umgang mit der Bedrohung durch die globale Erwärmung von Bedeutung sind.

6.2 Klimafolgenforschung

Unabhängig davon, ob wir die vom Menschen verursachte globale Erwärmung als Realität oder bis zu einem gewissen Grad als eine mögliche Entwicklung in der Zukunft akzeptieren, müssen die praktischen Auswirkungen erforscht werden. Damit werden die Auswirkungen auf das Klima zu einer zentralen Forschungsaufgabe. Wir müssen uns fragen, inwieweit und wie das Klima und der Klimawandel die Leistungsfähigkeit natürlicher und bewirtschafteter Ökosysteme sowie wirtschaftlicher und sozialer Strukturen bestimmen und wie sich etwaige Abmilderungsmaßnahmen, d. h. die mit der Bewältigung des Klimawandels verbundenen Kosten, wiederum auf die Gesellschaft auswirken.

Ein Forschungszweig der Klimafolgenforschung, der seit den frühesten Zeiten der Zivilisation zu beobachten ist, sind Spekulationen über die Auswirkungen des Klimas auf den Menschen. Im klassischen Griechenland schlug beispielsweise Hippokrates in seiner Abhandlung über „Luft, Wasser und Orte" vor, dass das Wissen über das Klima zur Erklärung der Psychologie und Physiologie des Menschen genutzt werden sollte. Man nahm an, dass die Unterschiede in den Lebensgewohnheiten und im Charakter zwischen Ost und West auf das unterschiedliche Klima zurückzuführen waren. Während der Aufklärung verbrachte der gebildete Teil der Bevölkerung Frankreichs, Deutsch-

6 Die Bedeutung der Sozialwissenschaften für die Klimaforschung

lands und Englands enorme intellektuelle Energie damit, über die klimatischen Determinanten der zivilisatorischen Eigenheiten ganzer Nationen zu streiten. Philosophen wie Montesquieu in seinem einflussreichen „Esprit des Lois" und Herder in seinen „Ideen zur Philosophie der Geschichte der Menschheit" vertraten weithin diskutierte Ideen über den bedeutenden Zwang, den das Klima darstellt.

Aber auch in unserem Jahrhundert haben klimatische Erklärungen der Geschichte und die Theorie bedeutender klimatischer Einflüsse auf Individuen und Gesellschaften eine Blütezeit erlebt. Während frühere Spekulationen über die Auswirkungen des Klimas weitgehend auf zufälligen Beobachtungen beruhten, führte der amerikanische Geograph Ellsworth Huntington die quantitative Methode ein. In seiner Monographie „Civilization and Climate" (Huntington, 1925) stellte Huntington die von der Öffentlichkeit weithin akzeptierte und von Wissenschaftlerkollegen geschätzte Hypothese auf, dass die Entstehung einer Zivilisation nur in Gebieten möglich sei, in denen günstige klimatische Bedingungen herrschten. Seine Schlussfolgerungen stützten sich auf eine statistische Analyse der Arbeitsaufzeichnungen von Fabrikarbeitern und der Noten von College-Studenten. Huntington behauptete, gezeigt zu haben, dass der Mensch bei einer Temperatur von ca. 15–21 °C am energiereichsten und produktivsten ist, ebenso wie bei einer moderaten jährlichen Temperaturspanne und dem Vorhandensein kurzfristiger Schwankungen. Letzteres wurde als stimulierend für die geistige und körperliche Energie und Gesundheit angesehen. Es überrascht nicht, dass solche klimatischen Bedingungen in der heutigen Zeit in West- und Mitteleuropa, in den meisten Teilen Nordamerikas, in gewissem Maße in Japan sowie in Australien und einigen Teilen des südlichen Südamerikas vorherrschen. Umgekehrt behauptet Huntington, dass sowohl die körperliche als auch die geistige Aktivität bei extremer Hitze oder Kälte abnimmt. Zur Überprüfung seiner Hypothese zeigte Huntington zwei Karten (Abb. 6.1), die die aus den klimatischen Bedingungen abgeleitete Verteilung von Gesundheit und Energie sowie die durch eine Expertenbefragung ermittelte Verteilung der Zivilisation zeigen.

Es überrascht nicht, dass ähnliche Ideen in Nazi-Deutschland in Mode waren, wo der Sozialpsychologe Willy Hellpach beispielsweise in

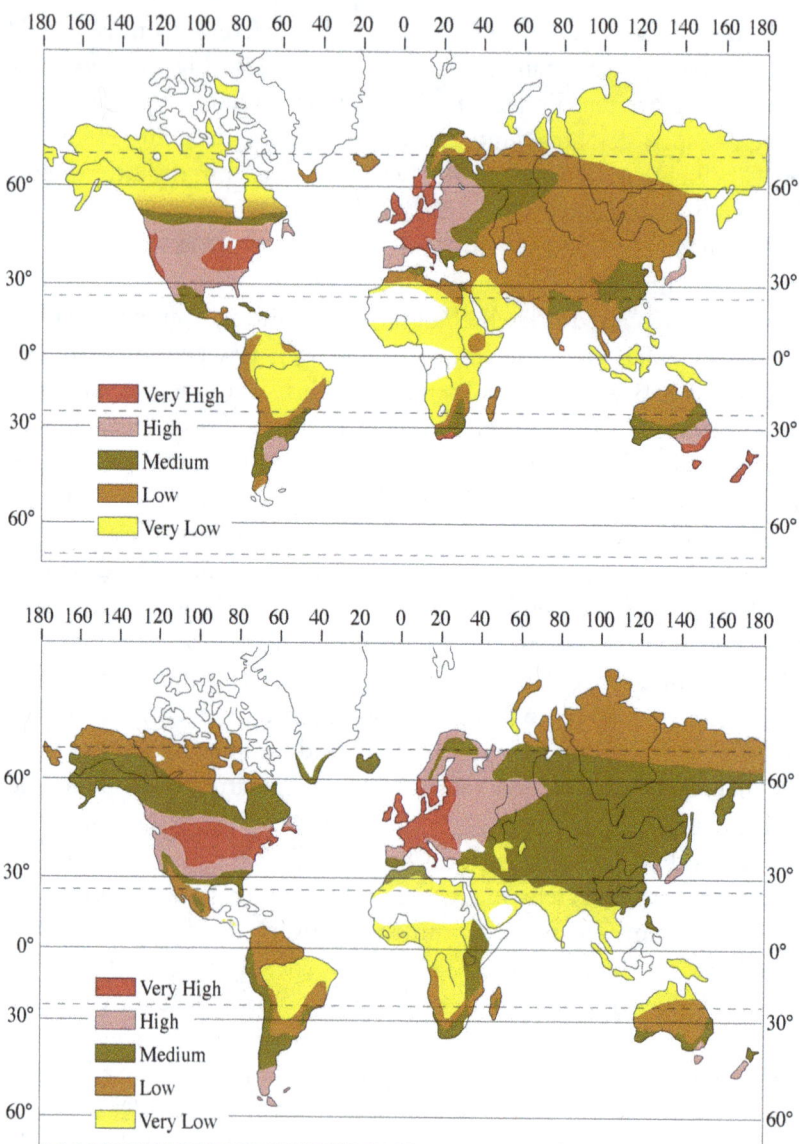

Abb. 6.1 Huntingtons Hauptargument für seine „Klimahypothese der Zivilisation". Oben: Huntingtons Analyse der klimatisch bedingten „Gesundheit und Energie", und unten: die aus einer Umfrage unter zeitgenössischen „Experten" abgeleitete Verteilung der „Zivilisation". (Aus den beiden Karten schloss Huntington, dass günstige klimatische Bedingungen eine notwendige Bedingung für die Entstehung einer Zivilisation sind. Quelle: Huntington, E. 1925. Civilization and Climate. Yale University Press, 2nd edition, Graphik selbst verbessert)

einem Aufsatz mit dem Titel „Kultur und Klima" schrieb, der als Teil eines Bandes zum allgemeinen Thema „Klima-Wetter-Mensch" veröffentlicht wurde:

> Im Norden [...] sind die Charaktereigenschaften Nüchternheit, Härte, Beherrschung, Unerschütterlichkeit, Anstrengungsbereitschaft, Geduld, Ausdauer, Starrheit und der entschlossene Einsatz von Vernunft und Entschlossenheit vorherrschend. Die vorherrschenden Charakterzüge des Südens sind Lebendigkeit, Erregbarkeit, Impulsivität, Beschäftigung mit der Gefühls- und Phantasiesphäre, ein phlegmatisches Mit-dem-Fluss-Gehen oder momentane Aufbrausungen. Innerhalb einer Nation sind die Nordländer eher praktisch veranlagt, zuverlässig, aber unzugänglich, und die Südländer den schönen Künsten zugetan, zugänglich (gesellig, sympathisch, gesprächig), aber unzuverlässig (Wolterek, 1938; Stehr, 1996).

Nachdem die Rassentheorien, bei denen es sich im Wesentlichen um eine Art Rassendeterminismus handelt, in Verruf geraten waren, wurden auch ihre intellektuellen Geschwister, der geografische Determinismus und der klimatische Determinismus, in den Sozialwissenschaften obsolet. Heute gilt die Einbeziehung umweltbedingter Einflüsse auf das menschliche Verhalten in den meisten sozialwissenschaftlichen Diskursen fast als Tabu. In den Naturwissenschaften hat das Konzept bis zu einem gewissen Grad überlebt. Eine solche wissenschaftliche Perspektive wird von Biometeorologen verfolgt, die beispielsweise die Auswirkungen von Hitzewellen auf häusliche Gewalt oder Sterblichkeitsraten untersuchen.

In den Natur- und Sozialwissenschaften wird der Zusammenhang zwischen Klima, sozialem Verhalten, Einstellungen und Fähigkeiten, wenn überhaupt, nur sehr vorsichtig untersucht. Die breite Öffentlichkeit akzeptiert immer noch das Konzept des Klimadeterminismus, wie zum Beispiel ein Artikel in der Zeitschrift Weather (Beck, 1993) zeigt, in dem der Autor behauptet:

> auf offensichtliche Zusammenhänge zwischen dem Charakter der Menschen einer Region und dem dort herrschenden Klima [...]

intolerante Handlungen wurden oft von Menschen aus Gebieten in mittleren Breiten begangen, in denen die jahreszeitlichen Temperaturextreme groß sind [...] In den 1930er Jahren ergriff der Faschismus in Spanien, Deutschland, Italien und Österreich die Macht; alle [haben eine jahreszeitliche Temperaturspanne] von etwa 20 Grad Celsius [...] Es wird vielleicht nie absolut bewiesen werden können, dass ein mildes Klima in den mittleren Breiten eine tolerante Gesellschaft fördert oder dass ein extremes Klima die Menschen zu Intoleranz veranlasst [...] wenn dies erkannt wird, könnte es helfen, potenzielle Problembereiche im Bereich der zwischenmenschlichen Beziehungen zu identifizieren, so dass rechtzeitig Maßnahmen ergriffen werden können, um Bedrohungen für den Frieden zu entschärfen. [...] Vielleicht trägt die Abwesenheit von Jahreszeiten dazu bei, eine entspannte Haltung zu fördern, weil es nicht nötig ist, aufwendige Pläne zu machen, um mit den Unbilden eines kalten Winters und/oder eines sehr heißen Sommers fertig zu werden. Wo jedoch [die jahreszeitliche Temperaturspanne] groß ist, wird der Lebensrhythmus von den Jahreszeiten bestimmt, was eine Disziplin der rechtzeitigen Vorbereitung auf die Extreme erzwingt; hier kann sich eine weniger entspannte Geisteshaltung entwickeln.

Auch eine von Pennebaker et al. (1996) durchgeführte Umfrage unter College-Studenten aus 26 Ländern belegt die anhaltende Resonanz der Hellpach'schen Ideen in der jungen und gebildeten Bevölkerung und damit auch das stereotype Bild unterschiedlicher Persönlichkeitstypen aus dem Norden und Süden.

Bei Entscheidungsfindungsprozessen in Klimafragen und im möglichen Konflikt mit den harten Informationen der Naturwissenschaften sollte man die Bedeutung des weit verbreiteten Glaubens an den „Klimadeterminismus" sowie anderer relevanter kultureller klimabezogener Doktrinen nicht unterschätzen, zum Beispiel die Vorstellung, dass das Klima konstant ist.

Ein weiterer Forschungszweig der früheren Klima- und Klimafolgenforschung befasste sich mit den Schwankungen oder Veränderungen des Klimas. Aufmerksame Beobachter stellten bereits im 18. Jahrhundert fest, dass das Klima nicht konstant ist, und Forscher spekulierten über die Gründe für solche Veränderungen. In der Folge wurde die Dichotomie von natürlichem und anthropogenem Klimawandel eingeführt.

6 Die Bedeutung der Sozialwissenschaften für die Klimaforschung

Im Jahr 1770 beschrieb der amerikanische Arzt Williamson eine Veränderung der klimatischen Bedingungen in den nordamerikanischen Kolonien und brachte diese günstige Veränderung mit der fortschreitenden Besiedlung in Verbindung, die zu einer verstärkten Entwässerung und Entwaldung führte (Williamson, 1770). In ähnlicher Weise beschreibt das Sprichwort „Der Regen folgt dem Pflug" die Vorstellung eines günstigen Klimawandels, der durch die Umwandlung der nordamerikanischen Prärien in landwirtschaftlich genutztes Ackerland verursacht wurde.

Im 19. Jahrhundert wurde in Europa, Australien und Nordamerika eine breite Diskussion über den Klimawandel infolge der Abholzung und manchmal auch der Wiederaufforstung geführt (Brückner, 1890; Stehr et al., 1996). Diese Debatte beschränkte sich nicht nur auf die damalige wissenschaftliche Gemeinschaft, sondern fand auch in den Medien und in der Politik großen Widerhall. Im Übrigen verlief die Diskussion ähnlich wie die gegenwärtige über die Interpretation des derzeitigen Erwärmungstrends, d. h. ob wir es nur mit einer weiteren langfristigen Schwankung im Zuge der natürlichen Variabilität zu tun haben oder ob die Erwärmung auf anthropogene Eingriffe in die Umwelt zurückzuführen ist.

Die Überzeugung, dass es sich um anthropogene Veränderungen handelt, führte in mehreren Ländern zur Einsetzung von Regierungs- und Parlamentsausschüssen, die geeignete Reaktionsstrategien entwickeln sollten.

Der gegenteilige Standpunkt, nämlich dass der Klimawandel eine Angelegenheit natürlicher Prozesse ist, wurde von anderen Forschern wie Eduard Brückner (1890) vertreten, der dokumentierte, dass das Klima aus natürlichen Gründen auf dekadischen Zeitskalen und kontinentalen Raumskalen schwankt. Interessanterweise richtete er nach seiner Analyse der klimatologischen Daten sein Interesse auf die Auswirkungen dieser Klimaschwankungen auf Gesundheit, Verkehr, internationalen Handel, Migrationsmuster usw.

Auf der Grundlage der historischen Aufzeichnungen kommen wir zu dem Schluss:

i) Die Klimaforschung und die Klimafolgenforschung sind kein neuer Forschungszweig. Sie wird schon seit Jahrhunderten betrieben. Allerdings sind den heutigen Wissenschaftlern diese früheren Diskussionen, Hypothesen und Theorien meist nicht bekannt.

ii) Die historische Klimafolgenforschung hat sich selbst in eine Sackgasse manövriert, indem sie versucht hat, die meisten oder sogar alle sozialen Tatsachen, wie z. B. Gesundheitszustände sowie eine unendliche Vielfalt von sozialen Verhaltensmustern, auf klimatische und andere geographische Faktoren zurückzuführen. Gleichzeitig hat es keine systematische Diskussion (Sorokin, 1928, Nordhaus, 1994) gegeben, die zu einer öffentlichen Diskreditierung der Doktrin des Klimadeterminismus geführt hätte, oder vielleicht hat diese Diskussion keine große Wirkung gehabt und ist in Vergessenheit geraten.

Die Bedeutung dieser Schlussfolgerungen liegt darin, dass es starke Anzeichen dafür gibt, dass die heutige Klimafolgenforschung stillschweigend zu den alten Konzepten zurückgekehrt ist, und es besteht die reale Gefahr, dass sie schließlich in der gleichen Sackgasse landet wie ihre Vorgänger, die sicherlich nicht weniger intelligent, gebildet und vorsichtig waren als die heutigen Forscher.

6.3 Das Klimaproblem: ein Problem der optimalen Steuerung?

Bisher haben wir das Klima als einen Faktor betrachtet, der auf den Menschen einwirkt, der meist passiv auf das Klima und seine Veränderungen reagiert. Es scheint aber auch Menschen gegeben zu haben, die das Klima aktiv verändern wollten, entweder um ungünstige Entwicklungen umzukehren oder um es direkt zu verbessern, wie z. B. die sowjetischen Pläne zur Umleitung der sibirischen Flüsse. Zumindest in diesem Sinne gibt es eine Geschichte des gesteuerten und sogar geplanten Klimawandels. Im Falle des anthropogenen Treibhauseffekts sehen es die meisten Mitglieder der Gesellschaft und die Regierungen

6 Die Bedeutung der Sozialwissenschaften für die Klimaforschung

als ein lohnendes Ziel an, die erwartete anthropogene Klimaänderung zu begrenzen, um sicherzustellen, dass die erwarteten Schäden in akzeptablen Grenzen bleiben.

Aus makroökonomischer Sicht kann der Klimawandel als eine Situation verstanden werden, in der die Schaffung von wirtschaftlichem Wohlstand den Nebeneffekt hat, dass er die Umwelt schädigt. Im Falle des anthropogenen Klimawandels sind die schädlichen Nebeneffekte beispielsweise Schäden wie der Anstieg des Meeresspiegels. Diese Schäden machen eine Reihe von Anpassungsmaßnahmen erforderlich, z. B. den Bau von Deichen, die wirtschaftliche Ressourcen verbrauchen, die alternativ für die Schaffung von Wohlstand verwendet werden könnten.

Das Problem hängt mit der Tragödie der Allmende zusammen (Harding, 1968): Alle Akteure erschöpfen gemeinsam eine gemeinsame Ressource, nämlich die Atmosphäre als Deponie für gasförmige Nebenprodukte der Energieerzeugung. Auf diese Weise werden individuelle Gewinne erzielt. Der Effekt für das Gemeinwohl hat jedoch negative Auswirkungen für alle, unabhängig von der Menge der Emissionen jedes Einzelnen.

Unter der Annahme, dass überhaupt nicht eingegriffen wird, erwarten die Ökonomen einen monotonen Anstieg der Treibhausgasemissionen, die so genannte „business as usual"-Politik. Die Alternative wäre, dass sich die Regierungen der Welt auf eine gemeinsame Politik einigen, die darauf abzielt, die Schäden auf der Grundlage einer Emissionsregulierung zu begrenzen. Das soziale Optimum wäre ein Emissionsplan für die ganze Welt, der die Kosten der Emissionsreduzierung mit den erwarteten Kosten der Schäden in der absehbaren Zukunft in Einklang bringt. Aus rein ökonomischer Sicht wird ein zeitabhängiger Emissionspfad angestrebt, so dass die Grenzkosten der Emissionsverringerung den Grenzkosten der Anpassung entsprechen. Diese Idee wurde in den Wirtschaftswissenschaften von Nordhaus und in der Klimaforschung von Hasselmann entwickelt (Nordhaus, 1991; Hasselmann, 1990; Tahvonen et al., 1994; Hasselmann et al., 1997: 15–18). So gesehen reduziert sich das Klimaproblem auf ein optimales

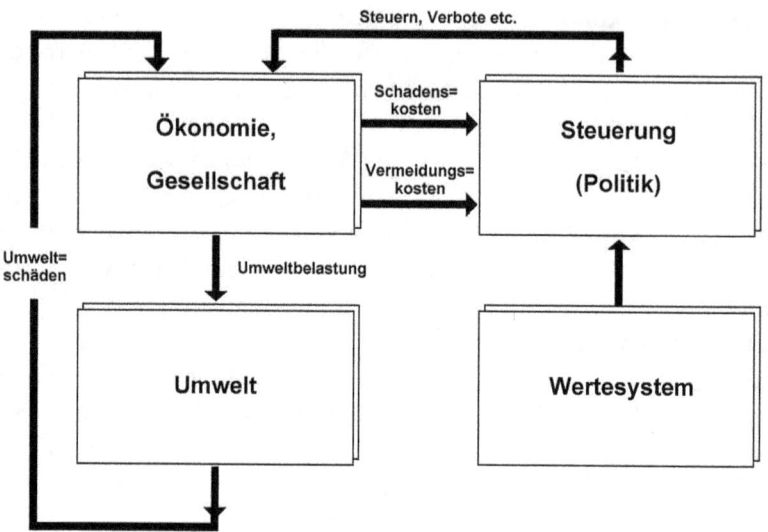

Abb. 6.2 Das Modell der globalen Umwelt und Gesellschaft (GES). (Quelle: Hasselmann, K. 1990. How weil can we predict the climate crisis? In: Environmental Scarcity–the International Dimension. Siebert, H. (ed.). JCB Mohr, Tübingen, pp. 165–183; Verwendung mündlich vom Urheber erlaubt)

Kontrollproblem, mit dem Emissionspfad als Kontrollvariable und den klimatischen Bedingungen als Zustandsvariablen[1].

Hasselmann hat seinen Ansatz in dem Modell Global Environment and Society (GES) zusammengefasst, in dem zwei dynamische Einheiten miteinander interagieren, nämlich das Klimasystem und das Wirtschaftssystem (Abb. 6.2). Das Wirtschaftssystem beeinflusst das Klimasystem durch Abfälle wie Kohlendioxid (CO_2), und das Klimasystem reagiert darauf mit einer Veränderung, beispielsweise des Meeresspiegels. Jede Abfallreduzierung ist mit Kosten verbunden. Auch

---

[1] Wenn sich die Länder nicht auf eine gemeinsame Politik einigen können, kann das Problem im Rahmen der Spieltheorie formuliert werden, siehe Hasselmann und Hasselmann (1996).

6 Die Bedeutung der Sozialwissenschaften für die Klimaforschung

Klimaveränderungen sind mit Kosten verbunden. Die Aufgabe der Politik besteht darin, die Gesamtkosten zu minimieren, wobei es der Gesellschaft überlassen bleibt, das genaue Maß zu bestimmen. Dieser Ansatz der optimalen Kontrolle ist nicht nur intellektuell verlockend, sondern könnte auch für politische Entscheidungsträger interessant sein. Zweifelsohne stellt er eine lohnende und informative Perspektive für die Erörterung des vorliegenden Problems dar. Andererseits funktioniert sie nur auf der Grundlage verschiedener Annahmen, von denen einige nicht ausdrücklich genannt werden. Einige Vereinfachungen, wie z. B. das Fehlen natürlicher Klimaschwankungen, könnten leicht durch eine Modifizierung der beteiligten dynamischen Modelle berücksichtigt werden. Andere statische Annahmen sind schwieriger zu rechtfertigen. Eine wichtige Annahme des Modells ist zum Beispiel, dass künftige Generationen unsere Werte und unser Konzept einer gesunden Umwelt akzeptieren werden. Die makroökonomischen Modelle gehen davon aus, dass die Wertzuweisung weitgehend konstant ist, vielleicht mit einem Abzinsungselement, aber ohne signifikante Änderung der relativen Wertzuweisung für z. B. gesunde Wälder und religiöse Vorschriften. Wir wissen jedoch, dass gesellschaftliche Werte einem komplexen und kaum vorhersehbaren Wandel unterliegen. Was heute für große Teile der Öffentlichkeit von größter Bedeutung ist, kann schon in wenigen Jahren, geschweige denn Jahrzehnten, irrelevant sein. Mit anderen Worten: Modellen wie GES fehlt ein Modul, das die Dynamik der gesellschaftlichen Wertzuweisung beschreibt. Beim heutigen Wissensstand ist es kaum vorstellbar, dass solche Modelle zuverlässig für den Einsatz in integrierten Bewertungsmodellen aufgebaut werden können.

Zur Veranschaulichung des allgemeinen Sachverhalts ein Beispiel aus dem Mittelalter (Stehr und von Storch, 1995): In den Jahren 1315 bis 1319 litten Teile Europas unter einer witterungsbedingten Nahrungsmittelknappheit; besonders schwerwiegend war das Problem u. a. in England. Die rekonstruierte Luftdruckverteilung für den Sommer 1315 verdeutlicht die Situation (Abb. 6.3). Eine anhaltende anomale zyklonale Zirkulation über Mitteleuropa brachte für den Sommer ungewöhnlich kalte und regnerische Bedingungen mit katastrophalen Folgen für die Ernten.

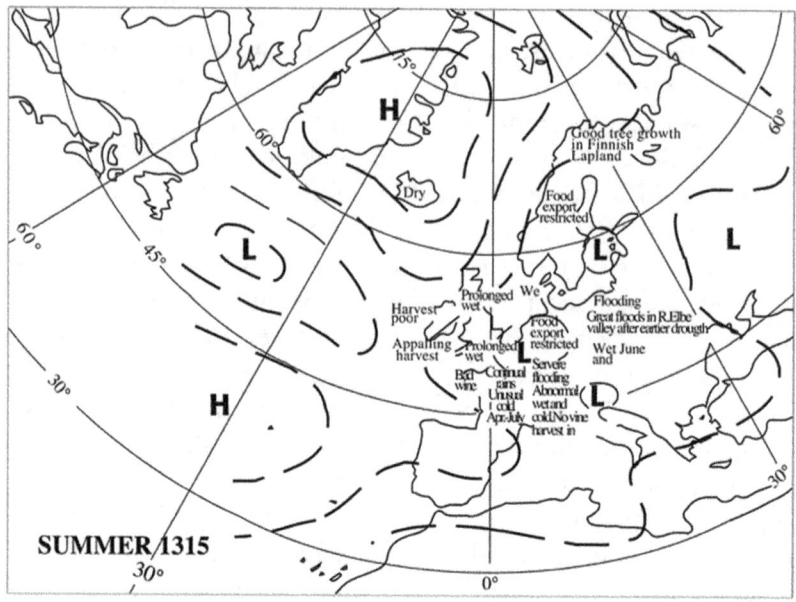

Abb. 6.3 Rekonstruierte mittlere Luftdruckverteilung im Sommer des Jahres 1315 zusammen mit Berichten über die vorherrschenden Wetteranomalien (Lamb, 1987). What can historical records teil us about the breakdown the medieval warm climate in Europe in the fourteenth and fifteenth centuries-an experiment. Beitr. Phys. Atmos. 60, 131–143 Zeitschrift ist eingestellt

Die feindlichen klimatischen Bedingungen wurden von den zeitgenössischen Autoritäten, d. h. der Kirche, als ein Kontrollproblem interpretiert. Das ungünstige Klima wurde als eine von Gott über die Gesellschaft gebrachte Reaktion auf sündiges Verhalten gesehen und verstanden. In gewisser Weise war die Gesellschaft mit dem anthropogenen Klimawandel konfrontiert. Jede „Business-as-usual"-Reaktion wäre mit unerträglich hohen Schadenskosten verbunden – Hungersnöte, Epidemien, hohe Sterblichkeitsraten, abgesehen von ungünstigen Perspektiven wie dem Fegefeuer. Daher wurden die Schäden bzw. die Anpassungskosten als unendlich hoch eingeschätzt.

Die erwogenen Vermeidungsmaßnahmen waren eng mit christlichem Lebensstil verbunden. Analog zur gegenwärtigen Situation wurde eine solche Vermeidungspolitik abgesehen von den unmittelbaren Ernteproblemen, die sie beheben könnte, allgemein als wohltätig angesehen. Die Kosten eines solchen Vorgehens wurden als wesentlich geringer empfunden als die zu erwartenden Schäden. In Übereinstimmung mit dieser Sichtweise rieten die Behörden ihren Schäfchen, *„ihre Sünden zu sühnen und den Zorn Gottes durch Gebet, Fasten, Almosen und andere Wohltätigkeiten zu besänftigen"* (22).

Später normalisierten sich die klimatischen Bedingungen wieder. Diese Entwicklungen müssen sowohl für die Öffentlichkeit als auch für die Behörden ein starker Beweis dafür gewesen sein, dass ihre Klimapolitik durchaus erfolgreich war.

Vor dem Hintergrund unseres heutigen Wissens über die Dynamik der Gesellschaft erscheint der Fall 1315 geradezu absurd. Aber wir können nicht wirklich darauf vertrauen, dass unser eigenes Verständnis vieler gegenwärtiger Umweltkrisen und deren Bewältigung durch die Gesellschaft und die Regierungen künftigen Generationen nicht ebenso unangemessen erscheinen wird. Was wir aus diesem Fall lernen können, ist, dass das GES-Modell zu stark vereinfacht ist, weil es implizit davon ausgeht, dass sich die Kosten auf tatsächliche Prozesse beziehen. In Wirklichkeit werden die Kosten jedoch für die wahrgenommenen Prozesse geschätzt, und dieses Verständnis unterliegt einer eigenen Dynamik, die von den realen Prozessen weitgehend unabhängig ist.

Daher sollte das GES-Modell in das Modell der wahrgenommenen Umwelt und Gesellschaft (Perceived Environment and Society, PES) umgewandelt werden, indem zwei Prozesse hinzugefügt werden, die die harten Informationen über Wirtschaft und Umwelt in ihre sozialen Konstrukte umwandeln (Abb. 6.4). Die Auswirkungen menschlicher Aktivitäten auf die Umwelt werden der Öffentlichkeit zunächst von bestimmten Einrichtungen erklärt, bei denen es sich heutzutage hauptsächlich um wissenschaftliche Beratungsgremien wie den IPCC handelt. Diese autoritative Interpretation ist hilfreich, aber nicht entscheidend für das öffentliche Verständnis des Klimas. Stattdessen konfrontieren die Betroffenen die erhaltenen Interpretationen mit ihren eigenen kognitiven Modellen und Doktrinen, d. h. mit ihrem Verständnis vieler Prozesse und Interessen, die mit dem vorliegenden Problem in Zusammenhang stehen können oder auch nicht. Das

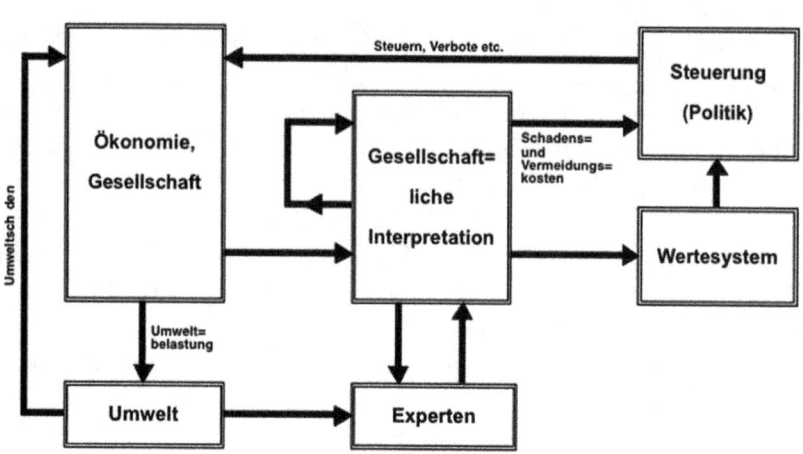

Abb. 6.4 Das Modell der wahrgenommenen Umwelt und Gesellschaft (PES), das vom GES-Modell in Abb. 6.2 durch zwei zusätzliche Kästchen abweicht, die gesellschaftliche Prozesse darstellen. (Quelle: eigene Darstellung Bray und von Storch, 1996a, b)

daraus resultierende komplexe soziale Konstrukt bestimmt letztlich die Gestaltung und Einhaltung der Klimapolitik. Daher ist die Abbildung des sozialen Konstrukts in verschiedenen Zeiten und Gesellschaften von größter Bedeutung für eine erfolgreiche Lösung des Klimaproblems. Auch die Dynamik, die in den Prozess der Bildung des sozialen Konstrukts des Klimas involviert ist, muss untersucht und verstanden werden.

Daraus schließen wir, dass Modelle wie GES:

i) informativ und nützlich sind, um das allgemeine Format des Problems zu diskutieren;
ii) ein entscheidendes Modul fehlt, nämlich die Entwicklung der sozialen Wertzuweisung oder der sozialen Präferenzen einschließlich der Konflikte und Widersprüche bei den Werten innerhalb und zwischen Gesellschafte. Für einige Jahre kann man davon ausgehen, dass eine solche Figuration von Präferenzen konstant ist, aber über

diese Zeitspanne hinaus wird dieser Prozess wahrscheinlich erhebliche Schwankungen aufweisen, die durch soziale, wirtschaftliche, politische und kulturelle Prozesse verursacht werden.

6.4 Das soziale Konstrukt des Klimas

Uns sind nur wenige Studien bekannt, die versuchen, das vorherrschende soziale Konstrukt von Klima und Klimawandel zu beschreiben. Im Folgenden stellen wir einige Ergebnisse einer interessanten Studie vor, die in den USA von Kempton et al. durchgeführt wurde (23). Diese Studie bietet Ideen und Beobachtungen, die wir als vielversprechende Ansatzpunkte für künftige Forschungen in dieser Richtung betrachten.

Sie befragten zunächst Personen aus verschiedenen gesellschaftlichen Gruppen, um herauszufinden, was Laien über das Klima und den Klimawandel denken. Dabei stellte sich heraus, dass bestimmte Vorstellungen recht weit verbreitet sind, nämlich dass das Klimaproblem im Wesentlichen ein Verschmutzungsproblem ist, ähnlich wie beim sauren Regen. Daher wäre es eine angemessene Strategie, die Industrie zu zwingen, Filter einzurichten. Eine weitere häufige (Fehl-)Vorstellung war, dass die Emission von CO_2 in die Atmosphäre schädlich sei, weil sie zu einer Verknappung des Luftsauerstoffs führen würde, so dass die Menschen ersticken würden. Die naturwissenschaftliche Sichtweise des Klimaproblems wurde nur von einer kleinen Minderheit der Befragten verstanden. Absurde Aussagen wie „Ich weiß nicht, was sie auf dem Mond machen und diese Dinger da oben hinschießen. Ich glaube, sie stören die Atmosphäre" wurde von mehr als einem Befragten geäußert.

Diese Interviews halfen bei der Erstellung eines Fragebogens, der in einer Umfrage unter fünf verschiedenen Gruppen von Befragten verwendet wurde, die von radikalen Umweltschützern bis zu Arbeitnehmern reichten, die aufgrund von Umweltgesetzen ihren Arbeitsplatz verloren hatten. Die Meinungen der verschiedenen Gruppen unterschieden sich nicht wesentlich. Alle Gruppen sind ernsthaft besorgt über das Klimaproblem, und fast alle Befragten hatten, wie bereits in den Interviews festgestellt, schlichtweg falsche Vorstellungen vom

Klima. So stimmten beispielsweise 79 % der Befragten der Aussage zu, dass „das Wetter in letzter Zeit unbeständiger und unberechenbarer geworden ist", während 43 % die Möglichkeit eines kausalen Zusammenhangs zwischen Wetterveränderungen und dem Raumfahrtprogramm akzeptierten.

Es liegt auf der Hand, dass noch viel mehr Forschung nötig ist, um zu dokumentieren, welche Vorstellungen die Menschen haben und warum sie bestimmte Vorstellungen vom Klima und dem Klimaproblem haben. Ein wichtiger Forschungszweig in diesem Zusammenhang würde sich mit einigen der Produzenten des sozialen Konstrukts Klima befassen. In unserem Zeitalter wären dies sicherlich Wissenschaftler, Romanautoren, Journalisten, Meteorologen, die Massenmedien und andere.

Die Meinungen von Klimawissenschaftlern in den USA, Kanada und Deutschland sind kürzlich empirisch untersucht worden. Erste Ergebnisse wurden von Bray und von Storch veröffentlicht (1996a, b).[2] Eine der ersten Schlussfolgerungen lautet: „Die Wahrnehmung des Risikos/der Risiken des globalen Klimawandels ist ein Produkt der wissenschaftlichen Praxis; und die spezifischen Gefahren, die auf unterschiedliche Weise mit dem Ereignis in Verbindung gebracht werden, haben eine enge Affinität zum persönlichen Glaubenssystem des Wissenschaftlers." Signifikante Unterschiede nach Wohnsitzland wurden festgestellt, wie Abb. 6.5 zeigt, in der die Antworten von etwa 200 nordamerikanischen und deutschen Wissenschaftlern auf die Aussage „Wissenschaftler sind gut auf die Empfindlichkeit menschlicher Sozialsysteme gegenüber Klimaauswirkungen eingestellt" zusammengefasst sind. Die deutschen Wissenschaftler sind pessimistischer als ihre US-amerikanischen Kollegen, während der relative Optimismus der kanadischen Wissenschaftler mit kulturellen Faktoren zusammenhängen muss, die es zu erforschen gilt.

Wir kommen zu dem Schluss, dass den sozialen Prozessen, die die Umwandlung von wissenschaftlichen Erkenntnissen in populäre Über-

---

[2] Siehe auch: Auer, I., Bohn, R. und Steinacker, R. 1996. An opinion toll among climatologists about climate change topics. *Meteor. Z.* NF 5, 145–155.

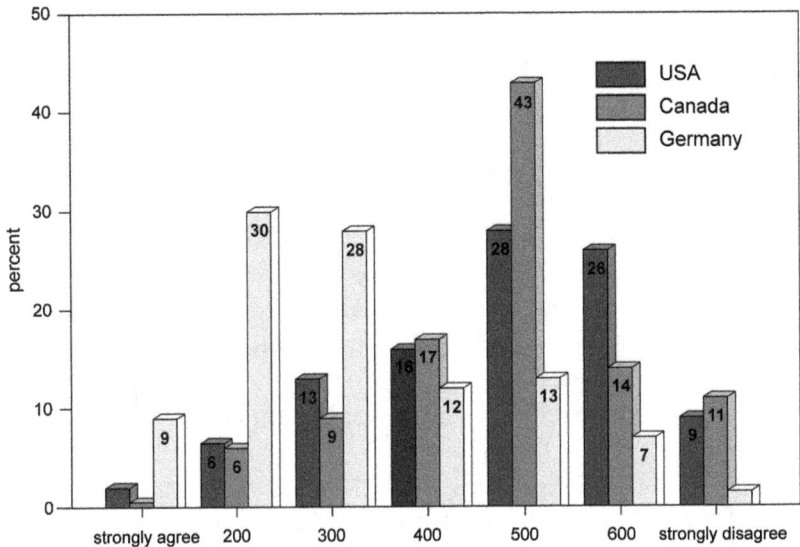

Abb. 6.5 Relative Häufigkeit der Antworten auf die Frage „Wissenschaftler sind gut auf die Empfindlichkeit menschlicher sozialer Systeme gegenüber Klimaauswirkungen eingestellt" von US-amerikanischen, kanadischen und deutschen Wissenschaftlern, die gebeten wurden, auf einer Skala von „stimme voll zu" bis „stimme überhaupt nicht zu" zu antworten. (Quelle: Bray und von Storch, 1996a, b)

zeugungen und mentale Modelle begünstigen oder verhindern, sowie allgemein der Art der sozialen Struktur des Klimas und ihren Auswirkungen auf die Gestaltung der Klimapolitik in verschiedenen Gesellschaften viel mehr Aufmerksamkeit und Analysen gewidmet werden sollten.

6.5 Zusammenfassung

Die drei in unserer Diskussion vorgestellten Fälle unterstreichen die Notwendigkeit, die Sozialwissenschaften in die Klimaforschung einzubeziehen. Sozialwissenschaftler können dazu beitragen, die Rolle des Klimadeterminismus und anderer populärer Wahrnehmungen, den Prozess der sozialen Konstruktion von klimarelevantem Wissen und Überzeugungen sowie die Dynamik sozialer Präferenzen zu verstehen. Auch die Rolle von Wissenschaftlern, die für sich in Anspruch nehmen, „reines" Wissen zu repräsentieren, aber von verschiedenen subjektiven und sozialen Mechanismen beeinflusst werden, sollte im Zusammenhang mit der Kommunikation von Klima und Klimawandel in der Öffentlichkeit und in der Politik untersucht werden. In Zukunft werden wir nicht nur Szenarien für das zukünftige Klima benötigen, sondern auch Szenarien für den Umgang mit den wissenschaftlichen Vorhersagen des Klimawandels und Szenarien für den Umgang mit dem tatsächlichen Klimawandel.

Im Einzelnen sollten die folgenden Aspekte untersucht werden:

i) Was ist aus der Doktrin des Klimadeterminismus geworden und welche klimatischen Ereignisse beeinflussen unter welchen Bedingungen Gesellschaften? Wie weit hat und kann sich die Gesellschaft von den klimatischen Bedingungen emanzipieren? Welches sind die grundlegenden Irrtümer von Huntington und anderen?

ii) Sind die Diskussionen des letzten Jahrhunderts über den natürlichen und/oder anthropogenen Klimawandel ein nützliches Analogon für das Verständnis der gegenwärtigen Debatte und des derzeitigen Entscheidungsprozesses auf nationaler und internationaler Ebene?

iii) Wie können wir die Dynamik der sozialen Wertzuweisung einbeziehen, um ein GES-Modell in ein realistischeres PES-Modell zu verwandeln?

iv) Wie sieht das zeitgenössische soziale Konstrukt des Klimas und des Klimawandels in einer vergleichenden Perspektive aus, und welche Veränderungen hat dieses Konstrukt in den letzten Jahren erfahren?

v) Welche Rolle spielen Klimawissenschaftler im Prozess der Bildung des sozialen Konstrukts von Klima und Klimawandel?

vi) Welche Rolle spielen andere soziale Akteure – Medien, Religion, Bildung, Staat usw. – bei der Bildung des sozialen Konstrukts Klima und Klimawandel?

vii) Wie können wir den sozial- und naturwissenschaftlichen Diskurs im Bereich der Klimaforschung erfolgreich verbinden?

Danksagung Dieser Aufsatz ist das Ergebnis einer intensiven Zusammenarbeit zwischen den beiden Autoren, von denen der eine Sozialwissenschaftler und der andere Naturwissenschaftler ist. Ermöglicht wurde diese Zusammenarbeit durch mehrere Besuche von Nico Stehr am Max-Planck-Institut für Meteorologie in Hamburg und am Institut für Gewässerphysik in Geesthacht. Wir danken der Max-Planck-Gesellschaft, dem GKSS-Forschungszentrum und der Thyssen-Stiftung für ihre großzügige Unterstützung dieser Zusammenarbeit. Die Kommentare der beiden anonymen Gutachter waren sehr hilfreich. Hans von Storch dankt Klaus Hasselmann und Dennis Bray für viele anregende Diskussionen.

Literatur

Auer, I., Bohn, R. und Steinacker, R. 1996. An opinion toll among climatologists about climate change topics. *Meteor. Z.* NF 5, 145-155.

Beck, R.A. 1993. Climate, liberalism and intolerance. *Weather* 48, 63–64., herausgegeben von der Royal Meteorological Society in London, UK.

Bengtsson, L. 1997. A numerical simulation of anthropogenic climate change. *Ambio* 26, 58-65.

Bray, D. und von Storch, H. 1996a. Inside science – a preliminary investigation of the case of global warming. *MPI-Report* 195, 58 Seiten.

Bray, D. und von Storch, H. 1996b. The climate change issue. Perspectives and interpretation. Proc. 14th Intl. Conf. Biometeor, 1–8 Sept. 1996, Lubljana, Slowenien.

Brückner, E. 1890. *Klimaschwankungen seit 1700 nebst Bemerkungen über die Klimaschwankungen der Diluvialzeit.* Geographische Abhandlungen herausgegeben von Prof. Dr. Albrecht Penck in Wien. Wien und Olmütz, E.D. Hölzel, 325 S.

Harding, G. 1968. The tragedy of the commons. *Science* 162, 1243-1248.

Hasselmann, K. 1990. How weil can we predict the climate crisis? In: *Environmental Scarcity – ausgearbeitet von the International Dimension.* Siebert, H. (Hrsg.). J.C.B. Mohr, Tübingen, S. 165-183.

Hasselmann, K. und S. Hasselmann, 1996. Multiactor optimization of greenhouse gas emission paths using coupled integrated climate response and economic models. Proceedings, Potsdam Symposium. Earth System Analysis. Integrative Science for Sustainability, 1994.

Hasselmann, K., Hasselmann, S., Giering, R., Ocaña, V. und von Storch, H. 1997. Optimization of C02 emissions using coupled integral response and simplified cost models. A sensitivity study. *Climatic Change* 37 (1997): 345-386.

Hegerl, G.C., von Storch, H., Hasselmann, K., Santer, B.D., Cubasch, U. und Jones, P.D. 1996. Detecting anthropogenic climate change with an optimal fingerprint method. J. Climate 9, 2281-2306.

Houghton, J.T., Meira Filho, L.G., Callander, B.A., Harris, N., Kattenberg, A. und Maskell, K. (eds). 1996. Climate change 1995. The Science of Climate Change. Cambridge University Press, 572 Seiten.

Huntington, E. 1925. *Civilization and Climate.* Yale University Press, 2. Auflage.

Lamb, H. 1987. What can historical records teil us about the breakdown of the medieval warm climate in Europe in the fourteenth and fifteenth centuries – an experiment. Beitr. *Phys. Atmos.* 60, 131-143.

Nordhaus, W.D. 1991. To slow or not to slow: the economy of the greenhouse effect. *Econ. J.* 101, 920-937.

Nordhaus, W.D. 1994. The ghosts of climate past and the specters of climate future. In: *Integrative Assessment of Mitigation, Impact and Adaptation to Climate Change.* Nakicenovic, N. Nordhaus, W.D., Richels, R. und Toth, F.L. (eds). IIASA, Mai 1994, 35–62.

Pennebaker, J.W., Rime, B. und Blankenship, V.E. 1996. Stereotypes of emotional expressiveness of northemers and southemers: A cross-cultural lest of Montesqieu's hypothesis. *J. Pers. Soc. Psych.* 70, 372-380.

Sorokin, P. 1928. *Contemporaly Sociological Theories.* Harper & Row Publishers, New York (Nachdruck 1956), 783 Seiten.

Stehr, N. 1996. The ubiquity of nature: climate and culture. *J. Hist. Behavioral Sci.* 32, 151–159.

Stehr, N. und von Storch, H. 1995. The social construct of climate and climate change. *Clim. Res.* 5, 99–105.

Stehr, N., von Storch, H. und Flügel, M. 1996. The 19th century discussion of climate variability and climate change: analogies for present day debate? *World Res. Rev.* 7, 589-604.

Tahvonen, O., von Storch, H. und von Storch, J. 1994: Economic efficiency of CO_2 reduction programs, *Clim. Res.* 4, 127-141.

Williamson, H. 1770. An attempt to account for the change of climate, which has been observed in the Middle Colonies in North America. *Trans. Amer. Phil. Soc.* 1, 272.

Wolterek, H. 1938. *Klima-Wetter-Mensch.* Quelle & Meyer, Leipzig

7

Das Klima in den Köpfen der Menschen

Dies Kapitel beschäftigt sich mit einer Unterscheidung in der Wahrnehmung und im Umgang mit Klima, wie sie sich in modernen Gesellschaften feststellen läßt. Es ist dies die Unterscheidung zwischen alltäglichen und wissenschaftlichen Klima- und Wettervorstellungen. Die alltäglichen Eindrücke und Überzeugungen vom Klima – beispielsweise von dessen Macht, die Bedingungen des menschlichen Lebens mitzubestimmen, die Entwicklungsprozesse menschlicher Gesellschaften, aber auch die Un- terschiede zwischen den Menschen, etwa ihren wirtschaftlichen Erfolg, ihre Gesundheit oder ihr Wohlbefinden, kausal zu beeinflussen – reichen sehr viel weiter zurück als die von der Klimawissenschaft entwickelten Vorstellungen von Klima und Wetter.

Die wissenschaftlichen Auffassungen sind kaum ein Jahrhundert alt. Die Beobachtungen des Klimas durch die Klimawissenschaft, die sich beispielsweise auf systematische Meßverfahren berufen können, begannen erst im ausgehenden 19. Jahrhundert. Allerdings ist es der Klimawissenschaft bisher nicht gelungen, das Alltagsverständnis von

---

Zuerst: Hans von Storch und Nico Stehr, "Das Klima in den Köpfen der Menschen." pp. 280–191 in Walter Hauser (Hg.), *Klima. Das Experiment mit dem Planeten Erde*. München: Deutsches Museum, 2002.

Klima und Wetter zu ersetzen. Wir haben es deshalb einerseits mit dem zu tun, was man das gesellschaftliche Bewußtsein vom Klima nennen kann, und andererseits mit dem wissenschaftlichem Konstrukt des Klimas. Die Konvergenz oder die Widersprüche, die sich zwischen diesen Konstrukten ausmachen lassen, haben eine nicht unerhebliche Bedeutung für die praktische Klimapolitik und wirken sich auch auf die mehr oder weniger erfolgreichen Bemühungen der Klimawissenschaft aus, ihre Resultate und praktischen Folgerungen der Öffentlichkeit verständlich zu machen. Die Klimawissenschaftler treffen in diesen Bemühungen immer schon auf das gesellschaftliche Konstrukt des Klimas, das die alltäglichen Vorstellungen der Menschen sehr stark mitbestimmt und den Erfolg der Kommunikation der Wissenschaft mit der Öffentlichkeit, den Medien und der Politik beeinflusst.

Die Divergenz von alltäglichen und wissenschaftlichen Überzeugungen hat sich erst allmählich herauskristallisiert. Noch vor wenigen Jahrzehnten fanden sich in vielen wissenschaftlichen Abhandlungen Beobachtungen und Schlußfolgerungen über den Einfluß des Klimas – Stichwort Klimadeterminismus –, die das alltägliche Bewusstsein von der Macht des Klimas wissenschaftlich untermauerten. Die Differenzierung von gesellschaftlichem und wissenschaftlichem Konstrukt ist jüngeren Datums. Nicht selten kann man allerdings beobachten, daß Klimawissenschaftler auch heute noch einen Klimadeterminismus fördern oder vertreten – Stichwort Klimakatastrophe.

Es gibt darüber hinaus bemerkenswerte Gemeinsamkeiten in alltäglichen und wissenschaftlichen Konzeptionen von Klima und Wetter. Dazu gehört beispielsweise die Sicherheit, mit der man auf beiden Seiten von den eigenen Klimavorstellungen überzeugt ist – einerseits was die Aussagen über globale Klimaveränderungen angeht, die uns die Klimamodelle der Wissenschaftler liefern, und andererseits was die Gewißheit anbelangt, mit der im Alltag von der überwältigenden Macht und dem einzigartigen Einfluß des Klimas auf menschliches Handeln gesprochen wird.

Thomas Bernhard (1986, S. 18–20) – der sicher nicht gerade dadurch bekannt geworden ist, daß er seinen österreichischen Landsleuten machte – verweist in seinem *Buch Der Untergeher* beispielhaft auf diese Konstellation von Klimaeinfluß und Cha- raktereigenschaften, wenn er gehässig feststellt: »Die Salzburger waren immer fürchterlich wie ihr Klima und komme ich heute in diese Stadt, bestätigt sich nicht nur mein Urteil, es ist alles noch viel fürchterlicher ... Das Voralpenklima macht gemütskranke Menschen, die schon sehr früh dem Stumpfsinn anheim fallen und die *mit der Zeit bösartig* werden ... Dieses Klima und diese Mauern töten die Sensibilität ab ...«

Die bis in die Gegenwart von manchem Klimawissenschaftler geteilte Überzeugung, klimatische Bedingungen seien ein Schlüssel, wenn nicht sogar *der* Schlüssel zum Verständnis der Eigenarten der Bewohner verschiedener Kontinente, Regionen und Orte, läßt sich in vielen Kulturen beobachten. Der japanische Botschafter Kume Kunitake (1878) etwa beschreibt seine Erfahrungen mit Deutschland und Österreich: »Der Charakter der Deutschen ist von Natur aus gründlich und bedächtig, deshalb fehlt ihnen bei Unternehmungen Scharfblick und Dynamik. Wo jedoch genaue und sorgfältige Arbeit nötig ist, begegnet man einer erstaunlichen Ausdauer, die man mit Lob erwähnen muß. Die Preußen leben im Norden in rauhen und kalten Gebieten. Diese Armut hat sie aber nicht entmutigt, sondern ihre Durchhaltekraft dadurch noch gesteigert ... mir schien, als ob die Atmosphäre in Berlin deshalb eine gewisse Arroganz und Aggressivität ausstrahlte. Österreich hingegen ist ein Land, gesegnet mit fruchtbaren Böden und einem milden Klima. Seit langem blüht die Kultur dort in seinen berühmten Städten. Dieser Reichtum begünstigte das Entstehen eines weiche- ren Wesens der Österreicher. Sie geben sich gern dem städtischen Lebensstil und dessen Verfeinerungen hin und schwärmen für Kultur und Kunst. Pracht und Verschwenden gehen miteinander her.«

Vergleicht man aber Thomas Bernhards Beobachtungen mit denen des japanischen Botschafters, so wird deutlich, daß die Eigenschaften der Menschen und ihrer Gesell- schaften, die angeblich eine Folge ihrer besonderen klimatischen Bedingungen sind, recht willkürlich und widersprüchlich ausfallen. Der Verweis auf die Verantwortlichkeit des Klimas verschleiert nur tiefverwurzelte soziale Vorverständnisse.

Die Bedeutung und die Überzeugungskraft des gesellschaftlichen Konstrukts »Klima« beruht auf der Tatsache, daß dieses Phänomen den Menschen, soweit wir dies wissen, schon immer intensiv interessiert hat – Klima nicht im Sinne eines »Durchschnittswetters«, denn das gibt es gar nicht, sondern im Sinne der Schwankungsbreite des Wetters oder, genauer noch, einer Statistik des Wetters. Wobei man sicher zu unterscheiden hat zwischen den »normalen Schwankungen« und den extremen Ereignissen, die zwar vorkommen mögen, aber eben statistisch gesehen doch selten sind; und zwar so selten, daß sie für den wahrnehmenden Menschen im Alltag jenseits des Normalen liegen.

Klima ist eine Umweltbedingung, die auf unseren Lebensstil einwirkt und abfärbt. Allerdings wird dieser Einfluß heute vor allem durch unser Klimabewußtsein und weniger durch unmittelbare klimatische Ereignisse gesteuert. Im Alltag haben wir uns in vielen Regionen dieser Welt vom Wetter abgekoppelt. Wir leben zu einem großen Teil des Tages, der Monate und der Jahreszeiten ganz unabhängig von lokalen Wetterbedingungen unter den von uns geschaffenen klimatischen Bedingungen. Früher, das heißt bis vor 100 Jahren, war der Einfluß des Klimas auf menschliche Lebens- und Arbeitsbedingungen sehr viel direkter, wie schon der Klimaforscher Eduard Brückner (1863–1927) in seiner Dissertation 1890 nachwies: Die landwirtschaftliche Produktion und damit das Wohlergehen einer von ihr dominierten Agrargesellschaft stand unter der Voraussetzung geeigneter klimatischer Verhältnisse. So wurden die Kommunikation und der Warenverkehr der Menschen be- oder verhindert, wenn die Flüsse und Häfen zufroren und der Schiffsverkehr eingestellt werden mußte. Heute fahren die Züge und fliegen die Flugzeuge dennoch. Der Anteil der Landwirtschaft am Bruttosozialprodukt der Industrienationen und der sich am Horizont ab- zeichnenden Wissensgesellschaften ist gering. Gleichzeitig ermöglichen neuere technische Entdeckungen und Entwicklungen, etwa die Massenproduktion von Klimaanlagen, dem Menschen in allen Klimaregionen dieser Welt ein Leben, das von den jeweiligen klimatischen Bedingungen kaum noch abhängig ist. Dennoch beeinflußt das Klima auch heute noch unseren Lebensstil, wenngleich auf andere Weise – die Sorge vor dem vom Menschen verursachten Klimawandel läßt Forderungen nach Klimaschutz laut werden: nach einer Umorganisation von Gesellschaft und Wirtschaft in einer klimaschonenden Weise, da das Klima »umzukippen« und damit die gefeierte

7 Das Klima in den Köpfen der Menschen

Emanzipation von der Umwelt sich in ihr Gegenteil zu verkehren drohe.

Klima und Wetter werden von jedermann erlebt und erfahren, und diese Erfahrungen prägen natürlich unsere Einstellung zum Klima mit. Insbesondere extreme Ereignisse besiegeln unser Klimaverständnis. Paradoxerweise stärken aber außergewöhnliche Wetterphänomene unser Vertrauen in die Macht der Normalität des Klimas, genauso wie uns das abweichende Verhalten von Mitmenschen an die Existenz gesellschaftlicher Wertvorstellungen und Normen erinnert, an die wir uns halten sollten. Extremereignisse machen uns die Zuverlässigkeit des Klimas bewußt. Sie stellen eine Art Rückversicherung dar. Da eine Rückkehr zur Normalität erwartet wird, wenn das Wetter einmal verrückt spielt, stärken solche Ereignisse unser Vertrauen in die Zuverlässigkeit des Klimas, wie zum Beispiel in die verläßliche Abfolge der Jahreszeiten oder darauf, daß auf eine Kälteperiode angenehmere Temperaturen folgen werden und daß schwere Stürme von lauen Winden abgelöst werden.

Klima ist ein universeller Gegenstand von Diskursen, Erklärungsansätzen und Sorgen. Wissen über das Klima ist uralt. Es ist praktisches Wissen – es erklärt Dinge in einer nützlichen und verständlichen Weise, ohne im Sinne der modernen Klima- (folgen)forschung notwendigerweise zutreffend zu sein. Es ist allgegenwärtig. Es ist gesellschaftlich konstruiertes Wissen, das im Laufe der Zeit aufgefrischt wird durch ein dann oft wieder schnell veraltendes wissenschaftliches Wissen. Es ist wirksames Wissen, nicht zuletzt, weil es die öffentliche Meinung, die Gestaltung von Klima- politik und das Denken der Klima(folgen)forscher beinflußt. Es konkurriert mit zeitgenössischem naturwissenschaftlichen Wissen über Klima und Klimafolgen. Es ist das Klima in den Köpfen der Menschen.

Was sind nun die typischen Merkmale des Klimabewußtseins? Es sind vor allem zwei Aspekte, auf die wir schon kurz verwiesen haben. Erstens: Das Klima hat einen starken Einfluß auf physische (man denke etwa an die verbreitete These, daß die Hautfarbe der Menschen Ergebnis unterschiedlicher Klimata sei oder daß die Reproduktionskraft entscheidend vom Klima bestimmt werde), psychische und soziale Eigenschaften, die uns charakterisieren; es bestimmt unser Wohlergehen oder ist für unsere Mißerfolge verantwortlich. Zweitens: Das Klima wird immer schlechter. Verantwortlich für diese Verschlechterung – die übrigens nicht von der Klimawissenschaft entdeckt oder erfunden worden ist, denn die Klimawissenschaft war bis vor wenigen Jahrzehnten davon überzeugt, das Klima sei in historischer Zeit in erster Linie ein statisches Phänomen – ist menschliches Handeln, das sich in einer Veränderung des Wetters und des Klimas widerspiegelt.

Beide Aspekte des Klimabewußtseins werden wir zunächst unter den Stichworten »Klimadeterminismus« und »Klimakatastrophe« näher skizzieren, bevor wir dann der Frage nachgehen, warum es sich hier nicht nur um irrelevante Details der Ideengeschichte handelt, sondern um Auffassungen, die auch gegenwärtig noch eine höchst wirksame gesellschaftliche Rolle spielen. Schließlich werden wir eine wissenschaftspolitische Reaktion empfehlen, die sowohl auf die Eindämmung des Einflusses vorwissenschaftlichen Wissens als auch auf die Darstellung der Bedingtheit gegenwärtigen naturwissenschaftlichen Wissens abzielt.

7.1 Stichwort: Klimadeterminismus

Schon die klassischen griechischen Philosophen vertraten die These, daß das Klima dafür verantwortlich sei, daß sich die Menschen auf verschiedenen Kontinenten, Regionen und Orten der Welt unterschieden; einige Gegenden seien bevorzugt – in der Regel immer die eigene –, andere vom Klima benachteiligt – in der Regel die Wohngebiete der Barbaren, der Fremden, der Anderen. Dieser Gedanke wurde später, im Zeitalter der Aufklärung, von Montesquieu, Herder und anderen Denkern wieder aufgenommen. Später wurde diese als selbstverständlich akzeptierte Überzeugung von der besonderen Macht des Klimas zum Gegenstand gelehrter wissenschaftlicher Diskurse. Die Verwissenschaftlichung alltäglicher Vorstellungen erfolgte auf der Grundlage umfassender, angeblich quantitativ-objektiver Methoden. So untersuchte der führende amerikanische Geograph Ellsworth Huntington (1876–1947) Leistungsmerkmale von Schülern und Arbeitern in den USA und bezeichnete gewisse Temperaturbereiche und Variationsmerkmale als optimal. Nicht zu kalt und nicht zu warm sollte es sein, und nicht zu eintönig. Huntington schloß aus seinen empirischen Beobachtungen mit Nachdruck, daß die von ihm aus kurzfristigen Veränderungen der Wetterlagen abgeleiteten Zusammenhänge und Abhängigkeiten für ganze Völker gelten müßten und entscheidend für die Wahl der Standorte von Produktionsstätten und politischen Institutionen sein sollten (etwa des Hauptquartiers der Vereinten Nationen).

Weil ein Kolonist oder Tourist in den Tropen unter den heißen und feuchten Wet- terbedingungen schnell ermüdet, sich langsamer bewegt und weniger Kinder hat, wenn er dort siedelt, müssen alle Bewohner der heißen Klimate schlapp, lustlos und unproduktiv sein. Und zwar auf Dauer. Wenn man sich Lexika aus der Zeit des ausgehenden 19. Jahrhunderts ansieht, dann ist diese Sichtweise von Klima und Klimawirkung unverrückbar. Unter dem Stichwort »Klima« findet sich regelmäßig der Hinweis, daß es nur das gemäßigte maritime Klima der mittleren Breiten sei, in dem Kultur und Zivilisation erblühen könnten. Die Bewohner der heißen Zonen verbrauchten sich schnell, seien überaktiv, irrational und tyrannisch. Die Bewohner subpolarer Zonen dagegen seien fett, unbeweglich und kindlich. Wohlgemerkt – es ist nicht das Verdienst des Menschen im maritimen Klima der mittleren Breiten, Kultur und Zivilisation entwickelt zu haben; es erwächst für ihn daraus allenfalls die Verpflichtung, die Kultur zu verbreiten, die Welt zu kolonisieren und mit Christentum, Hamburgern, Kühlschränken und anderen Segnungen der Zivilisation zu beglücken.

Der einflußreiche Mediziner und Sozialpsychologe Willy Hellpach (1877–1955) vertrat diese Ansicht von den umfassenden, schicksalhaften Klimafolgen noch vor wenigen Jahrzehnten mit großer Überzeugung und Resonanz: »Je im Nordteil eines Erdraums überwiegen die Wesenszüge der Nüchternheit, Herbheit, Kühle, Gelassen- heit, der Anstrengungswilligkeit, Geduld, Zähigkeit, Strenge, des konsequenten Verstandes- und Willenseinsatzes – je im Südteil die Wesenszüge der Lebhaftigkeit, Erregbarkeit, Triebhaftigkeit, der Gefühls- und Phantasiesphäre, des behäbigeren Gehenlassens oder augenblicklichen Aufflammens. Innerhalb einer Nation sind ihre nördlichen Bevölkerungen praktischer, verläßlicher, aber unzugänglicher, ihre süd- licheren musischer, zugänglicher (gemütlicher, liebenswürdiger, gesprächiger), aber unbeständiger.«

Demnach sind die Völker und Menschen an ihr Klima gekettet; sie machen das jeweils Mögliche aus den vorgegebenen klimatischen Bedingungen. Aber wehe dem, der sein angestammtes Klima verläßt. Das Klima begleitet den Migranten. Wenn das »neue« Klima dem ursprünglichen, jeweils optimalen, entspricht, dann ist es gut. Deshalb könnten Skandinavier, so wiederum Huntington, sehr gut im heutigen Bundesstaat Washington im Nordwesten der USA leben. Aber wenn das sozusagen in die Gene eines Menschen gepackte Klima und das seines Aufenthaltsortes nicht harmonieren, dann kommt es zu gravierenden Problemen. Wenn etwa der »weiße« Mensch sich in die Tropen begibt oder dort sogar siedelt, geht er unter. Diesen unglücklichen Typ kennt man aus Humphrey Bogarts Filmen. Deshalb sollten die Afrikaner auch lieber in Afrika bleiben oder die Schwarzen in den Südstaaten der USA. Um ihrer selbst willen; denn wer seine angestammte Klimaregion verläßt, wird nicht nur unglücklich, sondern auch unproduktiv. Nur der Chinese fällt aus derm Reihe – er ist nach einem Urteil von Willy Hellpach »klimadumpf«. Das heißt, ange- sichts der Tatsache, die auch Klimadeterministen nicht leugnen wollen, daß Chinesen in allen Klimaregionen dieser Welt »erfolgreich« sind, rettet man den Determinismus durch die Hilfskonstruktion einer angeblichen Klima-Unempfindlichkeit des chinesischen Volkes. Warum der Rest der Menschheit dieses Prädikat nicht besitzt, macht Hellpach allerdings nicht deutlich. Der Klimadeterminismus befördert, verstärkt und verbirgt gesellschaftliche Vorurteile.

Ist der Klimadeterminismus heute nur noch ein überholtes, kurioses Detail der Ideengeschichte? Kaum. Früher war er weitgehend anerkanntes wissenschaftliches Wissen; in der Geographie war Klima ein Standardelement für die Erklärung von Unterschieden zwischen den Gesellschaften, genauso wie der Verweis auf die unterschiedliche Verteilung natürlicher Ressourcen (Bodenschätze) oder andere geographische Determinanten. Allerdings mußte der Erklärungsfaktor »Klima« mit anderen wissenschaftlich oder vorwissenschaftlich definierten Einflüssen auf die gesellschaftliche Entwicklung konkurrieren – vor allem mit dem Faktor Vererbung. Man konnte seinem »angeborenen« Klima so wenig entkommen wie anderen angeborenen Eigenschaften, etwa der der Rassezugehörigkeit. Nach dem Schiffbruch des Rassismus verschwand auch der klimatische Determinismus von der Bühne der Wissenschaft. Aber im Alltag sind beide weiterhin fest verwurzelt. Zwar findet man gegenwärtig in der Öffentlichkeit und der veröffentlichten Meinung nur noch selten Hinweise auf einen virulenten Klimadeterminismus. Alle scheinen zu wissen, daß die Schweden deshalb so viel tüchtiger als die Nigerianer sind, weil letztere in einem bequemen Klima leben und deshalb sorg- und antriebslos sind, währende jene ständig von ihrem Wetter geplagt werden und sich deshalb lauter kluge Dinge ausdenken, mit denen sie ihr Leben unabhängiger vom Wetter und generell effizienter und schöner gestalten können.

Gegenwärtig kehrt der Klimadeterminismus »klammheimlich« in wissenschaftlichem Gewand zurück. Und zwar in einer bestimmten Sparte der Klima- folgenforschung. Es war und ist weitverbreitete Praxis, die Folgen und Risiken antizipierter anthropogener Klimaänderungen dadurch abzuschätzen, daß man Modelle eines künftigen gesellschaftlichen Zustands entwirft, in welche Klimaveränderungen als einziges *dynamisches* Element eingehen, während andere gesellschaftliche Bedingungen – also Ökonomie, Politik, gesellschaftliches Bewusstsein, internationale Beziehungen oder die technisch-wissenschaftliche Entwicklung – vereinfacht als konstante Faktoren behandelt werden. Dies gilt etwa für die vielbeachteten Studie über den künftigen Zustand der Wälder in Brandenburg. Daß sich in Zukunft aber gleichzeitig gesellschaftliche Institutionen, wirtschaftliche Bedürfnisse, Wertvorstellungen und Technologien wandeln und vermutlich sehr viel stärker für dann beobachtbare ökonomische und soziale Veränderungen verantwortlich sein werden als die angenommenen Klimaänderungen, wird oft geflissentlich übersehen. Es ist alte Klimadeterminismus, der in solchen Studien festlegt, was als wahrscheinliches zukünftiges Geschehen gelten kann – mit der Folge, daß die (zweifellos unsichere) gesellschaftliche Entwicklung mit ihrer wahrscheinlich noch zunehmenden Flexibilität, ihren schwer voraussehbaren Erneuerungen und Anpassungsversuchen unterschätzt wird. Unter solchen Prämissen überrascht es nicht, daß man in den Bemühungen um Klimaschutz nicht größeres Gewicht auf Anpassungsstrategien legt, sondern als angemessene Reaktion auf Klimaveränderungen fast ausschließlich die Reduktion der Freisetzung von Treibhausgasen anstrebt.

7.2 Stichwort: Klimakatastrophe

Wir hören es fast täglich: Das Klima wird schlechter; es wurde anscheinend schon immer schlechter. Die Jahreszeiten waren früher gleichmäßiger; zu Weihnachten lag meist Schnee. Das Wetter ist weniger vorhersehbar als früher; das Wetter spielt verrückt, die Stürme werden immer wilder. Insgesamt wird das Klima ungünstiger. In den fünfziger Jahren lag es an den Atombomben. Schon Gustav Gans in einer Donald-Duck-Geschichte jener Jahre wußte das. Noch einmal fünfzig Jahre früher waren das Gewehr- und Geschützfeuer und der transatlantische Kurzwellenfunk dafür verantwortlich. Und davor die Blitzableiter, die den Zorn aufgebrachter Bürger erregten, wie die *Neue Zürcher Zeitung* 1816 vermeldete. Davor die Hexen und das sündhafte Leben, das Gott mit schlechtem Wetter bestrafte. Nach 1970 hieß es, die Luftverschmutzung beschleunige den Übergang in die ohnehin bevorstehende neue Eiszeit. Gegenwärtig ist die Erderwärmung für spektakuläre Naturereignisse verantwortlich. Immer war der Mensch schuld. Man kann eine Geschichte der Gesellschaftsentwicklung als Geschichte der Klimakatastrophen schreiben.

Aber diesmal ist es anders. Diesmal ist es ernst. Die Treibhausgase in der Atmosphäre nehmen zu. Daran besteht kein Zweifel. Die langfristigen CO_2-Daten vom Mauno Loa auf Hawai'i zeigen das ganz klar. Und die wissenschaftliche Klimaforschung ist sich fast einig darüber, daß mit dem globalen Anstieg der Treibhausgase in der Atmosphäre Klimaänderungen einhergehen. Bisher sind es noch relativ kleine, aber dokumentierbare Verschiebungen; in Deutschland hat sich in den vergangenen hundert Jahren die Durchschnittstemperatur um ein Grad erhöht, und in einigen Jahrzehnten – selbst wenn es bis dahin zu einer drastischen Reduktion der Treibhausgasemissionen kommen sollte – werden es wohl deutlichere Klimaänderungen sein. Einstweilen geht es nur um leichte Erhöhungen der global gemittelten Temperatur und des

Meeresspiegels. Ob die bisher beobachteten Veränderungen Vorboten weitaus schlimmerer Abweichungen vom bisherigen Zustand sind, ist ungewiß.

Ist der zu erwartende Klimawandel eine »Katastrophe«? Doch nur, wenn katastro- phale Folgen damit einhergehen. Und eben diese sind nicht zu finden, es sei denn, man kaprizierte sich auf so wenig wahrscheinliche Ereignisse wie das Verschwinden des Golfstroms, dem angeblich schon einmal durch den Assuan-Staudamm und den dadurch ausbleibenden Zustrom von Süßwasser ins Mittelmeer der Hahn abgedreht wurde. Zu den Folgen gehören Hitzewellen und Klimatote in den Metropolen. Aber die Erfahrungen in den USA zeigen, daß es die soziale Marginalität bestimmter sozialer Schichten in den Großstädten Amerikas ist, die kausal zu einer größeren Zahl von Hitzetoden unter extremen Wetterbedingungen führt. Es sind nicht die erhöhten Temperaturen selbst. Ebenso wird die Gefahr der Ausbreitung von Malaria und anderer Krankheiten in Regionen der Welt, in denen diese Krankheiten nicht mehr auftreten, häufig als gefährliche Folge von Klimaänderungen angeführt. Malaria gab es früher in England und Holland in endemischem Ausmaß; sie wurde durch medizinische Innovation, Hygienemaßnahmen und gesellschaftliche Organisation ausgerottet. Malaria ist weitgehend eine Krankheit der Armen. Und nicht zu vergessen Bangladesch – wo die Menschen auch ohne die Folgen anthropogener Klimaveränderungen jeden tropischen Wirbelsturm fürchten müssen, da ihnen ein entsprechender Küstenschutz fehlt.

Die erwarteten Klimaänderungen werden sicherlich Anpassungen erforderlich machen, vermutlich auch schwierige Anpassungen. Der Verweis auf Opfer, Schäden und Risiken in gegenwärtigen und zukünftigen Extremsituationen ist immer auch ein Verweis auf gesellschaftliche Ursachen, die viele denkbare Katastrophen erst hervorbringen – aber damit im Prinzip auch vermeidbar machen. Auch ohne Klimakatastrophe lohnt es sich, sparsam und nachhaltig mit den Energie- und Rohstoffreserven umzugehen. Anpassung an Klimaänderungen und Reduktion von Treibhausgasen widersprechen einander nicht als politische Strategien.

7.3 Praktische Nutzanwendung?

Im März 2002 schrieb einer der Medienstars der deutschen Klimaforschung in der *Zeit:* »Das Abbrechen riesiger Eismassen in der Antarktis vor wenigen Tagen hat die Klimaproblematik wieder in den Blickpunkt der öffentlichen Aufmerksamkeit gerückt. Die Ursachen für dieses spektakuläre Ereignis sind zwar noch nicht eindeutig geklärt, doch eines steht fest: Der globale Klimawandel ist in vollem Gange.« Das ist ein bemerkenswerte Formulierung, insofern der erste Satz stimmt. Der Abbruch von Eisbergen in der Antarktis oder die Unwetter in Deutschland und anderen europäischen Ländern im Sommer des Jahres 2002 haben, wie immer bei Extremereignissen, eine umfassende Medienresonanz erzeugt. Wie immer in solchen Fällen wurde in der Öffentlichkeit viel über klimatische Gründe, insbesondere über die Folgen des Treibhauseffekts, palavert. Die Fachleute vom Alfred-Wegener-Institut für Polar- und Meeresforschung haben dem widersprochen, aber dennoch! Auch der zweite Satz trifft zu – die Ursachen sind nicht geklärt. Aber dann folgt eine erstaunliche Wendung: Die Unwetter und das Abbrechen des antarktischen Eises seien schlüssige Signale, wenn nicht sogar adäquate Beweise für den Klimawandel. Offenbar gibt es im Kopf des Forschers zwei Arten von Wissen – das naturwissenschaftliche der ersten beiden Sätze und ein anderes, vorwissenschaftliches Wissen, das das Abschmelzen der Pol- kappen direkt mit beängstigenden Folgen für den globalen Wasserstand verbindet.

Das »Klima im Kopf der Menschen« ist auch im Kopf der Forscher. Wir haben diese Zurechnung von Risiken, Schäden, Toten, Zerstörungen als unmittelbare Folgen der Klimaveränderung kritisiert. Daß Tote und Verletzte, unermessliche wirtschaftliche Schäden oder Gesundheitsrisiken als Ausdruck von *Natur*katastrophen verstanden werden, mag zwar im Interesse derjenigen liegen, die die Verantwortung dafür tragen, daß man es geduldet oder sogar gefördert hat, daß sich bestimmte Menschen in Gefahr begeben haben oder begeben mußten. Aber die eigentliche Ursache für die Opfer und die zu beklagenden Schäden sind politische und andere Versäumnisse. Damit ein extremes

Wetterereignis zu einer Katastrophe wird, muß es durch den Flaschenhals der Gesellschaft und ihrer Zustände.

In der Tat ist es wohl die Konvergenz von vorwissenschaftlichen und wissenschaft- lichen Klimavorstellungen, die es einigen Wissenschaftler erlaubt, außerordentlich erfolgreich in den Medien zu agieren: Sie bestätigen oft nur das, was jeder schon längst weiß und im Gefühl hat. Aber genau diese Gemeinsamkeiten und die Frage, warum Naturkatastrophen nicht unbedingt *Natur*katastrophen sind, sondern beispielsweise ein Versagen der Gesellschaft gegenüber bestimmten Bevölkerungsschichten manifestieren, sollte Teil einer interdisziplinären Forschungsinitiative sein, die es bisher nicht gibt.

Wir brauchen die Dualität von Sozial- (oder Kultur-) und Naturwissenschaften. Damit wir besser verstehen, was das tradierte »Klima in unseren Köpfen« ist – und was naturwissenschaftlich haltbares Wissen ist. Damit wir Naturwissenschaftlern helfen können, sich von vorwissenschaftlichen, unbewußten Konzepten zu trennen und Laien auf den neusten Wissensstand zu bringen. Damit wir verstehen, was es bedeutet, daß viele Begriffe doppelsinnig verwendet werden, nämlich als wohldefinierte Fachbegriffe und als laienhafte Ausdrücke mit einem großen Hof von Konnotationen. Wir brauchen eine Kartierung der kulturellen und sozialen Konstrukte von Klima, eine Geschichte des Klimas, der Klimaperzeption und der Klimaforschung. Bei dieser Gelegenheit werden wir mit Erstaunen feststellen, daß schon am Ende des 19. Jahrhunderts Parlamentskommissionen in Preußen, Rußland und Italien über anthropogenen Klimawandel und die Möglichkeiten von dessen Vermeidung nachdachten. Damals war der Klimawandel nicht global, sondern regional, und Ursache waren nicht die Treibhausgase, sondern die Entwaldung. Aber sonst war es ganz ähnlich wie heute. Damals war es natürlich falscher Alarm, sagt die Mehrheit der Klimaforscher: aber heute ist es keiner.

Literatur

Bernhard, Thomas, *Der Untergeher*, Frankfurt am Main: Suhrkamp 1986.

8

Klimaforschung und Politikberatung: zwischen Bringeschuld und Postnormalität

Zusammenfassung Die naturwissenschaftlichen und populären Wissensansprüche in Bezug auf Klima, Klimawandel und Klimawirkung unterscheiden sich erheblich; dies hat Folgen für die naturwissenschaftliche Beratung von Politik und Gesellschaft. Wie üblich in einer postnormalen Phase einer Wissenschaft sieht sich die Klimaforschung von verschiedenen Interessengruppen instrumentalisiert. Zusammen mit dem Gebot der Bringschuld entsteht so eine Mischung aus Politik und Wissenschaft, wobei die spezifischen Aufgaben und Leistungen der Wissenschaft verschwimmen. Hier ergeben sich wichtige Aufgaben für eine sozialwissenschaftliche Begleitforschung, die es bisher nur vereinzelt gibt. Abschließend werden die Bemühungen des GKSS-Forschungszentrums beschrieben, dennoch eine unabhängige wissenschaftlich basierte Beratungsleistung zu erbringen.

---

von Storch, H., 2009: Klimaforschung und Politikberatung – zwischen Bringeschuld und Postnormalität. Leviathan, Berliner Zeitschrift für Sozialwissenschaften 2009, 37:305?317, https://doi.org/10.1007/s11578-009-0015-8 (open access).

© Der/die Autor(en), exklusiv lizenziert an Springer Fachmedien Wiesbaden GmbH, ein Teil von Springer Nature 2023
N. Stehr und H. von Storch, *Die Wissenschaft in der Gesellschaft*,
https://doi.org/10.1007/978-3-658-41882-3_8

8.1 Wissen über Klimawandel

Die Wissenschaft hat festgestellt, dass vom Menschen ausgehende Prozesse das Klima beeinflussen – dass der Mensch das globale Klima verändert. Das Klima, das ist die Statistik des Wetters. Die Häufigkeitsverteilungen der Temperatur verschieben sich derzeit und in der absehbaren Zukunft fortgesetzt an fast allen Orten hin zu größerer Wärme; der Meeresspiegel steigt; die Regenmengen verändern sich. Auch einige extreme Wetterereignisse, wie etwa Starkniederschläge im Westwindgürtel der mittleren Breiten, werden sich in Häufigkeit und Intensität in Zukunft verändern. Diese Veränderungen sind verursacht vor allem durch die Freisetzung von Treibhausgasen, also insbesondere Kohlendioxid und Methan.

Dies ist das *wissenschaftliche* Konstrukt des menschgemachten Klimawandels. Es findet breite Unterstützung in den einschlägigen wissenschaftlichen Kreisen und wird insbesondere durch die kollektive Anstrengung des UNO-Klimarats „IPCC"[1] formuliert.

Was wissen wir noch über Klima und Klimawandel? Dass das Klima sich wirklich wegen des Menschen ändert, auch z. B. durch Entwaldung. Dass das Wetter weniger zuverlässig ist als früher, die Jahreszeiten unregelmäßiger, die Stürme gewaltiger. Die Wetterextreme nehmen katastrophale, vorher nie gewesene Formen an.

Fragt man nach der Ursache, so stößt man auf „menschliche Gier" und „Dummheit" als Antwort. Das sei der Mechanismus der Gerechtigkeit, der Rache der Natur, die zurück- schlägt. Manchmal ist dann auch von Gott selbst die Rede. So berichtet Frances Welch unter der Überschrift „Me and My God" in *Sunday Telegraph* (10.9.95) über den früheren IPCC Vorsitzenden Sir John Houghton: "An expert on global warming and Chairman of the Royal Commission of Environmental Pollution, Houghton warns that God may induce man to mend his ways with a disaster. 'God tries to coax and woo, but he also uses disasters.' Und: 'If we want a good environmental policy in the future we'll have to have a disaster.'" Auf dem Umschlag eines einschlägigen

---

[1] Intergovernmental panel on climate change, http://www.ipcc.ch.

8 Klimaforschung und Politikberatung: zwischen Bringeschuld ...

Buchs „Our drowning world" aus den 1990er Jahren heißt es „[...] we shall be engulfed by the consequences of our greed and stupidity. Nearly two thirds of our world could disappear under polar ice cap water [...] For this will be the inevitable outcome of industrialization, urbanization, overpopulation and the accompanying pollution" (Milne 1989, Buchumschlag).

Bei den Antworten auf die Frage nach der Wirkung des Klimawandels spielt latent eine Rolle immer wieder der klimatische Determinismus (z. B. Stehr u. von Storch 1999b, S. 137–185), von dem weiterhin Elemente in unserer westlichen Kultur wirksam sind. Eines dieser Elemente ist das Wissen, dass der Mensch im Gleichgewicht mit seinem ihm angemessenen Klima leben muss. Ändert sich dieses Klima, dann ist die Zivilisation gefährdet; ganze Kulturen gingen bei solchen Ereignissen unter, etwa Indianerkulturen in Nordamerika oder Wikinger-Siedlungen in Grönland. Es wundert daher nicht, dass es im deutschen Sprachgebrauch oft „Klimakatastrophe" heißt und nicht „Klimawandel".

Dies ist das *kulturelle* Konstrukt des Klimawandels.

Das wissenschaftliche und das kulturelle Konstrukt[2] sind Konkurrenten in der Deutung einer komplexen Umwelt; zwei „Akteure" auf dem Markt des Wissens. Wenn die beiden Formen zusammengebracht werden, mag die Wirkmächtigkeit des so entstehenden modernisierten Konstrukts wachsen; seine wissenschaftliche Basis aber wird schmaler. Die öffentliche Akzeptanz steigt, seine Robustheit gegenüber wissenschaftlich nachprüf- baren Fakten sinkt.

Natürlich wird die naturwissenschaftliche Praxis (und damit ihre Theoriebildung) ohnehin durch das kulturelle Konstrukt beeinflusst, weil die Naturwissenschaftler ja eben gar nicht frei von ihrer Kultur sein können. Ihre Kultur konditioniert sie in ihrer Sichtweise, leitet sie in ihren Fragestellungen, in ihrer Bereitschaft, Antworten als argumentativ ausreichend anzusehen.

---

[2]Tatsächlich sind es natürlich viele verschiedene Konstrukte, aber der Einfachheit halber seien hier diese beiden idealisierten Formen gegeneinandergestellt.

8.2 Die Bringeschuld und die Arena der Aufmerksamkeit

Irgendwann in den 1960ern oder 1970ern wurde in Deutschland der Begriff der Bringeschuld geschaffen – dabei handelt es sich um die ethische Verpflichtung gerade auch der Naturwissenschaftler, die Gesellschaft zu informieren über existierende, entstehende und mögliche zukünftige Gefahren. In der Vergangenheit hatte die Naturwissenschaft allzu oft die Augen geschlossen vor solchen Gefahren und sich so zum willigen Handlanger wissenschaftlich-technologischer Entwicklungen sowie politischer und gesellschaftlicher Interessen wie Eugenetik und Atomkraft gemacht. Belohnt durch Einnahmen, Anerkennung und die Befriedigung bisweilen perverser Neugier war tatenlos und verantwortungslos zugesehen worden. Damit sollte Schluss sein. Die Wissenschaftler sollten ihr Tun in einem gesellschaftlichen Rahmen sehen; die Öffentlichkeit von sich aus informieren, unaufgefordert – damit diese dann in demokratischer Praxis entscheiden könne über Sinn und Unsinn.

Was wissen die Wissenschaftler, die ja Experten in ihrem Gebiet sind, sonst aber Laien wie jeder andere auch, über die Gefahren? Oft ist es so, dass die wahrgenommenen Gefahren außerhalb des Expertenbereichs des jeweiligen Wissenschaftlers liegen, d. h. auch der Experte operiert mit kulturell konstruiertem Wissen, nicht aber wie die betrachtende Öffentlichkeit glaubt, mit wissenschaftlich konstruiertem Wissen. Es ist also oft nicht das beste Wissen, was zum Zuge kommt, sondern vielmehr beanspruchtes Wissen. Als Wissenschaft verkleidete Deutungs- und Machtansprüche.

Es gibt nicht wenig echte oder wahrgenommene Gefahren; es gibt vielmehr viele derartige Gefahren. Sie treten miteinander in Konkurrenz um die öffentliche Aufmerksamkeit. Die Öffentlichkeit aber kann nur eine begrenzte Anzahl von Themen dauerhaft „verarbeiten"; wie viele ist unklar, aber gewiss wäre mehr als zehn eher unwahrscheinlich. Einige sind dabei vorgegeben, etwa die Fußballbundesliga. Wie werden die sichtbaren Themen ausgewählt? Man würde hoffen, das entscheidende Kriterium wäre die Dringlichkeit, aber das ist ganz sicher nicht der Fall.

Vielleicht ist es der Unterhaltungswert, auch der Angstmachwert, die Herausforderung oder auch die Sicherung der Deutungsordnung, dass mit dem kulturellen Konstrukt alles in Ordnung ist.

Aber man kann natürlich auch versuchen, das eigene Thema, für das man Experte ist, in die Arena der öffentlichen Aufmerksamkeit zu katapultieren. Die dazu erforderlichen Attribute müssen dann hinzugefügt werden, etwa durch Übertreibung, durch nichtausgesprochene Assoziationen, durch Ausnutzung des kulturellen Konstrukts, also dessen, was die Öffentlichkeit ohnehin als richtig erkennt. Das „Waldsterben" war ein nach diesem Muster konstruiertes Thema.

Ob die Erfüllung der Bringeschuld für das Individuum nützlich oder schädlich ist, hängt vom gesellschaftlichen Kontext ab. Als jedermann vom wissenschaftlich-technischen Fortschritt begeistert war, als in den „Micky Maus"-Heften in der Reihe „Unser Freund, das Atom" dem jugendlichen Publikum eine goldene Zukunft mit der allgegenwärtig nutzbaren Kernenergie beschrieben wurde, da wurde der Hinweis auf die Kehrseiten diesen Fortschritts nicht beachtet. Heute aber, mit einer skeptischen Haltung gegenüber dem wissenschaftlich-technischen Fortschritt, insbesondere wenn er sich im unmittelbaren Umfeld dokumentieren sollte in Form von Masten, Geräuschen oder Gerüchen, wird eine wissenschaftlich vorgetragene Gefahreneinschätzung gesellschaftlich honoriert, auch gerade weil diese ja das Vorwissen bestätigt und damit a priori ohnehin als richtig anerkannt wird. Dieses Honorieren kann mannigfache Formen annehmen: Karriere, öffentliche Aufmerksamkeit und Anerkennung, bessere Arbeitsbedingungen, persönliche Befriedigung aus dem Glauben, aus der Welt einen besseren Ort gemacht zu haben.

Die Bringeschuld zu befriedigen, ist heutzutage oft kein altruistischer Akt mehr, sondern ein zielführendes Element in einer Marktstrategie. Die Bringeschuld hat zu einem massenhaften Strom an beschworenen Gefahren in die Arena der öffentlichen Aufmerksamkeit geführt. Umweltwissenschaft, und nicht nur diese, ist „postnormal" geworden.

8.3 Postnormale Wissenschaft und der Bedarf von Politik und Medien

Der Begriff „postnormal" wurde von dem Silvio Funtovitz und Jerome Ravetz in den 1980er Jahren in die Analyse eingebracht (vgl. Funtowicz u. Ravetz 1985, S. 217–231). In einer Situation, wo Wissenschaft in ihren konkreten Aussagen unsicher bleiben muss, und in der die Aussagen der Wissenschaft von erheblicher praktischer Bedeutung für die Ausformulierung von Politik und Entscheidungen sind, wird diese Wissenschaft immer weniger von reiner „Neugier" getrieben, die in idealistischer Verklärung als innerste Triebfeder von Wissenschaft dargestellt wird, sondern von der Nützlichkeit der möglichen Aussagen für eben die Formulierung von Entscheidungen und Politik. Nicht mehr die Wissenschaftlichkeit steht im Zentrum, die methodische Qualität, das Poppersche Falsifikationsdiktum oder auch der Flecksche Reparaturbetrieb überzogener Erklärungssysteme (vgl. Fleck 1980), sondern die Nützlichkeit. „Nichts ist so praktisch wie eine gute Theorie", sagte Kurt Lewin (Lippitt 1968, S. 266–271) dazu und verwies damit auf die Fähigkeit, Entscheidungen zu ermöglichen, Handlungen zu leiten. Nicht die Richtigkeit oder die objektive Falsifizierbarkeit steht im Vordergrund, sondern die soziale Akzeptanz.

Naturwissenschaft in ihrer postnormalen Phase lebt also auch von ihren Ansprüchen, ihrer medialen Inszenierung, ihrer Konsistenz mit kulturellen Konstruktionen. Die Wissensansprüche werden nicht mehr nur von ausgewiesenen Wissenschaftlern erhoben, sondern auch von anderen selbsternannten Experten, die häufig genug auch speziellen Interessen verpflichtet sind, seien sie nun Exxon oder Greenpeace.

Klimaforschung ist derzeit postnormal. Die inhärenten Unsicherheiten sind enorm, da Projektionen für die Zukunft verlangt werden – also Beschreibungen von möglichen Zukünften, die nur mit Modellen dargestellt werden können, wo Bedingungen herrschen werden, die bislang nicht beobachtet wurden. Man weiß eben nicht genau, wie sich die Bewölkung verändern wird, wenn Temperaturen und Wasserdampfgehalt sich ändern, wer in Bezug auf den Massenhaushalt der Antarktis die Oberhand gewinnen wird – der vermehrte Niederschlag in der Höhe oder das Abschmelzen am Rande. Dieser Mangel an Wissen hat nichts mit Unfähigkeit der Wissenschaftler zu tun, sondern mit der dürftigen Faktenlage, mit den unvollständigen instrumentellen Daten, die für die Betrachtung von Veränderungen auf Zeitskalen von Jahrzehnten einen viel zu kurzen Zeitraum überspannen, mit den durchaus problematischen Proxydaten, die nicht nur Klimaschwankungen sondern auch alles mögliche andere darstellen. Sicher, es gibt Argumente, die auf die eine oder andere Antwort verweisen, und Plausibilitätsbetrachtungen lassen uns gewisse Entwicklungen als unwahrscheinlich oder gar unmöglich ausschließen. Es bleibt aber eine Restunsicherheit, die sich erst im Laufe der Jahre und Jahrzehnte deutlich vermindern wird.

In dieser Lage suchen sich die Vertreter gesellschaftlicher Interessen jene Wissensansprüche heraus, die ihre Positionen am besten stützen. Man denke an den Stern-Report (z. B. Pielke 2007a, b oder Yohe u. Tol 2008), der selektiv Abschätzungen zu Klimaschäden zusammenstellt, oder US-Senator Inhofe, der einen regelmäßigen e-mail-Dienst betreibt mit nur einer Aussage, nämlich, dass es einen signifikanten menschgemachten Klimawandel nicht gäbe und es sehr viel Wissenschaftler gäbe, die sich dieser Linie anschlössen. Aber nicht nur werden die geeignet erscheinenden Wissenselemente ausgewählt und in ein passendes Gesamtbild gestellt; auch eigene neue Wissensansprüche werden konstruiert, sodass am Ende eine wilde Ansammlung von manchmal beliebig erscheinenden Behauptungen entsteht, etwa dass es vermehrt Patienten mit Nierensteinen (vgl. Brikowski et al. 2008) geben werde als Folge der menschgemachten Erderwärmung. Der wissenschaftlich unhaltbare Film „The day after tomorrow" (2004) wird von öffentlich sichtbaren Wissenschaftlern als bewusstseinsfördernd gelobt; politische und wissenschaftliche Leistungen werden durch die gemeinsame Verleihung des Friedensnobelpreises an Al Gore und das IPCC vermischt; als Professoren verkleidete Politiker erklären der Öffentlichkeit notwendige Maßnahmen als Reaktion auf den Klimawandel. Neben diesen alarmistischen Tendenzen gibt es auch das skeptische Pendant, das sich in Produkten wie „State of Fear" (2004) des für seine frühen Bücher gefeierten Michael Crichton oder dem Film

„The great global warming swindle" (Pielke, 2007b) darstellt. All dies ist typisch für eine postnormale Wissenschaft.

Dem eigenen Anspruch der Naturwissenschaft kann dieser Zustand nicht genügen. Im Tagesgeschäft ergeben sich viele Möglichkeiten sowohl für den Einzelnen wie für mächtige Wissenschaftsorganisationen, die Aufmerksamkeit der Öffentlichkeit auf sich zu ziehen. Aber es bleibt ein gewisses Nagen des Gewissens, dass diese Praxis eben nicht das sein kann, was wir ungenau mit „gute Naturwissenschaft" umschreiben, wo es das Argument, die kritische Nachfrage, der kluge Test, die unkonventionelle Idee jenseits des geltenden Paradigmas ist, die den Fortschritt bewirken und nicht die Nützlichkeit zur Durchsetzung einer als richtig wahrgenommenen oder beschriebenen Politik. Selbst in *Science* und *Nature* erscheint viel Halbgares, das die Fantasie und manchmal die Ängste des gebildeten Publikums anregt – und sich nach einigen Jahren dann oft eben doch als revisionsbedürftig erweist. Aber diese Revision ist nichts anderes als der Mechanismus, der die Wissenschaft aus dem Strudel der Postnormalität heraushold. Wenn die Karawane der öffentlichen Aufmerksamkeit sich anderen Themen zuwendet, dann greift die normale Naturwissenschaft wieder, und die Kompromisse an die erforderliche Nützlichkeit, den Zeitgeist und die politische Korrektheit können revidiert werden. Im kleineren Maßstab sehen wir das schon jetzt in der Klimaforschung, etwa im Falle der als „Hockeystick"[3] beschriebenen voreiligen Schließung der Frage nach historischen Temperaturschwankungen oder der von der Versicherungswirtschaft geförderten Wahrnehmung eines verschärften Sturmrisikos.

---

[3] Als Hockeystick wurde eine Darstellung der Entwicklung der Temperatur im vergangenen Jahrtausend bezeichnet – mit einem glatten langen Schlägergriff, der eine langsame Abkühlung von 1000 bis ca. 1850 beschrieb und dann einen steilen Anstieg, der seitdem für den eigentlichen Schläger steht. Die Darstellung ging auf den Wissenschaftler Michael Mann zurück, der ihn in 1999 in Geophysical Research Letters veröffentlichte. Die Methodik, die hinter dieser Darstellung stand, erwies sich später als falsch (vgl. auch http://blogs.nature.com/climatefeedback/2007/05/the_decay_of_the_hockey_stick.html).

8.4 Eine Rolle für Sozial- und Kulturwissenschaften

Für uns als beteiligte Naturwissenschaftler stellt sich die Frage, wie wir hier und heute mit dieser postnormalen Situation umgehen, denn beide Forderungen – gute Naturwissenschaft und gute Beratung von Öffentlichkeit – akzeptieren wir als berechtigt. Die Lösung kann eigentlich nur darin bestehen, dass wir das tun, was wir zumindest im Prinzip am besten können, nämlich die Situation wissenschaftlich zu analysieren. Aber wir Naturwissenschaftler können das nur im beschränkten Maße. Wir ahnen schon, dass der Prozess der Wissenschaft ein sozialer Prozess ist, dass wir zumindest beim Fragen und beim Akzeptieren von Erklärungen nicht immer sehr objektiv sind, dass wir durch unsere Kultur konditioniert sind. Dass das Aufrücken von Einzelnen in wichtige Positionen oft weniger mit Wissenschaft, sondern mehr mit sozio-politischer Akzeptanz zu tun hat.

Um der Analyse Tiefe und Substanz zu geben, brauchen wir also die Kompetenzen der Sozial- und Kulturwissenschaften. Aber bisher stehen diese Wissenschaften weitgehend abseits. Gelegentliche Hinweise, wonach alles sozial konstruiert und relativ sei, demonstrieren nur die fatale Weigerung, ins Konkrete zu gehen, was aber für eine wirkliche Synergie notwendig wäre. Ärgerlich ist, dass Kollegen aus diesen Bereichen offenbar das Auseinanderfallen von wissenschaftlichem und kulturellen Konstrukt nicht bemerken, sondern sich mit Wissensansprüchen begnügen, die der Tagespresse und dem Internet entnommen sind.

Aber selbst wenn sich die überwiegende Mehrheit der Sozial- und Kulturwissenschaftler einem transdisziplinären[4] Zugang zum Thema des menschgemachten Klimawandels noch verschließt, so gibt es doch hervorragende Beispiele, wo die erforderliche sozial- wissenschaftliche Begleitforschung gelingt. Beispiele sind die Arbeiten des Medienwissenschaftlers Peter Weingart aus Bielefeld, des Politikwissenschaftlers

---

[4] Im Sinne von Zusammenarbeit von Naturwissenschaften auf der einen und von Sozial- und Kulturwissenschaften auf der anderen Seite.

Roger Pielke Jr. aus Boulder, sowie des Wissenssoziologen Nico Stehr aus Friedrichshafen (z. B. Stehr und von Storch 1999b; 2008). Andere ermutigende Signale kommen aus dem Hamburger Exzellenzzentrum CLISAP[5] in dem eine Mehrheit von Naturwissenschaftlern mit einigen Sozialwissenschaftler zusammenarbeitet.

8.4.1 Der ehrliche Wissensmakler

In seinem Buch *The Honest Broker* hat Roger Pielke jr. (2007a, b) eine Typologie von Wissenschaftlern aufgebaut und beschrieben, wie Politik und Wissenschaft zum Ersatzkriegsschauplatz degradiert werden, um Probleme zu lösen, die die Politik selbst nicht lösen kann – und die Wissenschaft ebenso wenig.

Pielke unterscheidet fünf Arten von Wissenschaftlern, die auf verschiedene Weise und in unterschiedlichem Maße in eine Kommunikation mit der Öffentlichkeit eintreten. Der „reine Wissenschaftler" ist im Wesentlichen von Neugier getrieben und hat kaum Interesse, neue Erkenntnisse in einen gesellschaftlichen Kontext gestellt zu sehen. Der „wissenschaftliche Schlichter" ermöglicht das richtige Verständnis unstrittiger wissenschaftlicher Fakten. Beide Typen passen gut zu einer „normalen" Wissenschaft, die Fragen mit großer Sicherheit beantworten kann, und bei gelegentlichen gesellschaftlichen Umsetzungen sind die entsprechenden praktischen Folgerungen in der Regel auch nicht kontrovers.

Aber wie vorhin ausgeführt, ist die derzeitige Klimaforschung nicht „normal", sondern „postnormal". Daher sieht man oft den „wissenschaftlichen Anwalt", der seine wissenschaftliche Kompetenz nicht zur unvoreingenommenen Fortschreibung des Wissens ein- setzt, sondern zur Förderung einer wertorientierten, das heißt auch politischen Agenda. Dies bedeutet, dass Folgen wissenschaftlicher Einsicht verengt werden auf wenige, oder gar nur eine, wertkonsistente „Lösung". Gerade die letzten Jahrzehnte haben viele Wissenschaftler dieses Typs

---

[5] Exzellenzclusters der Universität Hamburg „Integrated Climate System Analysis and Prediction (CliSAP)", siehe http://www.clisap.de.

hervorgebracht, die für wirtschaftliche oder (gesellschafts-)politische Interessen arbeiten und sprechen.

Der vierte Wissenschaftlertypus, den Pielke als Ideal ansieht, hat dem Buch seinen Namen gegeben: „Der ehrliche Makler". Er zeichnet sich dadurch aus, dass er, anders als der „wissenschaftliche Anwalt", die Bandbreite der Folgerungen aus seinen Erkenntnissen verbreitet, anstatt sie einzuengen. Dadurch ermöglicht er dem politischen Prozess, jene „Lösung" auszuwählen, die gesellschaftlich gewollt ist (und nicht jene, die vom wissenschaftlichen Anwalt favorisiert und gefördert wird). Der fünfte Typ ist der „verdeckte Anwalt", der seinem Wirken nach ein „wissenschaftlicher Anwalt" ist, sich aber als Schlichter oder ehrlicher Makler ausgibt. Der Sache nach tut er mit seinem Etikettenschwindel weder der Wissenschaft noch der Gesellschaft einen Gefallen.

Pielke empfiehlt der Wissenschaft, den Weg des „ehrlichen Maklers" zu gehen, der die Komplexität der Probleme darlegt und dazu beiträgt, die Implikationen von möglichen Entscheidungen abzuwägen. Dadurch versetzt er die Gesellschaft in die Lage, Lösungen für gesellschaftliche Kontroversen auch in Gegenwart unsicheren Wissens um Zusammenhänge und verschiedener Reaktionsoptionen rational so zu wählen, dass die Normen der Gesellschaft optimal bedient werden – etwa um mit der Perspektive des selbst verursachten Klimawandels umzugehen.

Die andere Frage ist die des Ersatzkampfplatzes. Wir erleben immer wieder Situationen, wo die Politik daran scheitert, zu Entscheidungen zu kommen, die in signifikant großen oder einflussreichen Gruppen als negativ wahrgenommen werden. In diesem Falle geschieht es, dass ein Sachzwang aufgebaut wird, wonach die Politik gemäß wissenschaftlicher Analyse nur eine Entscheidung treffen kann. Die Politik stellt sich dann als der Wissenschaft nachgeordnet dar. Gerade bei der Klimapolitik ist dies der Fall, wo das von Wissenschaftlern formulierte Zwei Grad-Ziel zur Vermeidung der Klimakatastrophe als ultima ratio dargestellt wird, der sich die Politik einfach beugen muss. Gemäß der Lewinschen Regel, wonach nichts so praktisch ist wie eine gute Theorie, ist diese Darstellung in der Tat politisch überaus nützlich, weil sie handlungsleitend ist. Weitere Diskussionen sind nicht erforderlich, die Ziele der Klimapolitik werden durch Energiepolitik erreicht. Dass Problem ist bloß, dass die Auseinandersetzung von der sichtbaren politischen

Bühne in die öffentlich weniger sichtbare wissenschaftliche Diskussion verlagert worden ist. Dort ergibt sich für die zu ziehenden Folgerungen ebenso wenig ein Konsensus wie in der Politik, und der sich ergebende argumentative Kampf unter den Wissenschaftlern verkommt zu einer politischen Auseinandersetzung, die nach den Regeln der Politik geführt und schlussendlich von einer Partei „gewonnen" wird.

Der Politik nützt dieser Vorgang, kommt sie doch einfacher zu Entscheidungen, aber die Wissenschaft wird beschädigt, da sie politisiert wird. Dies ist keine nachhaltige Nutzung der Ressource „Wissenschaft", deren soziale Dienstleistung, Deutung von komplexen Sachverhalten zu geben, in der öffentlichen Wahrnehmung dann kaum noch von der politischen Information von Interessenverbänden unterscheidbar wird.

Normativ leitet Pielke zwei Forderungen ab, nämlich, dass der verantwortungsbewusste Wissenschaftler als „honest broker" agieren sollte, und dass die Politik sich darauf besinnen sollte, nur wissenschaftlich lösbare Fragen an die Wissenschaft zu stellen, nicht aber der eigenen Verantwortung auszuweichen – in normativ schwierigen Situationen eine werte-konsistente „Lösung" zu finden.

8.4.2 Risiken der Kommunikation

Peter Weingart und seine Kollegen haben in ihrem Buch *Von der Hypothese zur Katastrophe* (Weingart et al. 2002; s. a. Weingart et al. 2000) rekonstruiert, wie das Klimathema in Deutschland aus der Wissenschaft in den politisch-medialen Bereich kam.

Zunächst gab es in der Wissenschaft eine „Anthropogenisierung und Politisierung", wonach erstens der Mensch am Klimawandel Schuld sei, und er diesen auch durch verantwortungsbewusstes Verhalten steuern und bewältigen könne. Verursacher, Betroffene und Handlungsoptionen wurden klar benannt. So hieß es in der 1986er Erklärung des Arbeitskreises Energie der Deutschen Physikalischen Gesellschaft: „Um die drohende Klimakatastrophe zu vermeiden, muss [...] jetzt [...] damit begonnen werden, die [...] Emission der [...] Spurengase drastisch einzuschränken" (Arbeitskreis Energie 1986).

Diese Darstellung fand schnell Eingang in die politische Diskussion, auch weil sie sich für einen breiteren politischen Umweltdiskurs eignete. Dabei wurde der einmal in die Welt gesetzte Katastrophenbegriff in die politische Sprache übernommen. Eine nationale Klimaforschungs-Expertise wurde etabliert. Gleichzeitig wurde die „Klimakatastrophe" und der Kampf dagegen als Gegenstand politischer Regulierung verstanden und beschrieben.

Das Thema wurde von den Massenmedien aufgenommen, wobei eine weitere Dramatisierung und Zuspitzung erfolgte. Weingart et al. beschrieben hier die Elemente der „Herstellung der Ereignishaftigkeit des Klimawandels", „Die Inszenierung der Alltagsrelevanz des Klimawandels" und schließlich die „Transformation der wissenschaftlichen Hypothese in die Gewissheit der kommenden Katastrophe" (Weingart et al. 2002).

Sie belegen alle diese Schritte mit Beispielen. Dann stellen sie die Frage nach den Risiken für die drei Akteure Wissenschaft, Politik und Medien.

Bei der Wissenschaft ist es vor allem der „Glaubwürdigkeitsverlust durch die Eigendynamik der Katastrophenmetapher". Dieser Begriff hat den Auftritt der Klimaforschung auf der politisch-medialen Bühne ermöglicht, aber er hat mit seinem kulturellen Konstrukt auch eine Reihe von Konnotationen mit eingeschleust. Mit diesen wird die Wissenschaft sodann wieder konfrontiert: Ihr habt dies und jenes behauptet, wie passt dies mit dieser und jener aktuellen Entwicklung zusammen? Klaus Hasselmann analysierte dies Phänomen in seiner Replik „Die Launen der Medien" (Hasselmann 1997; s. a. http://www.rz.shuttle.de/rn/sae/warming/klima972.htm) und beklagte, dass die wissenschaftlichen Aussagen zunächst eine Metamorphose durchmachen würden, und dass die Wissenschaft sich an diesen mutierten Aussagen messen lassen müsse. Das ist sicher nicht fair, aber politisch-soziale Realität. Oder wie ein Journalist mir einmal sagte: „Wer mit den Medien nach oben fährt, fährt mit ihnen auch wieder herunter". In beiden Fällen funktionieren die Fahrstühle nach den gleichen Regeln.

Für die Politik besteht das Risiko in der Möglichkeit, dass die so gesteckten Ziele nicht erreicht werden. Weingart et al. sprechen von einem Legitimationsverlust durch Selbstüberforderung. Dass das Kyoto-

Protokoll „die Klimakatastrophe" nicht hat „verhindern" können, war von Anfang an absehbar; und die einseitige Fokussierung auf die Energiepolitik war für die öffentliche Inszenierung zwar nützlich, wurde aber den Sachfragen nicht gerecht.

Die Medien fürchten vor allem den „Verlust der Aufmerksamkeit des Publikums", weil Konzepte und Begrifflichkeiten sich abnutzen. Wenn 2005 erklärt wird, man habe nur noch 10 Jahre zur Rettung des Klimas zur Verfügung (z. B. McCarthy 2005)[6], und dann in den Folgejahren außer Rhetorik und symbolischen Akten wenig passiert, weder auf der wissenschaftlichen noch auf der politischen Seite, dann wird auf der Seite der Medien versucht, die Aufmerksamkeit des Publikums anderweitig zu erringen, z. B. durch die Propagierung eines skeptischen Gegendiskurses (z. B. *Der Spiegel* 19/2007: „Abschied vom Weltuntergang"). Genau dies ist in den letzten Jahren zu beobachten. Dieser medial inszenierte Gegendiskurs folgt der Logik der Hasselmannschen „Launen der Medien", aber auch dem Versuch innerhalb der Naturwissenschaft, das kulturelle Konstrukt zugunsten des „wissenschaftlichen" Konstrukts zurückzudrängen. Weingart und seine Mitarbeiter beschreiben das so: „Gegenstand und Auslöser der [Klima-]Skepsis sind nicht zuletzt die Korrekturen und Relativierungen der wissenschaftlichen Klimaszenarien durch die etablierte Klimaforschung selbst. Was in der Wissenschaft ein normaler Vorgang ist, wird in den Medien zum Anlass von Misstrauen." (Weingart et al. 2002: 141).

Die Wissenschaft, genauer: die wissenschaftlichen Einrichtungen reagieren auf dies Risiko durch die Implementierung professioneller „Pressearbeit" – die sich an „massenmedialen Repräsentationsprinzipien" orientiert. Die Politik sichert sich ab durch eine Hierarchisierung von Wissen und durch Beratung, mit Kanzlerberatern, Climate Service Centern und ähnlichem. Die Massenmedien suchen die Aufmerksamkeit des Publikums durch selektive Präsentation von wissenschaftlichen Ergebnissen, die entweder im Ein- klang oder im Konflikt mit dem kulturellen Konstrukt stehen, oder aber durch Inszenierung von Kontroversen, womit wiederum ein kulturelles

---

[6] *BILD* titelte in 2007, dass noch 13 Jahre bis zum Weltuntergang blieben.

Konstrukt bedient wird, nämlich das der angeblichen Beliebigkeit wissenschaftlicher Aussagen.

8.5 Maßnahmen im eigenen Hause

Das Institut für Küstenforschung der GKSS[7] sieht sich einem Beratungsbedarf vor allem aus dem Bereich des Küstenschutzes, aber auch des Seeverkehrs, des Tourismus und anderen Sektoren konfrontiert. Ebenso gewichtig ist der Deutungsbedarf durch die Öffentlichkeit, vor allem in Form der Medien, zum Klimawandel und zur Einordnung von auffälligen Ereignissen, vor allem Stürmen und Sturmfluten. In anderen Einrichtungen sei es das Max-Planck-Institut für Meteorologie in Hamburg oder das Alfred Wegener Institut für Polar- und Meeresforschung in Bremerhaven, sieht es ähnlich aus. Die Institutsleiter reisen durch die Lande und erklären einem interessierten Publikum die infrage stehenden Phänomene und Reaktionsmöglichkeiten.

Diese Vortragsreisen wurden zunächst kurzfristig entsprechend dem konkreten Bedarf von Fall zu Fall organisiert. Inzwischen haben wir versucht, die Aufgabe breiter und systematischer anzugehen. Die Elemente dieses Ansatzes sind:

1. Eine systematische Überlegung über die Bedeutung von Anpassung an den Klimawandel und Möglichkeiten der Verminderung des Klimawandels, etwa in Form des 10-punktigen „Zeppelin Manifests" von Nico Stehr und mir selbst (vgl. Stehr u. von Storch 2008).
2. Eine Zusammenstellung der wissenschaftlich legitimierten Wissensansprüche zum gegenwärtigen und zukünftigen Klimawandel in relevanten Regionen. „Wissenschaft-lich legitimiert" steht hier praktisch für Publikationen aus anerkannten wissenschaftlichen

---

[7] Das GKSS-Forschungszentrum Geesthacht ist eine der Einrichtungen der Helmholtz Gemeinschaft Deutscher Forschungszentren. GKSS ist der Name der Einrichtung, keine Abkürzung. Sie wurde zwischenzeitlich erst in Heomholtz Zentrum Geesthact (HZG) und später Helmholtz Zentrum hereon umbenannt.

Einrichtungen, die der gängigen guten wissenschaftlichen Praxis entsprechen. Es geht hier um die Darstellung nicht des „besten Wissens", was ohnehin häufig ein problematischer Anspruch ist, sondern um die Bestimmung des Konsensus, ein- schließlich den konsensualen Feststellungen dessen, worüber es eben keinen Konsens gibt. Konsens des Dissenses (vgl. The BACC author team 2008).

3. Die Verfügbarkeit von raum-zeitlich detaillierten Beschreibungen der klimatischen regionalen Veränderungen in der jüngeren Vergangenheit. Für Nordeuropa ist ein derartiger Datensatz CoastDat (vgl. http://www.coastdat.de/), der den Zeitraum seit 1948 bis heute abdeckt. Neben anderen vernünftigen Anwendungen (vgl. Weisse et al. 2009) erlaubt so ein Datensatz die Einschätzung, inwieweit derzeitige Veränderungen als konsistent mit jenen Änderungen angesehen werden dürfen, die uns Klimamodelle in Form von Szenarien angeben (vgl. Bhend u. von Storch 2009). In der Kommunikation mit Medien, Politik und Entscheidungsträgern wird ja gerne und oft schlampig davon geredet, dass dies und jenes Ereignis ein Vorbote dessen sei, was da auf uns zukommen wird. Konkret belegt wird dies in der Regel nicht, was zumindest im Falle der fachnahen Beratung zur guten wissenschaftlichen Praxis gehören sollte.

4. Abgerundet wird dieser Katalog an Wissensangeboten durch einen Wissensmakler, ein regionales Klimabüro. Im Rahmen der Helmholtz Gemeinschaft haben wir vier derartige regionale Klimabüros eingerichtet (vgl. http://www.klimabuero.de): Das Klimabüro der GKSS kümmert sich um den Bereich Norddeutschland, speziell auch um Aspekte der Küste, also Stürme, Sturmfluten, Seegang; das Karlsruher Büro nimmt sich des Südens an, das Leipziger Büro der Mitte und das Bremerhavener der arktischen Regionen. Das Ganze arbeitet im Verbund mit verwandten Aktivitäten des Deutschen Wetterdienstes und des Climate Service Centers ab 1. Januar 2009. Der Grundgedanke der regionalen Klimabüros beruht auf der Beobachtung, dass die Klimakommunikation keine Frage von „Knowledge speaks to power" oder der Nachhilfe einer ungebildeten Öffentlichkeit sei, wie naive Physiker und Meteorologen immer noch gerne glauben. Es geht nicht um eine pädagogisch wertvolle Webseite, ein Klimaspiel. Vielmehr besteht aufseiten der Wissenschaft die

Notwendigkeit zunächst zu verstehen, worin denn die Fragen von Öffentlichkeit und Politik überhaupt bestehen, wie diese Fragen mit anderen Komplexen verknüpft sind, ob die Antworten der Klimaforschung überhaupt einen Bezug zu diesen Fragen haben, und inwieweit unsere naturwissenschaftlichen Konzepte in Konkurrenz zu kulturellen Konstrukten stehen.

Nach diesem Ausflug in eine eher operationelle Dimension, wie Klimaforschung sich angemessen im öffentlich-politischen Raum darstellen kann, beende ich meinen Rundblick mit einer zusammenfassenden persönlichen Schlussbemerkung.

8.6 Schlussbemerkung

Naturwissenschaftliches Wissen ist in der gesellschaftlichen Praxis nur eine Form des Wissens; es muss mit anderen Formen konkurrieren, und gewinnt diese Konkurrenz nicht automatisch. Ohne Kenntnis dieser Dynamik wird die Klimaforschung versuchen, die Verbreitung der eigenen Botschaft durch propagandistische Tricks wie Zuspitzung oder zweckorientierte Selektion zu „optimieren". Dadurch wird die Öffentlichkeit entmündigt und die Wissenschaft als sozial akzeptierte Einrichtung beschädigt. Ich empfinde es als unsere Aufgabe, Wissenschaft nachhaltig zu betreiben. Und als Teil der Öffentlichkeit möchte ich persönlich nicht entmündigt werden.

Literatur

Arbeitskreis Energie (AKE) der Deutschen Physikalischen Gesellschaft. 1986. Warnung vor der drohenden Klimakatastrophe. *Frankfurter Rundschau*, 19.9.
BACC author team. 2008. *Assessment of climate change in the Baltic Sea Basin*. Berlin: Springer Verlag.

Bhend, Jonas, and Hans von Storch. 2009. Is greenhouse gas forcing a plausible explanation for the observed warming in the Baltic Sea catchment area? *Boreal Environment Research* 14: 81–88.

Brikowski, Tom H., Yair Lotan, and Margarete S. Pearle. 2008. Climate-related increase in the pre- valence of urolithiasis in the United States. *Proceedings of the National Acadamy of Science* 105: 9841–9846.

Fleck, Ludvik. 1980. *Entstehung und Entwicklung einer wissenschaftlichen Tatsache: Einführung in die Lehre vom Denkstil und Denkkollektiv.* Frankfurt a. M.: Suhrkamp.

Funtowicz, Silvio O., and Jerome R. Ravetz. 1985. Three types of risk assessment: a methodological analysis. In *Risk Analysis in the Private Sector*, Hrsg. C. Whipple and V.T. Covello, 217–231. New York: Plenum.

Hasselmann, Klaus. 1997. Die Launen der Medien. *Die Zeit* 31, 25.07.

Lippitt, Ronald. 1968. Kurt Lewin. In *International Encyclopedia of the Social Sciences*, Hrsg. David Sills, 266–271. Bd. 9. New York: Macmillan & Free Press.

McCarthy, Michael. 2005. Countdown to global catastrophe. *The Independent online edition*, January 24.

Milne, Anthony. 1989. *Our drowning world.* London: Prism Press.

Pielke, Roger A. jr. 2007a. Mistreatment of the economic impacts of extreme events in the Stern Review Report on the economics of climate change. *Global Environmental Change* 17: 302–310.

Pielke, Roger A. jr. 2007b. *The honest broker.* Cambridge: Cambridge University Press.

Stehr, Nico, und Hans von Storch. 1999b. An anatomy of climate determinism. In *Wissenschaftlicher Rassismus – Analysen einer Kontinuität in den Human- und Naturwissenschaften,* Hrsg. Heidrun Kaupen-Haas und Christian Saller, 137–185, Frankfurt a. M.: Campus.

Stehr, Nico, und Hans von Storch. 2008. 10-Punkte Manifest: So kann Deutschland den Klimawandel bewältigen – http://www.spiegel.de/wissenschaft/natur/0,1518,576032-11,00.html.

Weingart, Peter, Anita Engels, and Petra Pansegrau. 2000. Risks of communication: Discourses on climate change in science, politics and the mass media. *Public Understanding of Science* 9: 261–283.

Weingart, Peter, Anita Engels, und Petra Pansegrau. 2002. *Von der Hypothese zur Katastrophe.* Opladen: Leske + Budrich.

Weisse, Ralf, Hans von Storch, Ulrich Callies, Alena Chrastansky, Frauke Feser, Iris Grabemann, Heinz Günther, Andreas Plüß, Thomas Stoye, Jan Tellkamp, Jörg Winterfeldt, and Katja Woth. 2009. Regional meteo-marine reanalyses and climate change projections: Results for Northern Europe and potentials for coastal and offshore applications. *Bulletin of the American Meteorological Society* 90: 849–860. https://doi.org/10.1175/2008BAMS2713.1

Yohe, Gary W., and Richard S.J. Tol. 2008. The Stern review and the economics of climate change: An editorial essay. *Climatic Change* 89: 231–240.

Teil III
Ideengeschichte des Klimas

Die Frage, ob und wie das Klima die Menschen und ihr Wohlergehen beeinflusst, ist – zumindest im westlichen Kulturkreis – eine uralte Frage. Die klassische Antwort war der Klimadeterminismus (Kap. 9 und 10), der den politischen Vorteil hat, die eigene Gesellschaft als vom Klima begünstigt zu sehen, während die Barbaren in anderen Teilen der Welt vom Klima benachteiligt seien. Befürworter der „wissenschaftlichen" Version dieser Doktrin, wie der Geograph Ellsworth Huntington, versuchten zu Beginn des 20. Jahrhunderts, eine objektive Grundlage zu schaffen. Wir stellen fest, dass die heutige Diskussion über die Zukunft der Menschheit unter dem Einfluss des Klimawandels bisweilen an die Tradition des Klimadeterminismus anknüpft.[1] Im 19. Jahrhundert begannen Geographen, das Klima auf der Grundlage meteorologischer Beobachtungen in der Vergangenheit quantitativ zu untersuchen. Ein wichtiger Protagonist war Eduard Brückner

---

[1] Stehr, N. und H. von Storch, 1997: Rückkehr des Klimadeterminismus? *Merkur* 51, 560–562.

(1862-1927)[2] (Kap. 11), der behauptete, quasi-zyklische Klimaschwankungen mit einer Periode von etwa 35 Jahren entdeckt zu haben, die einen natürlichen, wahrscheinlich kosmischen Ursprung hätten. Dies war insofern von Bedeutung, als schon früh behauptet wurde, dass menschliches Verhalten, insbesondere die Abholzung von Wäldern, zum Klimawandel beitragen könnte – was eine öffentliche Debatte auslöste, die einige Ähnlichkeiten mit der heutigen aufweist (wenn auch mit weitaus weniger öffentlicher und wissenschaftlicher Aufmerksamkeit).[3] Später entdeckten wir, dass die These, der Mensch würde das Klima verändern, eine viel längere Geschichte hat (Kap. 12).[4]

---

[2] Stehr, N., und H. von Storch (Hrsg.), 2000: Eduard Brückner – *Quellen und Folgen des Klimawandels und der Klimavariabilität in historischer Zeit*. Kluwer Academic Publisher ISBN 0-7923-6128-8, 338 Seiten.

[3] Stehr, N., H. von Storch und M. Flügel, 1996: Die Diskussion über Klimavariabilität und Klimawandel im 19. Jahrhundert: Analogien für die heutige Debatte? World Res. Rev. 7, 589-604. Stehr, N., und H. von Storch, 1995: Ein globales Phänomen. Diskussion um Klimaschwankungen vor hundert Jahren. *Frankfurter Allgemeine Zeitung*, 29. März 1995.

[4] von Storch, H., and N. Stehr, 2000: Climate change in perspective. Our concerns about global warming have an age-old resonance. *Nature* 405, 615.

9

Klima wirkt: Die Anatomie einer aufgegebenen Forschungslinie

Da der Mensch keine unabhängige Substanz ist, sondern mit allen Elementen der Natur verbunden stehet; lebt er vom Hauch der Luft, wie von den verschiedenen Kindern der Erde, den Speisen und Getränken; er verarbeitet Feuer, wie er das Licht einsaugt und die Luft verpestet; wachend und schlafend, in Ruhe und in Bewegung trägt er zur Veränderung des Universums bei und sollte er von demselben nicht verändert werden?

Johann Gottfried Herder, 1794: 87

Zusammenfassung In diesem Kapitel wird argumentiert, dass es insbesondere im sozialwissenschaftlichen Diskurs wichtig ist,n der Vorstellung, dass das Klima funktioniert, zur Vorstellung, dass das Klima

---

Stehr, N., and H. von Storch: "Climate works: An anatomy of a disbanded line of research." S. 137–185 in Heidrun Kaupen-Haas and Christian Saller (Hrsg.), Wissenschaftlicher Rassismus. Analysen einer Kontinuität in den Human- und Naturwissenschaften. Frankfurt am Main: Campus, 1999.

Wir danken Robert Antonio, Kevin Haggerty, Gerd Schröter, Jay Weinstein und drei anonymen Gutachtern für ihre konstruktive Kritik und ihre Kommentare zu einem früheren Entwurf, die bei der Überarbeitung sehr hilfreich waren.

eine Rolle spielt, überzugehen. In diesem Zusammenhang ist die große Tradition des Klimadeterminismus von entscheidender Bedeutung. Der Klimadeterminismus führt heute eine merkwürdige Doppelexistenz: Er ist in weiten Teilen der Öffentlichkeit, aber auch unter Naturwissenschaftlern eine weithin akzeptierte Ansicht, die sich im letzteren Fall auf fast selbstverständliche „Tatsachen" und im ersteren Fall auf Traditionen des gesunden Menschenverstandes stützt. Unter Sozialwissenschaftlern hingegen gilt sie seit langem als diskreditierter Ansatz, der noch weniger Anklang findet als die Vorstellung vererbter Intelligenz als Grundlage sozialer Ungleichheit. Die Frage, ob es möglich ist, von der kompromittierten Vorstellung, dass das Klima funktioniert, zu der progressiven Vorstellung, dass das Klima eine Rolle spielt, überzugehen, ist daher gleichzeitig eine Übung, die uns zwingt, die scheinbar versiegelte Frage nach den Zusammenhängen zwischen natürlichen Prozessen und sozialem Handeln sowie sozialem Verhalten und der Natur neu zu stellen.

9.1 Einführung

Gegenwärtig führt die Perspektive des Klimadeterminismus ein seltsames Doppelleben: Auf der einen Seite ist sie, wenn wir uns nicht irren, eine unter Laien und Naturwissenschaftlern weithin akzeptierte Ansicht, die sich auf Traditionen des gesunden Menschenverstands und offensichtliche „Fakten" stützt, und auf der anderen Seite gilt sie unter Sozialwissenschaftlern als eine lange und zu Recht diskreditierte intellektuelle Perspektive.[1] Die beiden Sichtweisen existieren

---

[1] Der Klimadeterminismus mag eine diskreditierte und praktisch aufgegebene Forschungsrichtung und Perspektive in der Sozialwissenschaft sein, aber er ist im zeitgenössischen sozialwissenschaftlichen Diskurs keineswegs gänzlich abwesend; zur Untermauerung könnte man zum Beispiel auf die klimabasierten Theorien der Rassenidentität verweisen, die von Leonard Jeffries vertreten wurden (siehe *New York Times*, Spätausgabe, Ostküste, 4. Januar 1997, Abschn. 1, Redaktion, S: 22): Jeffries „lehrte eine klimabasierte Theorie der Rassenidentität, in der Afrikaner als ‚Sonnenmenschen' dargestellt wurden, die ‚gemeinschaftlich, kooperativ und kollektiv' seien, während Europäer als ‚Eismenschen' verachtet wurden, die sich durch Brutalität und Zerstörung auszeichnen." Für ein explizites Beispiel und einen Verfechter des Klimadeterminismus aus den heutigen Naturwissenschaften siehe Beck, 1993.

9 Klima wirkt: Die Anatomie einer aufgegebenen Forschungslinie

nebeneinander, oft dogmatisch und weit voneinander entfernt. In den Jahrzehnten nach dem Zweiten Weltkrieg erschien die Idee des „Klimadeterminismus" als eine manchmal naive und vereinfachte Weltsicht, und es wurde wenig intellektuelle Energie in das Thema investiert, weder von seriösen Wissenschaftlern noch von Entscheidungsträgern in Politik und Wirtschaft. Erst in den letzten Jahren erlebt die Idee eine Art Renaissance, meist in Form einer Neuerfindung einer alten Idee. Theoretisch ist ein großer Teil der modernen Klimafolgenforschung reiner Klimadeterminismus, aber die Neuerfinder dieser Forschungsrichtung sind sich ihrer intellektuellen Vorläufer meist nicht bewusst (Stehr und von Storch, 1997).[2]

Nicht nur, um die Fehlinterpretationen und Missverständnisse des früheren Klima- und Umweltreduktionismus zu vermeiden, schlagen wir vor, dass es zwingend notwendig ist, die klassischen Konzepte des Klimadeterminismus zu überprüfen; es ist auch zwingend notwendig, die Fallstricke des Klimadeterminismus in einer Zeit zu untersuchen, in der Forderungen nach einer Revision der tiefen intellektuellen Trennungen zwischen Natur- und Sozialwissenschaften, die nicht zuletzt durch drängende Umweltprobleme hervorgerufen werden, an Glaubwürdigkeit und Dringlichkeit zu gewinnen scheinen.[3] Eine

---

[2] Der Historiker Arnold J. Toynbee, der Anfang der siebziger Jahre des letzten Jahrhunderts eine Einleitung zu einer Biographie über Ellsworth Huntington schrieb, vertritt eine etwas andere Auffassung über den Prozess des intellektuellen Einflusses, nämlich dass er in der Lage ist, Ideen fast unbewusst voranzutreiben und zu verteidigen, oder dass Amnesie (siehe auch Gouldner, 1980) in Bezug auf die Arbeit eines einzelnen Gelehrten kein ernsthaftes Hindernis für seine kognitive Autorität darstellt: „Huntington beeinflusst heutige Denker, selbst wenn sie sich dessen nicht bewusst sind, und selbst wenn sie sich dessen bewusst sind, aber von Huntingtons Ideen abweichen." Ironischerweise zeigt Ellsworth Huntington selbst ein bemerkenswertes Maß an Amnesie, wenn es um die großen Vorfahren der Klimadeterministen geht; so findet sich in seinem Buch *The Mainsprings of Civilization* (1945), das offensichtlich die Synthese seines wissenschaftlichen Lebenswerkes darstellt, kein einziger Hinweis auf Montesquieu, Herder oder Virchow. Man kann nur vermuten, dass er sich nicht auf den Schultern von Giganten sah, sondern davon ausging, dass sein wissenschaftlicher Ansatz seine intellektuellen Vorgänger auslöschte.

[3] Der Bericht der *Gulbenkian Commission on the Restructuring of the Social Sciences Open the Social Sciences* (Wallerstein et al., 1996: 76) aus der Mitte der 1990er Jahre widmet diesem Thema unseres Erachtens keine ausreichende oder befriedigende Aufmerksamkeit, obwohl er die Frage aufwirft, „wie wir Zeit und Raum als interne Variablen, die für unsere Analysen konstitutiv sind, und nicht nur als unveränderliche physikalische Realitäten, innerhalb derer das soziale Universum existiert, wieder einführen können". Die Problematik der Neuformulierung der Ver-

Auseinandersetzung mit dem Erbe des Klimadeterminismus erscheint uns umso wichtiger, als der Status der „*Natur*" im sozialwissenschaftlichen Diskurs überprüft werden muss.

Dieses Kapitel ist daher erstens ein Versuch, die Substanz der klassischen Ideen, ihre methodologischen Vorstellungen und erkenntnistheoretischen Vorüberlegungen wiederzugewinnen. Zweitens sind wir auch an den Lehren interessiert, die die aufgegebene Forschungslinie für die heutige theoretische Arbeit und Forschung über die Rolle der natürlichen Bedingungen in menschlichen Angelegenheiten zu bieten hat. Dieses Anliegen geht über die unter heutigen Sozialwissenschaftlern weit verbreitete und fast unumstrittene Einsicht hinaus, dass der Einfluss der Gesellschaft auf die Umwelt eines der wichtigen, aber immer noch vernachlässigten Desiderate der Sozialtheorie ist.

Um unser Anliegen voranzubringen, konzentrieren wir uns hauptsächlich auf einen Vertreter des modernen „Umweltdeterminismus", nämlich den Geographen und „Klimawissenschaftler" Ellsworth Huntington, den wohl berühmtesten amerikanischen Geographen der ersten Hälfte des 20. Jahrhunderts, der auch in der wissenschaftlichen Gemeinschaft insgesamt sehr einflussreich war und offenbar auch einen bedeutenden Einfluss auf die gesellschaftlichen und politischen Eliten in Nordamerika hatte. Unser Interesse gilt nicht so sehr der Person Huntingtons, sondern vielmehr einem exemplarischen Vertreter eines einst weit verbreiteten intellektuellen Paradigmas, das heute von Sozialwissenschaftlern abgelehnt wird.

„Klimadeterminismus" und Ellsworth Huntington finden sich nicht mehr in zeitgenössischen Enzyklopädien und Lehrbüchern über Klimatologie und Soziologie (z. B. House, 1929). Aber Arnold J. Toynbee könnte durchaus Recht haben, wenn er in der Einleitung zu einer Biographie von Ellsworth Huntington (Martin, 1973) schrieb, dass man fast unbewusst vorgehen kann oder dass Amnesie in Bezug

---

ortung natürlicher Prozesse im sozialwissenschaftlichen Diskurs geht über das Nachdenken über die Bedeutung von Zeit und Raum hinaus, ebenso wie die Frage nach der Rolle des Sozialen im naturwissenschaftlichen Diskurs, in dem es heute ein Slumdasein führt.

9 Klima wirkt: Die Anatomie einer aufgegebenen Forschungslinie

auf die Arbeit eines Menschen kein ernsthaftes Hindernis darstellt für seine kognitive Autorität: „Huntington beeinflusst heutige Denker, auch wenn sie sich dessen nicht bewusst sind, und auch wenn sie sich dessen bewusst sind, aber von Huntingtons Ideen abweichen." Und tatsächlich, als auf der jüngsten 2. Internationalen Konferenz für Klima und Geschichte in Norwich im September 1998 das Konzept und Name beiläufig erwähnt wurden, fragte niemand nach der Bedeutung und es begann eine breite Debatte, bei der Konzept und Name in Diskussionen und Vorträgen immer wieder auftauchten. Ein Historiker behauptete sogar: „Huntington hatte recht." Das heißt, Konzept und Name sind Gespenster der Vergangenheit, von Sozialwissenschaften und Geographen diskreditiert, aber immer noch virulent. Insbesondere unter Laien, zumindest in Nordeuropa, wo eine gemeinsame klimatische Erklärung vorherrscht, warum beispielsweise die Schweden im Vergleich zu Menschen in Regionen mit milderem Klima so wohlhabend und erfolgreich sind. Ein explizites Beispiel in dieser Richtung wurde in der Zeitschrift „Weather" von Beck (1993) angeboten. Auch moderne klimabasierte soziale Theorien der Rassenidentität, die von Leonard Jeffries vertreten werden (siehe New York Times, Late Edition, East Coast, 4. Januar 1997, Abschn. 1, Editorial Desk, S. 22): „[Jeffries] lehrte eine klimabasierte Theorie Die Theorie der Rassenidentität, in der Afrikaner als „Menschen der Sonne" dargestellt wurden, die „gemeinschaftlich, kooperativ und kollektiv" waren, während Europäer als „Menschen des Eises" verachtet wurden, die von Brutalität und Zerstörung lebten, gehören in diese Kategorie".

Dieser Artikel befasst sich ausführlich mit dem „Klimadeterminismus" und einem wichtigen Befürworter dieser Argumentation, Ellsworth Huntington. Obwohl dies an sich schon eine interessante Übung ist, gibt es noch andere sinnvolle Zwecke. Erstens ist es ein Versuch, zeitgenössischen Klimatologen, die überwiegend eine naturwissenschaftliche Ausbildung haben, zu erklären, dass ihr Unternehmen – wie es bei allen Umweltwissenschaften der Fall war und ist – nicht wertneutral, sondern eingebettet in ein breites und starkes Netz sozialer und kultureller Konstruktionen ist Konzepte (siehe auch Bray und von Storch, 1999). Darüber hinaus ist die gegenwärtige Klimafolgenforschung, die nicht nur in den Klimawissenschaften, sondern auch in der Klimapolitik eine hohe Sichtbarkeit erlangt hat, in vielen Fällen konzeptionell eng mit dem historisch diskreditierten „Klimadeterminismus" verbunden.

Um diese Behauptung zu erklären, müssen wir definieren, was wir meinen, wenn wir uns auf klimatischen Determinismus beziehen. Klimadeterminismus ist das Verständnis, dass das Wissen über den Zustand des Klimas, sei es stationär oder sich verändernd, wichtige Erkenntnisse über gesellschaftlich relevante Prozesse liefert, wie etwa wirtschaftliche Effizienz, physische Energie und Gesundheit von Menschen oder soziale und zivilisatorische Aspekte und Errungenschaften. Im klassischen Klimadeterminismus wurde der Erfolg bestimmter Menschen beim Erreichen eines „hohen Zivilisationsniveaus" hauptsächlich dem Klima, manchmal aber auch dem Grad der lokalen Klimakontrolle zugeschrieben (Markham, 1947). Auch der Aspekt der Gesundheit und der körperlichen/geistigen Energie des Menschen war ein klassisches Thema und wird auch heute noch in der Biometeorologie behandelt. Der moderne Klimadeterminismus hat mehr mit dem Einfluss des Klimas auf Ernteerträge, Wasserversorgung, Energiebedarf und deren Auswirkungen auf das Funktionieren von Gesellschaften zu tun. Der gemeinsame Aspekt des klassischen und modernen Klimadeterminismus besteht darin, dass die Betrachtung des Klimas allein ausreicht, um Informationen erster Ordnung über die Auswirkungen des Klimawandels zu liefern, während interne soziale Prozesse als zweitrangig betrachtet werden.

Nicht nur, um die Fehlinterpretationen und Missverständnisse des früheren Klima- und Umweltreduktionismus zu vermeiden, schlagen wir vor, dass es zwingend erforderlich ist, die klassischen Konzepte des Klimadeterminismus zu überprüfen; Es ist auch unerlässlich, die Fallstricke des Klimadeterminismus in einer Zeit zu untersuchen, in der weitverbreitete Forderungen nach einer Überarbeitung der tiefen intellektuellen Spaltungen zwischen Natur- und Sozialwissenschaften, die nicht zuletzt durch dringende Umweltprobleme hervorgerufen werden, an Glaubwürdigkeit und Dringlichkeit zu gewinnen scheinen. Und es scheint uns, dass eine Untersuchung des Erbes des Klimadeterminismus angesichts der Notwendigkeit, den Status von „Natur" im sozialwissenschaftlichen Diskurs neu zu untersuchen, noch wichtiger ist.

9 Klima wirkt: Die Anatomie einer aufgegebenen Forschungslinie

Genauer gesagt ist unser Artikel daher zunächst ein Versuch, die Substanz der klassischen Ideen, ihre methodologischen Konzeptionen und erkenntnistheoretischen Anliegen wiederherzustellen. Zweitens sind wir an den Lehren interessiert, die diese aufgegebene Forschungslinie für die heutige theoretische Arbeit und Forschung über die Rolle natürlicher Bedingungen im menschlichen Leben zu bieten hat. Unsere Schlussfolgerung lässt sich so zusammenfassen, dass wir von der Abschreckung Abstand nehmen müssen, dass „das Klima bestimmt" zugunsten frt viel offeneren und bewusst anfechtbare Vorstellung ersetzt, dass „das Klima wichtig ist". Eine solche Sorge geht über die allgemeinere und fast unbestrittene Annahme unter heutigen Sozialwissenschaftlern hinaus, dass einer der wichtigen, aber immer noch vernachlässigten Desiderate der Sozialtheorie der Einfluss der Gesellschaft auf die Umwelt sei. Beispielsweise stellt es den ersten Schritt der Entwicklung des Konzepts der „gesellschaftlichen Sensibilität" gegenüber dem Klima dar (im Gegensatz und in Analogie zum Begriff „Klimasensibilität" gegenüber sozialem Handeln).

Um unsere Agenda voranzutreiben, konzentrieren wir uns zu heuristischen Zwecken auf einen Vertreter des modernen „Umweltdeterminismus", nämlich den Geographen und „Klimaforscher" Ellsworth Huntington, den wahrscheinlich berühmtesten amerikanischen Geographen der ersten Hälfte des 20. Jahrhunderts, der am einflussreichsten war in der wissenschaftlichen Gemeinschaft insgesamt, und auch einen erheblichen Einfluss auf die gesellschaftliche Elite in Nordamerika gehabt zu haben scheint. Unser Interesse gilt nicht so sehr Huntington als Individuum, sondern einem beispielhaften Vertreter eines einst weithin sichtbaren intellektuellen Paradigmas, das heute von Sozialwissenschaftlern verworfen wird. Wir erkennen natürlich an, dass der „Klimadeterminismus" sowohl eine viel längere Geistesgeschichte hat als auch ein vielfältiges Forschungsfeld in verschiedenen Epochen und Kulturen darstellt. Aufgrund der Art seiner Untersuchung und des Echos, das er in Wissenschaft und Politik erreichte, betrachten wir Huntington jedoch als einen bzw. den führenden Vertreter des Klimadeterminismus in der ersten Hälfte des 20. Jahrhunderts.

Um unsere Untersuchung des Klimadeterminismus einzuschränken, haben wir beschlossen, die vielfältigen politischen, ideologischen und industriellen Verwendungen des Klimadeterminismus in verschiedenen Kontexten nicht zu untersuchen. Vielleicht im Einklang mit der Behauptung, dass der Umweltdeterminismus ein überaus wissenschaftliches Unterfangen ist und daher einen unbestreitbar starken praktischen Nutzen haben muss, haben Befürworter des Umweltdeterminismus nie gezögert, seinen überragenden Nutzen zu betonen. Huntington zum Beispiel war zwischen 1921 und 1929 Vorsitzender eines Ausschusses für Atmosphäre und Mensch des National Research Council (NRC), dessen Arbeit sich von Anfang an auf vier Projekte konzentrierte: „Eine Untersuchung des Einflusses meteorologischer Bedingungen auf die Fabrikproduktivität, physiologische Experimente unter Laborbedingungen, Experimente in Krankenhäusern und eine Untersuchung der durch Influenza verursachten Mortalität in New York City" (Fleming, 1999). Infolgedessen und mit gutem Grund charakterisiert Fleming Huntingtons Aktivitäten auf diesem Gebiet in Analogie zu Frederick Winslow Taylors Bemühungen im Jahr 1911, eine Form des „wissenschaftlichen Managements" zu entwickeln, um die Produktivität der Arbeiter zu steigern, „meteorologischer Taylorismus". Darüber hinaus veranschaulicht die aufschlussreiche Fallstudie von Frenkel (1992) über die Rolle des Umweltdeterminismus bei der Entwicklung der Panamakanalzone sehr gut die praktische Wirksamkeit des Klimadeterminismus als intellektuelle oder ideologische Waffe (siehe auch Weinstein und Stehr, 1997).

9.2 Die Karriere einer umfassenden Perspektive

Über Jahrhunderte hinweg hatten Wissenschaftler, Intellektuelle, Humanisten, Philosophen, Ärzte und vielleicht die breite Öffentlichkeit kaum oder gar keine ernsthaften Zweifel daran, dass das Klima bestimmt. Soweit wir wissen, wurde das Thema erstmals von dem Arzt Hippokrates

9 Klima wirkt: Die Anatomie einer aufgegebenen Forschungslinie 113

von Kos (ca. 460–470 v. Chr.) in seiner Abhandlung über „Luft, Wasser und Orte" erörtert. Obwohl er sich in erster Linie mit der Beziehung zwischen der Umwelt und der Pathogenese von Krankheiten beschäftigte, verfiel er in eine oft wiederholte Diskussion über die Auswirkungen des Klimas auf die physischen Merkmale und die soziopolitischen Tendenzen der Bewohner unmittelbarer und entfernter Regionen. Nicht viel später fand Aristoteles eine klimatische Ursache für die Überlegenheit der Griechen gegenüber den Barbaren und damit für die typische Überlegenheit des eigenen Klimas im Vergleich zu dem anderer Orte.[4]

Vorerst erreichte die Karriere des Klimadeterminismus als wichtige intellektuelle Perspektive innerhalb der Sozial- und Naturwissenschaften ihren Höhepunkt in den ersten beiden Jahrzehnten dieses Jahrhunderts, als Naturforscher, Anthropologen, Soziologen, Ärzte und Geographen einen viel quantitativeren und daher „wissenschaftlichen" Ansatz zur Frage nach dem schicksalhaften Einfluss der natürlichen Umwelt auf menschliche Zivilisationen und Geschichte. Zu dieser Zeit wurden einige der eindeutigsten und eindeutigsten Aussagen zum Klimadeterminismus veröffentlicht, obwohl sie letztlich nur jahrhundertealte Überzeugungen bekräftigten. Ellen Churchill Semple (1911: 1–2) beispielsweise beginnt ihre vielzitierte Studie über die Kontrolle der natürlichen Umwelt über menschliche Angelegenheiten mit der folgenden allgemeinen Erklärung:

„Der Mensch ist ein Produkt der Erdoberfläche ... die Erde hat ihn bemuttert, ernährt, ihm Aufgaben gestellt, seine Gedanken gelenkt, ihn mit Schwierigkeiten konfrontiert, die seinen Körper gestärkt und seinen Verstand geschärft haben, ihm Navigationsprobleme bereitet und ihm Probleme bereitet Bewässerung und gleichzeitig Hinweise zu ihrer Lösung zugeflüstert ... Der Mensch kann genauso wenig wissenschaftlich untersucht werden ohne den von dem Boden, den er bestellt, den Ländern, über die er reist, oder den Meeren, über die er Handel treibt, zu bnerücksifibgen, eben so wie der Eisbär oder der Wüstenkaktus nicht unabhängig von seinem Lebensraum verstanden werden kann."

---

[4] Eine Zusammenfassung vieler ähnlicher Aussagen im Laufe der Jahrhunderte findet sich in Barnes, 1921.

Willy Hellpach (1938: 429–430), ein vielgelesener Sozialpsychologe in Deutschland in den Zwanziger- und Dreißigerjahren, kommt dem Thema näher und passt eher zum Diskurs des gesunden Menschenverstandes:

> „Im Norden einer bestimmten Hemisphäre herrschen die Charaktereigenschaften Nüchternheit, Härte, Zurückhaltung, Unerschütterlichkeit, Einsatzbereitschaft, Geduld, Ausdauer, Starrheit sowie der entschlossene Einsatz von Vernunft und Entschlossenheit vor. Die vorherrschenden Merkmale des Südens sind Lebhaftigkeit, Erregbarkeit, Impulsivität, Auseinandersetzung mit der Sphäre des Gefühls und der Vorstellungskraft, ein phlegmatisches Fließen mit dem Strom oder vorübergehende Aufflackern. Innerhalb einer Nation sind die Nordländer praktischer, zuverlässiger, aber unzugänglich, und die Südstaatler, die sich den schönen Künsten widmen, sind zugänglich (gesellig, sympathisch, gesprächig), aber unzuverlässig."

Das Gebiet der akademischen Geographie befand sich an einem Wendepunkt. Es verlagerte sich von der Erkundung zur Erklärung.

Sie verlagert sich von der Erkundung zur Erklärung. Was die Geographie heute als diskrete Diskursformen betrachtet, zum Beispiel die damals eng miteinander verbundenen moralischen und klimatischen Diskurse, begann sich zu differenzieren.[5] Zu dieser Zeit schien die Doktrin des Umweltdeterminismus, die heute oft als Teil der fernen und anrüchigen Vergangenheit der Geographie behandelt wird, eine solide, breit angelegte und wissenschaftliche Grundlage zu bieten, die als primäres Erklärungsprinzip für die Art der Interaktion zwischen Umwelt und Mensch diente. Die Behauptung, dass Nordeuropäer, in den Worten von Ellen Semple (1911: 620), „energisch, vorausschauend, ernsthaft, eher nachdenklich als gefühlsbetont, eher vorsichtig als impulsiv" seien, erhielt eine noch ausgeprägtere Autorität, die in der sozialwissenschaftlichen Gemeinschaft – und in der breiten Öffentlichkeit – nur wenige

---

[5] Livingstone (1991) untersucht die engen Verbindungen zwischen Klima-, Moral-, Wissenschafts- und Predigtdiskursen in der Geographie des 19. Jahrhunderts und damit die alltägliche Repräsentation der regionalen Klimata der Welt, der Rasse und des Ortes in moralischen Diskursen.

9 Klima wirkt: Die Anatomie einer aufgegebenen Forschungslinie

oder gar keine Rivalen hatte. In jüngerer Zeit wird bei zeitgenössischen Untersuchungen des Verhältnisses zwischen Umwelt und Gesellschaft durch Sozialwissenschaftler die reiche Geschichte der Diskussionen in der Wissenschaft über den Einfluss der Umweltbedingungen auf die Gesellschaft oft nicht einmal erwähnt.

Bedeutet dies, dass das, was vielleicht die größte Triebkraft für die Analyse des Einflusses klimatischer Bedingungen auf menschliches Verhalten war, nämlich der Wunsch, zu weitreichenden, auch globalen Erklärungsrahmen zu gelangen, die in der Lage sind, große Unterschiede in der Entwicklung menschlicher Gesellschaften oder, um einen vor Jahrzehnten gebräuchlichen Begriff zu verwenden, der menschlichen Evolution zu erklären, weitgehend aus den Sozialwissenschaften verbannt wurde? Das ist in der Tat der Fall, soweit es die Mainstream-Sozialwissenschaften betrifft. Aber die wichtigste Herausforderung, die Geographen, Philosophen, Anthropologen und viele andere Wissenschaftler um die Jahrhundertwende sahen, bestand darin, das zu erhellen, was Huntington (1927a: 136) den „Grad des Fortschritts in verschiedenen Teilen der Welt" nennt.

Der bevorzugte Interpretationsansatz, der sich als Reaktion auf die von Huntington und anderen identifizierten intellektuellen Herausforderungen durchgesetzt hat, ist eine „essentialistische" Perspektive, d. h. eine theoretische Plattform, die dem Klima inhärente, kontextunabhängige Kerneigenschaften zuweist und seinen definitiven Einfluss (Macht) auf alle Attribute und Phänomene einer bestimmten Situation behauptet. Die akzeptierte Interpretationskonvention des Klimadeterminismus bestreitet, dass die „Logik" der Situation, die als weitgehend transitorisch und epiphänomenal angesehen wird, überhaupt von erklärender Bedeutung sein kann. Die essentialistische Perspektive weist dem Klima die höchste Wirksamkeit zu, und deshalb „funktioniert das Klima".[6] Wir schlagen stattdessen vor, dass eine

---

[6] Für eine Kritik an den vorherrschenden, essentialistischen Interpretationskonventionen über das „Wesen" der Technologie und die soziale Rolle der Technologie, die in eine solche Interpretation eingebettet ist, siehe Grint und Woolgar, 1997.

Vielzahl anderer Faktoren in unserer Beziehung zum (natürlichen) Klima berücksichtigt werden muss. Eine dieser Bedingungen, die Rolle von Klimaextremen, soll näher untersucht werden.

Darüber hinaus war die Faszination für die Vorstellung von Periodizitäten, Zyklen und Rhythmen verschiedener Art sowohl als Erklärung für das Entstehen und Vergehen von geologischen Phänomenen, von Pflanzen und Tieren sowie von sozialen und wirtschaftlichen Prozessen als auch für deren bloße Entdeckung in der Wissenschaft nach wie vor sehr lebendig. Die Überzeugung, dass „die gesamte Geschichte des Lebens eine Aufzeichnung von Zyklen ist" (Huntington, 1945: 453), war keineswegs eine idiosynkratische und isolierte Beobachtung.[7] Die Regelmäßigkeit und Periodizität, mit der sich bestimmte Zyklen oder Wellen wiederholen, z. B. Konjunkturzyklen, Preisrevolutionen oder Reproduktionszyklen, werden oft als Erklärung für ein Phänomen herangezogen – nicht zuletzt, weil das Phänomen zu einem vorhersehbaren Prozess wird: „Es wird ein großer Segen für die Menschheit sein, wenn wir lernen, die genauen Daten vorherzusagen, zu denen Zyklen verschiedener Art bestimmte Stadien erreichen werden" (Huntington, 1945: 458).[8]

Geht man darüber hinaus davon aus, dass bestimmte Regelmäßigkeiten das Ergebnis zugrunde liegender physikalischer Kräfte sind und dort ihren Ursprung haben, wird die Erklärungskraft als noch ausgeprägter angesehen. So wird für Huntington (1945: 455) das Leben, wie wir es kennen, von „mindestens drei Arten

---

[7] Im Gegenteil, das Interesse an der Untersuchung von Zyklen führte 1941 zur Gründung einer „Foundation for the Study of Cycles" durch Edward R. Dewey mit einem angesehenen internationalen Gremium von Wissenschaftlern (vgl. Huntington, 1945: 458). Die Stiftung besteht bis heute und hat nach eigenen Angaben mehr als 3000 Mitglieder (http://pond.com/~cycles/cyles.htm).

[8] Das intellektuelle Interesse an Zyklen, Wellen und Periodizitäten korrespondierte natürlich bis weit in das 20. Jahrhundert hinein mit der tatsächlichen Erfahrung des Aufs und Ab politischer Regime, von Krieg und Frieden, Hunger und Wohlstand, periodischen Ernteüberschüssen oder -ausfällen und so weiter. Heute, mit dem Aufkommen der Wissensgesellschaften, scheinen wir in ein Zeitalter eingetreten zu sein, in dem die Beobachtung solcher Zyklen weit weniger zu unserer Erfahrung des gesunden Menschenverstandes gehört. Vielleicht sind wir am Ende des Zeitalters der Zyklen angelangt. Kein Wunder, dass die Suche nach Periodizitäten und Wellen in Verruf geraten ist.

9 Klima wirkt: Die Anatomie einer aufgegebenen Forschungslinie

physikalischer Bedingungen beeinflusst, von denen jede ihre eigenen Zyklen hat. Eine davon ist das Wetter im üblichen Sinne". Eine andere ist das elektromagnetische Feld des Sonnensystems im Allgemeinen und der Erde im Besonderen. Ein dritter ist die Zusammensetzung der Atmosphäre mit ihren Schwankungen in Bezug auf Ozon und vielleicht auch in anderen Bereichen.

Die Suche nach Periodizitäten als Selbstzweck oder als Mittel zur Erklärung des Wandels sozialer Phänomene in den Sozialwissenschaften ist sicherlich schon seit einiger Zeit aufgegeben worden. Die Aufregung, die mit der Entdeckung von Zyklen einherging, und die Faszination, die von solchen Darstellungen auszugehen schien, sind kaum noch nachvollziehbar. Die meisten zeitgenössischen Sozialwissenschaftler sind nicht unbedingt davon überzeugt, dass die Geschichte zu Ende ist, aber sie sind davon überzeugt, dass historische Prozesse eher richtungslos sind. Mit anderen Worten, wir haben das entgegengesetzte Extrem erreicht und sind von der intensiven Suche nach bestimmten Periodizitäten zur vorsichtigen Eliminierung jeglichen Anscheins historischer Rhythmen und Zyklen übergegangen.[9]

Es ist nicht übertrieben zu behaupten, dass Geographen und andere, die zur modernen Literatur über den Klimadeterminismus beigetragen haben, d. h. zu den in der ersten Hälfte dieses Jahrhunderts veröffentlichten Forschungsarbeiten, mit den heutigen Sozialwissenschaftlern ein Interesse an globalen Phänomenen teilen, obwohl in der wachsenden zeitgenössischen Literatur über Globalisierung globale Umweltprobleme bestenfalls beiläufig erwähnt werden und dann hauptsächlich als Beispiele für die Existenz globaler Phänomene in der heutigen Zeit.

Seit dem Ende des 19. Jahrhunderts und noch mehr in den ersten Jahrzehnten des 20. Jahrhunderts haben die Sozialwissenschaften in der Tat jedes ernsthafte Interesse an den Wechselwirkungen zwischen natürlichen und sozialen Faktoren aufgegeben. Die Sozialwissenschaften stützten sich mehr und mehr auf ein spezifisches und

---

[9] Ausnahmen sind natürlich möglich, wie zum Beispiel die jüngste Studie des Historikers David Hackett Fischer (1996) mit dem Titel *The Great Wave*, eine Untersuchung über Preisrevolutionen und den „Rhythmus der Geschichte".

begrenztes Konzept von Raum und Zeit.[10] Die meisten theoretischen und empirischen Arbeiten gingen davon aus, dass die bestehenden politischen Grenzen des Nationalstaates die entscheidenden räumlichen Parameter der soziologischen, politischen oder wirtschaftlichen Analyse festlegten (vgl. Stehr, 1994). Viele Sozialwissenschaftler gaben auch jegliches Interesse an vergleichenden Analysen und der Untersuchung breiter historischer Trends auf, was Norbert Elias (1987) als einen Rückzug der Soziologen in die Gegenwart bezeichnet hat. Darüber hinaus konzentrierten sich die Sozialwissenschaftler, natürlich nicht ausschließlich, zunehmend auf die Darstellung individueller und nicht allgemeiner Phänomene.

9.3 Erworben und/oder vererbt

Die großen Reflexionen über den relativen Einfluss von Erziehung und Umwelt haben die Diskussionen über die Auswirkungen des Klimas auf die menschliche Geschichte und Gesellschaft nicht unberührt gelassen. Im betrachteten Zeitraum stehen die späteren Beiträge unter starkem Einfluss darwinistischer Auffassungen, während die Diskussionen vor der Jahrhundertwende auch von neo-lamarckistischen Konzepten beeinflusst sind. Die lamarckistischen Beiträge, wie sie in den 1880er und 1890er Jahren in Deutschland mit der physischen Anthropologie verbunden waren, gingen davon aus, dass sich die Physiologie des Menschen bei der Umsiedlung in ein anderes Klima tatsächlich

---

[10] Einige geisteswissenschaftliche Disziplinen, insbesondere die Geschichtswissenschaft, haben sich nicht sofort und auch nicht in allen Ländern dem restriktiven Diskurs angeschlossen, der in der Soziologie und in der Wirtschaftswissenschaft vertreten und praktiziert wird. Eine der bemerkenswertesten Bemühungen in der Geschichtswissenschaft, Umweltfaktoren und Geschichte zusammenzubringen, ist in der Arbeit der Annales-Schule in Frankreich zu finden. Die Zeitschrift *Annales: Economies, Sociétés, Civilisations*, die der Schule ihren Namen gab, wurde 1929 von Lucien Febvre und Marc Bloch gegründet und hat in jüngerer Zeit unter anderem Emmanuel Le Roy Ladurie und Fernand Braudel hervorgebracht. In den Schriften von Ellsworth Huntington findet sich jedoch kein einziger Hinweis auf ihre Arbeiten oder auf die des Geographen Paul Vidal de la Blache, der zu Beginn dieses Jahrhunderts einen groben geographischen Determinismus ablehnte und als intellektueller Vorläufer der Annales-Schule gilt, soweit wir das beurteilen können.

9 Klima wirkt: Die Anatomie einer aufgegebenen Forschungslinie

verändere und dass die organischen Folgen der Akklimatisierung an die nachfolgenden Generationen weitergegeben werden könnten.

Letztendlich spielt es keine Rolle, ob es sich um eine ausschließlich darwinistische, eine lamarckistische oder eine evolutionäre Perspektive handelt, die beide Ansätze ambivalent miteinander vermischt[11] und die biologische Grundlage für den Klimadeterminismus liefert, denn diese Perspektiven haben die Vorstellung gemeinsam, dass das natürliche Klima eine grundlegende Umweltkraft ist, die für verschiedene Erscheinungsformen des menschlichen Erfolgs oder Misserfolgs verantwortlich ist.[12]

Der Arzt und Anthropologe Rudolf Virchow ([1885] 1922: 231), der in einer Zeit, in der die koloniale Expansion auf der politischen Tagesordnung stand, eine neolamarckianische Sicht des Klimas vertrat, war beispielsweise davon überzeugt, dass die Fruchtbarkeit der Individuen, die in Gebiete der Erde wanderten, in denen ein anderes Klima herrschte als in ihrer „Heimat", einen dramatischen und stetigen Rückgang ihrer Zahl erleiden würde. Zumindest kurzfristig wird die Population der Siedler unweigerlich abnehmen und kann nur durch einen ständigen Zustrom neuer Individuen aufrechterhalten werden.[13]

---

[11] Herbert Spencer ([1887]: 349–350) teilt diese Zweideutigkeit, die typisch für den zeitgenössischen Diskurs zu sein scheint; zum Beispiel äußert er in Bezug auf die Bedeutung des Klimas die Ansicht, dass „Menschen, deren Konstitution für ein Klima geeignet ist, nicht an ein extrem unterschiedliches Klima angepasst werden können, indem sie dauerhaft darin leben, weil sie nicht überleben, Generation für Generation. Solche Veränderungen können nur durch langsame Ausbreitung der Rasse durch Zwischenregionen mit Zwischenklimata herbeigeführt werden, an die sich die aufeinanderfolgenden Generationen nach und nach gewöhnen. Und das gilt zweifellos auch für den geistigen Bereich. Die intellektuelle und emotionale Natur, die für eine hohe Zivilisation erforderlich ist, kann nicht dadurch erreicht werden, dass man den völlig Unzivilisierten die notwendigen Aktivitäten und Beschränkungen in unqualifizierter Form aufzwingt: Allmählicher Verfall und Tod, statt Anpassung, wären die Folge." (Siehe auch Huntington, 1907: 15).

[12] Siehe den Bericht über den Rassenmythos, der der Besiedlung Südkaliforniens Ende des letzten Jahrhunderts zugrunde lag, in Starr (1985: 89–93); Starr beschreibt die Überzeugung vieler Menschen im zeitgenössischen Südkalifornien, dass es das „neue Eden des sächsischen Heimkehrers" darstelle und dass der angelsächsische Stamm – geschwächt durch eine zu lange Gefangenschaft auf den überfüllten und kühlen britischen Inseln – durch das gesunde Klima in Südkalifornien wiederbelebt und gestärkt werden würde.

[13] Ellsworth Huntington (1916: 6) stimmt mit Rudolf Virchow überein und behauptet in Bezug auf die „armen Weißen", die sich auf den Bahamas niedergelassen haben, dass „der weiße Mann, wenn er in ein Klima auswandert, das weniger anregend ist als das seiner ursprünglichen Heimat,

Im Allgemeinen haben die Neo-Lamarckianer natürlich eine „optimistischere" Sichtweise, da sie davon überzeugt sind, dass das Klima durch Anpassung und dann durch Vererbung nahezu perfekt beherrscht werden kann. Darwinisten haben sich damit abgefunden, dass vererbte klimatische Dispositionen nicht einfach von einer Generation zur nächsten geändert werden können, sondern sich bestenfalls in einem langfristigen Prozess der natürlichen Selektion befinden.

Darwinistische Klimadeterministen betonen, wie sehr klimatische Bedingungen bestimmte Menschen anziehen, während sie andere abstoßen. Ebenso werden klimatische Bedingungen ihre Überlegenheit behaupten und kulturelle Praktiken verdrängen, die ihnen nicht entsprechen (vgl. Huntington, 1945: 610). Langfristig, so Huntington (1927a: 165), „sind Krankheit, Versagen und allmähliches Aussterben das Schicksal derer, die sich dem Klima nicht anpassen können oder wollen, aber bevor dies geschieht, wandern viele in andere Klimazonen ab, die ihrer Konstitution, ihrem Temperament, ihren Berufen, Gewohnheiten, Institutionen und ihrem Entwicklungsstand besser entsprechen".

---

sowohl an körperlicher als auch an geistiger Energie zu verlieren scheint". Eine explizitere Aussage, die eng mit Virchows Beobachtungen übereinstimmt, findet sich in einem Sammelband der Soziologie, zu dem Huntington (1927b: 257) beigetragen hat: „Wenn der weiße Mann versucht, sich dauerhaft an den äquatorialen Küsten Afrikas niederzulassen und dort wie zu Hause zu arbeiten, kann er kaum Erfolg haben, wenn sich sein Körperbau nicht von dem des Durchschnitts seiner Rasse unterscheidet. Er muss gemächlicher sein als zu Hause, er muss mehr auf seine Gesundheit achten, seine Frau und seine Kinder müssen oft in reizvolleren Klimazonen leben, wenn sie ihre Gesundheit bewahren wollen. Seine Ideale des öffentlichen Dienstes, des sozialen und wissenschaftlichen Fortschritts und der demokratischen Regierung mögen unverändert bleiben, aber der Mangel an überschüssiger Energie, auch ohne spezifische Krankheit, veranlasst ihn im Allgemeinen, in diesen Bereichen relativ untätig zu sein. Obwohl also die äußeren Formen der Gesellschaft in einem tropischen Klima die gleichen bleiben mögen wie in wärmeren Regionen, ist die tatsächliche Lebensweise fast sicher entschieden anders."

9.4 Ellsworth Huntington

Studenten, die sich mit menschlichen Angelegenheiten befassen, mögen Huntington zustimmen oder nicht, aber in jedem Fall werden sie von ihm beeinflusst, daher ist es besser, dass sie sich seiner bewusst sind.
Toynbee, 1973: ix

Durkheim. Sein umfangreiches Schrifttum, sein beachtlicher Ruhm und sein großer Einfluss sowohl in der wissenschaftlichen Gemeinschaft als auch in der amerikanischen Gesellschaft des frühen 20. Jahrhunderts waren hervorstechend.

Ellsworth Huntington wurde am 16. September 1876 als Sohn eines Pfarrers der Kongregationskirche in Galesburg, Illinois, geboren. Er besuchte die High School in Maine und Massachusetts. Als junger Mann und auch später im Leben unternahm Huntington ausgedehnte Reisen in den Nahen Osten, nach Asien, Europa, Afrika und Amerika. Huntington erwarb einen Bachelor-Abschluss am Beloit College in Wisconsin; er studierte an der Harvard University Geomorphologie oder Physiographie, wie sein Lehrer William Morris Davis das Studium der Form der Erdoberfläche nannte; 1907 kam er als Dozent für Geographie nach Yale. Yale verlieh ihm 1909 den Doktortitel und beförderte ihn 1910 zum Assistenzprofessor. Im Jahr 1915 wurde er jedoch entlassen, um im Herbst 1919 erneut nach Yale zu gehen; er unterrichtete jedoch keine Studenten in Geographie und war achtundzwanzig Jahre lang als wissenschaftlicher Mitarbeiter an einer Professur tätig. Unser Interesse gilt unmittelbar dem Humangeographen, Sozialwissenschaftler, Klimatologen und Historiker Huntington, nicht aber seiner sehr öffentlichen Rolle als Befürworter der Eugenik. Huntington, der Autor von *The Goal of Eugenics* (1935), war eine bedeutende Kraft in der amerikanischen Eugenikbewegung und diente als Präsident der *American Eugenics Society* (1934–1938). Es besteht kaum ein Zweifel daran, dass seine Arbeit über Klima und Zivilisation zu Überzeugungen führte, die ihn dazu veranlassten, sich für die Eugenik zu entscheiden und eine führende Rolle in der Eugenik-Bewegung in den Vereinigten Staaten zu übernehmen. Die Brücke ist die Rolle der biologischen Vererbung. Der Euphemismus, der verwendet wird, um Huntingtons beträchtliches Interesse an der Eugenik zu beschreiben, ist, dass er sich „um die Qualität der Menschen" sorgte;[14] Laut Huntington war „die Demokratie selbst durch die rasche Vermehrung der weniger fähigen Mitglieder der Spezies bedroht", und er drängte auf „restriktive Einwanderung in die Vereinigten Staaten" (Martin, 1973: xiv).

Tatsächlich war Huntington generell von der Sorge um konkrete Möglichkeiten zur Verbesserung der menschlichen Existenz getrieben und zögerte selten, auch in Klimafragen praktische Vorschläge zu machen und politische Ratschläge zu geben. Huntington begnügte sich selten damit, seinen Fall zu dokumentieren, er wollte auch praktische Lehren ziehen und seine Schlussfolgerungen sofort umsetzen. Die praktischen Ratschläge stammen direkt aus seiner Forschung. Huntington will, dass wir uns die Vorteile des Klimas zunutze machen: So schlug er vor, das Hauptquartier der Vereinten Nationen in Newport, Rhode Island, anzusiedeln, weil dort das für den Menschen günstigste Klima herrsche. Und seine Sorge um das optimale (Innen-) Klima führte sogar zu einer engen Zusammenarbeit mit der *American Society of Heating and Plumbing Engineers* (vgl. Martin, 1973: xiv).

Abgesehen von seinen als Lehrbücher unentbehrlichen Veröffentlichungen zur Geographie und seinen Schriften zur Eugenik ist Huntingtons Hauptwerk über die Ursachen des „Fortschritts" der menschlichen Zivilisationen. Diese Ideen tauchten zum ersten Mal um 1914–1915 auf und wurden schnell zu einer endgültigen These ausgearbeitet, die sich in den folgenden drei Jahrzehnten kaum änderte. Wie der Historiker David Arnold (1996: 31) kürzlich bemerkte, „blickte er, wie so viele Ökologen vor ihm, zuerst nach Osten und suchte im Klima und im Klimawandel eine Erklärung für die Unterschiede zwischen westlicher Dynamik und östlicher Stagnation".

Huntingtons frühe Schriften über den Klimawandel in der Nacheiszeit wurden sicherlich durch das Interesse der Geographen, Klimatologen und Geologen in Russland, Deutschland, Österreich und anderen Ländern am Phänomen des Klimawandels in historischer Zeit angeregt, das um die Jahrhundertwende seinen Höhepunkt erreichte und bald

---

[14] Ein Begriff, den Huntington (z. B. 1945: 313) selbst verwendet.

9 Klima wirkt: Die Anatomie einer aufgegebenen Forschungslinie

der Überzeugung wich, dass das Klima im Wesentlichen ein statisches Phänomen sei. Die Frage, ob es sich bei den beobachteten langfristigen Veränderungen lediglich um wiederkehrende Schwingungen, Fluktuationen oder „Pulsationen" handelte, oder ob sie auf eine allmähliche Entwicklung hin zu verschiedenen Klimazuständen, wie z. B. Trockenheit, hindeuteten, war eine der strittigen Fragen in den Diskussionen unter den Wissenschaftlern, die die Überzeugung teilten, dass bedeutende Veränderungen zu beobachten waren.

Der spätere bemerkenswerte Wechsel in der Gewichtung des disziplinären Paradigmas oder der Tradition spiegelt sich auch in Huntingtons Arbeiten wider. In seinen frühen Arbeiten liegt der Schwerpunkt eindeutig auf Klimaänderungen und -variabilität. In seinen späteren Arbeiten über Klima und Wetter, insbesondere in seinen in den 1940er Jahren veröffentlichten zusammenfassenden Büchern, ändert sich der Zeithorizont, und der Schwerpunkt verlagert sich von der Klimavariabilität und -variabilität hin zur Betonung der im Wesentlichen stationären Natur des Klimas. In Huntingtons Fall bedeutete die Verlagerung des Interesses von längerfristigen Klimaveränderungen und ihren Periodizitäten auch, dass er sich auf die Zyklen dessen konzentrierte, was im Wesentlichen eher Wetter- als Klimamuster sind; so begann Huntington um 1914 und 1915, eine Fülle empirischer Informationen über die Auswirkungen von Wetterveränderungen auf die tägliche „nervöse Aktivität", Produktivität, „Gefühle und Energie" zu sammeln. In diesen beiden Jahren und auf der Grundlage dieser Daten formulierte Huntington den Kern seiner These über den Zusammenhang zwischen Klima und menschlichen Aktivitäten. Die ersten Ergebnisse wurden 1914 in einer Serie von drei Artikeln für das *Harper's Magazine* veröffentlicht. Die Aufsätze mit den Titeln „Arbeit und Wetter", „Klima und Zivilisation" und „Wird die Zivilisation vom Klima bestimmt?" brachten „Briefe des Zorns von Gentlemen aus dem Süden, Anfragen von Ärzten und Psychologen [und] einen Vorschlag für eine zivilgesellschaftliche Feier in Seattle" (Martin, 1973: 114). Ironischerweise geht die Verlagerung des Interesses auf die Auswirkungen des Klimas auf menschliche Angelegenheiten mit einem Rückzug aus der Analyse des Klimawandels in historischer Zeit einher. Letzteres könnte in der Tat die Schlussfolgerungen seiner Arbeit über den Fortschritt der Zivilisationen untergraben haben. Die Natur existiert heute in einem Zustand der Beständigkeit und Harmonie, auch wenn ihre Auswirkungen auf die Gesellschaft nicht immer vorteilhaft sind, denn das hängt davon ab, wo man zufällig lebt.

9.5 Gesundheit, Energie und Fortschritt

Keine Nation hat den höchsten Grad der Zivilisation erreicht, außer in Regionen, in denen der klimatische Anreiz groß ist. Diese Aussage fasst unsere gesamte Hypothese zusammen.

Ellsworth Huntington [1915] 1924: (erste Auflage, S. 270).

Unsere Diskussion des modernen Klimadeterminismus beschränkt sich in erster Linie auf Beiträge, die sich mit den tiefgreifenden Auswirkungen des Klimas auf das menschliche Leben befassen und die in den letzten beiden Jahrzehnten des 19. Jahrhunderts und in den ersten Jahrzehnten des vorigen Jahrhunderts veröffentlicht wurden, also zu einer Zeit, als der Klimadeterminismus auf dem Weg war, ein anerkanntes wissenschaftliches Unterfangen zu werden. Für Ellsworth Huntington (z. B. 1945: 307) bedeutete Klima in erster Linie die Beachtung der Temperatur und in zweiter Linie der Jahreszeiten,[15] Stürme und Niederschläge. Gegen Ende seiner wissenschaftlichen Karriere, in seinem letzten großen Buch, fasst Huntington (1945: 313) seine Hauptthese über die Bedeutung und Wirksamkeit des Klimas folgendermaßen zusammen: Die klimatischen Bedingungen stellen ein ausgeprägtes Optimum (und umgekehrt einen Nachteil) dar, und mit ihm variiert „der Fortschritt der Zivilisation und die Qualität der Menschen".

Die Idee, dass das Klima die menschliche Energie, die Gesundheit und den Fortschritt fördert oder hemmt, wurde Huntington nach

---

[15] Huntington (1945: 313) formuliert in Bezug auf die Jahreszeiten folgende Verallgemeinerung: „Je größer der Kontrast der Jahreszeiten ist, desto größer sind im Allgemeinen die Anforderungen an die Kraft und Geschicklichkeit des Menschen, um einen angemessenen Lebensunterhalt zu sichern".

9 Klima wirkt: Die Anatomie einer aufgegebenen Forschungslinie

Angaben seines Biographen erstmals von Charles J. Kullmer, einem Germanistikprofessor an der Syracuse University, vorgeschlagen, der ihm im September 1911 schrieb, dass er seit einiger Zeit an dem Konzept des Klimawandels arbeite und ihm ein Manuskript schickte (vgl. Martin, 1973: 102). Kullmer weist in seinem Brief darauf hin, dass er Huntingtons Arbeiten verfolgt habe, z. B. das Buch über seine Reisen in Asien, und dass er ihn zur Hypothese des Klimawandels und seiner Beziehung zur Zivilisation befragen wolle.[16] Insbesondere behauptete Kullmer, eine enge Korrelation zwischen Sturmbahnen und Zivilisationen gefunden zu haben und dass Verschiebungen in den Sturmbahnen für Verschiebungen in den Standorten der Zivilisationen verantwortlich seien.[17] Wir sind also damit konfrontiert, dass viele der grundlegenden Eigenschaften des Lebens in verschiedenen Regionen der Welt mit ähnlichem Klima dazu neigen, sich anzunähern, während sie sich in anderen Bereichen, die „wenig mit der physischen Umgebung zu tun haben, radikal unterscheiden können" (Huntington, 1945: 611).

Für sich genommen scheinen diese und verwandte Hypothesen eine recht harmlose These zu stützen, die vielleicht nicht mehr und nicht weniger als die eindeutige Möglichkeit anerkennt, dass natürliche Bedingungen auf unterschiedliche und daher nicht feststehende Weise auf das menschliche Verhalten einwirken. Man muss sich jedoch vor Augen halten, dass Huntington auch davon überzeugt ist und versucht, massive Belege dafür zu liefern, dass die Entwicklung der Zivilisation selbst sowie die „Qualität der Menschen" nicht von den klimatischen Bedingungen, die ihre Entwicklung entweder begünstigen oder behindern, getrennt und unabhängig davon verstanden werden können. Für Huntington bezieht sich die Art des zivilisatorischen Fortschritts,

---

[16] Im Einführungskapitel zu *Climate and Civilization* berichtet Huntington ([1915] 1924: 7), dass er seine Theorien über klimatische „Pulsationen" erstmals während der Pumpelly-Expedition im Jahr 1903 entwickelte. In den zwei Jahren, die er in Turkestan verbrachte, kam er zu der Überzeugung, dass „Reclau, Kropotkin und andere Recht haben, wenn sie glauben, dass das Klima in Zentralasien vor zwei- oder dreitausend Jahren feuchter war als heute."

[17] Vgl. Huntingtons (1927a: 143–145) zusammenfassende Erörterung der Bedeutung von Stürmen als „drittes großes Element bei der Erzeugung von Wetterveränderungen", neben Temperatur, Feuchtigkeit und Jahreszeiten, die sich als besonders wertvoll für die Gesundheit und die klimatische Energie erweisen.

der durch das Klima entweder begünstigt oder gehemmt wird, auf „[unsere] zunehmende Fähigkeit, die Kräfte der Natur zu beherrschen … Ist es bloßer Zufall, [fragt er], dass die Engländer in der Luft fliegen, unter dem Meer segeln, Millionen von Maschinen herstellen und über das Radio sprechen können, während kein einziger Mann unter den Kamchadales jemals daran denkt, diese Dinge zu tun?" (Huntington, 1927a: 136–137). Interessanterweise bedeutet Huntingtons Definition von Fortschritt als Emanzipation von den Naturgewalten nicht die Befreiung vom Klima im Zuge des zivilisatorischen Fortschritts. Im Gegenteil, der Fortschritt impliziert eine immer stärkere Abhängigkeit von den klimatischen Bedingungen, weil sich die „Zentren der Zivilisation immer weiter in die Regionen verlagern, in denen der Fortschritt des Menschen ihn am effizientesten macht" (Huntington, 1927a: 161). Infolgedessen gewinnen die unmittelbaren Auswirkungen des Klimas immer mehr an Bedeutung.

Ellsworth Huntingtons (1927a: 138) unermüdliche Arbeit, in der er die These vertritt, dass „das Klima die Grundfarben auf die menschliche Leinwand malt", erscheint heute den einen amüsant, den anderen extrem oder faul (Le Roy Ladurie, [1967] 1988: 24), aber die meisten würden sie wahrscheinlich für absurd halten und damit sicherlich am Rande des sozialwissenschaftlichen Diskurses über die Auswirkungen von Umweltfaktoren auf die menschliche Existenz. Zu seiner Zeit war sie jedoch keineswegs untypisch und widersprach auch nicht unbedingt dem gesunden Menschenverstand in Bezug auf Klima, Gesundheit und ethnische oder rassische Identitäten. Huntingtons Ansichten ließen sich leicht mit den rassistischen und imperialistischen Doktrinen seiner Zeit in Einklang bringen und fanden dort Anklang. Ihr Erfolg und ihre politische Nützlichkeit sind die Voraussetzung dafür, dass sie heute verschwunden sind. Der verbleibende Wert von Huntingtons Programm scheint sich auf seine Produktivität als Gegenbeispiel zu beschränken. Seine Details, wie sie in unserem Anhang über die Wirksamkeit des Klimas nach Huntington aufgelistet sind, helfen vielleicht, nicht wieder in Überlegungen über das Klima hineingezogen zu werden, die der Tradition des modernen Klimadeterminismus ähneln und in ihr mitschwingen.

9.6 Klimatisches Optimum und Schattenseiten

Abgesehen von der reichhaltigen Beschreibung psychologischer, sozialer, wirtschaftlicher und politischer Merkmale des menschlichen Lebens und der Gesellschaft, die sich als Reaktion auf die klimatischen Bedingungen entwickeln – oder daran gehindert werden, führen Klimadeterministen auch eine Liste wichtiger klimatischer Faktoren an, die mit zufälligen Vorteilen oder extremen Nachteilen des Klimas verbunden sind. Da ist zunächst einmal die schreckliche *klimatische Monotonie* oder, was vielleicht ebenso gefürchtet ist, die *klimatischen Extreme*. Demgegenüber steht die sehr vorteilhafte pulsierende *klimatische Vielfalt:* Das spezifische Beispiel für jeden dieser Zustände ist typischerweise an ein einziges meteorologisches Element gebunden, sei es Temperatur, Regen, Wind, Feuchtigkeit, Jahreszeiten usw. Die wichtigste Behauptung, die Huntington (1927a: 142) in Bezug auf die Identifizierung klimatischer Optima aufstellt, ist, dass „*Veränderung"* als solche anregend ist. Huntingtons (1927a: 141–142) Aufzählung der Bedingungen, die das beste Klima für die menschliche Gesundheit, den Fortschritt und die Energie darstellen, ist daher etwas umfangreicher, da er eine Reihe von Klimabedingungen aufzählt, die gleichzeitig vorhanden sein sollten:

(1) Es ist ein ziemlich starker, aber nicht extremer Kontrast zwischen Sommer und Winter erforderlich, wobei die Sommertemperatur im Durchschnitt nicht viel höher als 65° Fahrenheit für Tag und Nacht zusammen ist. Dies scheint die Temperatur zu sein, bei der die weiße Rasse körperlich am aktivsten und gesündesten ist. Die Wintertemperatur im Freien sollte im Durchschnitt nicht viel unter 40° Fahrenheit liegen, da dies die Temperatur ist, bei der Menschen mit unserer Art von Nahrung, Kleidung, Unterkunft und Beschäftigung geistig am aktivsten zu sein scheinen.
(2) Es muss zu allen Jahreszeiten Regen geben. Das bedeutet nicht, dass es ständig regnet, aber es muss so viel regnen, dass die Luft die meiste Zeit über mäßig feucht ist. Wenn die Luft über einen längeren Zeitraum trocken ist, ist die Gesundheit der Menschen nicht so gut, wie wenn sie feuchter ist. Zahlreiche Statistiken in vielen Regionen belegen dies,

obwohl die Bevölkerung das Gegenteil behauptet. Diese Meinung ist wahrscheinlich entstanden, weil die Menschen die wohltuende Wirkung des Lebens im Freien in trockenem Klima mit der Wirkung der Trockenheit selbst oder des Staubs, der mit der Trockenheit einhergeht, verwechseln.

(3) Eine konstante, aber nicht übermäßige Variabilität des Wetters ist fast ebenso wichtig wie die richtigen Bedingungen für Temperatur und Luftfeuchtigkeit. Bei Fabrikarbeitern und Studenten hat man z. B. festgestellt, dass, wenn die Temperatur an einem Tag die gleiche ist wie am Vortag -- was in der Regel bedeutet, dass auch die anderen Bedingungen gleich sind, die Menschen nicht so gut arbeiten, wie wenn es eine Veränderung gibt, insbesondere einen Temperaturabfall. Der springende Punkt ist, dass die *Veränderung* belebend ist.

9.7 Die Grundlagen

Das Voralpenklima (in Salzburg) macht gemütskranke Menschen, die schon sehr früh dem Stumpfsinn anheimfallen und die mit der Zeit bösartig werden.

Thomas Bernard, [1983] 1988: 19

Nach der Aufzählung der scheinbar endlosen Liste von Faktoren und Prozessen, die durch das Klima bestimmt oder beeinflusst werden sollen (siehe unseren Anhang, in dem diese Begriffe alphabetisch zusammengefasst sind), stellen sich wichtige Fragen zu den theoretischen, empirischen oder beiden Grundlagen, die ausdrücklich angeführt werden, um die Bedeutung des Klimas für die menschlichen Angelegenheiten zu begründen. Zu Beginn seiner Erörterung des Zusammenhangs zwischen Klima und sozialen Bedingungen beruft sich Huntington auf Erfahrungen, von denen er annimmt, dass jeder seiner Leser sie teilt und sie nahezu perfekt und sofort nachvollziehen kann. Obwohl es, wie ein Geographenkollege (Spate, 1952: 413–414) in einer neueren Besprechung von Huntingtons Werk bemerkt, recht einfach ist, auf die Anomalien in den berühmten Zivilisations- und Klimakarten hinzuweisen, „glauben die meisten von uns Westlern in ihrem Herzen wahrscheinlich, dass die Tatsachen so sind, wie sie dargestellt werden". Das heißt, in Huntingtons Diskurs über Klima und Zivilisation finden wir eine Berufung auf traditionelle kulturelle und politische Überzeugungen. Indem er sich auf das beruft, was Huntington für selbstverständlich hält, sowie auf eine weithin geteilte elementare Alltagserfahrung und Reaktion auf sich verändernde Wetterbedingungen, will er bei seinen Lesern eine Art grundsätzliche Zustimmung zu seiner These hervorrufen. Wir wollen uns auf Überzeugungen beziehen, die jedes Individuum mit jedem anderen Individuum teilt. Der grundlegendste Beweis, den Huntington anführt, ist also dieser Appell an grundlegende und weithin geteilte traditionelle Überzeugungen oder Vorurteile über das Anderssein und die Art und Weise, wie Individuen in verschiedenen Klimazonen auf das Klima reagieren. Elemente dieser gemeinsamen, intuitiven Erkenntnisse sind natürlich miteinander verknüpft. Schließlich sind viele Klimazonen variabel genug, um persönliche Begegnungen mit einer Reihe von Wetterextremen zu ermöglichen.

Huntington (1920: 249) verweist auf alltägliche Erfahrungen wie diese: „Die Schwankungen in der Kraft der Menschen von Monat zu Monat sind so wichtig und lehren uns so viel über die Verteilung von Gesundheit und Energie in der Welt, dass wir sie genau studieren sollten." Konkret heißt das: „Betrachten wir, wie die körperliche Kraft im Laufe des Jahres in dem großen Gebiet schwankt, das sich vom südlichen Neuengland und New York westwärts bis zu den Rocky Mountains erstreckt. Der Oktober ist normalerweise der beste Monat. Zu dieser Zeit haben die Menschen Lust, hart zu arbeiten; sie stehen morgens voller Energie auf und gehen schnell und ohne zu zögern an ihre Arbeit; sie gehen zügig zum Geschäft oder zur Arbeit und spielen mit gleicher Kraft. Kopfschmerzen, Erkältungen, Verdauungsstörungen und andere leichte Krankheiten sind seltener als zu anderen Jahreszeiten; es gibt auch weniger schwere Krankheiten, so dass die Ärzte weniger zu tun haben als sonst, und die Zahl der Todesfälle ist geringer als zu jeder anderen Zeit des Jahres". Vielleicht mit Ausnahme der allerletzten Behauptung sind dies alles Beobachtungen, die sich auf alltägliche Erfahrungen berufen und von denen man annimmt, dass sie leicht zu reproduzieren sind. Das Gleiche gilt für die Schlussfolgerung, dass es den „wohlbekannten Gegensatz zwischen den [von Huntington gerade beschriebenen] energiegeladenen Menschen der gemäßigten Zone und den faulen Bewohnern der Tropen" gibt (Huntington, 1920: 248). Es ist unausweichlich und weithin selbstverständlich, dass „jeder Mensch von Temperatur, Luftfeuchtigkeit, Wind, Sonnenschein, Luftdruck und vielleicht auch von anderen Faktoren wie der atmosphärischen Elektrizität und dem Ozongehalt der Luft beeinflusst wird. An Tagen, an denen alle diese Faktoren günstig sind, fühlen sich die Menschen stark und hoffnungsvoll; ihre Körper sind zu ungewöhnlichen Anstrengungen fähig, und ihr Geist ist wach und genau. Wenn alle Faktoren ungünstig sind, fühlen sich die Menschen ineffizient und träge, ihre körperlichen Schwächen werden übertrieben, es fällt ihnen schwer, sich zu konzentrieren, die Arbeit des Tages zieht sich in die Länge, und sie gehen abends mit dem müden Gefühl ins Bett, nicht viel erreicht zu haben. In einem wechselhaften Klima wie dem der Vereinigten Staaten ändert sich die körperliche und geistige Energie der Menschen von Tag zu Tag und von Jahreszeit zu Jahreszeit. Manchmal fühlt man sich fast so träge, als ob man in den Tropen leben würde, aber bald kommt eine Veränderung, und man fühlt wieder die Gesundheit und Energie, die es möglich macht, hart zu arbeiten und klar zu denken" (Huntington, 1920: 248).

Im Mittelpunkt von Huntingtons Beobachtungen über die Arbeit des Klimas steht also eindeutig ein Appell an das, was er für fast universelle und starke Erfahrungen des gesunden Menschenverstands mit Wetterbedingungen hält. Er bittet uns, zur Bestätigung seiner grundlegenden Behauptung auf die Selbstanalyse zu vertrauen, darauf, wie wir auf unterschiedliche Wettermuster oder Klimabedingungen reagieren. Huntington ist davon überzeugt, dass wir uns alle leicht mit seinen Schlussfolgerungen identifizieren können, weil wir schnell und sicher Erfahrungen sammeln können, die die Grundthese als Tatsache rechtfertigen.

9.8 Die Grenzen der Vorstellungskraft

Letztlich sind Art, Umfang und mögliche Grenzen der menschlichen Verhaltensweisen, die auf das Klima zurückgeführt werden, nur durch die Grenzen der Vorstellungskraft der Autoren begrenzt, so scheint es. Bei oberflächlicher Betrachtung der in unserem Anhang wiedergegebenen Auflistung der durch die klimatischen Bedingungen hervorgerufenen sozialen Verhaltensweisen muss man zu dem Schluss kommen, dass es sich um eine nahezu erschöpfende Liste von Folgen handelt. Dies ist jedoch nicht der Fall. Es gibt erkennbare Grenzen. Und die Grenzen sind die der besonderen theoretischen und kulturellen Verpflichtungen des Autors. Dennoch zeigt die bloße Aufzählung von Faktoren und Prozessen, die je nach klimatischen Bedingungen und Regionen als unterschiedlich angesehen werden, dass es nur wenige markante Grenzen gibt. Die gleiche Schlussfolgerung lässt sich aus einem wesentlichen Mangel an Disziplin oder Beschränkung ziehen, wenn es darum geht, was die Klimadeterministen als mit dem Klima verbunden behaupten. Huntington (1914b: 19) sieht sich in einem Streit über die Bedeutung der Rolle verschiedener Erklärungsfaktoren zu einer ähnlichen Feststellung veranlasst, nur dass er im Metier der Historiker das entdeckt, was man den kognitiven Fehlschluss nennen könnte, seine Behauptungen nicht zu zügeln:

> *Zu Beginn ihrer Bände sprechen die Historiker respektvoll über den Einfluss geographischer Faktoren, aber das ist gewöhnlich alles. Danach sind sie so sehr von der Bedeutung wirtschaftlicher Erwägungen oder rein menschlicher Dinge wie Ehrgeiz, religiösem Eifer, mechanischer Erfindungen, konstruktiver Staatskunst oder wissenschaftlicher, literarischer und künstlerischer Leistungen beeindruckt, dass sie meinen, andere Themen seien kaum der Betrachtung wert.*

Aber wie steht es mit der Rolle der Historiker in rein menschlichen Angelegenheiten, wenn sie „in vielerlei Hinsicht" von der physischen Umwelt „geformt werden" (Huntington, 1914b: 19)? Zu Beginn der Überlegungen verdienen rein menschliche Belange eine kurze Erwähnung, aber wie Huntington selbst zeigt, folgt der Geograph prompt dem Beispiel der Historiker, die er kritisiert, und kulturelle, also rein menschliche Belange, werden prompt in eine Black Box zurückgezogen:

> *Bei den Naturvölkern bestimmt die Beschaffenheit der Provinz, die ein Stamm zufällig bewohnt, seine Lebensweise, sein Gewerbe und seine Gewohnheiten, die ihrerseits verschiedene moralische und geistige Eigenschaften hervorbringen, sowohl gute als auch schlechte. Auf diese Weise werden bestimmte Eigenschaften erworben, die durch Vererbung oder Erziehung an künftige Generationen weitergegeben werden* (Huntington, 1907: 15).

Darüber hinaus ist es durchaus üblich, dass einzelne Autoren ihr Bestes tun, um intern konsistent zu bleiben, indem sie zum Beispiel argumentieren, dass nördliche Breitengrade typischerweise mit solchen und solchen Temperamenten und Eigenschaften einhergehen. Verschiedene Autoren, die sich über den außerordentlichen Einfluss des Klimas auf die menschlichen Angelegenheiten einig sind, sich aber offensichtlich nicht über die spezifischen Eigenschaften und geografischen Grenzen, innerhalb derer sie auftreten sollen, absprechen, werden jedoch oft völlig widersprüchliche Behauptungen aufstellen.

Während Huntington beispielsweise auf der schicksalhaften Wirkung klimatisch bedingter Unterschiede zwischen Nord- und Südeuropäern in den meisten Ländern beharrt, ist Leroy-Beaulieu (1893: 139–144) andererseits davon überzeugt, dass es erkennbare Konvergenzen im Charakter der Nord- und Südeuropäer gibt, weil die Bevölkerungen in beiden Regionen klimatischen Extremen und langen Perioden erzwungener Untätigkeit ausgesetzt sind. Das Ergebnis ist natürlich, dass der Klimadeterminismus als Ganzes eine Art von Beliebigkeit als eines seiner grundlegenden Merkmale aufweist. Diese Beliebigkeit löst sich natürlich auf der Ebene des einzelnen Autors auf. Die Spekulationen über die Kraft des Klimas werden zu einem schlecht getarnten Ersatz für ideologische und ethnozentrische Überzeugungen: „Gemäßigtes Klima oder ‚mildes' Klima war für die Entwicklung und das Überleben eines überlegenen Menschentyps günstig, aber jeder Autor hat die Lehre so ausgelegt, dass sein eigenes Land als Norm für ein gemäßigtes Klima angesehen wurde" (House, 1929: 17).

Vielleicht sind auch andere erkennbare Grenzen und Bedingungen für mögliche Formen des sozialen Verhaltens wichtig, die selten als „klimabedingt" aufgezählt werden. Wir denken dabei insbesondere an das Fehlen jeglicher Erwähnung von „Technologie" und technischen Entwicklungen in der Literatur zum Klimadeterminismus. Huntington verweist zwar auf Innovationen im Bereich der Technik, die mit dem Klima zusammenhängen, schweigt aber über die Leichtigkeit ihrer Verbreitung. Wenn also die moderne Technologie beispiellos ist und eines der Attribute, die die letzten beiden Jahrhunderte von der gesamten Vorgeschichte unterscheiden,[18] dann könnte das Fehlen jeglicher Erwähnung der globalen Auswirkungen technologischer Regime durchaus von Bedeutung sein. Denn wenn die Einzigartigkeit der heutigen Erfahrung in der Einzigartigkeit des technischen und wissenschaftlichen Wissens besteht, das nicht nur der Motor der modernen Wirtschaft, sondern auch der modernen Kriegsführung und der Bedingungen für den Frieden ist, dann ist eine solche Leerstelle ziemlich bedeutsam.

9.9 Die Macht der Verallgemeinerungen

Zu den zentralen Merkmalen der von Klimadeterministen verfassten Texte gehören nicht nur ihre fast poetischen Exzesse, sondern auch ihre banalen Redundanzen. Darüber hinaus betrifft eines der markanten narrativen Merkmale des Diskurses der Klimadeterministen über die allgegenwärtige Autorität des Klimas über die menschlichen Angelegenheiten die fast überschießende Kraft ihrer Behauptung über das Klima, denn sie wird schnell zu einer mächtigen und alles ausschließenden Verallgemeinerung, die jede Qualifikation verdrängt.[19] Und in diesem

---

[18] Nicht unerheblich ist in diesem Zusammenhang Werner Sombarts (z. B. 1931: 98) Beschreibung der modernen Technik als Befreiung der Wirtschaft z. B. von den Grenzen und Zwängen der lebendigen Natur. Das Klima ist in diesem Sinne lebendige Natur und die Emanzipation vom Klima ist die Befreiung von der lebendigen Natur.

[19] Vgl. die kritische Auseinandersetzung Max Webers ([1909] 1922) mit der Kulturtheorie Wilhelm Ostwalds, die sich ausschließlich auf die Metapher der „Energie" stützt und zu einer energieabhängigen und energiegetriebenen Perspektive der Entwicklung von Kulturen führt. Weber stellt mit Bestürzung fest, dass Ostwald trotz bester Absichten nicht in der Lage ist, seine Verallgemeinerungen zu zügeln (z. B. Weber, [1909] 1922: 387). C. Wright Mills (1959) hat

Ausmaß ist das Narrativ immer wieder buchstäblich immun gegen Versuche, es durch Anspielungen auf andere oder „eingreifende" Kräfte, Einschränkungen oder Ausnahmen einzuschränken.

Nehmen wir zum Beispiel Huntingtons (1945: 275) Bemühungen, seine eigene Rhetorik über die äußerste Bedeutung der Temperatur für die menschlichen Angelegenheiten einzuschränken und zu begrenzen. Er fasst die entsprechende Diskussion wie folgt zusammen und schließt sie ab:

> Wenn also alle anderen Einflüsse eliminiert würden, müssten wir erwarten, dass sich die Zivilisation in Klimazonen am schnellsten entwickelt, in denen es nur wenige oder gar keine Monate mit Temperaturen über dem Optimum und viele Monate unter dem Optimum gibt, die aber nicht zu weit darunter liegen. Tatsächlich nähert sich die tatsächliche Verteilung der Zivilisation diesem Muster an, weicht aber in mancher Hinsicht davon ab, weil die mittlere Temperatur nur einer der klimatischen Umweltfaktoren ist und die Auswirkungen der physischen Umwelt durch die kulturelle Umwelt verändert werden.

Soweit wir wissen, gibt es natürlich nirgendwo menschliche Zivilisationen, die es uns ermöglichen würden, ihre vergleichende Entwicklung allein auf der Grundlage von nichtklimatischen Faktoren zu beobachten. Aber das spielt keine Rolle, denn die Entwicklung der

---

eine bekannte und oft zitierte Anklage gegen die „Grand Theory" in der Soziologie verfasst. Im Gegensatz zur *Grand Theory* – als Form einer allumfassenden, hermetischen Perspektive und eines Arbeitsstils, die Mills geißelte und die er als schwer verständlichen sozialwissenschaftlichen Diskurs beschrieb, sind Huntingtons Verallgemeinerungen jedoch unmittelbar verständlich und anwendbar. Sie scheinen nicht, wie es bei der *Grand Theory* der Fall ist, vor einem spezifischen und empirischen Problem zu fliehen oder einen ebenso formalistischen wie permanenten Rückzug in die systematische Arbeit darzustellen. „Die Hauptsache der *grand theory*", wie sie Mills (1959: 33) definiert, „ist die anfängliche Wahl einer so allgemeinen Denkebene, dass ihre Praktiker logischerweise nicht bis zur Beobachtung hinabsteigen können". Huntingtons Verallgemeinerungen müssen nicht in einfaches oder direktes Englisch „übersetzt" werden. Mills (1950: 31) versucht zu zeigen, dass das Ergebnis der Übersetzungsbemühungen der *grand theory* nicht sehr beeindruckend wäre. Huntingtons Verallgemeinerungen werfen eindeutig nicht die Frage der Verständlichkeit auf. Vielleicht werfen sie sogar das gegenteilige Dilemma auf. Sie sind zu eindrucksvoll. Sie haben nicht das Gefühl der „Unwirklichkeit", das sie umgibt.

9 Klima wirkt: Die Anatomie einer aufgegebenen Forschungslinie

Zivilisationen, die wir beobachten können, entspricht in so hohem Maße der erwarteten Entwicklung als Reaktion auf unterschiedliche Klimazonen, dass man andere Umweltfaktoren und die Kultur vernachlässigen oder sogar ignorieren kann.

Da die Temperatur nur eines von mehreren klimatischen Merkmalen ist, wird der Zusammenhang zwischen Umwelt und zivilisatorischer Entwicklung unterschätzt, solange man sich bei der empirischen Darstellung nur auf die Temperaturdaten stützt. Dies wiederum stärkt die These, dass das Klima die entscheidende Dimension ist. Mit anderen Worten: Bemühungen, die Verallgemeinerung über das Klima einzuschränken, scheinen oft den gegenteiligen Effekt zu haben, sie scheinen die Verallgemeinerung zu verstärken und zu beleben.

Ähnlich verhält es sich, wenn Huntington (1945: 344) versucht, den Einfluss des Klimas auf geistige Aktivitäten zu erklären, insbesondere im Hinblick auf das, was manche als den Aufstieg und Fall ganzer Zivilisationen oder das Fehlen bemerkenswerter geistiger Leistungen in Regionen bezeichnen, in denen das Klima nahezu optimal ist: Er schlägt Brücken, plädiert für Vorsicht, weist auf Ausnahmen hin, scheint den Einfluss klimatischer Bedingungen zu minimieren, stellt aber im gleichen Zusammenhang auch völlig neue Hypothesen auf, die jede Möglichkeit zur „Falsifizierung" seiner Verallgemeinerungen fast vollständig ausschließen. Die Behauptung, dass wir von Zeit zu Zeit mit großen klimatischen Zyklen in der Geschichte konfrontiert werden, ist ein Paradebeispiel für eine solche Hypothese, die Behauptungen fast vollständig gegen jeden Falsifizierungsversuch immunisiert. Letzten Endes scheint es, dass wir es mit einem unüberwindbaren Argument über den Einfluss des Klimas auf das menschliche Verhalten zu tun haben, einem Argument in Form einer Tautologie. Huntington (1945: 344) weist zum Beispiel darauf hin, dass geistige Wachheit oder intellektuelle Aktivität – gelinde gesagt ziemlich ambivalente Begriffe – von einer Vielzahl von Faktoren abhängen:

> Klima und Wetter sind einfach andere in dieser Reihe. Sie werden hier besonders behandelt, weil sie noch wenig verstanden sind und weil ihre zyklischen Schwankungen einige der größten historischen Veränderungen beeinflusst zu haben scheinen. Die höchste geistige Leistung ist nur

möglich, wenn günstige Bedingungen einen kombinierten Anreiz ausüben. Unsere Aufgabe besteht nun darin, die Auswirkungen des Klimas von denen der Vererbung, der Kultur und der nichtklimatischen physischen Umgebung zu trennen.

Kurzum, Huntington löst nie sein Versprechen ein, verschiedene Einflüsse zu berücksichtigen, sondern konstruiert Ketten und Kausalbeziehungen zwischen den Faktoren, so dass am Ende nur das Klima als die eigentliche und wirklich unabhängige Variable in der Gleichung erscheint.[20]

Vielleicht ist die Kraft der Verallgemeinerung sogar noch intensiver, weil Huntington dazu neigt, mögliche Qualifizierungen der Auswirkungen des Klimas auf die Gesellschaft umzukehren, indem er andeutet, dass die sozialen Kräfte letztlich tatsächlich „klimatische Schicksale" verstärken. So verweist er beispielsweise auf selektive Migration, die auf eine Art klimatische Reinigung hinausläuft: „Ein Prozess der Selektion durch Migration neigt dazu, vielleicht langsam, den eher leichtlebigen Typ in den wärmeren Klimazonen zu konzentrieren" (Huntington, 1945: 277). All dies bekräftigt nur immer wieder die grundlegende Erkenntnis, dass „soziale und wirtschaftliche Systeme überall dazu neigen, sich an die geografische Umgebung und an die Berufe anzupassen, die in einer bestimmten Umgebung auf einer bestimmten Stufe des menschlichen Fortschritts ein Auskommen ermöglichen"

---

[20] Eine faszinierende Statistik, die Huntington (1945: 345) in diesem Zusammenhang heranzieht, sind die Ausleihzahlen von 28 öffentlichen städtischen Bibliotheken in den USA und Kanada (genauer: gewichtete Durchschnittswerte – in der Regel über 20 Jahre, 1920–1939 – der im Umlauf befindlichen Belletristik und Sachbücher). Huntington teilt die Bibliotheken nach ihrem Breitengrad in vier Kategorien ein. In den sechs nördlichsten Bibliotheken (St. John, New Brunswick, Minneapolis, Portland, Oregon, Seattle, Spokane und Vancouver, British Columbia) beträgt der Anteil der als Sachbücher klassifizierten Bücher am Gesamtbestand 55,2 %, während der entsprechende Wert für die acht südlichsten Städte (Tampa, Houston, New Orleans, Jacksonville, El Paso, Savannah, Shreveport und San Diego) bei 28,9 % liegt; tatsächlich beschränken sich die ausgewiesenen Unterschiede auf die letztgenannte Gruppe und alle anderen Stadtbibliotheken, da auch die beiden dazwischen liegenden Kategorien einen Sachbuchanteil von über 50 % aufweisen. Huntington gibt diese Zahlen einfach wieder, natürlich völlig unkritisch und ohne weiteren Kommentar. Er ist davon überzeugt, dass auch der Leser davon überzeugt sein wird, dass die Beweise eindeutig und von unbestreitbarer Kraft sind. Was die Beweise laut Huntington bestätigen, ist, dass Menschen in hohen Breiten im Allgemeinen intellektueller sind als Menschen in niedrigen Breiten.

9 Klima wirkt: Die Anatomie einer aufgegebenen Forschungslinie

(Huntington, 1945: 280). Die Verallgemeinerung hat sich schnell und sicher von allen Einschränkungen und Qualifikationen befreit.[21]

Die allgemeine Frage, die sich aus diesen Besonderheiten des Huntington'schen Diskurses ergibt, ist, warum er nicht in der Lage ist, seine Verallgemeinerungen zu zügeln, selbst wenn wir annehmen, dass er dies in guter Absicht tut. Das heißt, wenn wir für einen Moment davon ausgehen, dass seine angekündigten Bemühungen, übertriebene Verallgemeinerungen zu unterdrücken, gut gemeint sind und nicht nur ein Präventivschlag gegen Kritiker sind, die sich gerade über den Mangel an Zurückhaltung beschweren, oder das Ergebnis davon, dass er letztlich Faktoren verteidigt, die mehr mit seiner disziplinären Identifikation übereinstimmen, müssen wir uns fragen, was die Schwierigkeiten erklären könnte, die er hat, seine Verallgemeinerungen zurückzuhalten. Schließlich handelt es sich nicht um ein Dilemma, das nur Huntington betrifft.[22]

---

[21] Siehe auch Huntingtons (1945: 24) Diskussion verschiedener Karten der Vereinigten Staaten, die er zur Untermauerung seines Arguments der wesentlichen Überlegenheit klimatischer Faktoren als Erklärung für eine Vielzahl von Merkmalen des gesellschaftlichen Lebens (die meisten der oben genannten) heranzieht. Er untersucht diese Karten und stellt eine Vielzahl von „geringfügigen Unterschieden" oder das Fehlen vollständiger Ähnlichkeiten mit dem Grundmuster der klimatischen Effizienz fest und kommt dann zu dem Schluss, dass alle Karten tatsächlich dasselbe Grundmuster zeigen und dass „die Ähnlichkeiten zu eng und zu weit verbreitet sind, um zufällig zu sein". Es ist das Klima, das den Karten ihre grundlegende Ähnlichkeit verleiht. Und er fügt hinzu: „Nichts, was der Mensch bisher getan hat, hat einen nennenswerten Einfluss auf das Wetter mit seinen Veränderungen von Tag zu Tag und von Jahreszeit zu Jahreszeit oder auf das Klima mit seiner Temperatur, seiner Feuchtigkeit und seinem Wind. Andererseits weiß jeder, dass menschliche Gefühle, Gesundheit und Aktivität äußerst empfindlich auf Wetter und Klima reagieren" (Huntington, 1945: 249).

[22] In einem Aufsatz aus dem Jahr 1940, in dem sie die Arbeit von Earnest Albert Hooton und seine Behauptung der organischen Grundlage des Verbrechens diskutieren, stellen Robert K. Merton und M.F. Ashley-Montagu fest, dass es im Diskurs über den biologischen Determinismus zwei unterschiedliche, aber gleichzeitig existierende Interpretationstendenzen gibt. Merton und Ashley-Montagu (1940) verweisen auf ähnliche diskursive Tendenzen in der Arbeit von Huntington und stellen fest, dass es „eine vorsichtige und bewundernswert zurückhaltende Bemühung [gibt], die Bedeutung biologischer Faktoren bei der Bestimmung des Auftretens kriminellen Verhaltens zu untersuchen; die andere, ein kämpferisches und extravagantes Beharren auf der biologischen Determiniertheit des Verbrechens". Die vorsichtigen Einschränkungen und lobenswerten Beteuerungen, dass ein grober Determinismus vermieden werden sollte, werden fast immer im Eifer der Formulierung eindeutiger theoretischer Schlussfolgerungen und entschiedener praktisch-politischer Forderungen vergessen, im Falle Hootons über die überragende Bedeutung organischer Faktoren bei der Erzeugung, Erklärung und Reaktion auf kriminelles Verhalten.

9.10 Warum das Klima nicht bestimmt

Im Gegensatz zur hilflosen Abhängigkeit stationärer Pflanzen und Tiere von der Umwelt, deren Bewegungsspielraum streng durch die Nahrungs- und Temperaturbedingungen bestimmt wird, ermöglicht die große Beweglichkeit des Menschen in Kombination mit seinem Erfindungsreichtum, fast jeder klimatischen Bedingung zu entfliehen oder sie aufzusuchen. und sich von der völligen Tyrannei der Klimakontrolle zu befreien, indem er einen direkten physischen Effekt durch einen indirekten wirtschaftlichen Effekt ersetzt.

Sample, 1911: 608

Es ist eigenartig, dass Klimadeterministen auch Argumente vorbringen, die ihre eigene Perspektive negieren. Nehmen wir zum Beispiel Ellen Churchill Semples Beobachtungen über das, was Rudolf Virchow den „Kosmopolitismus des Menschen" nennt (Virchow, [1885] 1922: 216), nämlich die Fähigkeit des Menschen, sich in jedem Teil der Welt niederzulassen; Eine solche Behauptung über die „Offenheit" des Menschen gegenüber Umweltbedingungen schränkt offensichtlich die Möglichkeiten des Klimawirkung stark ein oder begrenzt sie.

Ohne Frage mangelt es dem Klimadeterminismus an analytischer Eleganz; es vermischt oft die „Klimavariable" mit anderen erklärenden Faktoren und grenzt ans Tautologische. Einige dieser Merkmale teilt es mit anderen großen Theorien, die zivilisatorische Transformationen erklären sollen, aber was uns am meisten beunruhigen sollte, ist das dürftige Beispiel, das der Klimadeterminismus für Ansätze darstellt, die die Kluft zwischen den Kulturen der Sozial- und Naturwissenschaften und den potenziellen Gefahren überbrücken wollen oder Missverständnisse, die der „wissenschaftliche" Klimadeterminismus erzeugen kann, wenn er in die öffentliche Arena gelangt.

Um jedoch aufzuzeigen, warum das Klima nicht so funktioniert, wie Klimadeterministen davon überzeugt sind, ist es notwendig, zusätzliche Annahmen zu erläutern, die typischerweise mit dem Diskurs klimabasierter Theorien einhergehen. Eine kritische Analyse der Annahmen wird zu dem Schluss führen, dass das Klima wichtig ist, aber nicht funktioniert – zumindest nicht in der undifferenzierten und wahllosen Weise, die in der dem Klimadeterminismus verpflichteten Literatur zu finden ist.

9 Klima wirkt: Die Anatomie einer aufgegebenen Forschungslinie

Die Annahmen bzw. das Klimakonstrukt, auf das wir aufmerksam machen wollen, betreffen die folgenden Diskursmerkmale klimabasierter Theorien sozialen Verhaltens: 1) Die wesentliche Stabilität von Klima und Verhalten; 2) Das Klima neigt nicht zur Diskriminierung und 3) die Eindimensionalität des Klimas. Abgesehen von den Merkmalen, die wir bereits identifiziert haben, insbesondere der Unfähigkeit, die Grundaussage einzuschränken, und dass das Klima infolgedessen das menschliche Verhalten ausnahmslos beeinflusst, haben die jetzt zu erläuternden Annahmen die bemerkenswerte Gemeinsamkeit, dass sie alle einigen der meisten unter Sozialwissenschaftlern weit verbreitet Überzeugungen über die „Natur" des sozialen Lebens widersprechen. Das heißt, 1) das soziale Leben ist tendenziell fragil; es verändert sich ständig und die Beachtung seines veränderlichen Charakters ist eine Hauptvoraussetzung bei der Untersuchung jeglicher sozialer Aktion. 2) Die meisten Dinge im Leben neigen dazu, geschichtet zu sein, und 3) soziale Bedingungen neigen dazu, „komplex" zu sein, ganz unabhängig von ihrem Umfang, ihrer Reichweite und ihrer Bedeutung. Doch zunächst wollen wir das von Huntington verwendete Klimakonstrukt erläutern.

9.10.1 Das soziale Konstrukt des Klimas

Das soziale Konstrukt des Klimas in den Schriften von Huntington lässt sich am besten als meteorologisches Konstrukt beschreiben. Sein Maßstab ist regional. Die Auswirkungen des Klimas sind unabdingbar. In der Tat wird das operative Klimakonstrukt in Huntingtons Schriften praktisch als selbstverständlich vorausgesetzt und weitgehend verschleiert. So verweist Huntington ([1915] 1924: 136) zustimmend auf Mark Twain: „Das Klima dauert die ganze Zeit und das Wetter nur ein paar Tage". Aber was genau dauert oder variiert die ganze Zeit, sagt Huntington nicht. Anhand der Art und Weise, wie er die Auswirkungen des Klimas auf die Gesellschaft untersucht, wird jedoch deutlich, dass Huntingtons Vorstellung vom Klima stark mit dem übereinstimmt, was die Pioniere der um die Jahrhundertwende aufkommenden Wissenschaftsbereiche Meteorologie und Klimatologie als Klima betrachteten, und dass er diese Auffassung bestätigt.

Einer der bedeutendsten Meteorologen der damaligen Zeit und einer der Begründer der modernen Meteorologie als Wissenschaft von der Physik der Atmosphäre ist Julius Hann.[23] In seinem klassischen *Handbuch der Klimatologie,* das erstmals 1883 erschien, definiert Hann (1883: 1) das Klima als die „Summe aller meteorologischen Erscheinungen, die den durchschnittlichen Zustand der Atmosphäre an einem bestimmten Ort der Erde kennzeichnen". Aus operationeller Sicht und angesichts der damals verfügbaren technischen Mittel bezieht sich Hanns Definition des Klimas auf makrometeorologische Phänomene, die an der Erdoberfläche **gemessen werden** können. Klima **ist** die Summe der quantifizierbaren Klimaelemente, insbesondere Temperatur, Feuchtigkeit, Niederschlag und Windgeschwindigkeit, gemittelt über einen bestimmten Zeitraum. Wie Hann betont, erfordert die wissenschaftliche Erfassung des Klimas im Gegensatz zu einem bloßen und unbestimmten subjektiven Eindruck des Klimas den numerischen Ausdruck der Klimaelemente auf der Grundlage empirischer Informationen. Bei der Einordnung der relativen Bedeutung der verschiedenen meteorologischen Erscheinungen plädiert Hann (1883: 5) dafür, dass deren Einfluss auf das „organische Leben" entscheidend sein sollte. Die Klimatologie selbst ist nicht in der Lage, eine solche Rangordnung vorzunehmen. Sie ist z. B. von der Geographie abhängig. Huntington folgt Hanns Argumentation

---

[23] Julius Hann, geboren in Wartberg, Österreich, studierte Mathematik, Physik, Geologie und Geographie an der Universität Wien. Nach einer Karriere als Lehrer wurde er Professor für Physik an der Universität Wien und 1897 Professor für Meteorologie an der Universität Graz. Zwischen 1900 und 1910 besetzte er den neu geschaffenen Lehrstuhl für kosmologische Physik an der Universität Wien und war Direktor des Instituts für Meteorologie und Geodynamik. Hann war ein Feind des spekulativen Denkens; sein Hauptziel war die Feststellung der Tatsachen (Brückner, 1923: 155). Hann war deskriptiv orientiert, d. h. er war bestrebt, die Beobachtungsgrundlage für verschiedene meteorologische Phänomene zu schaffen. Darüber hinaus war Hann mehr als fünfzig Jahre lang Herausgeber der *Meteorologischen Zeitschrift.* Er starb 1921 im Alter von 83 Jahren in Wien. Julius Hann verfasste das erste Lehrbuch der Klimatologie. Er veröffentlichte sein *Handbuch der Klimatologie* erstmals 1883; das *Handbuch* erschien in einer Reihe von Folgeauflagen und wurde zu einem Klassiker der Klimatologie. Eine englische Ausgabe auf der Grundlage der zweiten Auflage der deutschen Version des Handbuchs wurde 1903 veröffentlicht (Hann, 1903).

9 Klima wirkt: Die Anatomie einer aufgegebenen Forschungslinie 141

buchstabengetreu. Für Huntington bedeutet Klima ausnahmslos einen Durchschnitt einer der meteorologischen Bedingungen. In den meisten Fällen ist dies die Temperatur. Hanns Erörterung der einzelnen meteorologischen Phänomene in seinem *Handbuch* beginnt in der Tat mit der seiner Meinung nach wichtigsten Bedingung, nämlich der Temperatur. Die instrumentellen Messungen der meteorologischen Bedingungen implizieren von Anfang an, dass sie als Makrophänomene konstituierend und relevant sind. Sie beziehen sich auf Bedingungen, die außerhalb dessen existieren, was man als Raumklima bezeichnen könnte, das von der Gesellschaft seit Jahrtausenden für ihre Mitglieder geschaffen wurde, zum Beispiel in Form von Kleidung, Ernährung und Unterkunft.

Aufgrund des weithin geteilten Selbstverständnisses und der Ambitionen von Klimatologen und Geographen könnte man das von Huntington verwendete Klimakonzept jedoch auch als naturalistisches oder wissenschaftliches Klimakonzept bezeichnen. Es ist die Natur selbst, in diesem Fall die Dynamik der Atmosphäre, die durch die Messwerte der Instrumente zu den Beobachtern spricht. Es gibt keinen Hinweis darauf, dass wir es mit einer kulturell bedingten Lesart der Natur zu tun haben. Huntingtons Vertrauen in die enormen Auswirkungen der klimatischen Bedingungen auf den Einzelnen, die Gesellschaft und die Zivilisationen wird offensichtlich durch seine makrometeorologische Konzeption des Klimas gestärkt, denn es scheint seine Kraft unerbittlich auf den Menschen auszuüben, und zwar auf eine Art und Weise, der man sich nicht entziehen kann. Natürliche Bedingungen, z. B. verfügbare natürliche Ressourcen und ihre Grenzen, aber auch klimatische Prozesse beeinflussen zwar das menschliche Verhalten, und sei es nur als Ergebnis bestimmter sozialer Rekonstruktionen dieser Merkmale als Zwänge des sozialen Verhaltens; aber sie stellen nur Zwänge für das menschliche Verhalten dar, sie bestimmen es nicht notwendigerweise. Auch als Bedingungen wirken sie historisch unterschiedlich, sind geschichtet, werden manchmal geradezu als nachlässig, manchmal als entscheidend empfunden. Dasselbe gilt für das Klima. Das Klima beeinflusst das menschliche Verhalten nur insofern, als es als eine solche

Bedingung wahrgenommen und sozial konstruiert wird. Es beeinflusst das soziale Verhalten nicht in seinem ursprünglichen, objektiven Zustand (siehe auch Hoheisel, 1993: 137). Das Klima beeinflusst uns nicht bedingungslos sowohl in seinem materiellen als auch in seinem kognitiven Sinne, wie Huntington immer noch glaubt.

9.10.2 Klima diskriminiert nicht

Zu den charakteristischen „sozialwissenschaftlichen" Merkmalen des Diskurses, der den Klimadeterminismus vertritt, gehört, wie man es nennen könnte, seine eigentümliche Gleichmacherei. Das Klima ist, wie wir gesehen haben, für eine breite Palette menschlicher Eigenschaften und Lebenswelten in verschiedenen Regionen der Erde verantwortlich. Innerhalb jeder dieser Lebensformen, die durch unterschiedliche klimatische Bedingungen bedingt sind, herrscht eine nahezu perfekte Unparteilichkeit und Gleichheit. Es wäre in der Tat höchst merkwürdig, das Gegenteil zu behaupten, nämlich dass die Auswirkungen des Klimas irgendwie geschichtet sind und sich beispielsweise auf das Niveau der klimatischen Energie von Individuen in Abhängigkeit von ihrer sozialen Stellung, ihrem Reichtum oder ihrem politischen Einfluss auswirken. Im Gegenteil, der Nutzen und die Kosten, die mit dem Klima verbunden sind, und damit die klimabedingten Schicksale sind fast immer verteilt, ohne Rücksicht auf jene sozialen und kulturellen Faktoren, die Sozialwissenschaftler sonst gerne als Agenten des sozialen Wandels anführen, die Identitäten von Individuen, soziale Mobilität und Ungleichheit. Das Klima diskriminiert nicht. Das offensichtliche Fehlen einer selektiven, unvermittelten Aneignung des Klimas in den Köpfen, seine direkte Manifestation in kulturellen Formen und sozialen Strukturen machen den Klimadeterminismus zu einer höchst unrealistischen Beschreibung der Interaktion zwischen Natur und Gesellschaft.

9.10.3 Die Stabilität von Klima und Verhalten

Ein weiteres zweifelhaftes Element in der von den Klimadeterministen aufgestellten Gleichung betrifft die oft uneingestandene, aber offensichtliche Stabilität und fehlende Brüchigkeit des sozialen Verhaltens. Das Klima diskriminiert nicht nur nicht, es fehlt ihm auch größtenteils jeglicher dynamischer Charakter und damit die Fähigkeit, alles andere als extrem stabile Lebenswelten zu versichern. Ein stabiles und robustes Klima erzeugt nur statische und sich wiederholende Folgen. Huntington schließt die Möglichkeit von „Phasen eines langen klimatischen Zyklus" nicht völlig aus. Sowohl in seinem Frühwerk als auch in seinem letzten Hauptwerk beruft er sich auf die Vorstellung von langen Phasen klimatischer Veränderungen, um die Veränderung des Schicksals von Regionen und Nationen im Laufe der aufgezeichneten Geschichte zu erklären. So führt Huntington (1945: 343) das „dunkle Zeitalter" und die „Wiederbelebung der Gelehrsamkeit" in Europa auf eine solche Veränderung der klimatischen Bedingungen zurück, genauer gesagt, auf das Vorherrschen von Stürmen:

Das finstere Mittelalter und die Wiederbelebung der Gelehrsamkeit fanden in entgegengesetzten Phasen eines langen klimatischen Zyklus statt. Die Stürme scheinen im finsteren Mittelalter einen Tiefpunkt zu erreichen, während sie im vierzehnten Jahrhundert eine Fülle und Gewalt erreichen. Diese beiden Perioden waren ebenfalls Zeiten psychologischer Gegensätze. Das finstere Mittelalter war durch eine weit verbreitete Depression der geistigen Aktivität gekennzeichnet, während die Wiederbelebung des Lernens eine Periode der Wachsamkeit und Hoffnung einleitete.

In seinen frühen Arbeiten über Klima und menschliche Angelegenheiten, z. B. in seinen Büchern *The Pulse of Asia* (1907) und *Palestine and its Transformation* (1911) – beides Berichte über seine Reisen nach Zentralasien in den Jahren 1905–1906 und in den Nahen Osten[24] – betont Huntington klimatische Veränderungen, Pulsationen, Periodizitäten und

---

[24] *The Pulse of Asia* ist eines der am meisten rezensierten geografischen Bücher, die ein Amerikaner in den ersten Jahrzehnten des 20th Jahrhunderts geschrieben hat.

Zyklen sowohl in historischer als auch in geologischer Zeit, bzw. kurz- und langfristige Schwankungen. Er räumt ein, dass sie ihm, „der sich jahrelang mit diesem speziellen Gebiet beschäftigt hat, wahrscheinlich wichtiger erscheinen, als sie es in Wirklichkeit sind" (Huntington, 1913: 222) Er war davon überzeugt, dass Veränderungen des Erdklimas hauptsächlich auf Schwankungen der Sonnenwärme zurückzuführen sind. Im letzten Kapitel seines Buches über Asien fasst Huntington (1907: 359) die Lehren aus seinen Beobachtungen zusammen und kommt zu dem Schluss, dass „während historischer Zeiten das Klima, der wichtigste Faktor in dieser Umgebung [Zentralasiens], bemerkenswerten Veränderungen unterworfen war. Es scheint, dass die Veränderungen des Klimas entsprechende Veränderungen nicht nur in der Verbreitung des Menschen, sondern auch in seiner Beschäftigung, seinen Gewohnheiten und sogar seinem Charakter verursacht haben."[25] Trotz der Vorsicht und Zurückhaltung, die Huntington selbst an den Tag legt, zitiert er sich in demselben Aufsatz von 1913 selbst und behauptet, dass der Aufstieg und Fall von Zivilisationen in engem Zusammenhang mit günstigen oder ungünstigen Klimabedingungen steht: „In den Regionen, die von den alten Reichen Eurasiens und Nordafrikas besetzt waren, waren ungünstige Klimaveränderungen die Ursache für Entvölkerung, Krieg, Migration, den Sturz von Dynastien und den Verfall der Zivilisation, während günstige Veränderungen es den Nationen ermöglichten, sich auszudehnen, stark zu werden und Kunst und Wissenschaft zu entwickeln" (Huntington, 1911: 251).

Huntingtons Beobachtungen zu den Fakten des Klimawandels waren nicht unumstritten. Einer der ersten und prompten Kritiker seiner allgemeinen These über die Wirksamkeit des Klimas gegenüber kulturellen (mentalen) Faktoren, der Historiker A.T. Olmstead (1912), stellt

---

[25] In einer rückblickenden Notiz, die in der zweiten Auflage von *The Pulse of Asia* in der Bibliothek der *American Geographical Society* zu finden ist, erinnert sich Huntington daran, dass sein „Hauptmotiv für das Schreiben von *The Pulse of Asia* die Hoffnung war, dass es einen tiefgreifenden Einfluss auf den Verlauf des menschlichen Denkens haben würde. Ich glaube, dass ich in den ‚Pulsationen' des Klimas einen Schlüssel entdeckte, der einige der großen Geheimnisse der Geschichte entschlüsseln würde" (vgl. Martin, 1973: 68).

nicht nur seine Schlussfolgerungen über die Rolle des Klimas für die Geschichte des Nahen Ostens infrage, sondern auch die Behauptung, dass diese Regionen in historischer Zeit bedeutenden Klimaveränderungen ausgesetzt waren, die angeblich das Schicksal der Gesellschaften und das Schicksal des Nahen Ostens im Laufe der Zeit erklären (z. B. Olmstead, 1912: 166).

Aber wie wir bereits angedeutet haben, hat sich das fachliche Interesse sowohl in der Geographie als auch in der Klimatologie in den 1920er Jahren vom Klimawandel wegbewegt und zunehmend die klimatische Stabilität in historischen Zeiten betont. Im Fall von Huntington ändert er den Zeithorizont und befasst sich mehr mit den Auswirkungen von Wettermustern auf menschliche Aktivitäten, z. B. untersucht er eher kurze Zyklen in Wettermustern, Stürmen, Tagen mit hoher Luftfeuchtigkeit usw. In Huntingtons Werk wird die Aufmerksamkeit auf stabile, robuste Merkmale des Klimas großzügig mit Bemerkungen über Periodizitäten, lange und kurze Zyklen und Wetterschwankungen verwoben. Der Reiz einer solch liberalen Vermischung, der Ausdehnung und des anschließenden Zusammenfallens des Zeithorizonts liegt natürlich darin, dass sie jede konzertierte Anstrengung zur Sammlung von Gegenbeweisen sehr schwierig, wenn nicht gar unmöglich macht. Der Wechsel zwischen den Zeithorizonten wird zu einer wirksamen Strategie zur Immunisierung des grundlegenden Arguments über die Wirksamkeit des Klimas.

Einer der häufigsten Vorwürfe gegen frühere Klimadeterministen, z. B. gegen die Philosophen der französischen Aufklärung, betraf jedoch deren Annahme, dass das Klima, abgesehen von der Abfolge der Jahreszeiten, im Wesentlichen stabil sei.

9.10.4 Der dichotome Charakter des Klimas

Eines der bemerkenswerten Merkmale des Klimas innerhalb des Klimadeterminismus ist seine Alles-oder-Nichts-Qualität; das heißt, der Klimadeterminismus hat die Tendenz, die Folgen in dichotomen Kategorien zu erklären. So sind bestimmte klimatische Bedingungen entweder anregend oder ihr genaues Gegenteil, nämlich nicht anregend, was sich in der verminderten Energie ihrer Bewohner widerspiegelt – wie der Kontrast zwischen dem Klima des Staates New York und dem des Staates Hawaii nach Huntington (1945: 390–391) zeigt. Unter anregenden Bedingungen wird „Dingen wie ernsthafter Lektüre, Erfindungen, neuen Projekten und der Förderung von Bildung, Gesundheit und guter Regierung" weit mehr Aufmerksamkeit geschenkt als in weniger anregenden klimatischen Regionen der Welt. Obwohl die soeben aufgezählten Aktivitäten nicht gänzlich fehlen, „schreiten sie langsamer voran als bei Menschen mit ähnlichen Fähigkeiten, Charakteren und Ausbildungen in anregenderen Klimazonen", und sie werden tendenziell „von Menschen geleitet, die sich häufig in anregendere Klimazonen begeben, um sich dort zu bilden, zu erholen und anzuregen" (Huntington, 1945: 391–392).

Teil der eindimensionalen Analyse des Klimas in menschlichen Angelegenheiten unter Klimadeterministen ist auch die unheimliche Art und Weise, in der ihre Analyse der Funktionsweise der Natur oder des Klimas mit ihren eigenen Ansichten über den Menschen und die menschliche Gesellschaft übereinstimmt. Die Verwendung des Begriffs „Klima" in dieser Weise bestätigt, dass es keinen analytischen Bezug zum „Klima an sich" geben kann. Das Klima erhält seine Bedeutung in einem bestimmten Kontext. Man ist also nicht nur berechtigt, sondern gezwungen, sich auf das soziale Konstrukt des Klimas zu beziehen. Was ist das verborgene Modell des Klimas im Klimadeterminismus?

9.10.5 Die Begrenzung der Reichweite des Diskurses in den Sozialwissenschaften

Wie allgemein bekannt, aber auch von vielen unterstützt, hat die Mainstream-Sozialwissenschaft jede Perspektive ausgeschlossen, die sich auf Naturkräfte als erklärende Variablen bezieht.[26] Und zwar,

---

[26] In einem frühen Überblick über angemessene sozialwissenschaftliche Konzepte von Floyd N. House (1929: 16) heißt es daher in Bezug auf klimatische Faktoren: „Fragen der Art, mit denen sich Hippokrates und Ibn Khaldun beschäftigten, werden heute als Sache der Physiologen angesehen." Der Aufstieg der heute selbstverständlichen theoretischen Paradigmen vollzog sich in den sozialwissenschaftlichen Disziplinen nicht zeitgleich; die Geographie bildet hier sogar eine

wie man betonen sollte, aus guten Gründen (vgl. Grundmann und Stehr, 1997). Infolgedessen ist es auch dem sozialwissenschaftlichen Diskurs größtenteils gelungen, die verführerische Einfachheit der meisten Formen des technischen, ökonomischen und biologischen Determinismus zu vermeiden. So lässt sich die Geschichte der Sozialwissenschaften in diesem Jahrhundert auch als ein Kampf gegen Sozialdarwinismus, Rassismus, Klimadeterminismus und zu einem großen Teil auch gegen die Soziobiologie schreiben. Die Mainstream-Sozialwissenschaft hat es geschafft, ihren Diskurs auf Prozesse **sui generis zu** beschränken, etwa auf soziale, politische, wirtschaftliche oder kulturelle. Das Grundproblem der Sozialtheoretiker ist die Frage, wie soziale Ordnung möglich ist. Materielle oder ökologische Bedingungen für die Möglichkeit sozialer Ordnung werden als unproblematisch behandelt oder im Wege der intellektuellen Arbeitsteilung anderen wissenschaftlichen Disziplinen zugewiesen.[27] Mit einem Dreiklang, den Werner Sombart anwendet, sind es Kultur, Technik und Sozialstruktur, die die Grundlagen sozialer Ordnung bestimmen. Die heute vorherrschende sozialwissenschaftliche Perspektive steht der liberalen Vermischung von Erklärungsdimensionen, wie sie in den Schriften der Klimadeterministen dieses Jahrhunderts noch anzutreffen ist, grundlegend entgegen. Die Tatsache, dass der Klimadeterminismus bis weit in dieses Jahrhundert hinein praktiziert wurde, deutet darauf hin, dass es der Mainstream-Sozialwissenschaft nie ganz gelungen ist, sich von unpassenden intellektuellen Perspektiven zu befreien, so sehr diese auch geächtet wurden. Weniger radikale Versuche, Sozialwissenschaftler

---

Ausnahme; der starke Umweltdeterminismus in der Geographie der ersten Jahrzehnte des vergangenen Jahrhunderts, der heute „oft als Teil der fernen und beschämenden Vergangenheit der Geographie behandelt wird" (Frenkel, 1992: 146), ist ein anschauliches Beispiel.

[27] Für die klassischen Gesellschaftstheoretiker war die Anpassung der Gesellschaft an die Umweltbedingungen sicherlich nicht das Problem. Das Gegenteil scheint für die klassische Theorie selbstverständlich zu sein; Karl Marx (1974: 517) und andere waren beeindruckt und fasziniert von den offensichtlichen Fortschritten in der materiellen Fähigkeit, die Gesellschaft von den Zwängen der Natur zu lösen: „Die Produktivkräfte der Menschheit sind unermesslich. Die Produktivkraft des Bodens kann durch den Einsatz von Kapital, Arbeit und Wissenschaft ins Unendliche gesteigert werden."

auf Anpassungszwänge und ökologische Dimensionen aufmerksam zu machen, z. B. im Rahmen der humanökologischen Perspektive, blieben im sozialwissenschaftlichen Diskurs marginal.

Die Sozialwissenschaften verzichteten nicht nur bewusst auf Bezüge zu physikalischen, biologischen und allgemein umweltbezogenen Faktoren, weil sie eine eigene disziplinäre, professionelle und akademische Identität anstrebten, die fest auf der Definition eines Gegenstands jenseits der Naturwissenschaften beruhte; sie teilten auch weitgehend bestimmte ideologische oder moralische Annahmen, die insbesondere mit dem Begriff der Moderne und des Fortschritts zusammenhingen und die Überzeugung beinhalteten, dass der Weg zu modernen Gesellschaften und wünschenswerten Lebensbedingungen eine weitgehende Emanzipation von den unmittelbaren Auswirkungen und der Abhängigkeit von Umweltbedingungen beinhalte. Die Befreiung vom (reduktionistischen) Naturalismus ist also eine Variante der sozialen Emanzipation.

Der Erfolg, den Sozialwissenschaftler generell darin hatten, jeden Bezug zu natürlichen Prozessen – außer im vagen Sinne eines unbedeutenden Hintergrundrauschens – abzulehnen und zu verdrängen, wurde jahrzehntelang durch die in den Naturwissenschaften vorherrschende Vorstellung unterstützt, die Natur existiere in einem Zustand des Gleichgewichts und der Stabilität. Das Klima als träges und im Wesentlichen konstantes Phänomen kann daher leicht als relevante Dimension gesellschaftlicher Entwicklung aufgegeben werden, insbesondere in einer Zeit, in der ansonsten massive, dramatische und oft abrupte wirtschaftliche, politische und soziale Umwälzungen in der Welt stattfinden.

Die Auswirkungen der Gesellschaft auf die Natur und weniger die Auswirkungen der „Natur" auf die Gesellschaft stehen im Vordergrund vieler wissenschaftlicher und politischer Diskussionen, so dass der sozialwissenschaftliche Diskurs gezwungen ist, sein eigenes Verhältnis zur Natur zu überdenken. Darüber hinaus verliert der Begriff „Natur" in Teilen des naturwissenschaftlichen Diskurses zunehmend seinen statischen Charakter und seine Geschlossenheit; er wird als wandelbar, dynamisch und auch als vom Menschen beeinflussbar dargestellt. Die Jahrzehnte, in denen die Natur im sozialwissenschaftlichen

9 Klima wirkt: Die Anatomie einer aufgegebenen Forschungslinie

Diskurs ein Schattendasein führte, sind damit möglicherweise gezählt.[28] Vor allem aber erhalten nun, da Umweltfaktoren nicht mehr nur eine Angelegenheit sind, von der sich Gesellschaften erfolgreich distanzieren, Überlegungen im sozialwissenschaftlichen Diskurs zu Klimafragen beispielsweise eine neue Relevanz.[29] Und nachdem die „Entwicklung" moderner Gesellschaften ihre unmittelbar sichtbare Richtung und Dramatik verloren zu haben scheint, vielleicht sogar richtungslos geworden ist, wird der Verweis auf natürliche Prozesse und die von ihnen angeblich ausgehenden Wirkungen oder Bedrohungen zu einer glaubwürdigeren Perspektive. Die zentrale Aufgabe besteht jedoch darin, im sozialwissenschaftlichen (wie auch im naturwissenschaftlichen) Diskurs einen Sinn für Natur und Klima zu finden, der die intellektuellen Fallen überwindet, zu denen der moderne Klimadeterminismus großzügig einlädt oder die er aufrechterhält.

Kurz gesagt, wir müssen den Begriff der Natur in den sozialwissenschaftlichen Diskurs zurückbringen. Dabei müssen wir jedoch einerseits die Fallstricke eines (reduktionistischen) naturalistischen Determinismus vermeiden, zu dem natürlich auch der Klimadeterminismus gehört, und uns andererseits mit der bloßen Einführung des Umweltthemas in den sozialwissenschaftlichen Diskurs begnügen. Die Umweltsoziologie zum Beispiel ist der erste und auch der nachhaltigste Versuch der letzten Jahre, Umweltbedingungen wieder in den sozialwissenschaftlichen Diskurs einzuführen. Im Wesentlichen handelt es sich jedoch um ein Plädoyer für die Integration ökologischer Themen in die Gesellschaftstheorie, wobei anerkannt wird, dass die Gesellschaft die Umwelt beeinflusst. Die Umwelt wird nach wie vor außerhalb der Gesellschaft verortet.

---

[28] Die Vorstellung, dass die Natur weder unveränderlich noch zyklisch ist, ist natürlich nicht erst in den letzten Jahren entstanden, sondern hat Jahrzehnte gebraucht, um sich zu entwickeln, und hat viele intellektuelle Eltern sowie gesellschaftliche Entwicklungen, die ihre Entwicklung begünstigten.

[29] Die Entdeckung einer möglichen Umkehrung der erfolgreichen Distanzierung der Gesellschaft von den natürlichen Zwängen ist keine Entdeckung, die man heute in den Sozialwissenschaften erwarten könnte. Es ist eine Entdeckung, die ihren Ursprung in Modellen, Bildern, Konzepten und Forschungsprogrammen der Naturwissenschaften hat. Das heißt aber nicht, dass diese Themen ausschließlich im naturwissenschaftlichen Diskurs verbleiben sollten.

Die Umweltsoziologie konstituiert die Umwelt innerhalb des soziologischen Diskurses als ein soziales Problem, analog zu vielen anderen und traditionelleren sozialen Problemen wie abweichendes Verhalten, Scheidung und Arbeitslosigkeit. Damit ist es der Umweltsoziologie nicht gelungen, das paradigmatische Verhältnis von Gesellschaft und Natur im sozialwissenschaftlichen Diskurs zu verändern (vgl. van den Daele, 1992). Neben der Umweltsoziologie gibt es weitere Versuche, Natur und Gesellschaft im sozialwissenschaftlichen Diskurs zu versöhnen. Zu nennen sind hier das heroische Programm von Bruno Latour (z. B. 1993), den Dualismus von Natur und Gesellschaft aufzugeben, die vielfältigen Arbeiten der feministischen Ökosoziologie oder die neomarxistischen Denker (z. B. Gorz, [1991] 1994). Unser Vorschlag betont die Notwendigkeit, neue Phänomene zu entdecken, um der Anziehungskraft des Naturalismus oder von Konzepten zu widerstehen, die auf einer rein konstruktivistischen Perspektive beruhen. Es gilt zu entdecken, dass das „ökologische Defizit" in der Sozialtheorie vor allem die Art und Weise betrifft, wie „Natur" in sozialwissenschaftliche Phänomene integriert wird.

9.11 Das Klima ist wichtig

Jeder weiß, dass das Klima wichtig ist, insbesondere die Extreme.
  William F. Ogburn, 1943: 785

Ellsworth Huntington ([1915] 1924: 403) schließt sein bekanntestes Werk *Climate and Civilization* mit einer, wie er sagt, weit hergeholten Warnung. Huntingtons Vorhersage über die schrecklichen sozialen, politischen und wirtschaftlichen Folgen des globalen Klimawandels für den Zustand der Welt muss für seine Zeitgenossen ein geradezu beängstigendes Szenario gewesen sein: „In tausend Jahren [...] wird es vielleicht keine besonders günstige Region mehr auf dem Globus geben, und die menschliche Rasse könnte in den dumpfen, lethargischen

9 Klima wirkt: Die Anatomie einer aufgegebenen Forschungslinie

Zustand unserer heutigen tropischen Rassen zurückgefallen sein".[30] Selbst wenn man den möglichen und radikalen Abstieg fortgeschrittener Zivilisationen in einen rückständigen Zustand tropischer Gesellschaften außer Acht lässt, sind die Aussichten eindeutig düster, wie Huntington schlussfolgert, denn Veränderungen in der Lage der Regionen rund um den Globus mit der höchsten „klimatischen Energie und der daraus resultierende Aufstieg neuer Mächte und der Niedergang der jetzt vorherrschenden können die Welt in ein Chaos stürzen, das weit schlimmer ist als das des finsteren Zeitalters. Rassen von niedrigem geistigem Kaliber könnten zu höchst verderblichen Aktivitäten angeregt werden, während jene von hoher Kapazität vielleicht nicht die Energie haben, ihren barbarischeren Nachbarn zu widerstehen."

Um von Huntingtons essentialistischer Vorstellung, das Klima funktioniere auf eine so endgültige und kontextlose Weise, zu einer, wie wir meinen, realistischeren Auffassung der Bedeutung des Klimas zu gelangen, muss man sich zunächst entschieden weigern, der verführerischen Einfachheit des Klimadeterminismus und seinen fatalistischen Utopien zu erliegen. Obwohl Huntington den „Fortschritt der Zivilisationen" im Verhältnis zur natürlichen Umwelt untersuchte und damit viele zeitgenössische Stimmen, die eine solche integrative Perspektive einfordern, vorwegnahm oder sogar vorwegnahm,[31] hat er, wie wir zu dokumentieren versucht haben, einer Perspektive, die die Trennung und Entfremdung von Natur und Gesellschaft im sozialwissenschaftlichen Diskurs zu versöhnen beginnt, tatsächlich erheblichen Schaden zugefügt.

Die Natur wird nicht mehr als regelmäßiges, statisches Gebilde betrachtet, und damit auch das Klima nicht mehr als in einem festen Gleichgewichtszustand ruhend. Eine solche grundlegende Neuerfindung der Natur sollte auch erhebliche Auswirkungen auf die Art und

---

[30] Beschreibt man Huntingtons Szenario als eine „negative Utopie", die gleichsam durch massive Klimaveränderungen ausgelöst wird, so unterscheidet sich seine Beschreibung der gesellschaftlichen Folgen in ihren Merkmalen nicht wesentlich von denjenigen, die man in neueren Diskussionen über die möglichen Auswirkungen rasch ansteigender Konzentrationen von Treibhausgasen in der Atmosphäre findet.
[31] Es ist daher vielleicht erwähnenswert, dass Ellsworth Huntington ein Gründungsmitglied der *Ecological Society of America* war.

Weise haben, wie sie wieder in den sozialwissenschaftlichen Diskurs eingebracht werden kann. Wir müssen zum Beispiel einen Weg finden, das Klima als ein soziales Konstrukt zu begreifen, das nicht nur ein Hirngespinst ist und nicht nur darauf verweist, dass das Klima die Gesellschaft „beeinflusst".[32]

Aber wie kann man „Klima" auf eine solche Art und Weise konzipieren? Dass die Gesellschaft in die Natur eingepflanzt ist, ist kaum mehr umstritten, denn die Natur, wie wir sie heute kennen und erleben, ist in der Tat überwiegend ein gesellschaftliches Konstrukt. Wie zeigt das natürliche Klima seine „Realität" in der Gesellschaft und für das soziale Verhalten? Und wie ist die Natur überhaupt in das gesellschaftliche Gefüge eingeschrieben und eingebettet und spiegelt damit die Art und Weise wider, wie wir natürliche Prozesse im Alltag begreifen? In einem sehr allgemeinen Sinne wollen wir vorschlagen, dass natürliche und soziale Prozesse wesentlich in die Randbedingungen des jeweils anderen, also von Natur und Gesellschaft, eingeschrieben sind. Im Falle der Gesellschaft würden wir sagen, dass sie zwar durch historische oder selektive Konstruktionen geprägt ist, ist unser Verständnis von und unsere Begegnung mit dem Klima in hohem Maße von „extremen" Klimareaktionen geprägt ist – die mitunter die Folge menschlicher Eingriffe in das globale in globale Klimaprozesse sind.[33,34]

---

[32] Entscheidet man sich dafür, die Vorstellung abzulehnen, dass das Klima auch real ist, ja sogar Widerstand bietet, der in der Gesellschaft institutionalisiert ist, und behauptet stattdessen, dass das Klima lediglich eine soziale Konstruktion ist, würden „die Objektivität der Natur und die Objektivität des ökologischen Problems in einem konstruktivistischen Nebel verschwinden. Wir hätten es dann nicht mit realen Risiken zu tun, sondern mit einer ‚Konstruktion' der Krise und nicht mit realen Risiken, sondern mit bloßen Wahrnehmungen von Risiken" (van den Daele, 1992: 532).

[33] Diese Behauptung über die Bedeutung von Extremen sollte nicht als eine Art ontologische These missverstanden werden, die jede Art von „Gradualismus" ablehnt (z. B. in der Naturgeschichte, siehe Gould, 1980: 226), sondern als eine empirische Hypothese über die praktische Art und Weise, in der die Natur für die Gesellschaft relevant wird.

[34] Entscheidet man sich dafür, die Vorstellung abzulehnen, dass das Klima auch real ist, ja sogar Widerstand bietet, der in der Gesellschaft institutionalisiert ist, und behauptet stattdessen, dass das Klima lediglich eine soziale Konstruktion ist, würden „die Objektivität der Natur und die Objektivität des ökologischen Problems in einem konstruktivistischen Nebel verschwinden. Wir hätten es dann nicht mit realen Risiken zu tun, sondern mit einer ‚Konstruktion' der Krise und nicht mit realen Risiken, sondern mit bloßen Wahrnehmungen von Risiken" (van den Daele, 1992: 532).

9 Klima wirkt: Die Anatomie einer aufgegebenen Forschungslinie

Die Prägung der Gesellschaft durch das Klima ist nie offensichtlich und transparent, sondern interpretationsbedürftig. Die Interpretationen, wie das Klima auf die Gesellschaft wirkt, sind nicht völlig willkürlich und unabhängig von der Fähigkeit des Klimas, die Gesellschaft zu prägen. Wir wollen argumentieren, dass die Prägung der Gesellschaft durch das Klima hauptsächlich über seine Extreme funktioniert. Was als Extrem wahrgenommen wird, ist keineswegs eindeutig. Es ist Gegenstand unterschiedlicher Lesarten.

Die offensichtliche Faszination, ja Begeisterung für Extreme aller Art in der Öffentlichkeit und in den Medien unserer Zeit ist bekannt, aber wohl nicht neu. Vielfältige, sogar „rituelle" kulturelle Reaktionen auf Extreme zeigen und feiern letztlich das Vertraute, nämlich „normale" Muster und homöostatische Prozesse. Extreme stellen eine „Krise" dar und werden als vorübergehend gestörtes Gleichgewicht wahrgenommen. In Anlehnung an einen Begriff von William James sind Extreme „erzwungene Tatsachen". In diesem Sinne widersprechen Klimaextreme selbstverständlichen und vertrauten Vorstellungen und Beobachtungen über das Klima (Stehr, 1997). Obwohl solche Extreme selbst wahrscheinlich nicht als statisch über die Zeit interpretiert werden, wird das, was als Klimaextrem erlebt wird, als Anomalie und Enttäuschung empfunden. Klimaextreme erinnern uns an die Realität, die sich hinter der Oberfläche des sozialen Klimakonstrukts verbirgt. Klimaextreme bieten und manifestieren den Widerstand der natürlichen Realität. Auf diese Weise prägen sie sich in das soziale Klimakonstrukt ein. Sie bieten die Möglichkeit, unsere Beobachtungen über das Klima zu beobachten, zu kategorisieren und zu kritisieren. Um unsere Beobachtungen über das Klima und seine Auswirkungen auf die Gesellschaft zu beobachten, müssen wir einen Schritt zurücktreten, wir müssen gezwungen sein, akzeptierte Interpretationen oder Konstruktionen zu verlassen. Das Klima ist ein Ereignis und ein Mechanismus, der genau das tut.[35]

---

[35] In historischen Zeiten spielt das Klima zwar eine Rolle, aber **nicht** so, wie es sich in Form von *graduellen Veränderungen* manifestiert, aufgezeichnet oder wahrgenommen wird, da diese säkularen Schwankungen meteorologischer Phänomene wie Temperaturveränderungen – die durchaus dokumentiert sind und zuverlässige Beobachtungsdaten darstellen – in einem sehr *engen*

Dass die Gesellschaft in der Vergangenheit auf Klimaextreme reagiert hat und dies auch heute noch tut, lässt sich leicht zeigen, denn Klimaextreme sind in der Gesellschaft institutionalisiert (oder eingeschrieben, wie wir es auch genannt haben), z. B. in Form einer Vielzahl von Mythen, Ideologien, Erzählungen (einschließlich mehr oder weniger elaborierter Erzählungen über die Natur im Alltag), Technologien, Vorschriften, Organisationen etc. Ein offensichtliches, aber auch stabiles und wirksames Beispiel sind die Schutzdeiche, die an Flüssen und Meeren errichtet wurden, sowie die Gesetze und Vorschriften, die ihren Bau, ihre Instandhaltung und ihre Nutzung regeln. In ähnlicher Weise ist die Entwicklung von Wohnformen, Kleidung und Ernährung bis zu einem gewissen Grad eine Einschreibung von Klimaextremen in das soziale Gefüge. Klimaextreme sind in den Bau, die Instandhaltung und die Nutzung vieler moderner Verkehrsmittel eingeschrieben und objektiviert. Moderne Verkehrsmittel dienen nicht nur dazu, offene Räume miteinander zu verbinden und Güter, Informationen und Menschen zu transportieren, sondern sie sind auch Artefakte, die auf das Klima und insbesondere auf Klimaextreme reagieren. In gewisser Weise sind Verkehrsmittel ein Spiegelbild und eine Verkörperung der gesellschaftlichen Auseinandersetzung mit dem Klima. Natürlich manifestiert sich diese Auseinandersetzung vor allem in dem Bestreben, klimatische Extreme auszugrenzen bzw. Ausgrenzungsgrenzen zu ziehen. Die Begegnungen finden in vertrauten Räumen statt, in künstlich geschaffenen Zonen und relativ engen Zäunen, die unerwünschte klimatische Bedingungen ausschließen. Dennoch sind die klimatischen Bedingungen oder die Natur, die nicht „unsere" Natur ist und der wir uns entziehen wollen, in die Umzäunung eingraviert. Je größer die Entfernung ist, die solche Artefakte zurücklegen müssen, desto größer ist die Wahrscheinlichkeit, dass klimatische Extreme in die Konstruktion

---

Bereich auftreten. Die Enge des Spektrums der säkularen Schwankungen „und die Autonomie der menschlichen Phänomene, die zeitlich mit ihnen zusammenfallen, machen es derzeit unmöglich, zu dem Schluss zu kommen", wie Le Roy Ladurie ([1967] 1988: 275) in seiner Studie über die Wechselwirkung zwischen Klima und Geschichte seit dem Jahr 1000 betont, „dass es irgendeinen kausalen Zusammenhang zwischen ihnen gibt."

des Objekts eingeschrieben sind. Je irrelevanter Zeit und Entfernung für das soziale und wirtschaftliche Leben werden, desto größer wird der Einfluss von Extremen auf die Konstruktion solcher Artefakte. Paradoxerweise verschwinden diese Extreme in dem Maße, in dem sie in das Objekt integriert werden, aus dem Blickfeld und erst recht aus der direkten Erfahrung und Begegnung.[36]

Obwohl die Natur, die sich in Klimaprozessen manifestiert, in der Gesellschaft institutionalisiert werden kann und moralische Qualitäten annimmt (wie z. B. in „Die Natur schlägt zurück"), die sie ansonsten zu verlieren scheint, macht die Institutionalisierung der Natur das Klima paradoxerweise zu einer fast unsichtbaren Entität. Die Institutionalisierung des Klimas in der Gesellschaft bedeutet paradoxerweise, dass sich die Gesellschaft vom Klima distanziert und die Kontingenzen reduziert, die sich aus dem Klima für die Gesellschaft ergeben können. Die erfolgreiche Reduktion der Kontingenzen, die sich aus dem (natürlichen) Klima ergeben, ermöglicht eine Zunahme der Kontingenzen, die mit der soziokulturellen Entwicklung des Wissens einhergehen.

9.12 Schlussfolgerungen

Am Ende des letzten und zu Beginn dieses Jahrhunderts entdeckten die Vertreter des sozialwissenschaftlichen und insbesondere des soziologischen Diskurses, die heute als die großen Klassiker ihrer Disziplinen gelten, dass soziale Phänomene in wichtiger Hinsicht einzigartig sind, z. B. hinsichtlich ihrer unvergleichlichen Komplexität sowie ihrer einzigartigen Entwicklungsmuster, die eine klare und deutliche Abgrenzung der Erklärungsprinzipien und methodischen Verfahren von den damals bereits sehr erfolgreichen Naturwissenschaften erfordern und verlangen. In der Tat ist es eine der bleibenden Qualitäten des klassischen

---

[36] Marston Bates (1952: 120) argumentiert daher zu Recht gegen Huntingtons These vom Aufstieg der Zivilisationen, oder besser gesagt, er stellt sie auf den Kopf, wenn er sagt: „Die westeuropäische Umwelt, die von Huntington und seinen Anhängern als ideal für die Entwicklung der Zivilisation gepriesen wurde, war ein unüberwindliches Hindernis für die Zivilisation, bis Methoden gefunden wurden, ihre Auswirkungen zu mildern".

sozialwissenschaftlichen Diskurses, dass er darauf beharrt, dass soziale Phänomene eine Realität sui generis darstellen. Der eigentliche Wert dieser Auffassung ergibt sich nicht so sehr aus einem inhärenten Gegensatz zwischen den Phänomenen und der Logik ihrer Entwicklung, sondern aus den offensichtlichen ethischen und politischen Konsequenzen von Versuchen, diese beiden Attribute aufzugeben oder sie diskursiv miteinander zu verbinden. Es ist historisch belegt, dass jeder naive Versuch in dieser Richtung zum Sieg reduktionistischer Vorstellungen führt (vgl. Grundmann und Stehr, 1997).

Das 18. Jahrhundert, das von vielen zeitgenössischen Historikern der Sozialwissenschaften als das Zeitalter angesehen wird, in dem der moderne sozialwissenschaftliche Diskurs seinen Anfang nahm, war eine Epoche, in der der gebildete Teil der Bevölkerung in Frankreich, Deutschland und England enorme intellektuelle Energie darauf verwendete, über die klimatischen Determinanten der zivilisatorischen Besonderheiten ganzer Nationen zu streiten (und sich dabei z. B. auf die Werke von Montaigne und andere berief). B. auf Werke von Montaigne, Essais, Montesquieu, Esprit des Lois, Falconer, Bemerkungen über den Einfluss des Klimas). Ein zeitgenössischer Beobachter bemerkte, dass es eine unendliche Anzahl von Schriftstellern gibt, die dem Klima einen überragenden Einfluss zuschreiben. Obwohl die Diskussion über den Einfluss des Klimas auf Gesellschaften in den Sozialwissenschaften nicht abrupt endete, geriet sie schließlich in Verruf und verschwand erst in jüngster Zeit fast spurlos als ein weitgehend kompromittiertes und weithin diskreditiertes Forschungsgebiet. So ist es heute üblich geworden, es „amüsant zu finden, dass die Menschen früherer Zeiten nicht von ... Klimaerklärungen, die den Himmel mit einbeziehen, nicht verunsichert worden wären" (Braudel ([1979] 1992: 51).

Es gibt gute Gründe, die für eine Differenzierung der kognitiven Agenden in der Wissenschaft sprechen

- Die biologische und die kulturelle Evolution sind nicht identisch,
- Die natürliche Umwelt der Gesellschaft ist größtenteils unabhängig vom menschlichen Handeln,
- Den Gesellschaften ist es gelungen, sich von vielen umweltbedingten Zwängen zu emanzipieren.

Dennoch bleibt das Ökosystem, das durch die Aneignung seiner Ressourcen durch das gesellschaftliche Handeln mehr oder weniger stark umgestaltet wird, eine wichtige materielle Quelle und Beschränkung für das menschliche Verhalten. In jüngster Zeit ist vor allem durch die naturwissenschaftliche Forschung deutlich geworden, dass die Emanzipation des gesellschaftlichen Handelns von der Natur keineswegs fest und endgültig ist. Eine Revision der festgefügten intellektuellen Arbeitsteilung in der Wissenschaft könnte daher angebracht sein. Eine solche Revision der asymmetrischen Aufteilung zwischen den Forschungsbereichen muss aber zunächst den hartnäckigen Anspruch des naturwissenschaftlichen Diskurses entmystifizieren, den Sozialwissenschaften vor- und überlegen zu sein. Wir haben versucht zu zeigen, wie Schritte in diese Richtung unternommen werden können, indem wir vorgeschlagen haben, die Frage nach den Auswirkungen des Klimas auf soziales Handeln von der etablierten Vorstellung, dass das Klima funktioniert, auf die Vorstellung zu verlagern, dass das Klima für soziales Verhalten wichtig ist.

Anhang: Die Wirksamkeit des Klimas. Eine Bestandsaufnahme[37]

Alkoholismus (Semple, 1911: 626)
Verhaftungen (Huntington, 1945: 363–364)

---

[37] Wie bereits erwähnt, ist eines der systemimmanenten Merkmale des Klimadeterminismus – ähnlich wie im politischen Diskurs – seine Redundanz, so als ob eine Behauptung durch Wiederholung an Glaubwürdigkeit gewinnt. Aus diesem Grund wurde beispielsweise nicht versucht, alle Fälle aufzulisten, in denen in den Schriften von Ellsworth Huntington spezifische Behauptungen über das Klima als Ursache aufgestellt werden. So finden sich Huntingtons Beobachtungen zur Bedeutung des Klimas für die Entstehung der Sklaverei in den Südstaaten der USA in verschiedenen Schriften, die einen Zeitraum von mehr als vier Jahrzehnten abdecken. Die Bestandsaufnahme bemüht sich in einem anderen Sinne um Vollständigkeit, indem die meisten vermuteten Kausalzusammenhänge zwischen Klima und sozialen Prozessen im Anhang zusammengestellt wurden.

Asiatisches Handicap („In Europa und insbesondere in Asien nimmt der Wert des Klimas als Hilfsmittel der Zivilisation nach Osten hin stetig ab" Huntington, 1945: 385)
Einstellungen („Die Menschen sind im Frühjahr zunehmend optimistisch und im Herbst noch mehr"; Huntington, 1945: 318)
Geschäftsaktivitäten und -zyklen („fast jedes fortgeschrittene Land hat starke saisonale Schwankungen in den Bereichen Berufe, Löhne, Handel, Transport, Bankabrechnungen und anderen Phasen des Geschäftslebens" Huntington, 1945: 312)
Arbeitsfähigkeit („Unterschiede im Gesundheitszustand weisen auf entsprechende Unterschiede in der Arbeitsneigung sowie in der tatsächlichen Arbeitsfähigkeit hin. Kräftige Menschen ziehen es vor, zu arbeiten, anstatt untätig zu sein. Die Bereitschaft, über das geforderte Maß hinaus zu arbeiten, ist in Krisen wie Krieg, Überschwemmung oder anderen Katastrophen äußerst wichtig. Er ist einer der Hauptfaktoren, der Menschen dazu bringt, Erfindungen zu machen, neue Länder zu erforschen, wissenschaftliche Experimente durchzuführen, Reformen einzuleiten und Werke der Kunst, Literatur und Musik zu schaffen" Huntington, 1945: 238)
Verbreitung von Büchern (Huntington, 1945: 610)
Zivilisationen, Verteilung („Wie die Tropen die Wiege der Menschheit waren, so war die gemäßigte Zone die Wiege und Schule der Zivilisation. Hier hat die Natur viel gegeben, indem sie viel zurückgehalten hat" Semple, 1911: 635; Abb. 86 als „Karte der Zivilisation" auf Seite 256 in Huntington und Cushing, 1921: 256; „Die Verbreitung der Zivilisation in der ganzen Welt hat immer eng vom Klima abgehangen" Huntington, 1927a: 165; „Indem es eine Art der sozialen Organisation fördert und eine andere entmutigt, hat das Klima großen Einfluss auf die Entwicklung der Zivilisation" Huntington, 1945: 276)
Bürgerkrieg (in den Vereinigten Staaten: „In all diesen Aspekten ebneten die klimatischen Gegensätze den Weg zum Bürgerkrieg" Huntington, 1945: 280)
Sauberkeit („Das Klima selbst mag auch weitgehend für den Mangel an Sauberkeit [in diesem Fall bei den Isländern] verantwortlich sein. Soweit ich weiß, herrscht dieser Mangel bei allen Völkern, die

in einem kühlen, feuchten Klima leben, in dem das Wasser immer kalt ist und in die Tiere das Hauptnahrungsmittel sind [...] Die saubersten Menschen der Welt sind die Bewohner warmer, feuchter Länder, in denen der Zustand der Kultur Kleidung erfordert und in denen es reichlich Wasser gibt" Huntington, 1924b: 289)

Handel (der Niedergang und Aufstieg von Handelsaktivitäten in Abhängigkeit vom Klima, z. B. Huntington, 1924b: 300).

Kommunikation (in Abhängigkeit von günstigen klimatischen Bedingungen, z. B. Huntington, 1924b: 300)

Kriminalität (Huntington, 1945: 365–367)

Kulturelle Entwicklung („Das Klima ... trägt dazu bei, das Tempo und die Grenzen der kulturellen Entwicklung zu beeinflussen. Es bestimmt zum Teil das örtliche Angebot an Rohstoffen, mit denen der Mensch arbeiten muss, und damit den Großteil seiner sekundären Aktivitäten, außer dort, wo diese auf Bodenschätze ausgerichtet sind. Sie bestimmt den Charakter seiner Nahrung, seiner Kleidung und seiner Behausung und letztlich seiner Zivilisation" Semple, 1911: 609; „die nördliche gemäßigte Zone ist in erster Linie die kulturelle Zone der Erde" Semple, 1911: 634; „Kulturelle Variationen von Jahreszeit zu Jahreszeit scheinen eng mit physiologischen Bedingungen verbunden zu sein, die sich in der Reproduktion und im Arbeitstempo manifestieren" Huntington, 1945: 319).

Kulturelle Muster („Kulturelle Gewohnheiten überleben und gedeihen nur selten, wenn sie in aktivem Widerspruch zu den Anforderungen der physischen Umwelt stehen" Huntington, 1945: 319).

Aktivitätszyklen („Jährlicher Zyklus der geistigen Aktivität, der sich besonders deutlich in der Verbreitung ernsthafter Bücher zeigt" Huntington, 1945: 610)

Niedergang oder Verfall von Zivilisationen („Es ist wiederholt die Frage aufgeworfen worden, ob es in historischer Zeit Klimaveränderungen, insbesondere Niederschlagsschwankungen, gegeben hat, die ausreichen, um den Niedergang und den Fall des Römischen Reiches und den Verfall der Zivilisation zu erklären, durch den große Teile der einst blühenden und bevölkerungsreichen Mittelmeerländer entvölkert oder verarmt sind. Argumente, die diese Position stützen, wurden vor allem von Historikern, Archäologen und anderen inkompetenten Autoritäten vorgebracht, die sich nicht mit Klimatologie befassen. Ellsworth Huntington führte den Niedergang von Palästina, Syrien, Kleinasien, Griechenland und Italien auf die gleiche Ursache zurück, aber seine Argumente wurden sowohl von Historikern als auch von Klimatologen infrage gestellt." Semple, 1931: 99–100)

Degeneration (wenn das Klima ungünstig wird – wie bei Kälte und Sturm in Island, z. B. Huntington, 1924b: 293)

Krankheiten (Der Einfluss des Klimas auf die Gesundheit wird von vielen Klimadeterministen hervorgehoben, wenn auch nur in einer Art oberflächlichen und weniger folgenreichen Weise – siehe unten – als die stärkere Behauptung, dass Infektionskrankheiten der einen oder anderen Art durch klimatische Bedingungen entweder gefördert oder unterdrückt werden: „Das Klima modifiziert zweifellos viele physiologische Prozesse bei Individuen und Völkern, beeinflusst ihre Immunität gegen bestimmte Klassen von Krankheiten und ihre Anfälligkeit für andere" Semple, 1911: 608)

Unehrlichkeit (siehe Dummheit)

Wirtschaftszyklen („Der Rhythmus in der Aktivität des Wirtschaftslebens, der Wechsel von lebhafter, zielgerichteter Expansion und zielloser Depression, wird durch den Rhythmus des Ernteertrags pro Hektar verursacht, während der Rhythmus der Ernteproduktion wiederum durch die zyklischen Veränderungen der Niederschlagsmenge verursacht wird. Das Gesetz der Niederschlagszyklen ist das Gesetz der Erntezyklen und das Gesetz der Wirtschaftszyklen." Moore, 1914)

Wirtschaftlicher Wohlstand und Entwicklung („Wirtschaftlicher Wohlstand und allgemeines Wohlergehen sind in etwa nach dem gleichen geografischen Muster verteilt wie die soziale Wohlfahrt" Huntington, 1945: 232)

Effizienz („Extreme Hitze und Kälte verringern die Bevölkerungsdichte, den Umfang und die Effizienz der Wirtschaftsunternehmen" Semple, 1911: 611)

Eliten (siehe Ungleichheit)

Energie und Fortschritt (Abb. 85 auf S. 255 in Huntington und Cushing, 1921 „Map of Climatic Energy" zeigt, wie „die menschliche Energie verteilt wäre, wenn sie vollständig vom Klima abhinge"; die Karte fasst die „kombinierten Auswirkungen von Temperatur,

Feuchtigkeit, Jahreszeiten und Stürmen auf Gesundheit und Energie" zusammen Huntington, 1927a: 145; „die Energie und der Fortschritt der führenden Länder der Welt sind auf die ständige Wiederholung des physiologischen Reizes zurückzuführen, der mit dem Wechsel der Jahreszeiten einhergeht" Huntington, 1945: 319).

Fruchtbarkeit (Virchow, [1885] 1922: 231)

Fabriken erster Klasse (Gilfillan, [1935] 1970: 49; G. bezeichnet das Klima als die *grundlegendste* der von ihm untersuchten Variablen)

Gesundheit: Eine der am häufigsten zitierten Auswirkungen des Klimas ist die auf die Gesundheit. („Das Klima in Island ist nicht nur gesund, sondern auch anregend" Huntington, 1924b: 289; „die geographische Verteilung von Gesundheit und Vitalität hängt weitgehend von der kombinierten Wirkung des Klimas und der kulturellen Bedingungen ab" Huntington, 1945: 240; „in den Vereinigten Staaten sind im Herbst gezeugte und im Sommer geborene Kinder besonders zahlreich und weisen den geringsten Prozentsatz an angeborenen Fehlbildungen auf" Huntington, 1945: 319; „die Widerstandsfähigkeit von Kindern .... gegen Verdauungskrankheiten variiert offenbar je nach Alter in einer Weise, die auf eine angeborene Anpassung an eine bestimmte Art von Klima schließen lässt. Die besondere Fähigkeit der Menschen, insbesondere der Frauen, im fortpflanzungsfähigen Alter, Krankheiten im Spätwinter zu widerstehen, legt dasselbe nahe" (Huntington, 1945: 610).

Geschichte („Die größten Ereignisse der Weltgeschichte und vor allem die größten historischen Entwicklungen gehören zur nördlichen gemäßigten Zone" Semple, 1911: 611; „wo der Mensch in den Tropen geblieben ist, hat er mit wenigen Ausnahmen eine gestoppte Entwicklung erlitten" Semple, 1911: 635)

Tötungsdelikte („Tötungsdelikte stehen sowohl geographisch als auch saisonal in signifikantem Zusammenhang mit der Temperatur ... sowohl saisonal als auch geographisch steigen die Raten von kühlerem zu wärmerem Wetter ... warmes Wetter ist offenbar mit einer geringeren Selbstbeherrschung verbunden. Der Mangel an Selbstbeherrschung ist ein Hauptfaktor für das Versagen der öffentlichen Meinung, sich in der Einhaltung von Gesetzen auszudrücken" Huntington, 1945: 232)

Unmoral (siehe Dummheit)
Ungleichheit („Im alten Süden gab es eine scharfe Trennung zwischen Aristokraten und „armen Weißen" sowie zwischen Weißen im Allgemeinen und Negern. Diese Unterscheidung der Klassen stand in starkem Kontrast zu der relativen Demokratie, die im Norden herrschte, wo sich der Gutsherr um sein eigenes Pferd, seine Kuh und seinen Garten kümmern konnte. Wenn die Sklaverei verschwindet, entsteht fast immer ein Pachtsystem in Regionen, in denen Unterschiede in der Fähigkeit, Menschen und Eigentum zu verwalten, im Vergleich zur Fähigkeit, manuelle Arbeit zu verrichten, besonders wichtig sind").
Wahnsinn („Zu dieser Zeit [Juni] überschätzt der physische Reiz, der bei normalen Menschen lediglich zu Gesundheit und erhöhter Fortpflanzungsfähigkeit führt, offenbar diejenigen, die schlecht gelaunt, willensschwach, übersexualisiert oder anderweitig abnormal sind" Huntington, 1945: 365)
Intelligenz („Menschen in hohen Breitengraden sind im Großen und Ganzen intellektueller als Menschen in niedrigen Breitengraden" Huntington, 1945: 367).
Erfindungen (Huntington, 1945: 391)
Lebenserwartung (Huntington, 1945: 610)
Geistige Aktivität: („bei den europäischen Rassen scheint die körperliche Aktivität am größten zu sein, wenn die Temperatur im Durchschnitt nicht weit von 65° F. entfernt ist, während die geistige Aktivität bei einer niedrigeren Temperatur am größten zu sein scheint, die im Durchschnitt vielleicht 40° beträgt" Huntington, 1924b: 290; außerdem stimuliert die Klimaschwankung die geistige Aktivität, z. B. Huntington, 1924b: 290)
Migration („Die Akklimatisierung tropischer Menschen in gemäßigten Regionen wird nie eine Gleichung von weitreichender Bedeutung sein [...] Die Konzentration der Neger im „schwarzen Gürtel", wo sie die Hitze und Feuchtigkeit finden, in der sie gedeihen, und ihr klimatisch bedingter Ausschluss aus den nördlicheren Staaten sind Angelegenheiten von lokaler Bedeutung. Wirtschaftlicher und sozialer

9 Klima wirkt: Die Anatomie einer aufgegebenen Forschungslinie

Rückstand haben den heißen Gürtel relativ unterbevölkert gehalten" Semple, 1911: 625–626; „die Menschen in den ärmeren Klimazonen haben praktisch mit Sicherheit eine schlechtere Gesundheit und weniger Energie als andere. Die Bevölkerung als Ganzes ist wahrscheinlich weniger wohlhabend, so dass Bildung und Kontakt mit anderen Menschen weniger verbreitet sind. Außerdem gibt es unter solchen Umständen eine starke Tendenz für die fähigeren Menschen, die ärmere Umgebung zu verlassen" Huntington, 1927a: 162; „Die klimatischen Bedingungen beginnen, die Migranten für die neue Umgebung zu formen und zu selektieren" Huntington, 1927a: 165)

Sterblichkeit („Die Körpertemperaturen steigen [in der Torrid-Zone], während die Krankheitsanfälligkeit und die Sterblichkeitsrate einen für die weiße Kolonisation unheilvollen Anstieg aufweisen" Semple, 1911: 626)

Nationaler Charakter (Huntington, 1945: 303)

Patentproduktivität („Eine von mir erstellte isoplethische Karte der amerikanischen Patentproduktivität pro Kopf zeigt eine starke Konzentration im schmalen Gürtel des besten Klimas, nahe der 50° F. Isotherme, von Chicago bis Philadelphia und Boston" Gilfillan, [1935] 1970: 46).

Körperliche Aktivität („Körperliche Vitalität ist für den menschlichen Fortschritt von grundlegender Bedeutung...Vitalität ist notwendig, damit die Menschen ohne übermäßige Ermüdung hart arbeiten können und in Notfällen über eine Kraftreserve verfügen. Sie ist besonders wichtig für die Förderung der geistigen Aktivität und des klaren Denkens" Huntington, 1945: 237; „Körperliche Vitalität ist einer der Hauptfaktoren für das Wachstum der Zivilisation" Huntington, 1945: 275; die „optimale Temperatur hängt von den Bedingungen ab, unter denen der Mensch die evolutionären Schritte unternommen hat, die ihm seine heutige Anpassung an das Klima beschert haben" Huntington, 1945: 273; „bei Temperaturen über dem Optimum wird leicht Müdigkeit hervorgerufen, die Neigung zur Arbeit nimmt ab, und der einfachste Weg, sich anzupassen, ist, so wenig wie möglich zu tun. Bei Temperaturen unter dem Optimum wird die Neigung zur Arbeit angeregt, teils weil körperliche Aktivitäten die Wärme fördern, teils weil es viele Möglichkeiten gibt, sich mit einem mäßigen Maß an Erfindungsreichtum künstlich warm zu halten" (Huntington, 1945: 275)

Physiologie („Die Auswirkungen des tropischen Klimas sind auf die intensive Hitze, ihre lange Dauer ohne die Erholung durch eine erholsame Wintersaison und ihre Kombination mit der hohen Luftfeuchtigkeit zurückzuführen, die im größten Teil der Torrid-Zone herrscht. Dies sind Bedingungen, die für die Pflanzenwelt vorteilhaft, für die menschliche Entwicklung jedoch kaum förderlich sind. Sie bewirken eine gewisse Störung der physiologischen Funktionen von Herz, Leber, Nieren und Fortpflanzungsorganen" (Semple, 1911: 626).

Produktivität (siehe Arbeitsfähigkeit; Energie und Fortschritt)

Rentabilität („Das Klima macht bestimmte Berufe rentabel und andere unrentabel" Huntington, 1927a: 165)

Fortschritt („Eine Karte des Klimas oder vielmehr der klimatischen Energie, wie wir sie nennen können, ähnelt einer Karte des Fortschritts viel mehr als eine Karte irgendeines anderen Faktors, der eher eine Ursache als ein Ergebnis der Verteilung des Fortschritts sein kann" Huntington, 1927a: 140)

Prostitution und sexuelle Extravaganz „scheinen ein Maximum in den heißesten Teilen der Welt zu erreichen, d. h. in den trockenen Teilen eines Gürtels, der zehn bis dreißig Grad vom Äquator entfernt liegt" (Huntington, 1945: 296).[38]

Lesen, ernsthaft (Huntington, 1945: 391)

---

[38] Huntington (1945: 296) bezieht sich in diesem Zusammenhang auf Hellpach (ohne nähere Angaben; im Literaturverzeichnis wird jedoch Willy Hellpachs Buch aus 1911 *Die geopsychischen Erscheinungen des Wetters, Klima und Landschaft in ihrem Einfluss auf das Seelenleben* aufgeführt) und zitiert ihn mit den Worten, dass „in Süditalien sexuelle Unregelmäßigkeiten stark zunehmen, wenn der Schirokko weht. Die Menschen erkennen das so gut, dass Vergehen, die unter solchen Umständen begangen werden, in gewissem Maße geduldet werden."

9 Klima wirkt: Die Anatomie einer aufgegebenen Forschungslinie

Religion („Die Vielfalt der physischen Umwelt hat auch zu religiösen Unterschieden geführt, und unter den Umweltfaktoren war das Klima besonders wichtig" Huntington, 1945: 281).[39]

Fortpflanzung (Der „Fortpflanzungszyklus" variiert je nach Klima. „In den nördlichen Vereinigten Staaten und Westeuropa findet das Maximum der Geburten normalerweise im März oder April statt, als Reaktion auf die Empfängnis im Juni oder Juli. Anderswo verlagert sich das Maximum in heißen Klimazonen auf frühere Termine und in kalten Klimazonen auf spätere" (Huntington, 1945: 273–274).

Revolutionen („In der Welt insgesamt nimmt die Tendenz zu mangelnder Selbstbeherrschung in der Politik, in sexuellen Beziehungen und in vielen anderen Bereichen bei heißem Wetter und in heißen Ländern deutlich zu. Dies ist nicht der einzige Grund für die Häufigkeit politischer Revolutionen in niedrigen Breitengraden, aber er muss eine Rolle spielen" Huntington, 1945: 365)

Unruhen („Das Wetter als Auslöser von Unruhen wurde bisher vernachlässigt. Dennoch scheint es mit der Verteilung von Unruhen [in Indien] übereinzustimmen"; „es ist bemerkenswert, dass in den Vereinigten Staaten Negerunruhen am häufigsten bei ungewöhnlich heißem Wetter auftreten" Huntington, 1945: 362, 364)

Selbstkontrolle (klimatische „Extreme schwächen die Kraft der Selbstkontrolle" Huntington, [1915] 1924: 404; es gibt „Beweise dafür, dass trockenes Wetter, besonders wenn es heiß ist, mit einem Rückgang der Selbstkontrolle einhergeht" Huntington, 1945: 296)

---

[39] Da religiöse Glaubenssysteme nicht nur jenseitig, sondern auch diesseitig sind, weisen frühe mythologische und später systematischere religiöse Glaubenssysteme immer bestimmte Umweltbedingungen auf, mit denen ihre Urheber zu kämpfen hatten, und sie neigen sogar dazu, bestimmte klimatische Bedingungen widerzuspiegeln oder zu integrieren (vgl. Hoheisel, 1993), aber dies ist natürlich weit davon entfernt, eine quasi unterschiedslose Behauptung aufzustellen, dass religiöser Glaube und religiöse Praxis von klimatischen Bedingungen bestimmt werden. Hoheisel (1993: 130) weist darauf hin, dass die verfügbaren ethnographischen Informationen nicht zuverlässig und valide genug sind, um religiöse Überzeugungen und Praktiken eindeutig mit klimatischen Bedingungen in Verbindung zu bringen: „Jedenfalls erschweren die zunehmende Mobilität und die fortschreitende Befreiung von natürlichen Zwängen, z. B. durch Fernhandel, vor allem aber die Möglichkeit, auf Traditionen ganz unterschiedlichen Ursprungs zurückgreifen zu können, den Nachweis, dass Glaubensvorstellungen oder andere religiöse Lehren durch bestimmte klimatische Bedingungen geprägt sind".

Sexuelle Straftaten (Huntington, 1945: 365)

Sklaverei („Es waren nicht nur die Hitze und Feuchtigkeit der Südstaaten, sondern auch die große Ausdehnung ihrer fruchtbaren Flächen, die Sklavenarbeit erforderlich machten, das Plantagensystem einführten und zur gesamten aristokratischen Organisation der Gesellschaft des Südens führten" Semple, 1911: 622; „Die Sklaverei konnte sich im Norden nicht entfalten, nicht weil sie moralisch verwerflich war, denn die frommsten Puritaner hielten Sklaven, sondern weil das Klima sie unrentabel machte" Huntington, [1915] 1924: 41; „Die Abschaffung der Sklaverei im Norden war nicht in erster Linie auf moralische Überzeugung zurückzuführen. Sie entstand, nachdem die lange Erfahrung gezeigt hatte, dass sich die Sklaverei in einem kühlen Klima nicht lohnte … die Kombination aus gutem Essen, stimulierendem Klima und nördlicher Kultur machte die weißen Nordstaatler so energisch, dass es sie ärgerte, auf die sich langsam bewegenden Afrikaner zu warten" Huntington, 1945: 279)

Wissenschaftliche Forschung (…die wissenschaftliche Forschung und andere intellektuelle Aktivitäten der Welt sowie ihre finanzielle, kommerzielle, industrielle und politische Kontrolle konzentrieren sich mehr und mehr auf einige wenige Regionen, in denen das Klima am gesündesten und anregendsten ist" Huntington, 1927a: 160)

Soziale Ideale („Der Unterschied in der Neigung zur Arbeit hatte viel mit der Entwicklung verschiedener sozialer Ideale in diesen Teilen der Vereinigten Staaten zu tun. Im Norden war die erfolgreiche Familie diejenige, in der alle sowohl hart als auch intelligent arbeiteten. Harte Arbeit wurde zur obersten Tugend, und das ist sie trotz anderer Tendenzen bis heute geblieben. Im Süden war die erfolgreiche Vor-Bellum-Familie diejenige, die körperliche Arbeit mied und gleichzeitig ein gutes Auskommen hatte. Dieses System begünstigte die Sklaverei und brachte der Handarbeit ein soziales Stigma ein. Eine aristokratische Gesellschaft war fast unvermeidlich, weil die geistige Fähigkeit, durch Sklavenarbeit einen guten Lebensunterhalt zu verdienen, begrenzter ist als die körperliche Fähigkeit, die im Norden so wichtig war" Huntington, 1945: 280)

9 Klima wirkt: Die Anatomie einer aufgegebenen Forschungslinie

Soziale Systeme („In den Vereinigten Staaten sehen wir ein soziales System, das eng mit den anregenden jahreszeitlichen Veränderungen und Stürmen übereinstimmt, die die Kultur kennzeichnen. Wir sehen auch, dass die kombinierte Wirkung des Klimas und des sozialen Systems so stark ist, dass die Kinder hier besonders aktiv sind und die Produktion und andere Formen des Geschäfts mit einem Elan voranschreiten, der anderswo selten vorkommt" Huntington, 1945: 341)

Dummheit („das Klima vieler Länder scheint einer der Hauptgründe zu sein, warum Müßiggang, Unehrlichkeit, Unmoral, Dummheit und Willensschwäche immer noch vorherrschen" Huntington, [1915] 1924: 411)

Selbstmord („1922 führten vier kalifornische Städte die Liste der Selbstmorde an...Möglicherweise hängen diese Tatsachen mit der ständigen Stimulierung durch die günstige Temperatur und dem Mangel an Entspannung durch die Schwankungen von Jahreszeit zu Jahreszeit und von Tag zu Tag zusammen, obwohl auch andere Faktoren eine Rolle spielen müssen. Die Menschen in Kalifornien können vielleicht mit Pferden verglichen werden, die bis an die Grenze getrieben werden, so dass einige von ihnen übermäßig müde werden und zusammenbrechen" Huntington, [1915] 1924: 225; Huntington, 1945: 365)

Aberglaube: (z. B. Huntington, 1924b: 297)

Temperament („Die nördlichen Völker Europas sind energisch, vorausschauend, ernsthaft, eher nachdenklich als emotional, eher vorsichtig als impulsiv. Die Südländer des subtropischen Mittelmeerraums sind leichtlebig, unvorsichtig, es sei denn, es besteht dringender Handlungsbedarf, sie sind fröhlich, gefühlsbetont und phantasievoll – alles Eigenschaften, die bei den Negern des Äquatorialgürtels zu schwerwiegenden Rassenfehlern degenerieren" Semple, 1911: 620)

Tempo des sozialen Wandels („Die Verdichtung der klimatischen Unterschiede auf ein kleines Gebiet belebt und akzentuiert den Prozess der historischen Entwicklung" Semple, 1911: 618)

Denken (siehe geistige Aktivität)

Sparsamkeit („Die Notwendigkeit, Unterkunft, Kleidung und Brennmaterial zu beschaffen, um Kälte und Feuchtigkeit im Winter zu bekämpfen, fördert ein soziales System, das Voraussicht und Sparsamkeit einen hohen Stellenwert einräumt" Huntington, 1945: 277)

Unruhen und Gewalt (siehe Unruhen)

Löhne („Die niedrigen Lebenshaltungskosten halten [die] Löhne niedrig, so dass der Arbeiter ... [in den südlichen Ländern und Regionen] schlecht bezahlt wird ... Der Arbeiter des Nordens wird aufgrund seiner Vorsehung und größerer Gewinne, die kleine Wirtschaften ermöglichen, ständig in die Klasse der Kapitalisten rekrutiert" Semple, 1911: 620–621).
Arbeitsverhalten („Ein heißes Klima, vor allem wenn es feucht ist, macht die Menschen unlustig, zu arbeiten. Dies ermutigt die klügeren Menschen, ihren Lebensunterhalt mit so wenig körperlicher Anstrengung wie möglich zu bestreiten. Ihr Beispiel fördert das Wachstum eines sozialen Systems, in dem harte Arbeit als plebejisch angesehen wird" Huntington, 1945: 276; „der größte soziale Einfluss [des Klimas] ist wahrscheinlich seine Wirkung auf die Arbeitsneigung" Huntington, 1945: 282).

Literatur

Arnold, David (1996) *The Problem of Nature*. Environment, Culture and European Expansion. Oxford: Blackwell.
Barnes, Harry Elmer (1921) "The relation of geography to the writing and interpretation of history." *The Journal of Geography* 20:321-337.
Bates, Marston (1952) *Where Winter Never Comes*. A Study of Man and Nature in the Tropics. New York: Charles Scribner's Sons.
Beck, R.A, (1993) "Climate, liberalism and intolerance". *Weather* 48, 63-64.
Bernard, Thomas ([1983] 1988) *Der Untergeher*. Frankfurt am Main: Suhrkamp.
Braudel, Fernand ([1979] 1992) *The Structures of Everyday Life*. The Limits of the Possible. Volume 1 of *Civilization and Capitalism 15th-18th Century*. Berkeley: University of California Press.
Bray, Dennis and Hans von Storch, (1999), „Climate science. An empirical example of postnormal science," *Bulletin of the American Meteorological Society* 80, 439–456.
Brückner, Eduard (1923) "Julius Hann." S. 151–160 in Akademie der Wissenschaften in Wien, *Almanach für das Jahr 1922*. Wien: Hölder-Pichler-Tempsky.

Elias, Norbert (1987) „The retreat of sociologists into the present." S. 150-172 in Volker Meja, Dieter Misgeld and Nico Stehr (Hrsg.), *Modern German Sociology*. New York: Columbia University Press.

Fischer, David Hackett (1996) *The Great Wave*. Price Revolutions and the Rhythm of History. New York: Oxford University Press.

Fleming, James (1999) *Historical Perspectives on Climate Change*. New York: Oxford University Press.

Frenkel, Stephen (1992) „Geography, empire, and environmental determinism." *The Geographical Review* 82:143-153.

Gould, Stephen J. (1980) *The Panda's Thumb*: More Reflections on Natural History. New York; W.W. Norton.

Gouldner, Alvin W. (1980), "Is amnesia in sociology discontinuity, and the problem of permeable boundaries in culture," Paper presented at an international conference on "The political realization of social science knowledge", Institute for Advanced Studies, Vienna, June 18–20.

Gorz, André ([1991] 1994) *Capitalism, Socialism, Ecology*. London: Verso.

Gilfillan, S. Colum ([1935] 1970) *The sociology of invention*: An essay in the social causes, ways and effects of technic invention, especially as demonstrated historically in the author's *Inventing the Ship*. Cambridge: MIT Press.

Grint, Keith and Steve Woolgar (1997) *The Machine at Work*. Technology, Work and Organisation. Oxford: Polity Press.

Grundmann, Reiner and Nico Stehr (1997) „Klima und Gesellschaft, Soziologische Klassiker und Aussenseiter. Über Weber, Durkheim, Simmel und Sombart." *Soziale Welt*.

Hann, Julius (1883) *Handbuch der Klimatologie*. Stuttgart: J. Engelhorn.

Hann, Julius (1903) *Handbook of Climatology*. Part I: General Climatology. New York: Macmillan.

Hellpach, Willy H., (1938) „*Kultur und Klima,*" S. 417–438 in Heinz Wolterek (ed.), Klima- Welter-Mensch. Leipzig: Quelle & Meyer.

Herder, Johann Gottfried (1794) *Ideen zur Philosophie der Menschheit*. Zweiter Theil. Carlsruhe: Christian Gottlieb Schmieder.

Hoheisel, Karl (1993) „Gottesbild and Klimazonen." S. 127-140 in Ruprecht-Karls-Universität Heidelberg (Hrsg.), *Studium Generale 1992*. Heidelberg: Heidelberger Verlagsanstalt.

House, Floyd N. (1929) *The Range of Social Theory*. A Survey of the Development, Literature, Tendencies and Fundamental Problems of the Social Sciences. New York: Henry Holt.

Huntington, Ellsworth (1945) *Mainsprings of Civilization*. New York: John Wiley and Sons.

Huntington, Ellsworth (1935) *Tomorrow's Children: The Goal of Eugenics*. New York: John Wiley; London: Chapman & Hall.

Huntington, Ellsworth (1927a) *The Human Habitat*. New York: Van Nostrand.

Huntington, Ellsworth (1927b) „Sociological relationships of climate and health." S. 257-284 in Jerome Davis and Harry E. Barnes (Hrsg.), *Readings in Sociology*. New York: D.C. Heath.

Huntington, Ellsworth (1924b) *The character of races as influenced by physical environment, natural selection and historical development*. New York, London: C. Scribner's Sons, 1924.

Huntington, Ellsworth (1920) *Asia: A Geography Reader*. New York: Mc Nally.

Huntington, Ellsworth (1916) „Climatic variations and economic cycles." *The Geographical Review* 1:192-202.

Huntington, Ellsworth ([1915] 1924) *Civilization and Climate*. Third Edition, Revised and Rewritten with Many New Chapters. New Haven: Yale University Press.

Huntington, Ellsworth (1914b) „The geographer and history." *The Geographical Journal* XLIII: 19–32.

Huntington, Ellsworth (1913) „Changes of climate and history" *American Historical Review* 18: 213-232.

Huntington, Ellsworth (1911) *Palestine and its Transformations*. New York: Houghton, Mifflin & Co.

Huntington, Ellsworth (1907) *The Pulse of Asia*. Boston: Houghton & Mifflin.

Huntington, Ellsworth and Sumner W. Cushing (1921) *Principles of Human Geography*. New York: John Wiley & Sons.

Latour, Bruno (1993) *We Have Never Been Modern*. Cambridge: Harvard University Press.

Leroy-Beaulieu, Anatole (1893) *Empire of the Tsars and the Russians*. Volume 1. New York: Putnam.

Le Roy Ladurie, Emmanuel ([1967] 1988) *Times of Feast, Times of Famine*: A History of Climate Since the Year 1000. New York: Farrar, Strauss and Giroux.

Livingstone, David N. (1991) "The moral discourse of climate: historical considerations on race, place and virtue." *Journal of Historical Geography* 17: 413-434.

Martin, Geoffrey J. (1973) *Ellsworth Huntington. His Life and Thought*. Hamden, Connecticut: The Shoe String Press.

Marx, Karl (1974) *Die Frühschriften. Karl Marx and Friedrich Engels.* Gesammelkte Werke, Band 1. Berlin: Dietz.
Merton, Robert K. and M.F. Ashley-Montagu (1940) "Crime and the anthropologist." *American Anthropologist* 42: 384-408.
Mills, C. Wright (1959) *The Sociological Imagination.* New York: Oxford University Press.
Mills, C. Wright (1950) *The New Men of Power: America's Labor Leaders.* New York: Harcourt, Brace.
Moore, Henry L. (1914) *Economic Cycles.* Their Law and Cause. New York: Macmillan.
Ogburn, William F. (1943) "Review of Clarence A. Mills, *Climate Makes Man."* *American Journal of Sociology* 48: 784-787.
Olmstead, Albert T. (1912) „Climate and history." *Journal of Geography* 163–168.
Semple, Ellen Churchill (1931) *The Geography of the Mediterranean Region.* Its Relation to Ancient History. New York: Henry Holt and Company.
Semple, Ellen Churchill (1911) *Influences of Geographic Environment,* on the basis of Ratzel's system of anthropo-geography. New York: Holt, Rinehart and Winston.
Sombart, Werner (1931) "Die Entfaltung des modernen Kapitalismus." S. 85–104 in Bernard Harms (Hrsg.), *Kapital und Kapitalismus.* Vorlesungen gehalten in der Deutschen Vereinigung für Staatswissenschaftliche Fortbildung. Berlin: Reimar Hobbing.
Spate, Oskar Hermann Khristian (1952) „Toynbee and Huntington: A study in determinism." *The Geographical Journal* 118:406-428.
Spencer, Herbert (1887) *The Study of Sociology.* London: Kegan Paul, Trench & Co.
Starr, Kevin (1985) *Inventing the Dream.* California through the Progressive Era. New York: Oxford University Press.
Stehr, Nico (1997) "Trust and climate." *Climate Research* 8: 163-169.
Stehr, Nico (1994) *Knowledge Societies.* London: Sage
Stehr, Nico and Hans von Storch (1997) "Rückkehr des Klimadeterminismus?" *Merkur* 51:560-562.
Toynbee, Arnold J. (1973) „Foreword." S. ix-x in Geoffrey J. Martin, *Ellsworth Huntington.* His Life and Thought. Hamden, Connecticut: The Shoe String Press.
Van den Daele, Wolfgang (1992) "Concepts of nature in modern societies and nature as a theme in sociology." S. 526–560 in Meinolf Dierkes and Bernd

Biervert (Hrsg.), *European Social Science in Transition*. Assessment and Outlook. Frankfurt am Main: Campus.

Virchow, Rudolf ([1885] 1922) „Über Akklimatisation." S. 214–239 in Karl Sudhoff, *Rudolf Virchow und die deutschen Naturforscherversammlungen*. Leipzig: Akademische Verlagsanstalt.

Wallerstein, Immanuel et al. (1996) *Open the Social Sciences*. Report of the Gulbenkian Commission on the Restructuring of the Social Sciences. Stanford, California: Stanford University Press.

Weber, Max ([1909] 1922) „‚Energetische' Kulturtheorien." S. 376–402 in Max Weber, *Gesammelte Aufsätze zur Wissenschaftslehre*. Tübingen: J.B.C. Mohr (Paul Siebeck).

Weinstein, Jay and Nico Stehr (1997) "The power of knowledge: Race science, race policy, and the holocaust." *Social Epistemology* 13:3-36.

10

Über die Macht des Klimas. Ist der Klimadeterminismus nur eine Ideengeschichte oder ein relevanter Faktor für die aktuelle Klimapolitik?

Zusammenfassung Bis in die 1980er Jahre stand die Klimadynamik im Mittelpunkt der Klimaforschung, aber seit den 1990ern geht es um die drohende „Klimakatastrophe" und den Klimaschutz. Die Autoren argumentieren, daß diese Art von Forschung nicht mehr nur Naturwissenschaftler, sondern ebenso Sozial- und Kulturwissenschaft/ erfordert. Unsere Vorstellungen über die Gefahren, die mit einem

---

Stehr, N., und H. von Storch: „Von der Macht des Klimas. Ist der Klimadeterminismus nur noch Ideengeschichte oder relevanter Faktor gegenwärtiger Klimapolitik?" *Gaia* 9: 187–195, 2000.
Danksagung: Wir danken Robert Antonio, Kevin Haggerty, Gerd Schroeter, Volker Meja und Jay Weinstein für ihre konstruktive Kritik der ersten Fassung dieser Studie. Außerdem danken wir Sönke Rau für die Rohübersetzung der ursprünglichen englischen Fassung des Textes ins Deutsche und Barbara Stehr für ihre editoriale Überarbeitung. Wir widmen diesen Aufsatz unserem im Frühjahr 1999 plötzlich verstorbenen Kollegen Gerd Schroeter von der Lakehead University in Thunder Bay, Ontario, Kanada. **Wir** verlieren mit ihm einen Wissenschaftler, der über viele Jahre eine einmalige kollegiale Bereitwilligkeit an den Tag legte, entstehende Texte anderer mit großer Sorgfalt zu lesen. Unübertroffen war dabei seine Fähigkeit, Manuskripte mit konstruktiver Gründlichkeit kritisch durchzuarbeiten und sie auf diese Weise erst zum Leben zu bringen. Auch dieser Aufsatz hat, wie andere in der Vergangenheit, von dieser Großzügigkeit Gerd Schroeters profitiert. Wir sind ihm dankbar.

© Der/die Autor(en), exklusiv lizenziert an Springer Fachmedien Wiesbaden GmbH, ein Teil von Springer Nature 2023
N. Stehr und H. von Storch, *Die Wissenschaft in der Gesellschaft*,
https://doi.org/10.1007/978-3-658-41882-3_10

Klimawandel einhergehen, sind nur partiell Ausdruck naturwissenschaftlichen Wissens, sondern haben in erheblichem Maße ihren Ursprung in vorwissenschaftlichen und veralteten Wissensformen. Hier spielt der Klimadeterminismus eine besondere Rolle, der, obschon längst in den Sozialwissenschaften diskreditiert, dennoch eine wichtige, unterschwellige Rolle in der heutigen Klimadebatte spielt.

10.1 Einleitung

Wer Emile Durkheims *Der Selbstmord* (zuerst 1897) gelesen hat, kennt seine klassische, zum Paradigma der modernen Soziologie geronnene methodische Beweisführung, daß scheinbar völlig idiosynkratische, individuelle Handlungen soziale Phänomene sind beziehungsweise daß sich ihre Verteilung nicht auf physische oder sogar kosmische Ursachen zurückführen läßt.

Viele Wissenschaftlerkollegen seiner Zeit waren dagegen überzeugt, daß es einen kausalen Zusammenhang zwischen dem Klima oder dem Wetter und der Zahl der Selbstmorde gebe. Durkheims Urteil ist streng: „Die Fakten müssen schon sehr eigentümlich verknüpft sein, um eine solche These zuzulassen [...] Man muß die Ursache für die verschieden starke Neigung der Völker zum Selbstmord im Wesen ihrer Zivilisation und deren Verbreitung in den verschiedenen Ländern suchen und nicht in irgendwelchen geheimnisvollen Eigenschaften des Klimas.[1] Dort wo der Umweltdeterminismus aufhört, fangen die Sozialwissenschaften an".

Durkheims Arbeiten hatten eine spektakuläre Wirkung in der Ideengeschichte der Sozialwissenschaften. Die Trennung zwischen Sozial- und Naturwissenschaften wird in ihnen zementiert und zelebriert. Andererseits fanden Durkheims Bemühungen, die Fehlschlüsse des Umweltdeterminismus radikal zu überwinden, in anderen sozialwissenschaftlichen Disziplinen damals eine bemerkenswert geringe intellektuelle Resonanz. Die eigentliche wissenschaftliche Blüte des

---

[1] E. Durkheim: *Der Selbstmord*, Suhrkamp, Frankfurt am Main ([1897] 1983), insbesondere S. 101–102.

Klimadeterminismus und der in mancher Hinsicht verwandten, aber auch konkurrierenden Rassenwissenschaft kam erst zu Beginn des zwanzigsten Jahrhunderts.[2]

In der Zeit nach dem Zweiten Weltkrieg erschien die Idee des einst dominanten Klimadeterminismus oder Geodeterminismus als eine einfältige, schablonenhafte Sicht der Welt. Unter seriösen Wissenschaftlern war der intellektuelle Anreiz für eine Weiterentwicklung dieser Paradigmen gering, das gleiche gilt für Entscheidungsträger in Wirtschaft und Politik.

In den letzten Jahren erfahren diese Forschungsfelder aber eine Art Renaissance, und zwar zumeist als Wiederentdeckung einer alten Denkweise: Ideengeschichtlich gesehen ist ein großer Teil der heutigen Klimafolgenforschung unverfälschter Klimadeterminismus.[3] Diese politisch relevante Forschungsrichtung bediente sich in den letzten Jahren allzu oft des „dummer Bauer"-Ansatzes, wonach veränderte Klimabedingungen auf eine unveränderliche soziale und wirtschaftliche Realität treffen und daher in ihren Folgen berechenbar werden. Auch der Geodeterminismus hat heute noch Anhänger. So plädiert der amerikanische Wirtschaftshistoriker David Landes[4] dafür, daß es an der Zeit sei, klimatische und geographische Faktoren im Kontext von komparativen Untersuchungen des Wohlstands und der Armut von Nationen als realitätskonforme Dimension zu rehabilitieren. Er bedauert, daß Huntingtons Klimadeterminismus diesen Denkansatz lange diskreditierte, und fügt hin zu, „geography also bothers many people because it is obviously and intrinsically unequal. There are places with better cli mates and worse climates from the point of view of comfort and health, and a Jot of social scientists are reluctant to accept this. lt really bothers them to see evidence of nature's ‚unfairness'."[5]

---

[2] J. Weinstein, N. Stehr: „The power of knowledge: race science, race policy, and the Holocaust", *Social Epistemology* 13 (1999): 3–36.
[3] N. Stehr, H. von Storch: „Rückkehr des Klimadeterminismus?" *Merkur* 51 (1997): 560–562.
[4] D. Landes: *The Wealth and Poverty of Nations. Why Some are So Rich and Some are So Poor*, W.W. Norton, New York (1998).
[5] D. Landes: „Kultur zählt: Interview mit David S. Landes", *Challenges* 41 (1998) 14–30, insbesondere S. 14–16.

Es gibt demnach eine Reihe von Gründen, sich erneut mit dem Paradigma des klassischen wissenschaftlichen Klimadeterminismus zu beschäftigen. Zum einen geht es darum, eine Wiederholung der Exzesse, Fehlinterpretationen und mißverständlichen Generalisierungen in einem modernen Klima- und Georeduktionismus zu verhindern, gerade auch, weil unter Naturwissenschaftlern der Klimadeterminismus latent fortlebt, aber als Konzept fast gänzlich vergessen worden ist, und weil er von Sozial- und Kulturwissenschaftlern leicht als eine ideengeschichtlich überwundene Episode abgetan wird. Zum anderen sind die Fallstricke dieses Paradigmas in Anbetracht der besonders durch drängende Umweltprobleme legitimierten Forderungen nach einer grundlegenden Revision und Überwindung der tiefen kulturellen Teilung von Natur-, Sozial- und Kulturwissenschaften zu analysieren.[6] Schließlich, und dies mag der wichtigste Aspekt sein, spielt der Klimadeterminismus eine aktive Rolle bei der Herausbildung von öffentlichen, politisch wirksamen Konzepten über Klima und Klimaänderungen.

Naturwissenschaftliches Wissen über mögliche oder gar wahrscheinliche Klimaänderungen wird, teils über den Umweg der Klimafolgenforschung, teils durch eine Vereinnahmung durch die Medien, unter Zuhilfenahme von gängigen Alltagsvorstellungen in politisch wirksames Wissen transformiert.

In unserem Aufsatz versuchen wir, die Kernaussagen des wissenschaftlichen Klimadeterminismus insbesondere in der ersten Hälfte des 20. Jahrhunderts zu erfassen. Wir analysieren die Erkenntnisinteressen, wissenschaftstheoretischen Prämissen und methodischen Vorgehensweisen des Klimadeterminismus. Wir verweisen auf den historischen Kontext, in dem diese Tradition nicht nur eine erhebliche wissenschaftliche Resonanz, sondern auch gesellschaftliche Anerkennung fand und für die Anhänger des Klimadeterminismus ganz bewusst praktisch verwertbares Wissen liefern wollte.

---

[6] L. Wallerstein: *Open the Social Sciences*. Report of the Gulbenkian Commission on the Restructuring of the Social Sciences, Stanford University Press, Stanford, California (1996), insbesondere S. 76.

Wir konzentrieren uns auf die Vorstellungen und Theorien zweier Repräsentanten des modernen „Umweltdeterminismus". Beide Wissenschaftler sind bekannte Geographen der ersten Hälfte des 20. Jahrhunderts: der Amerikaner Ellsworth Huntington und der Deutsche Eduard Brückner. Beide Geographen übten einen großen intellektuellen Einfluss aus; insbesondere Huntington hatte eine bedeutende Wirkung auf die öffentliche Meinung und die politische Klasse Nordamerikas.

In Abschn. 10.2 diskutieren wir die ideengeschichtlichen Hintergründe des Klimadeterminismus. In Abschn. 10.3 gehen wir detaillierter auf die Arbeiten von Huntington ein. Unsere Darstellung der Vorstellungen Brückners in Abschn. 10.4 sind kürzer gehalten, da wir über Brückner schon anderweitig ausführlich publiziert haben.[7] In Abschn. 10.5 befassen wir uns mit der gegenwärtig praktizierten Trennung von Sozial- und Naturwissenschaften. Die fortdauernde Existenz der sogenannten beiden Wissenschaftskulturen kann teilweise als Reaktion auf die Exzesse des Klimadeterminismus verstanden werden. Heute behindert sie eine umfassende, problemorientierte Untersuchung des Verhältnisses von Gesellschaft und Natur. In einem Ausblick (6) betonen wir die Bedeutung interdisziplinären Arbeitens, bei dem aber nicht, wie bisher häufig der Fall, die Sozialwissenschaften zu Handlangern der Naturwissenschaft degradiert werden dürfen.

10.2 Die Entwicklung einer Denkrichtung

Über Jahrhunderte hatten Wissenschaftler, Intellektuelle, Humanisten, Philosophen, Mediziner und sicher auch große Teile der Bevölkerung kaum Zweifel an der außerordentlichen gesellschaftlichen und psychologischen Wirksamkeit des Klimas.[8] Die Auswirkungen des Klimas

---

[7] N. Stehr, H. von Storch, M. Flügel: „Die Diskussion um Klimavariabilität und Klimawandel im 19. Jahrhundert: Analogien für die heutige Debatte?" *World Resources Review* 7 (1996) 589–604. N. Stehr, H. von Storch (Hrsg.): *Eduard Brückner- The Sources and Consequences of Climate Change and Climate Variability in Historical Times.* Kluwer, Dordrecht (2000).
[8] C. Glacken: *Traces on the Rhodian Share,* University of California Press, Berkeley (1967).

auf die physischen und psychischen Eigenschaften und Weltbilder des Menschen, sowohl in der eigenen Gesellschaft als auch unter den Bewohnern benachbarter und entfernterer Regionen wurde wohl erstmals von Hippokrates von Kos (ca. 460–377 v. Chr.) in seinem Werk „Luft, Wasser und Ort" ausführlicher erörtert. Wenig später machte Aristoteles (384–322 v. Chr.) das Klima als Ursache für die Überlegenheit der Griechen über die Bar baren aus und bestätigte somit den typischerweise geäußerten Verdacht, das eigene Klima sei dem fremder Landstriche überlegen.[9]

Denker wie Montaigne (1533–1592), Montesquieu (1689–1755), Herder (1744–1803) und Falconer (1744–1824) führten die alten Theorien zu neuen Höhepunkten, sodaß der Klimadeterminismus Ende des 19. Jahrhunderts zu Lehrbuch-1121 und Lexikonwissen1131 gehörte. Die Unterschiede zwischen Völkern wurden wie selbstverständlich auf Klimafaktoren reduziert.

Die Entwicklung des Klimadeterminismus als einflußreiche wissenschaftliche Denkrichtung in den Sozial- und Naturwissenschaften erreichte ihren bisherigen Höhepunkt in den ersten beiden Jahrzehnten des 20. Jahrhunderts. In Untersuchungen des Einflusses der natürlichen Umwelt auf den Ablauf der menschlichen Geschichte entwickelten Naturwissenschaftler, Anthropologen, Soziologen, Physiologen und Geographen einen zu nehmend quantitativ-empirischen und da her als „objektiv" geltenden Ansatz des sozialen und psychologischen Stellenwerts des Klimas.

Einige der einprägsamsten und mit großer Überzeugung vorgebrachten Stellungnahmen zu den umfassenden, schicksalhaften Klimafolgen wurden denn auch in dieser Zeit veröffentlicht, obwohl sie letztendlich nur jahrhundertealte Behauptungen und Vorurteile wiederholten. So beginnt die bekannte Geographin Ellen Semple ihre häufig zitierte Studie[10] über den kontrollierenden Einfluß

---

[9] H. Bames: „Das Verhältnis der Geographie zur Geschichtsschreibung und –deutung", *The Journal of Geography* 20 (1921) 321–337.

[10] E. Semple: *influences of Geographic Environment,* on the Basis of Ratze's System of Anthropogeography, Holt, Rinehart and Winston, New York (1911), insbesondere S. 1–2.

der natürlichen Umwelt auf das Verhalten des Menschen mit der folgenden programmatischen Generalisierung: „Man is a product of the earth's surface [...] the earth has mothered him, fed him, set him tasks, directed his thoughts, confronted him with difficulties that have strengthened his body and sharpened his wits, given him his problems of navigation and irrigation, and at the same time whispered hints for their solution [...] Man can no more be scientifically studied apart from the ground he tills, or the land over which he travels, or the seas over which he trades, than polar bear or desert cactus can be understood apartfrom its habitat."

Ein weiteres Beispiel findet sich in dem einflußreichen Werk des Sozialpsychologen Willy Hellpach:[11] „Je im Nordteil eines Erdraums überwiegen die Wesenszüge der Nüchternheit, Herbheit, Kühle, Gelassenheit, der Anstrengungswilligkeit, Geduld, 7.ähigkeit, Strenge, des konsequenten Verstandes- und Willenseinsatzes – je im Südteil die Wesenszüge der Lebhaftigkeit, Erregbarkeit, Triebhaftigkeit, der Gefühls- und Phantasiesphäre, des behäbigeren Gehenlassens oder augenblicklichen Auflammens. Innerhalb einer Nation sind ihre nördlichen Bevölkerungen praktischer, verläßlicher, aber unzugänglicher, ihre südlicheren musischer, zugänglicher (gemütlicher, liebenswürdiger, gesprächiger), aber unbeständiger." Solche Vorstellungen leben auch heute noch weiter.[12]

Trotz ihrer zunehmend quantitativen Orientierung favorisierten die Klimadeterministen eine Art Wesenserkenntnis des Klimas. Man vertraut und beruft sich auf theoretische Prämissen, in denen dem Klima vorrangig bestimmte situationsunabhängige oder überpersönliche Eigenschaften (oder Wesensmerkmale) zugeschrieben werden. Diese Wesens merkmale werden dafür verantwortlich gemacht, daß das Klima in fast jedem historischen und gesellschaftlichen Kontext

---

[11] W. Hellpach: „Kultur und Klima", in: H. Wolterek (Hrsg.): *Klima – Wetter – Mensch*, Quelle & Meyer, Leipzig (1938):417–438, insbesondere S. 429–430.

[12] J. Pennebaker, B. Rime, V. Blankenship: „Stereotypes of emotional expressiveness of northerners and southerners: A cross-cultural test of Montesquieu's hypothesis," *Journal of Personality Social Psychology* 70 (1996):372–380.

eine umfassende Machtstellung über situationsspezifische, historische Prozesse einnimmt. Im Rahmen eines solchen Vertändnisses vom natürlichen Klima ist die „Logik" der jeweiligen gesellschaftlichen Situation für die Erklärung ihrer Besonderheiten und auch ihrer Entwicklungslinien allenfalls von marginaler Bedeutung. Der Klimadeterminismus verliert, wie auch andere Wesensperspektiven (Rasse, Technik, Männlichkeit), nach dem Zweiten Weltkrieg seine Vorrangstellung. Die Sozialwissenschaften, sofern der Klimadeterminismus hier überhaupt noch eine Bedeutung hatte, aber auch die Religionswissenschaften[13] und die Geographie[14] emanzipierten sich zunehmend von Wesensperspektiven. Dennoch gibt es immer wieder vorsichtige Ansätze in der wissenschaftlichen Literatur,[15] die deutlich machen, daß das Konzept zwar verdrängt aber nicht zerstört worden ist und daß man an einer Rehabilitierung des Klimadeterminismus interessiert ist.

> **Thomas Bernhard (1988)[16]**
> Die Salzburger waren immer fürchterlich wie ihr Klima und komme ich heute in diese Stadt, bestätige ich nicht nur mein Urteil, es ist alles noch viel fürchterlicher. [...] Das Voralpenklima macht gemütskranke Menschen, die schon sehr früh dem Stumpfsinn anheimfallen und die mit der Zeit bösartig werden ...
> Dieses Klima und diese Mauern töten die Sensibilität [...].

Ellsworth Huntington, (Stehr und von Storch, 2000)

---

[13] K. Hoheisel: „Religionsgeographie und Religionsgeschichte", in: H. Zimmer (Hrsg.): *Religionswissenschaft*. Eine Einführung, Dietrich Reimer Verlag, Berlin (1988):114–130.
[14] C. Troll: „Die geographische Wissenschaft in Deutschland in den Jahren 1933 bis 1945. Eine Kritik und Rechtfertigung", *Erdkunde* 1 (1947): 3–48.
[15] P.B. Sears: „Klima und Zivilisationen", in: H. Shapley (Hrsg.): *Climatic Change*. Evidence, Causes and Effects, Harvard University Press, Cambridge (Mass) (1953):35–50.
[16] Thomas Bernhard, *Der Untergeher*. Suhrkamp, Frankfurt am Main (1997).

Ellsworth Huntington, (Stehr und von Storch, 2000)

10.3 Ellsworth Huntington

Ellsworth Huntington (1876–1947) wurde am 16. September 1876 als Sohn ei nes Gemeindepfarrers in Galesburg, Illinois geboren. Er besuchte die High School in Maine und Massachusetts. Bereits als junger Mann, je doch auch in seinem späteren Leben, bereiste er ausgiebig den Nahen Osten, Asien, Europa, Afrika und Nord- und Südamerika. Huntington wurde Student am *Beloit College* in Wisconsin; er promovierte an der *Harvard University* im Fach Geomorphologie oder „Physiographie". 1907 wurde er Geographiedozent in *Yale*. Dort wurde ihm 1909 der Doktor der Philosophie verliehen und 1910 wurde er zum Assistenzprofessor ernannt. 1915 verließ Huntington *Yale*, um

1919 zurückzukehren. Er lehrte jedoch nicht Geographie, sondern verbrachte 28 Jahre als Research Associate.[17]

Huntington war der bekannteste amerikanische Geograph der ersten Hälfte des 20. Jahrhunderts. In *Social Education* (Vol. XXI No. 1 January 1957) heißt es zum Beispiel: „Huntington was the American Geographer who was most widely known among educated people throughout the world He studied with especial intensity weather and climate, their influences and changes, and greatly increased public interest. By many, Huntington was rated in his later years as the world's greatest geographer. He certainly aroused more interest in geography on the part of more people than any other geographer."

In seinen Untersuchungen der Interaktion von Klima und Gesellschaft gab sich Huntington mit rein beschreibenden Dokumentationen oder erklärenden Ansätzen keineswegs zufrieden. Er war stets bemüht, praktische Empfehlungen zu geben, und plädierte in der Öffentlichkeit dafür, seine Schlußfolgerungen auch in die Tat umzusetzen. So empfahl er zum Beispiel kurz nach dem Zweiten Welt krieg, den Sitz der Vereinten Nationen in Newport, Rhode Island, zu errichten, weil dort das für den Menschen bestverträgliche Klima herrsche.

Neben geographischen Lehrbüchern und seinen Schriften über Eugenik konzentrierte sich Huntington auf die Ursachen der Entwicklung beziehungsweise der Rückständigkeit menschlicher Zivilisationen. Dieses Erkenntnisziel nahm in den Jahren 1914/15 erste Formen an und fand Ausdruck in einer Vielzahl von wissenschaftlichen Veröffentlichungen, deren Grundidee sich während der nächsten drei Jahrzehnte nur wenig veränderte.

Huntingtons Hauptthese[18] über die Wirkungsweisen des Klimas lautet: „Climatic conditions constitute a distinct optimum (and conversely a downside) and with it varies the advance of civi lization and the quality of people". Demnach können die Entwicklung der

---

[17] G. Martin: *Ellsworth Huntington*. His Life and Thought, The Shoe String Press, Hamden, Connecticut (1973).

[18] E. Huntington: *Mainprings of Civilization,* John Wiley & Sons, New York (1945), insbesondere S. 313; a) S. 275; b) S. 344; c) S. 343.

Zivilisationen wie auch die Charakteristiken der Menschen nicht getrennt und unabhängig von klimatischen Bedingungen verstanden werden. Eine von den klimatischen Bedingungen begünstigte zivilisatorische Entwicklung wird deutlich in „[our] increasing ability to dominate theforces ofnature [...] Is it mere coincidence [he asks] that the English can fly in the air, sail beneath the ocean, manufacture machines by the million, and talk by radio, while not a man among the Kamchadales ever thinks of doing these things?" Der Fortschritt erscheint so als ein Geschenk der Natur.

Heute mag man Huntingtons Vorstellung „climate paints the fundamental colors on the human canvas" als amüsant ansehen, andere mögen sie für übertrieben, irrelevant oder absurd halten und sie allenfalls am äußersten Rand des sozialwissenschaftlichen Diskurses über die Wirkung von Umweltfaktoren auf die Lebensverhältnisse des Menschen einordnen. Seinerzeit waren Huntingtons Erklärungen aber keineswegs atypisch und ließen sich leicht in allgemein verbreitete gesellschaftliche Vorstellungen über Klima, Gesundheit und ethnische oder rassische Identitäten einfügen.

Huntingtons Beweisführung besteht in der Tat im wesentlichen darin, daß er an diese weitverbreiteten traditionellen Annahmen und an alltägliche Vorurteile appelliert: „The variations in people's strength from month to month are so important and teach us so much about the distribution of health and energy through out the world that we will study them closely ... let us consider how physical strength varies during the course of the year in the great section extending from southern New England and New York westward to the Rocky Mountains. October is usually the best month. At that time people feel like working hard; they get up in the morning Jul! of energy, and go at their work quickly and without hesitation; they walk briskly to business or work; and play with equal vigor. Headaches, colds, indigestion and other minor illnesses are fewer than at other seasons; there are also fewer serious illnesses, so that doctors have less than usual to do, and the number of deaths is less than at any other time of the year." 1261 Es handelt sich, vielleicht mit Ausnahme der letzten Behauptung, um Beobachtungen, die offenbar alltägliche Erfahrungen in Erinnerung rufen und als leicht verständlich und nachvollziehbar gelten. Dasselbe gilt für die Schlußfolgerung, daß es einen „well known contrast between the energetic people of the temperate zone and the lazy inhabitants of the tropics" gibt.

Es wird als selbstverständlich und erwiesen angenommen, daß „everyone is influenced by temperature, humidity, wind, sunshine, barometric pressure, and perhaps other factors such as atmospheric electricity and the amount of ozone in the air. On days when all these factors are favorable, people feel strong and hopeful; their bodies are capable of unusual exertion, and their minds are alert and accurate. If all the factors are unfavorable; people feel inefficient and dull; their physical weaknesses are exaggerated; it is hard to concentrate the mind; the day's work drags slowly; and people go to bed at night with a tired feeling of not having accomplished much. Hence in a variable cli mate like that of the United States people's physical and mental energy keep changing from day to day and season to season. Sometimes one feels almost as inert as if he lived within the tropics, but soon a change comes and once again feels the health and energy which makes it possible to work hard and think clearly."

Es mag sehr wohl sein, daß sich die Menschen im Ablauf des Jahres verschieden fühlen; ob dies allerdings mit der Temperatur in Verbindung steht oder der Tageslänge oder insbesondere gesellschaftlich geprägten Besonderheiten wie zum Beispiel Examenszeiten, Erntezeit, Familienfestlichkeiten, sei dahingestellt. Es mag auch sein, daß Sonnenschein nach dem Durchgang einer Kaltfront inspirierend wirkt.

Seine volle Überzeugungskraft entwickelt der Klimadeterminismus Huntingtonscher Prägung aber erst durch seine ausgeprägte Verallgemeinerung. Nachdem Huntington zum Beispiel empirisch fest gestellt hat, daß in den Neuenglandstaaten der USA in Fabriken die höchste Produktivität beobachtet wird, wenn Außentemperaturen um 18 °C herrschen, schließt er, daß 18 °C ein Optimum sei unabhängig vom Ort, von der gesellschaftlichen und kulturellen Ordnung.[19] Sofern die Klimaverhältnisse im Jahresverlauf in einem nicht zu breiten

---

[19] E. Huntington, W. Sumner: *Principles of Human Geography*, John Wiley & Sons, New York (1921), insbesondere S. 249.

Band um dieses Optimum herum schwanken und die Wetterverhältnisse nicht zu monoton sind, wird von optimaler klimatischer Energie gesprochen. Diese klimatische Energie erlaubt die zivilisatorische Entwicklung, wobei ganz im Sinn der wesensartigen Interpretation der Macht des Klimas keine historisch besonderen Merkmale wie etwa die der gesellschaftlichen Organisation, des ökonomischen Systems oder der kulturellen Ausprägung für die Entwicklung von Zivilisationen einen wichtigen Stellenwert haben.

Es ist ein Charakteristikum des quantitativ orientierten Klimadeterminismus, daß Korrelationen zwischen gesundheitlichen oder wirtschaftlichen Maßzahlen und dem Jahresgang errechnet werden. Wenn man einmal davon absieht, daß Korrelationen dieser Art, wie Durkheim schon mit Bestimmtheit anmerkte, ohnehin nicht kausale Zusammenhänge beschreiben müssen, ist die Anwendung auf deterministische Zyklen statistisch gesehen unzulässig. Folgt man dieser Logik, könnte man auch behaupten, daß die Bauern Norddeutschlands deshalb im Herbstlebens froh schaffen, weil zuvor die Störche das Land in Richtung Afrika verlassen haben. Ebenso falsch ist es, aus den Wirkungen kurzfristiger Wetterschwankungen an einem Ort auf die Wirkung anderer Klimate auf andere Menschen an einem anderen Ort zu schließen. Ein Kälteeinbruch von wenigen Tagen läßt Hamburger kein grönländisches Klima erleben. Beide Argumente werden gern und wiederholt von Klimadeterministen Huntingtonscher Prägung zur Verallgemeinerung alltäglicher Erfahrungen vorgebracht und von Laien als plausibel akzeptiert.

Interessanterweise sind nicht nur die Verallgemeinerungen, sondern auch die lokal festgestellten Zusammenhänge unzutreffend. Die Schwankungen von Jahr zu Jahr etwa in der Akkordleistung sind groß – größer als die Schwankungen innerhalb eines Jahres – und korrelieren nicht mit Temperaturvariationen. Die Behauptung, wirtschaftliche Produktivität hänge mit Wetterschwankungen zusammen, wird von Ökonomen zurückgewiesen. Die Generalisierungen – und dazu gehört auch der nur rhetorische Verweis Huntingtons auf „andere" Faktoren wie zum Beispiel kulturelle Prozesse – sind von so allgemeiner Art und müssen mit derart vielen Vorbehalten versehen wer den, daß sie eine nachhaltige Qualifizierung ausschließen. So wird bei Bedarf auf andere oder „auch eine Rolle spielende"

Kräfte, Abgrenzungen oder Ausnahmen hingewiesen, wie zum Beispiel: „Thus, if all other influences were eliminated, we should expect civilization to advance most rapidly in climates which have few or no months with temperatures above the optimum and many below, but none too far below the optimum. As a matter of fact, the actual distribution of civilization approaches this pattern but departs from it in some respect because mean temperature is only one of the climatic factors of environment, and the effects of physical environment are modified by cultural environment."[20]

In diesem Zitat verweist Huntington auf eines seiner Schlüsselargumente, nämlich, daß seine geographische Bestimmung von „klimatisch günstigen" bzw. „ungünstigen" Regionen übereinstimmt mit einer durch Expertenbefragung abgeleiteten globalen Verteilung von einem „hohen" bzw. „niedrigeren" Stand der zivilisatorischen Entwicklung. Ganz mit europäischen Augen gesehen, wird nur dort eine hohe Zivilisation attestiert, wo Europäer siedeln, also im wesentlichen in Europa selbst, Nordamerika und Australien. Die Möglichkeit, daß diese Koinzidenz andere als klimatische Ursachen haben könnte, wird nicht in Betracht gezogen. Huntington unterläßt es, die Wirkung anderer nicht-klimatischer Faktoren herauszuarbeiten, so daß das Klima als die einzige wirklich unabhängige Variable dasteht.

Huntington hat sich auch mit der Frage langsamer Klimaänderungen in historischen Zeiten beschäftigt. Klimaänderungen wurden seinerzeit im wesentlichen als entweder anthropogen, durch veränderte Landnutzung, verstanden oder als zyklisch. Huntington sah diese Änderungen als Ursachen für die räumliche Verlagerung von Hochkulturen insbesondere in Asien an: „cyclic [climate] variation seems to have influenced some of the greatest historical changes. The highest mental achievement is possible only when favorable conditions exert a combined stimulus. Our task just now is to separate climatic effects from those of heredity, culture and the non-climatic physical environment."[21] Aufstieg und Untergang von Zivilisationen wurden in enger

---

[20] E. Huntington: *Mainspring of Civilization*. John Wiley & Sons, New York (1945), S. 275.
[21] E. Huntington: *Mainspring of Civilization*. John Wiley & Sons, New York (1945), S. 344.

Verbindung zum Klima gesehen: „In the regions occupied by the ancient empires of Eurasia and north Africa, unfavorable changes of climate have been the cause of de population, war, migration, the overthrow of dynasties, and the decay of civilization; while favorable changes have made it possible for nations to expand, grow strong, and develop the arts and sciences."[22]

Als ein Beispiel für langsame Veränderungen von Klima und damit einhergehend der Klimafolgenidee werden Mittelalter und Renaissance in Europa interpretiert:

„The Dark Ages and the Revival of Learning occurred at opposite phases of a long climatic cycle. Storminess apparently reaches a long ebb in the Dark Ages but an abundance and violence in the fourteenth century. These two periods were likewise times of psychological contrast. The Dark Ages were characterized by widespread depression of mental activity, whereas the Revival of Learning ushered in a period of alertness and hope."[23]

Auch die Möglichkeit eines für ihn aber eher unwahrscheinlichen globalen Klimawandels wurde von Huntington angesprochen: Selbst wenn man von einem möglichen dramatischen Niedergang entwickelter Zivilisationen in einen Zustand der Rückständigkeit, wie ihn tropische Gesellschaften nach Huntington aufweisen, absehe, so seien die Zukunftsaussichten der Menschheit düster, da Veränderungen in der geographischen Lage der „highest climatic energy and the consequent rise of new powers and the decline of those now dominant may throw the world into a chaos far worse than that of the Dark Ages. Races of low mental caliber may be stimulated to most pernicious activity, while those of high capacity may not have energy to withstand their more barbarous neighbors."[24]

---

[22] E. Huntington: *Palestine and Its Transformations*. Houghton, Mifflin & Co., New York (1911).

[23] E. Huntington: *Mainspring of Civilization*. John Wiley & Sons, New York (1945), S. 343.

[24] E. Huntington: *Civilization and Climate*. Third Edition, Revised and Rewritten with Many New Chapters. Yale University Press, New Haven ([1915] 1924), insbesondere S. 403.

Huntingtons Vorstellungen von Klimaforschung sind konsistent mit den Bemühungen der Pioniere der gerade erst entstehenden wissenschaftlichen Disziplinen Meteorologie und Klimatologie. Diesen ging es darum, objektive Maßzahlen zur Beschreibung des Klimas zu finden. Huntington übertrug diesen Gedanken konsequent auf die Klimafolgen. Er wähnt sich moderner und wissenschaftlicher als seine Vorgänger Montesquieu oder Falconer, die er nicht erwähnt, weil er sich auf „harte", qualitätsgesicherte und realitätskonforme Klimastatistiken stützen kann. Während seine Vorgänger sich auf eher unbestimmte subjektive Wahrnehmungen und zufällige Berichte stützen mußten, arbeitet Huntington mit instrumentellen Daten und konnte daher einen der Zeit entsprechenden wissenschaftlichen Standard für sich und seine Thesen beanspruchen.

Vom Standpunkt moderner Sozialwissenschaft impliziert der Klimadeterminismus Huntingtonscher Prägung Annahmen, die bestimmten unter Sozialwissenschaft lern verbreitet akzeptierten essentiellen Prämissen über soziales Verhalten widersprechen. Zu diesen Annahmen des Klimadeterminismus zählen wir die Stabilität von Klima und sozialem Verhalten sowie den angeblichen „Egalitarismus" des Klimas.

Die Stabilität von Klima und sozialem Verhalten steht im Widerspruch zu der Beobachtung, daß die (moderne) soziale Realität einen eher zerbrechlichen, dynamischen Charakter hat und sich in ständiger Veränderung befindet. Da in Huntingtons Sichtweise das Klima abgesehen von langsamen Änderungen konstant ist, sind auch die Klimafolgen statisch, und es entstehen extrem stabile Lebenswelten.

Üblicherweise werden die meisten sozialen Phänomene heutzutage als teilstratifizierte Prozesse verstanden. Die klimatische Energie wirkt aber auf alle gleich, unabhängig von sozialem Status, Wohl stand oder politischem Einfluß. Die Vor und Nachteile der klimatischen Energie Huntingtons wirken auf alle Menschen einer Klimaregion gleich, ungeachtet der sozialen und kulturellen Faktoren, auf die sich Sozialwissenschaftler üblicherweise beziehen, wenn es um die Gründe sozialen Wandels, der Identität von Individuen, soziale Mobilität oder soziale

Ungleichheit geht. Der klassische Klimadeterminismus Huntingtons kehrt die Kausalität der Beziehung von Klima und Gesellschaft um und unterschätzt somit nicht nur die Emanzipationschancen der Gesellschaften von klimatischen Umständen, sondern auch den gesellschaftlich differenzierten mittelbaren Einfluß von Umweltbedingungen.

10.4 Eduard Brückner

Eduard Brückner wurde 1863 in Jena geboren und starb 1927 in Wien. Er studierte in Dorpat, Dresden und München Geographie, Geologie, Paläontologie, Physik, Meteorologie und Geschichte. 1885 promoviert er unter der Anleitung von Albrecht Penck mit dem Thema „Die Vergletscherung des Salzachgebiets". Es folgte ein kurzes Gastspiel an der Seewarte in Hamburg, bevor er 1888 Professor für Geographie an der Universität Bern wurde, deren Rektor er 1899/1900 war. Nach einem kurzen Aufenthalt in Halle wurde er Pencks Nachfolger in Wien und vertrat dort gemeinsam mit Julius von Hann die Klimatologie. Brückner erlangte Berühmtheit sowohl für seine Arbeiten über Eiszeiten in den Alpen als auch für seine Hypothese von 35jährigen Quasiperioden, die auch Brückner-Perioden genannt wurden. In der *Encyclopedia Britannica* Ende der 1920er Jahre wird Brückner unter dem Stichwort „Klima" als einer von wenigen Klimatologen namentlich erwähnt.

Brückners Hauptwerk „Klimaschwankungen seit 1700 nebst Bemerkungen über die Klimaschwankungen der Diluvialzeit" wurde 1890 publiziert.[25] In dieser Studie behandelte er zunächst die häufigen Widersprüche in der Literatur, wo nach es unzählige Berichte über eine Zunahme der Niederschläge, aber ebenso viele über eine Abnahme der

---

[25] E. Brückner: Klimaschwankungen seit 1700 nebst Bemerkungen über die Klimaschwankungen der Diluvialzeit. E.D. Hölzel, Wien und Olmütz (1890).

Niederschläge gab, sowie die zahlreichen Hypothesen, inwieweit diese Veränderungen anthropogener (insbesondere durch eine Änderung der Landnutzung) oder „zyklischer" (also natürlichen Ursprungs) Natur seien. Er arbeitete sodann detailliert und datenkritisch heraus, daß die widersprüchlichen Berichte Ausdruck natürlicher Schwankungen mit einer Quasiperiode von 35 Jahren sei en, und rekonstruierte Klimaschwankungen bis 1700 und weiter zurück. Die Hypothese, daß menschliches Tun das Klima verändere, weist er zurück. Dabei operierte er nicht nur mit instrumentellen Daten, sondern auch mit Proxy-Daten wie etwa Weinernten und dergleichen.

Im vorliegenden Zusammenhang interessiert Brückner vor allem aber wegen seiner Untersuchungen über die gesellschaftlichen Folgen der natürlichen Klimaschwankungen. Er untersucht die des Transports auf Flüssen (Vereisung), auf die Gesundheit (zum Beispiel Typhus) und die landwirtschaftliche Produktion[26] Brückner konstatiert einen deutlichen Einfluß, der wiederum stark genug ist, um sich auf die Migrationsbewegungen von Europa nach Nordamerika[27] und die globalen Machtverhältnisse der kontinentalen und maritimen Mächte Europas auszuwirken. Er ging davon aus, daß die einmal gefunden Zusammenhänge auch in Zukunft gültig bleiben und sich daher für Prognosen eignen, die für die von ihm identifizierten Perioden von ca. 35 Jahren prinzipiell gültig sein sollten. Aussagen über Veränderungen in der Weltwirtschaft und in der weltpolitischen Kräftebilanz sollten möglich sein.

---

[26] E. Brückner: „Der Einfluß der Klimaschwankungen auf die Ernteerträge und Getreidepreise in Europa", *Geographische Zeitschrift* 1 (1895):39–51.

[27] E. Brückner: „The Settlement of the United States as Controlled by Climate and Climate Oscillations", *Memorial Volume Transcontinental Excursion of 1912 of the American Geographical Society of New York* (1915).

> **Der Japanische Botschafter Kume Kunitake (1878)[28]**
>
> Der Charakter der Deutschen ist von Natur aus gründlich und bedächtig, deshalb fehlt ihnen bei Unternehmungen Scharfblick und Dynamik. Wo jedoch genaue und sorgfältige Arbeit nötig ist, begegnet man einer erstaunlichen Ausdauer, die man mit Lob erwähnen muß. Die Preußen leben im Norden in rauhen und kalten Gebieten. Diese Armut hat sie aber nicht entmutigt, sondern ihre Durchhaltekraft dadurch noch geschärft [...] mir schien, als ob die Atmosphäre in Berlin deshalb eine gewisse Arroganz und Aggressivität ausstrahlte. Österreich hingegen ist ein Land, gesegnet mit fruchtbarem Boden und einem milden Klima. Seit langem blühte die Kultur dort in seinen berühmten Städten. Dieser Reichtum begünstigte das Entstehen eines weicheren Wesens der Österreicher. Sie geben sich dem städtischen Lebensstil und dessen Verfeinerungen hin und schwärmen für Kultur und Kunst. Pracht und Verschwenden gehen miteinander her.

Hier ähnelt Brückner modernen Klimafolgenforschern, die zwar nicht von natürlichen, transienten, sondern von anthropogenen andauernden Klimaveränderungen ausgehen, wenn er davon überzeugt war, daß einmal beobachtete klimatische Wirkungen auch in Zukunft in der Gesellschaft wirksam sein werden. Tatsächlich war dies aber nicht der Fall. Die wachsende Dominanz der Eisenbahnen marginalisierte die ökonomische Bedeutung der Flußschiffahrt, und Störungen durch das Einfrieren der Flüsse wurden weitgehend unbedeutend. Die Entwicklung der Medizin, speziell der Hygiene, machten angeblich klimaabhängige Krankheiten und Epidemien handhabbar. Die Züchtungserfolge und Möglichkeiten der künstlichen Bewässerung machte die Landwirtschaft unabhängiger von klimatischen Schwankungen. Auch die mittelbaren Effekte, sofern man sie zuverlässig spezifizieren kann, wurden zunehmend belanglos: Menschen wanderten aus Europa nach USA nicht mehr aus wegen der wirtschaftlichen, sondern wegen der politischen Lage, und global relevante politische Interessenkonflikte stellten nicht mehr kontinentale und maritime europäische Mächte gegeneinander.

---

[28] Kume Kunitake (1878) zitiert in A.M. Sigmund: *In Wien war alles schon. Die Residenzstadt aus der Sicht berühmter Gäste*, Ueberreuter, Wien (1997) S. 232-233.

Kurz, die von Brückner recherchierte und prognostizierte Wirkung klimatischer Bedingungen auf wirtschaftliche und gesellschaftliche Prozesse und Veränderungen fand nicht statt, weil sich die gesellschaftlichen und technologischen Bedingungen rapide veränderten. Und da die Dynamik der gesellschaftlichen, wissenschaftlichen und technischen Veränderungen weiter zunimmt, wird der Stellenwert des „Nichtnatürlichen" als Motor gesellschaftlichen Wandels abnehmen und die Emanzipation des Menschen vom Klima anwachsen. Dies heißt aber keineswegs, daß die Wirkung des sozialen Konstrukts, das heißt des verbreiteten gesellschaftlichen Verständnisses von Klima und Klimaänderungen auf Politik, Wissenschaft und Gesellschaft marginal ist.[29]

10.5 Die Selbstbeschränkung des sozialwissenschaftlichen Diskurses

Aus dem sozialwissenschaftlichen Diskurs wurden, wie das einführende Beispiel Durkheim illustrierte, all jene theoretischen Perspektiven erfolgreich abgekoppelt, welche sich unmittelbar auf den Einfluß der Naturkräfte als Erklärungsvariablen für gesellschaftliche Prozesse beziehen. Und für diesen Ausschluß, das sollte betont werden, gab es damals wie heute gute Gründe. Hauptsächlich sind dies die folgenden: 1) Biologische und kulturelle Entwicklung sind nicht identisch; 2) das natürliche Umfeld der Gesellschaft ist zum großen Teil unabhängig vom menschlichen Handeln, und Gesellschaften waren erfolgreich in dem Versuch, sich von vielen Zwängen der Umwelt zu befreien[30] Als Ergebnis dieser Ausdifferenzierung gelang es dem sozial wissenschaftlichen Diskurs dann auch weitgehend, der immer wieder verlockenden Schlichtheit der meisten theoretischen Erklärungsmodelle des technologischen, ökonomischen und biologischen Determinismus zu widerstehen.

---

[29] N. Stehr, H. von Storch: „Das soziale Konstrukt des Klimas und des Klimawandels", *Climate Research* 5 (1995) [Siehe Kap. 5 in diesem Band].
[30] R. Grundmann, N. Stehr: „Klima und Gesellschaft, Soziologische Klassiker und Außenseiter. Über Weber, Durkheim, Simmel und Sombart", *Soziale Welt* 47 (1997):85–100.

> **Friedrich Nietzsche (1886)**[31]
>
> Nenn man es nun ‚Civilisation' oder ‚Vermenschlichung' oder ‚Fortschritt', worin jetzt die Auszeichnung der Europäer gesucht wird; nenne man es einfach, ohne zu loben und zu tadeln, mit einer politischen Formel die demokratische Bewegung Europa's: hinter all den moralischen und politischen Vordergründen, auf welche mit solchen Formeln hingewiesen wird, vollzieht ich ein ungeheurer physiologischer Prozeß, der immer mehr in Fluß geräth – der Prozeß einer Anähnlichung der Europäer, ihre wachsende Loslösung von den Bedingungen, unter denen klimatisch und ständisch gebundene Rassen entstehen, ihre zunehmende Unabhängigkeit von jedem bestimmten Milieu, das Jahrhunderte lang ich mit gleichen Forderungen in Seele und Leib einschreiben möchte, – also die langsame Heraufkunft einer wesentlich übernationalen und nomadischen Art Mensch, welche, physiologisch geredet, ein Maximum von Anpassungskunst und -kraft als ihre typische Auszeichnung besteht.

Die Geschichte der Sozialwissenschaften im vorigen Jahrhundert kann man daher als Kampf gegen Sozialdarwinismus, Rassismus, Klimadeterminismus und gegen die Soziobiologie verstehen. Den vorherrschenden sozialwissenschaftlichen Disziplinen gelang es, ihren Diskurs auf Prozesse sui generis zu beschränken, seien sie sozialer, politischer, ökonomischer oder kultureller Art. Zum grundlegenden Thema für Sozialtheoretiker wurde die Frage nach den notwendigen gesellschaftlichen Voraussetzungen für soziale Ordnung. Die ökologischen Bedingungen für soziale Ordnung wurden als unproblematisch betrachtet oder im Sinne einer intellektuellen Arbeitsteilung anderen akademischen Wissenschaften zugewiesen.

Die Sozialwissenschaften haben nicht nur bewußt alle Verweise auf physische, biologische und andere umweltbedingte Faktoren verworfen, weil sie bestrebt waren, ihre eigenständigen Sichtweisen und Problemfelder, die sich unzweideutig von denen der Naturwissenschaften unterschieden, zu institutionalisieren. Sie teilten auch weitgehend bestimmte ideologische oder moralische Prämissen, die eng mit der Idee von Modeme und Entwicklung verbunden waren. Hierzu gehörte besonders

---

[31] F. Nietzsche: *Jenseits von Gut und Böse*, de Gruyter, Berlin ([1886] 1968) S. 190.

die Überzeugung, daß der Wandel zur modernen Gesellschaft und zu erstrebenswerten Lebensbedingungen eine weitgehende Emanzipation von dem unmittelbaren Einfluß und von der Abhängigkeit von Umweltfaktoren einschloß. Die Befreiung vom (re duktionistischen) Naturalismus ist daher eine Art von intellektueller Emanzipation.

Gegenwärtig aber steht die Einflußnahme der Gesellschaft auf die Natur und, vielleicht nicht ganz so dringlich, auch die der Natur auf die Gesellschaft in vielen Erörterungen in Wissenschaft und Politik an vorderster Stelle. Außerdem wird die Natur auch im naturwissenschaftlichen Diskurs als veränderlich beschrieben und ihre Sensitivität gegenüber menschlichen Eingriffen untersucht. Der Emanzipation der Gesellschaft von der Natur folgt die paradoxe Entwicklung, daß diese Emanzipation eine neue Abhängigkeit schafft, wie etwa im Falle des anthropogenen Klimawandels.

Diese Beobachtung konnte man nicht direkt von den Sozialwissenschaften er warten, aber die Untersuchung dieser neuen Abhängigkeiten kann nicht alleiniger Gegenstand der Naturwissenschaften bleiben. Die Sozialwissenschaften sind daher gezwungen, ihre Beziehung zur Natur neu zu bedenken, es sei denn, sie ließen sich völlig aus diesen emergenten Forschungsfeldern ausgrenzen. Damit stehen die Sozialwissenschaften vor der Aufgabe, den Naturbegriff im sozialwissenschaftlichen Diskurs zu erneuern und zu transformieren.

Hierbei müssen einerseits die Irrtümer eines jeden (reduktionistischen) naturalistischen Determinismus, wie z. B. des Klimadeterminismus, vermieden werden. Eine bloße Einführung des Problemfeldes „Umwelt" in den Diskurs der Sozialwissenschaften, als sei diese nichts anderes als ein Thema wie Scheidung oder Arbeitslosigkeit, ist unzureichend. Bisher ist es nicht zufriedenstellend gelungen, das paradigmatische Verhältnis von Gesellschaft und Natur im sozialwissenschaftlichen Diskurs neu zu bestimmen.[32]

---

[32] W. van den Daele: „Naturkonzepte in modernen Gesellschaften und Natur als Thema der Soziologie" in: M. Dierkes, B. Biervert (Hrsg.): *Europäische Sozialwissenschaft im Umbruch. Bilanz und Ausblick*, Campus, Frankfurt am Main (1992):526–560.

Zu den Ansätzen, Natur und Gesellschaft im sozialwissenschaftlichen Diskurs zusammenzuführen, gehören Bruno Latours Programm[33] zur Überwindung des Dualismus von Natur und Gesellschaft, die verschiedenen Arbeiten der feministischen Öko-Soziologie oder jene der neo-marxistischen Theoretiker.[34] Wir meinen allerdings, daß dies nur dann nachhaltig gelingt, wenn der Zugkraft des Naturalismus oder jener Konzepte, die auf einer rein konstruktivistischen Perspektive basieren, widerstanden wird und die tradierte wissenschaftliche Arbeitsteilung überwunden wird, um transdisziplinär eine Art soziale Naturwissenschaft[35] zu schaffen, in der sowohl die natürlichen Verhältnisse und deren Änderungen als auch unsere Beobachtungen davon als soziale Prozesse für Gesellschaft, Natur und Forschung verstanden werden.

10.6 Ausblick

Nachdem wir versucht haben, anhand der Thesen Huntingtons und Brückners das Spektrum der Vorstellungen des Klimadeterminismus darzustellen, wollen wir uns der im Titel gestellten Frage zuwenden: Ist der Klimadeterminismus nur noch Ideengeschichte oder relevanter Faktor gegenwärtiger Klimapolitik? Unserer Einschätzung nach ist der Klimadeterminismus aus einer Reihe von Gründen eine auch heute relevante ideengeschichtliche Entwicklung, die sowohl die Sozial- wie Naturwissenschaften interessieren sollte.

Die Grundbehauptung, daß nämlich Klima und Klimawandel gesellschaftliche Zustände und Entwicklungen moderner Gesellschaften unmittelbar determinieren und steuern, kann nicht aufrecht erhalten werden. Dazu ist die Behauptung vom direkten Einfluß klimatischer Faktoren im Vergleich zu von der natürlichen Umwelt unabhängigen gesellschaftlichen Prozessen zu stark. Der Geograph Wilhelm Lauer

---

[33] B. Latour: *We Have Never Been Modern*, Harvard University Press, Cambridge (Mass) (1993).
[34] Zum Beispiel: A. Gorz Capitalism, Socialism, Ecology Verso, London ([1991] 1994).
[35] N. Stehr, H. von Storch: „Soziale Naturwissenschaft oder: Die Zukunft der Wissenschaftskulturen," *Vorgänge* 37 (1998):8–12.

drückte dies so aus: „Das Klima ist für die Gestaltung des Schauplatzes, auf dem sich das menschliche Dasein – die Menschheitsgeschichte – abspielt, tatsächlich von Bedeutung, denn es steckt im weitesten Sinne den Rahmen ab, beschränkt die Möglichkeiten, setzt Grenzen für das, was auf der Erde geschehen kann, allerdings nicht, was geschieht oder geschehen wird. Das Klima stellt allenfalls Probleme, die der Mensch zu lösen hat. Ob er sie löst, und wie er sie löst, ist seiner Phantasie, seinem Willen, seiner gestaltenden Aktivität überlassen. Oder in einer Metapher ausgedrückt: Das Klima verfaßt nicht den Text für das Entwicklungsdrama der Menschheit, er schreibt nicht das Drehbuch des Films, das tut der Mensch allein."[36] Klima definiert einen Rahmen oder Handlungsbedingungen, innerhalb derer sich die gesellschaftliche Dynamik entwickeln kann. Im Verlauf der historischen Entwicklung verbreitert sich dieser Rahmen.

Die These von der direkten Einwirkung des Klimas auf die Gesellschaft kann auch als die „Naturalisierung" der Klimafolgen bezeichnet werden. Ein Beispiel aus jüngster Zeit kann dies illustrieren:[37] Mitte Juli 1995 erlebte die amerikanische Millionenstadt Chicago eine ihrer größten Hitzewellen und in ihrem Gefolge die tödlichste Umweltkatastrophe in der jüngsten Geschichte der Stadt. Fast eine Woche lang war dafür eine ungewöhnliche, aber vorhergesagte Großwetterlage verantwortlich, die für Temperaturen von 41 °C und einen Hitzeindex (d. h. eine Kombination von Temperatur und Luftfeuchtigkeit) von 49 °C sorgte. Der Himmel war klar, es gab keinen kühlenden Wind vom Lake Michigan und selbst die Tagestiefsttemperaturen waren gefährlich hoch. Die Hitzewelle traf die Stadt unvorbereitet. Während der einwöchigen Hitzewelle starben in Chicago 739 Personen mehr als im Durchschnitt dieser Juliwoche in der Vergangenheit. Eine gerichtsmedizinische Untersuchung kam zu dem Schluß, daß mehr als 500 Personen unmittelbar

---

[36] W. Lauer: „Klimawandel und Menschheitsgeschichte auf dem mexikanischen Hochland". Akademie der Wissenschaften und Literatur Mainz *Abhandlungen der mathematisch-naturwissenschaftlichen Klasse* 2 (1981).

[37] E. Klinenberg: „Denaturalizing disaster: a social autopsy of the 1995 Chicago heat wave", *Theory and Society 28 (1999)*: 239–295.

Opfer der extremen Temperaturen wurden. Sind die Toten Opfer eines extremen Wetterereignisses in der Stadt Chicago, ist Chicago bald überall oder ist die Gesellschaftsordnung der Stadt verantwortlich? Verantwortlich waren in Wirklichkeit neue Formen der sozialen Marginalität, wie zum Beispiel die gewachsene Isolation älterer Menschen oder die konzentrierte Armut bestimmter Einwohner Chicagos, die Mitte der neunziger Jahre sehr viel ausgeprägter waren als noch Mitte des vorangehenden Jahrzehnts. Es handelt sich um sozial beeinflußte und beeinflußbare Strukturen der Gefährdung und Verwundbarkeit, die für solche Auswirkungen entscheidend sind. Erst das soziale Konstrukt der Verletzlichkeit transformiert natürliche Wetterextreme – für bestimmte Personen – in Katastrophen. Die Großstadt Milwaukee, 150 km von Chicago entfernt, zählte in der gleichen Juliwoche 1995, legt man denselben Maßstab an, 91 (Hitze-)Tote. Aber selbst in Milwaukee ist die extreme Temperatur keineswegs ursächlich oder gar allein verantwortlich. Allerdings mag eine Naturalisierung der Folgen der Hitzewelle sehr wohl im Interesse der politischen Klasse sein.

Diese Erkenntnisse und die Unzulänglichkeiten des klassischen Klimadeterminismus haben unmittelbare Konsequenzen für die moderne Klimafolgenforschung. Notwendig ist eine „Denaturalisierung" der Klimafolgenforschung. Darüber hinaus können rein naturwissenschaftliche Szenarien im Hinblick auf Gesellschaft und Wirtschaft keine sinnvollen Abschätzungen für die Zukunft liefern, da der wichtigste Faktor, die dynamische Entwicklung von Gesellschaft und Technologie, unberücksichtigt bleibt. Aber gerade die Abschätzung zukünftiger gesellschaftlicher Entwicklungslinien ist mit großer Unsicherheit verbunden. Unserer Meinung nach folgt aus diesen Überlegungen, daß Anpassungsstrategien und -forschung praktisch effektiver sind als Mitigationsforschung und -Strategien.

Die politische Legitimität von Adaptionsmaßnahmen ist größer und durchsetzbar. Adaptionsstrategien greifen schneller. Die Innovationsfähigkeit der Wissenschaft und Technik läßt sich eher in Adaptionsmaßnahmen realisieren. Anpassung ist auch ohne besondere Anreize möglich, zum Beispiel als nichtintendierte Folge absichtsvollen ökonomischen Handelns, etwa in der Landwirtschaft.

Die Dynamik der gesellschaftlichen Transformation ist größer geworden und damit auch die Anpassungschancen. Eine Realisierung multipler Ziele durch Adaptionsstrategien ist denkbar, etwa durch die Verbesserung der Lebensqualität, Verringerung sozialer Ungleichheit und politische Partizipation. Die Risiken und Gefahren im Umgang mit Unsicherheit sind im Falle von Anpassungsmaßnahmen geringer. Adaptionsprozesse können zum Motor nachhaltigen Wirtschaftens werden. Als Ergebnis eines solchen Vorgehens kann dann schließlich von einer Reduktion von Treibhausgasen durch Adaption gesprochen werden. Adaption und Mäßigung widersprechen sich nicht. Mitigation führt aber nicht unbedingt zur Adaption.

Wenn gleich der Klimadeterminismus in der Wissenschaft verdrängt ist, so lebt er dennoch im Laienwissen und – meist in der milderen Brücknerschen Form – bei vielen Naturwissenschaftlern weiter. Bei der Interpretation naturwissenschaftlicher Befunde und beim Übergang von naturwissenschaftlichem Wissen in die öffentliche Arena treffen (nicht nur) die se beiden Wissensformen aufeinander und erzeugen ein neues, öffentlich wirksames Wissen – das soziale und gesellschaftlich wirksame Konstrukt von Klima und Klimawandel, das man in Deutschland zum Beispiel mit dem Begriff „Klimakatastrophe" umschreiben kann. Auch hier ergeben sich Aufgaben für die Sozialwissenschaften – die Analyse des Laienwissens,[38] des Expertenwissens,[39] der Interaktion von Wissenschaftlern und Politikern[40] und der Risikokommunikation.[41]

Diese Aufgaben sind eine echte Herausforderung sowohl an die Naturwissenschaften als auch an die Sozialwissenschaften, und ihre

---

[38] D. Bray, H. von Storch: „Climate Science. An empirical example of postnormal science," *Bulletin of the American Meteorological Society* 80 (1999) 439–456.

[39] C. Krtick, D. Bray: „Wie schätzt die deutsche Exekutive die Gefahr eines globalen Klimawandels ein?" *GKSS* Report (2000).

[40] P. Weingart, A. Engels, P. Pansegrau: „Risks of communication: Discourses on climate change in science, politics and the mass media," *Public Understanding of Science* 9 (2000) 262–283.

[41] G. Bechmann, N. Stehr: „Risikokommunikation und die Risiken der Kommunikation wissenschaftlichen Wissens- zum gesellschaftlichen Umgang mit Nichtwissen," *Gaia* 9 (2000) 113–121.

Lösung kann nicht dadurch gelingen, daß man sich aufseiten der Sozial und Kulturwissenschaften in unkritischer Ambivalenz über Natur im allgemeinen und Spekulationen ohne Bezug auf naturwissenschaftlich definierte Rahmenbedingungen zurückzieht, oder daß die Naturwissenschaften eine Mathematisierung der Beschreibung sozialer und kultureller Vorgänge und Prozesse einfordern. Wiewohl es positive Ansätze gibt, überwiegen in der deutschen Forschungslandschaft die Berührungsängste und disziplinär bestimmte Abwehrkämpfe.

11

Die Ideen von Eduard Brückner – relevant zu seiner Zeit und heute

11.1 Einleitung

11.1.1 Der zeitliche Fluss von Ideen und das Scheitern der Diffusion

Für einen Naturwissenschaftler entwickelt sich der wissenschaftliche Diskurs wie der Stamm eines Baumes.[1] Jedes Jahr wird ein neuer Jahrring gebildet, der auf den neuesten Erkenntnissen basiert und in

---

[1] Wir verwenden Konzepte, die sich an der Denkweise von Physikern orientieren. Der relevante Hintergrund ist der Wärmetransport in einer Flüssigkeit. Wärme kann entweder durch Diffusion transportiert werden, die durch Zusammenstöße der einzelnen Moleküle in der Flüssigkeit aufrechterhalten wird. Dieser Transport ist relativ ineffizient, da jeder Transport aus vielen kleinen Schritten über die kleinen Abstände zwischen zwei Molekülen besteht. In unserer Metapher bedeutet dies, dass der Wissenstransfer durch persönliche Kontakte zwischen Wissenschaftlern und durch aktuelle Veröffentlichungen erfolgt. Effizienter ist es, wenn eine Strömung ein Paket aus vielen Molekülen als Ganzes über eine längere Strecke transportiert. Diesen Vorgang nennt man konvektiven Transport. In unserem Zusammenhang geht es um die Einführung vergessener Konzepte und Ergebnisse in das heutige Denken.

Zuerst: Stehr, N., und H. von Storch: Eduard Bruckner's Ideas – Relevant in His Time and Today, S. 1–24 in: Stehr, N., and H. von Storch (Hrsg.): *Eduard Brückner* – The Sources and Consequences of Climate Change and Climate Variability in Historical Times. Kluwer, 2000.

© Der/die Autor(en), exklusiv lizenziert an Springer Fachmedien Wiesbaden GmbH, ein Teil von Springer Nature 2023
N. Stehr und H. von Storch, *Die Wissenschaft in der Gesellschaft*,
https://doi.org/10.1007/978-3-658-41882-3_11

den frühere Ergebnisse – sozusagen aus dem letzten Jahrring – und neu gewonnene Fakten und Interpretationen einfließen. Erkenntnisse früherer Forschungen werden in das aktuelle Wissen, das kontinuierlich von Baumring zu Baumring weitergegeben wird, entweder kodiert oder ausgelöscht – oder vergessen. Was nicht von Wissenschaftlergeneration zu Wissenschaftlergeneration weitergegeben wird, gilt als irrelevant und uninteressant. Dieser Umgang der Naturwissenschaften mit ihrer eigenen Geschichte zeigt sich deutlich in praktisch allen zeitgenössischen Artikeln in wissenschaftlichen Zeitschriften. Die meisten Zitate beziehen sich auf Arbeiten, die nicht älter als 5 Jahre sind. Manchmal wird beiläufig auf eine Handvoll „klassischer" Abhandlungen oder Bücher verwiesen, aber die Autoren haben sich wahrscheinlich nie näher mit diesen Klassikern beschäftigt, sondern kennen sie nur indirekt.

Diese Arbeitsweise ist zweifellos ein effizienter Weg, um die schiere Menge an Publikationen zu bewältigen, mit denen Wissenschaftler täglich konfrontiert werden. Es ist schlichtweg unmöglich, alle neuen Ergebnisse zu verdauen – selbst in einem relativ kleinen Bereich wie den Klimawissenschaften –, geschweige denn, viele der möglicherweise relevanten Originaldokumente früherer Forschung kritisch zu lesen. Zum Beispiel ist es für das Verständnis einer Karte, die die globale Temperatur in Form von Isothermen darstellt, nicht wichtig zu wissen, dass die Isothermentechnik von Alexander von Humboldt erfunden wurde oder welche Ideen er damals zu dieser Technik hatte.

In fast allen Fällen funktioniert dieser „diffuse" Wissenstransfer von Kohorte zu Kohorte und von Generation zu Generation bzw. von „Baumring" zu „Baumring" effektiv und ist robust genug, um als irrelevant erachtete Konstruktionen aus dem Wissensfluss herauszufiltern. Gleichzeitig werden in diesem Prozess der Konsensbildung alle Wissensbehauptungen immer wieder kritisch auf neue Erkenntnisse hin überprüft. Niemand in der wissenschaftlichen Gemeinschaft würde heute Behauptungen aufstellen, die sich auf alte autoritative Quellen stützen, wie es z. B. im Mittelalter bei den Arbeiten von Aristoteles üblich war. Dieses Verfahren ist jedoch nicht wirksam, wenn eine Forschungsrichtung in der Wissenschaft aus irgendeinem Grund in Vergessenheit gerät – und das Interesse dann wieder auflebt, nachdem eine längere Zeit verstrichen ist und das kollektive Gedächtnis vergangener intellektueller Perspektiven in den heutigen Zeitschriften und bei den heutigen Wissenschaftlern nicht mehr vorhanden ist. In einem solchen Fall erfordert der Wissenstransfer mehr als „Diffusion", sondern einen regelrechten „konvektiven Transport" aus den tieferen Baumringen an die Oberfläche.

Dieser „konvektive" Transfer von Ideen aus der Vergangenheit sollte nicht als Versuch missverstanden werden, lediglich kognitive Traditionen zu wiederholen und zu bewahren. Hand in Hand mit der Übertragung von Ideen aus der Vergangenheit geht eine Vermittlung und Interpretation dieser Ideen im Lichte neuer Umstände und somit aktueller Probleme und Fragen. So kann die Vertrautheit mit Ideen aus der Vergangenheit bei der Schaffung neuen Wissens hilfreich sein und ist nicht so sehr ein Hindernis für wissenschaftliche Entdeckungen, wie es die Praxis der wissenschaftlichen Gemeinschaft heute oft zu implizieren scheint, sondern ein intellektueller Gewinn bei den Bemühungen um den Fortschritt der Wissenschaft.

Wir glauben, dass die Klimawissenschaft ein Fall ist, für den der „konvektive" Zustrom von Ideen aus der Vergangenheit eine zwingende Notwendigkeit ist. Nachdem die Klimatologie im 19. Jahrhundert als Buchhalterin für Geographie und Meteorologie fungierte, entwickelte sie sich zu einer Wissenschaft der Physik und Chemie der Atmosphäre und des Ozeans; die frühe Auffassung, dass die Klimatologie in erster Linie ein Fachgebiet ist, das sich mit den Auswirkungen des Klimas auf Menschen und Gesellschaft befasst, geriet dabei fast in Vergessenheit. In den 1980er und 1990er Jahren vollzog sich in der Klimawissenschaft ein weiterer Paradigmenwechsel: Nach der Entdeckung, dass der Mensch im Begriff ist, das Klima zu verändern, tauchte das alte Problem des anthropogenen Klimawandels und des Einflusses des Klimas auf Menschen und Gesellschaft wieder auf.

Während unserer eigenen Arbeit über die Wechselbeziehungen zwischen Klima und sozialem Verhalten stießen wir auf eine Reihe früher Klimawissenschaftler, die sowohl auf ihre Fachkollegen als auch auf die breite Öffentlichkeit großen Einfluss hatten. Einer von ihnen war der bedeutende Geograph Eduard Brückner, der heute in der Klimawissenschaft in Vergessenheit geraten ist und von den

Geographen nur noch als eine abgeschlossene Episode in ihrer Fachgeschichte betrachtet wird.[2] Anfang des vergangenen Jahrhunderts war Brückner einer der zentralen Protagonisten einer heftigen Debatte in Wissenschaft und Gesellschaft über die globale Klimavariabilität und ihre politische und wirtschaftliche Bedeutung. Wir glauben, dass seine bemerkenswerten Ideen unsere heutige Sicht auf das Klima, die Klimavariabilität und die Auswirkungen des Klimas maßgeblich beeinflussen könnten. Aus diesem Grund haben wir diesen Sammelband mit Brückners Hauptwerk über Klimavariabilität und Klimaauswirkungen zusammengestellt.

11.1.2 Aufbau des Buches

In diesem Einführungskapitel[3] informieren wir über Eduard Brückner und seine wissenschaftliche Arbeit, vergleichen seinen Ansatz mit dem seines Zeitgenossen Julius von Hann und setzen seine Ansichten in Bezug zur heutigen Diskussion.

Der Hauptteil dieses Buches besteht aus Nachdrucken von Brückners Originalarbeiten zur Klimawissenschaft. Da die meisten seiner Veröffentlichungen auf Deutsch waren, wurden sie übersetzt. Diese Übersetzungen von Brückners Texten halten sich streng an das Original. Nur bei völlig irrelevanten Hinweisen haben wir uns entschlossen, diese zu streichen. Ergänzungen, die wir vorgenommen haben, sind in eckigen Klammern eingefügt. Alle Diagramme wurden neu gezeichnet. Einige der verwendeten einheimischen Städtenamen sind möglicherweise weniger vertraut als die englischen Namen: München ist München; Wien, Wien; Praha, Prag.

Es folgt eine Liste des vorgestellten Materials. Diese elf Punkte wurden ausgewählt, da sie Brückners Interesse an Klimaschwankungen, seine Einschätzung der zeitgenössischen Analysen und Überlegungen

---

[2] Ein informativer Überblick über Brückners wissenschaftlichen Werdegang und seine Leistungen findet sich in Grosjean (1991).
[3] Dieses Einführungskapitel enthält einige Materialien, die zuerst von Stehr et al. (1995) veröffentlicht wurden.

zum anthropogenen Klimawandel (z. B. die weit verbreitete Sorge um die Austrocknung) und seinen Umgang mit dem Wissenstransfer in die Gesellschaft gut veranschaulichen.

1. Das Grundwasser und *der Typhus* [Grundwasser und Typhus. *Mitteilungen der Geographischen Gesellschaft* in Hamburg], Band III, 1887–1888.
2. „*Die Schwankungen des Wasserstandes im Kaspischen Meer, dem Schwarzen Meer und der Ostsee in ihrer Beziehung zur Witterung*", *Annalen der Hydrographie und Maritimen Meteorologie*, Band II, 1888.
3. *Wie konstant ist das heutige Klima? [In wie weit ist das heutige Klima konstant?]*, Verhandlungen des VIII Deutschen Geographentages, 1889.
4. *Klimaveränderungen seit 1700.* [Wien; E.D. Holzel, 1890];
   Kap. 2: *Der gegenwärtige Stand der Frage nach den Klimaveränderungen.*
   Kap. 9: Die *Periodizität der Klimaschwankungen, abgeleitet aufgrund der Beobachtungen über die Eisverhältnisse der Flüsse, den Zeitpunkt der Weinlese und die Häufigkeit strenger Winter [Die Periodizität der Klimaschwankungen, abgeleitet auf Grund der Beobachtungen über die Eisverhältnisse der Flüsse.*
5. „*Über den Einfluß der Schneedecke auf das Klima der Alpen*", *Zeitschrift des Deutschen und Österreichischen Alpenvereins*, 1893.
6. *Der Einfluß der Klimaschwankungen auf die Ernteerträge und Getreidepreise in Europa.* Geographische Zeitschrift, 1895.
7. *Wetterpropheten*, Jahresbericht der *Berner Geographischen Gesellschaft*, 1886.
8. *Eine Untersuchung über die 35jährigen Klimaschwankungen [Zur Frage der 35jährigen Klimaschwankungen]* Petermann's Mitteilungen, 1902.
9. *Über Klimaschwankungen.* Mittheilungen der Deutschen Landwirtschaftsgesellschaft, 1909.
10. *Klimaschwankungen und Völkerwanderungen.* Vortrag in der Kaiserlichen Akademie der Wissenschaften, Wien 1912.
11. *Die Besiedlung der Vereinigten Staaten unter dem Einfluss von Klima und Klimaschwankungen.* Memorial Volume of Transcontinental Excursion of 1912 of the American Geographical Society of New York, 1915.

Eduard Brückner und Albrecht Penck im Sommer 1893 auf einer Exkursion bei Flims (Graubünden, Schweiz). Entnommen aus Büdel, (1977)

Eduard Brückner und Albrecht Penck im Sommer 1893 auf einer Exkursion bei Flims (Graubünden, Schweiz). Entnommen aus Büdel, (1977).

11.2 Der Klimaforscher Eduard Brückner

11.2.1 Das Leben von Eduard Brückner

Man sagt, dass in den niederen Ländern [...] beobachtet wird, dass alle fünf und dreißig Jahre dieselbe Art und derselbe Anzug von Jahren und Witterungen wiederkehrt; wie große Fröste, große Nässe, große Dürren, warme Winter, Sommer mit wenig Hitze und dergleichen; und sie nennen es

die Prime. Das erwähne ich lieber, weil ich beim Zurückrechnen eine gewisse Übereinstimmung gefunden habe.
Francis Bacon [1561–1626] 1909–14.

Eduard Brückner wurde am 29. Juli 1863 in Jena, Deutschland, geboren.[4] Er lebte eine Zeit lang in Odessa, Russland, bevor er mit seinen Eltern nach Dorpat (heute Tartu, Estland) zog, wo er den Großteil seiner Kindheit verbrachte. Im Jahr 1879 wurde er auf die Schule in Karlsruhe (Deutschland) geschickt. Nach dem Abitur studierte er an den Universitäten von Dorpat, Dresden und München. Er besuchte Vorlesungen und Seminare in Geografie, Geologie, Paläontologie, Physik, Meteorologie und Geschichte. 1885 promovierte er unter der Leitung von Albrecht Penck in München mit einer Dissertation über die *Vergletscherung des Salzachgebietes* in Österreich. Im Jahr 1886 wechselte er zum Amt für *Seewetter* in Hamburg, um mit Wladimir Koppen zusammenzuarbeiten. Die ersten beiden von uns übersetzten Artikel stammen aus dieser frühen Periode seiner wissenschaftlichen Laufbahn. Sie betreffen den möglichen Zusammenhang zwischen dem Grundwasserspiegel und dem Auftreten von Typhus sowie die Beziehung zwischen den Schwankungen des Meeresspiegels und den Wetterbedingungen. Aufgrund seiner Dissertation wurde Brückner 1988 zum Professor für Geographie an der Universität Bern ernannt. Er blieb 16 Jahre lang in Bern und wurde 1899/1900 Rektor der Universität Bern. Während seines Aufenthalts in Bern hielt er Vorlesungen zu verschiedenen Aspekten der Geographie, bot aber auch regelmäßig öffentliche Vorlesungen an. 1904 nahm er ein Angebot der Universität Halle in Deutschland an und wechselte schließlich 1906 als Nachfolger seines früheren Lehrers Albrecht Penck an die Universität Wien. Brückner starb 1927 im Alter von 64 Jahren in Wien. In Wien engagierte er sich, wie auch in Bern, für die Vermittlung von akademischem Wissen an die breite Öffentlichkeit. Er war Vorsitzender einer Reihe von „*Volksthümlichen Universitätskursen*".

---

[4]Vgl. Grosjean (1991) und Oberhummer (1927).

Im Jahr 1890 veröffentlichte er die erste umfassende Abhandlung über rezente Klimaschwankungen, d. h. über Klimaschwankungen in „historischen Zeiten". Brückner (1894: 1) schreibt dem Leiter des bayerischen Wetterdienstes, C. Lang, die Entdeckung der dekadischen Klimaschwankungen in einer Studie über das Klima der Alpen zu.

Nach 1890 veröffentlichte Brückner nur noch einige kleinere Artikel über den Beobachtungsnachweis der Klimavariabilität (Brückner, 1895, 1902). Er erklärt die geringe Anzahl von Artikeln über den Beobachtungsnachweis mit dem Mangel an neuen und geeigneten meteorologischen Daten zu diesem Thema. Im heutigen Kontext von besonderer Bedeutung sind jedoch seine Artikel, in denen er über die geographischen und sozioökonomischen Auswirkungen des Klimawandels spekuliert, d. h. über die sozialen Folgen, die sich aus den Klimaschwankungen ergeben, wie z. B. Auswanderung, Einwanderung und Wanderungsbewegungen (Brückner, 1912; [1912] 1915; oder über Ernten, die Handelsbilanz von Ländern und Verschiebungen in der politischen Vorherrschaft von Nationen Brückner, 1894, 1895, 1909).

Er war davon überzeugt, dass die Frage des Klimawandels und seiner Auswirkungen von erheblichem wissenschaftlichem Wert ist und dass künftige Klimaveränderungen von großer Bedeutung für das Wohlergehen der Gesellschaft sowie für das strategische und wirtschaftliche Gleichgewicht der politischen und wirtschaftlichen Kräfte sind. Er präsentierte daher seine Schlussfolgerungen über die für das Ende des vergangenen Jahrhunderts erwarteten schwerwiegenden Auswirkungen des Klimawandels in Form von Vorträgen, die sich an die breite Öffentlichkeit und besonders betroffene Bevölkerungsgruppen, wie z. B. Landwirte, richteten. So präsentierte Brückner seine ersten Erkenntnisse über den Klimawandel nicht nur 1889 auf einem Kongress von Berufsgeographen in Berlin, sondern bereits ein Jahr zuvor in einem öffentlichen Vortrag mit dem Titel *„Ändert sich unser Klima?"* an der Universität Dorpat, der in der lokalen Presse gebührend gewürdigt wurde (Brückner, 1888). Später veröffentlichte Brückner (1894, 1909; der letzte Artikel ist unter Punkt 9 wiedergegeben) Zeitungsartikel über die allgemeine Frage des Klimawandels sowie über seine spezifischen wirtschaftlichen und sozialen Folgen. Seine Arbeiten zur Klimavariabilität wurden in der zeitgenössischen Presse ausführlich besprochen (z. B. *Neue Freie Presse*, Wien, 11. Februar 1891). Infolge dieser Aktivitäten und der Resonanz, die sie hervorriefen, fanden Brückners Arbeiten zur Klimavariabilität ein beachtliches Echo in der wissenschaftlichen Gemeinschaft der Klimaforscher (z. B. DeCoumy Ward, [1908] 1918), Soziologen (z. B. Sorokin, 1928: 120–124), Geographen (z. B., Huntington, 1915: 172–173; [1915] 1924: 25), Historiker (z. B. Le Roy Ladurie, [1971] 1988: 217, 220) und Physiker (z. B. Arrhenius, 1903: 570–571), aber bis zu einem gewissen Grad auch in der breiten Öffentlichkeit, wie die Tatsache zeigt, dass er bis in die 1950er Jahre in verschiedenen Enzyklopädien häufig als einflussreicher Klimaforscher erwähnt wurde. Huntington (1915:172) erhebt Eduard Brückner zu „*einer der wichtigsten europäischen Autoritäten auf dem Gebiet des Klimas*" und schreibt ihm zu, eine Art Paradigmenwechsel in der Klimaforschung eingeleitet zu haben: „*Seit der Veröffentlichung von Brückners weithin bekanntem Buch über ‚Klimaveränderungen seit 1700' hat es eine starke und wachsende Tendenz gegeben, das Klima als eine dynamische statt als eine statische geographische Kraft zu behandeln*" (Huntington, 1916: 192).

11.2.2 Die Analyse der Klimavariabilität von Eduard Brückner

Im folgenden Abschnitt fassen wir Brückners Versuch zusammen, die Belege für synchrone Klimaschwankungen auf globaler Ebene aus seinen begrenzten Daten und begrenzten Rechenkapazitäten zusammenzufassen. Der größte Teil dieser Synthese ist in seiner Monographie von 1890 beschrieben.

Brückner (1889: 2) gibt an, dass er abgesehen von den Informationen über die schrumpfenden Gletscher in den Alpen zum ersten Mal auf die Möglichkeit von Klimaveränderungen aufmerksam gemacht wurde, und zwar aufgrund von Beobachtungen über sich verändernde Wasserstände in der Ostsee, dem Kaspischen und dem Schwarzen Meer. Die Veränderungen der Wasserstände schienen einem bestimmten Muster zu folgen. Der Rhythmus der Veränderungen ähnelte den Veränderungen in den Gletschern der Alpen.

In seiner ausführlichen Erörterung der „rezenten" Klimaschwankungen begründete Brückner (1890) seinen Ansatz, indem er sich auf die Studien von E. Richter, C. Lang und A. Swarowsky bezog. Richter kam zu dem Schluss, dass die Ursachen für die säkularen Schwankungen eines bestimmten Gletschers (*des Obersulzbachgletschers* in Österreich) in mehrjährigen Feucht- und Trockenperioden in dieser Region liegen. Lang zeigte, dass dieses Ergebnis für den gesamten Alpenraum gültig ist. Swarowsky stellte eine auffällige Korrelation zwischen den Schwankungen des Wasserspiegels des Neusiedler Sees, eines Sees ohne Abfluss in der Nähe der österreichisch-ungarischen Grenze, und den säkularen Schwankungen der Gletscher in den Alpen fest und zeigte damit, dass Seen ohne Abfluss hervorragende Indikatoren für säkulare Klimavariabilität sind.

In seiner 1890 erschienenen Monographie über Klimavariabilität begann Brückner seine Analyse mit einer sorgfältigen Untersuchung des weltweit größten „Sees" ohne Abfluss, des Kaspischen Meeres. Brückner kam zu dem Schluss, dass die Ergebnisse von Lang nicht nur für die Alpen gelten, sondern auch auf das riesige Einzugsgebiet des Kaspischen Meeres übertragen werden können (Brückner 1890: 86). Er stellte fest, dass die Klimaschwankungen einem charakteristischen 35-Jahres-Muster folgten, wobei sich feuchte und kühle Bedingungen mit trockenen und warmen Bedingungen abwechselten.

Diese induktive Methode, Ergebnisse aus einer kleineren Region auf eine größere zu übertragen, ist übrigens typisch für Brückners Vorgehen, und so sucht er in den Daten mehrerer anderer Seen ohne Abfluss in der ganzen Welt nach Signalen für säkulare Schwankungen. Brückner stellt fest, dass allein die Existenz von Wasserschwankungen in den Seen die Vermutung zulässt, dass in den entsprechenden Einzugsgebieten säkulare Klimaschwankungen stattfinden (Brückner 1890: 115). **In** einem weiteren Schritt wendet Brückner das Konzept, die Wasserstände von Seen an die Niederschläge in den entsprechenden Regionen zu koppeln, auch auf *Flußseen* und sogar Flüsse an und behauptet damit die Existenz einer mehr oder weniger synchronen Klimaschwankung über die gesamte Landmasse der Welt (Brückner 1890: 132).

Die Brückner zur Verfügung stehenden instrumentellen Beobachtungen reichten etwa 100 Jahre zurück. In diesen Daten erkannte er einen Rhythmus von 35 Jahren mit abwechselnd feuchten/kühlen und trockenen/warmen Episoden. Um diese charakteristischen Klimaschwankungen weiter zurückzuverfolgen, untersuchte Brückner auch die Beobachtungsdaten über die Eisverhältnisse der Flüsse, die Weinlese und die Häufigkeit starker Winter. Seinen Daten zufolge konnte Brückner 25 quasi-periodische Zyklen von etwa 35 Jahren Länge während der letzten 1000 Jahre feststellen (Brückner 1890: 286).

Er betonte die Tatsache, dass seine Art der Variabilität nicht streng periodisch war, sondern dass die abwechselnden feuchten und trockenen Perioden im Durchschnitt etwa 35 Jahre dauerten. Diese Tatsache ist insofern bemerkenswert, als sich in Brückners Jahren die Mode entwickelte, Zeitreihen aller Art in ihre Fourier-Komponenten zu zerlegen, um zu versuchen, die Zeitreihe als eine Summe vorhersagbarer Komponenten zu beschreiben. Brückner hat sich natürlich von dieser Mode ferngehalten, von der sich später herausstellte, dass sie auf einem vereinfachenden Missverständnis der Mathematik statistischer Zeitreihen beruhte.[5]

---

[5] Die Faszination für die Idee periodischer Zyklen zur Beschreibung und Erklärung des Entstehens und Vergehens geologischer Phänomene, von Pflanzen und Tieren sowie sozialer und wirtschaftlicher Prozesse war zu Brückners Zeit in der Wissenschaft noch lebendig. Das *Handbuch der Meteorologie* von Sir N. Shaw aus der Mitte der 1930er Jahre enthielt eine seitenlange Aufzählung verschiedener Perioden, die in meteorologischen Daten zu finden waren. Die Überzeugung, dass „die gesamte Geschichte des Lebens eine Aufzeichnung von Zyklen ist" (Huntington, 1945: 453), war weit verbreitet. Die Faszination rührt daher, dass ein Prozess, der aus der Überlagerung einer endlichen Zahl periodischer Teilprozesse besteht, vorhersagbar ist: „Es wird ein großer Segen für die Menschheit sein, wenn wir lernen, die genauen Zeitpunkte vorherzusagen, zu denen Zyklen verschiedener Art ‚bestimmte Stadien erreichen'" (Huntington, 1945: 458). In den 1920er und 1930er Jahren zeigte der russische Mathematiker Slutsky, dass die Fourier-Analyse einer statistischen Zeitreihe immer einige Periodizitäten zeigt, selbst wenn die Zeitreihe frei von solchen Periodizitäten konstruiert ist. Analysiert man verschiedene Teile einer solchen Zeitreihe, so tauchen verschiedene Periodizitäten auf und verschwinden wieder. Trotz dieser heute gut verstandenen Erkenntnis ist das Interesse in gewissen Kreisen, insbesondere bei wissenschaftlichen Laien, nicht erloschen. Im Gegenteil: 1941 führte das Interesse an der Erforschung von Zyklen zur Gründung der „Foundation for the Study of Cycles" durch Edward R. Dewey. Diese Stiftung besteht bis heute und hat nach eigenen Angaben mehr als 3000 Mitglieder.

Er spekulierte, dass der dynamische Mechanismus hinter seiner Quasi-Oszillation mit einem unbekannten solaren Antriebsmechanismus zusammenhängt (Brückner 1890: 240, 242), war sich aber bewusst, dass es keinen Beobachtungsnachweis für eine solche Oszillation gibt. In diesem Zusammenhang verneinte Brückner jeden Zusammenhang zwischen säkularen Klimaschwankungen und Schwankungen der Sonnenfleckenaktivität (Brückner 1890: 242).

Auf der Grundlage dieser 35-jährigen Oszillation prognostizierte Brückner für die Jahrhundertwende eine Trockenperiode (Brückner 1890: 286, 287) mit schwerwiegenden negativen Folgen für die Ernten in kontinentalen Regionen wie Nordamerika, Sibirien und Australien. Es ist bemerkenswert, dass dieses Vorhersageschema Brückner in die Lage versetzt hätte, die „Staubschüssel" im mittleren Teil der Vereinigten Staaten vorherzusagen, die in den dreißiger Jahren dieses Jahrhunderts tatsächlich eintrat.[6]

Er spekulierte, dass der dynamische Mechanismus hinter seiner Quasi-Oszillation mit einem unbekannten solaren Antriebsmechanismus zusammenhängt (Brückner 1890: 240, 242), war sich aber bewusst, dass es keinen Beobachtungsnachweis für eine solche Oszillation gibt. In diesem Zusammenhang verneinte Brückner jeden Zusammenhang zwischen säkularen Klimaschwankungen und Schwankungen der Sonnenfleckenaktivität (Brückner 1890: 242).

Brückners Methoden beschränkten sich hauptsächlich auf die explorative statistische Analyse von Zeitreihen, da konfirmatorische Instrumente wie Konfidenzintervalle oder Hypothesentests in

---

[6] Im Jahr 1915 sagte Brückner voraus, dass bis 1920 in den Vereinigten Staaten „ein Maximum an Feuchtigkeit zu erwarten ist" (Brückner, 1915: 132). Diese Vorhersage stützte sich auf zwei Informationen: erstens auf die dynamische Erkenntnis, dass es eine 35-jährige Oszillation gibt, und zweitens auf Brückners Feststellung, dass die Niederschläge um 1900 ihr Minimum erreicht hatten. Auf kontinentaler Ebene war seine Vorhersage falsch (Bradley et al., 1987: Abb. 6), aber auf regionaler Ebene stimmten seine Vorhersagen mit der tatsächlichen Entwicklung überein: Der Große Salzsee zeigte zwischen 1910 und 1930 maximale Wasserstände. Eine andere Vorhersage, die auf den gleichen Überlegungen beruhte, nämlich dass die USA Mitte der 1930er Jahre erneut unter einer Dürre leiden würden, wurde von Brückner nicht präzisiert. Tatsächlich sank der Wasserstand des Great Salt Lake Anfang der 1930er Jahre stark ab. Auch die „*Dust Bowl*"-Dürre, die zu anhaltenden katastrophalen Missernten in Zentralnordamerika führte, ereignete sich Mitte der 1930er Jahre.

Verbindung mit dem, was man als gesunden Menschenverstand bezeichnen könnte, nicht entwickelt wurden. Er war nicht vertraut mit dynamischen Argumenten (z. B. in Bezug auf den geostrophischen Wind, der den Meteorologen jener Zeit wohlbekannt war), und er kannte keine Theorien über die allgemeine Zirkulation der Atmosphäre (er erkannte nicht den unterschiedlichen dynamischen Charakter der Tropen im Vergleich zu den außertropischen Westwindgebieten).

Beeindruckend für moderne Klimaforscher, die es gewohnt sind, von Computern und digitalen Datenbeständen unterstützt zu werden, ist der Umfang der von Brückner geleisteten Rechenarbeit. Es scheint, dass er alle Berechnungen selbst durchgeführt hat. Er berechnete 5-Jahres-Summen, *Lustrum* genannt, und überprüfte deren Konsistenz durch den Vergleich von Aufzeichnungen benachbarter Stationen. Wenn die Daten benachbarter Stationen irgendwann voneinander abweichen, schloss er daraus, dass eine der beiden Aufzeichnungen durch künstliche Effekte verunreinigt ist, z. B. durch die Verschiebung eines Instruments (z. B. eines Wasserstandsmessers). Er versuchte, solche *Inhomogenitäten zu* korrigieren, und „berechnete Korrelationen zwischen seinen verschiedenen Zeitreihen", um den Grad der Ähnlichkeit zwischen ihnen festzustellen. Allein das Sammeln der Daten, das Überprüfen ihrer Konsistenz und das Berechnen ihrer statistischen Daten muss ein enormer Aufwand gewesen sein, der für einen mode---rnen Wissenschaftler kaum vorstellbar ist. Seine methodische Herangehensweise ähnelt dem, was wir heute tun, wenn wir zum Beispiel Aufzeichnungen über die globale Durchschnittstemperatur erstellen. Der Unterschied besteht natürlich darin, dass die Arbeit nicht mehr von menschlichen Computern erledigt wird, sondern von elektronischer Hardware, die von Menschen überwacht wird.

11.3 Klimawandel. Klimapolitik und Gesellschaft

Zahllos sind die Hypothesen und Theorien, die über Änderungen des Klimas in der Vergangenheit aufgestellt wurden und naturgemäß mehr oder minder lebhaft das Interesse weiterer Kreise in Anspruch nahmen, lässt doch der strenge Nachweis einer in vergangenen Zeiten vor sich gegangenen Änderung

des Klimas sofort den Gedanken an die Möglichkeit einer zukünftigen Änderung auftauchen; eine solche aber könnte sich nicht ohne einschneidende Wirkung auf das wirthschaftliche Leben der Völker vollziehen.
Eduard Brückner (1890: 2)

Die Begriffe „Klimavariabilität", „Klimawandel" und „Klimaauswirkungen" stoßen heute nicht nur in der klimatologischen, meteorologischen und ozeanographischen Gemeinschaft auf großes Interesse (von Storch und Hasselmann, 1996), sondern auch in den Wissenschaften, die sich mit klimasensiblen Systemen befassen, wie Biometeorologie, Ökologie, Küstenschutz oder Sozialwissenschaften. Die Diskussion über das „Klimaproblem"[7] ist keineswegs auf die wissenschaftliche Gemeinschaft beschränkt. Sie stößt auf großes Interesse in der breiten Öffentlichkeit (Lacey und Longmann, 1993), die vielleicht von der Erwartung katastrophaler Entwicklungen als Folge künftiger anthropogener Klimaveränderungen heimgesucht wird (Stehr und von Storch, 1996). Belege für die öffentliche und wissenschaftliche Beschäftigung mit dem „Klimaproblem" sind Institutionen wie der „Intergovernmental Panel on Climate Change" (IPCC) und internationale Konferenzen mit dem Ziel der Einrichtung internationaler Klimakonventionen.

Die Mehrheit der Wissenschaft und der Öffentlichkeit betrachtet das Klimaproblem als eine *neue* Herausforderung. Obwohl die meisten „Klimatologen" und Meteorologen in den letzten zwei Jahrhunderten davon überzeugt waren und es fast als Axiom betrachteten, dass das globale Klima in historischen Zeiten konstant ist,[8] haben einige

---

[7] Wir setzen den Begriff „Klimaproblem" in Anführungszeichen, weil er nicht genau definiert ist. Naturwissenschaftler verbinden mit dem Begriff das Verständnis, die Vorhersage und eventuell die Kontrolle von Klimaschwankungen. Sozialwissenschaftler hingegen betrachten die Wahrnehmung des Klimas und seine sozialen und politischen Auswirkungen als „Klimaproblem".

[8] Brückner (1889: 2) stellt fest, dass im 19. Jahrhundert eine deutliche disziplinäre Trennung in Bezug auf die Frage des Klimawandels zu beobachten war: Geographen und Geologen neigten eher dazu, einen anhaltenden Klimawandel für eine Realität zu halten, während Meteorologen die These vertraten, dass das Klima eine Konstante sei. Brückner (1890: 2) bietet eine Erklärung dafür, warum die meisten professionellen Meteorologen und viele Geographen zu jener Zeit zum Thema Klimawandel eher schwiegen; er stellt sogar fest, dass es ihnen peinlich war, sich an der Forschung und Diskussion über den Klimawandel zu beteiligen. Der Grund für diese Zurückhaltung liegt in der Fülle konkurrierender Hypothesen über den Klimawandel, die zu Beginn

Klimatologen, Geographen und Meteorologen des 19. Jahrhunderts behauptet, dass das Klima *kein* konstantes Phänomen ist (z. B., Brückner, 1890; Hann, [1883] 1893: 362) und erkannten an, dass das Klima nicht nur auf geologischen Zeitskalen (Tausende von Jahren und länger), sondern auch auf dekadischen und Jahrhundert-Zeitskalen aufgrund von natürlichen und anthropogenen Prozessen schwankt.

Die Prozesse, die um die Jahrhundertwende als Ursache für Klimaschwankungen und -veränderungen diskutiert wurden, waren andere. Die *„natürliche* Variabilität", die nichts mit den Aktivitäten des Menschen zu tun hat, wurde spekulativ auf astronomische Faktoren wie die Sonnenaktivität und auf Prozesse im Erdinneren zurückgeführt. Auch die Vorstellung von deterministischen periodischen Prozessen fand in der Klimatologie große Beachtung. Man ging davon aus, dass der *anthropogene* „Klimawandel" das Ergebnis menschlicher Aktivitäten ist, wie z. B. der Ab- und Wiederaufforstung oder der Neuanpflanzung von Land in Nordamerika. Die Möglichkeit, dass anthropogene Kohlendioxidemissionen das globale Klima verändern könnten, wurde erstmals von dem Chemiker Svante Arrhenius (1896; 1903) erörtert, aber von ihm als realistische Perspektive für die nächsten paar hundert Jahre abgetan.

Die intensive Debatte unter den Klimaforschern um die Jahrhundertwende trat in den Hintergrund, als sich ein neuer disziplinärer Konsens herausbildete, der bis vor kurzem vorherrschend blieb, nämlich dass das globale Klimasystem übergeordnete Gleichgewichtsprozesse enthält, die für Widerstandsfähigkeit gegen säkulare Klimaschwankungen sorgen; auftretende Schwankungen wurden als um einen ziemlich stabilen mittleren Klimazustand verteilt angesehen. Jede Anomalie, die sich über einige Jahre hinzieht, würde durch eine entgegengesetzte

---

des Jahrhunderts formuliert wurden. Frühere Bemühungen führten jedoch nur zu vielen widersprüchlichen Stimmen über die Natur des Klimawandels, sodass die Klimaforscher dann zögerten, zur Kakophonie der bloßen Meinungen beizutragen. Noch 1959 beklagt der bekannte Klimatologe H. Lamb, dass viele seiner Zeitgenossen das Klima als etwas Statisches betrachten. (Lamb, 1959).

Anomalie zu einem anderen Zeitpunkt wieder aufgehoben. Im Durchschnitt würde sich nichts ändern. Ein Grund dafür, dass die Wahrnehmung von Klimaschwankungen auf historischen Zeitskalen unpopulär wurde, könnte die Ablehnung des „Katastrophismus" und die spätere Akzeptanz des „Uniformitarismus" in der Geologie sein, wie er von Lyell in den 1830er Jahren vorgeschlagen wurde. Einige der sozialwissenschaftlichen Theorien über die Auswirkungen des Klimas auf die Zivilisationen, z. B. von Sombart ([1911] 1951: 324; 1938), Ploetz (1911) oder Hellpach (1938), beruhen tatsächlich auf der ausdrücklichen Annahme konstanter klimatischer Bedingungen (vgl. Stehr, 1996). In der damaligen Öffentlichkeit verdrängten andere dringende Fragen und Anliegen die Überlegungen zum Klimawandel und seinen Auswirkungen auf die Gesellschaft.

Im Folgenden versuchen wir, die lebhaften Diskussionen zwischen Geographen, Meteorologen und Klimatologen wiederzugeben, die gegen Ende des letzten und zu Beginn dieses Jahrhunderts stattfanden. Wir bemühen uns, die Dynamik der Diskussion und den Grad ihrer Verbreitung in der Öffentlichkeit zu analysieren, mit der ausdrücklichen Absicht, die damalige Situation mit den heutigen Diskussionen über Klimaschwankungen und -veränderungen sowie über klimapolitische Maßnahmen zu vergleichen, die darauf abzielen, das Risiko des Klimawandels zu vermeiden oder abzuschwächen oder eine reibungslose Anpassung zu ermöglichen.

Wir konzentrieren uns auf zwei der Hauptakteure dieser frühen Diskussion über Klimaschwankungen und -veränderungen auf Zeitskalen von Jahrzehnten, nämlich die bereits vorgestellten Eduard Brückner und Julius Hann, beide Professoren in Wien für einen bedeutenden Teil ihres Lebens. Wir werden ihre unterschiedlichen sozialen Rollen, ihre Einstellung zur Rolle der Öffentlichkeit und ihr Verständnis ihrer eigenen Arbeit als Teil eines multiplen Kontexts diskutieren, in dem sie versuchten, verschiedene Funktionen zu spielen. Wir werden zeigen, dass die beiden Protagonisten, Brückner und Hann, Rollen und Selbstverständnisse verkörpern, die den heutigen Rollen von Klimatologen in Diskussionen innerhalb und außerhalb der wissenschaftlichen Gemeinschaft über die wissenschaftliche Bedeutung und die gesellschaftlichen Auswirkungen von Klimaschwankungen und -veränderungen ähneln.

Wir schlagen vor, dass das „Klimaproblem", wie es von Wissenschaftlern und der Öffentlichkeit um die Jahrhundertwende wahrgenommen wurde, ein wertvolles historisches Analogon für heutige Debatten über das „Klimaproblem" darstellt.

11.3.1 Julius Hann und seine Sicht der Klimavariabilität

Der vor hundert Jahren bekannteste professionelle Meteorologe und Klimaforscher war Brückners um mehr als zwanzig Jahre älterer Wiener Kollege Julius Hann (1839–1921). Hann studierte Mathematik, Physik, Geologie und Geographie an der Universität Wien. Nach einer Gymnasiallehrerkarriere wurde er Professor für Physik an der Universität Wien und 1897 Professor für Meteorologie an der Universität Graz. 1900 wurde Hann auf den neu geschaffenen Lehrstuhl für kosmische Physik an der Universität Wien berufen und war dort gleichzeitig Direktor des Instituts für Meteorologie und Geodynamik.

Wie Eduard Brückner (1923: 152) in seinem Nachruf hervorhebt, war Hann zweifellos einer der wichtigsten, wenn nicht sogar der einflussreichste Meteorologe seiner Zeit und der Begründer der modernen Meteorologie und Klimaforschung als der wissenschaftlichen Analyse der Physik der Atmosphäre (siehe auch Steinhauser, 1951; Kahlig, 1993).

Er war deskriptiv orientiert; mit anderen Worten, Hann war vor allem bemüht, die empirischen und quantitativen Grundlagen für die verschiedenen meteorologischen Phänomene und Prozesse zu etablieren. Er erkannte früh die Bedeutung dreidimensionaler Beobachtungssysteme und setzte sich für die systematische Errichtung von meteorologischen Beobachtungsstationen in den Alpen ein. In der Meteorologie ist er (unabhängig von Helmholtz) für die Entdeckung der thermodynamischen Theorie des Föhns bekannt; die Klimaforschung verdankt ihm den weit verbreiteten Gebrauch quantitativer Methoden. Darüber hinaus war Hann mehr als fünfzig Jahre Herausgeber des international anerkannten Fachjournals *Meteorologische Zeitschrift*. Hann war ein ausgesprochener Feind spekulativen Denkens. Sein vorrangiges Ziel war immer wieder, die Erhebung und Bestimmung meteorologischer Tatsachen zu verbessern (Brückner, 1923: 155). Hann starb 1921 im Alter von 83 Jahren in Wien.

Julius Hann veröffentlichte das erste wissenschaftliche Textbuch zur Meteorologie und Klimaforschung. Dies zuerst 1883 und dann in mehreren Auflagen und Übersetzungen erschienene *Handbuch der Klimatologie*, das heißt sieben Jahre vor der Publikation von Brückners Studien zur Klimaschwankung, wurde schnell zu einem Standardwerk in der meteorologischen Lehre und Forschung (siehe auch Brückner, 1922; Köppen, 1923: vi; Knoch, 1932: viii).[9]

Im Gegensatz zu den späteren *Handbuch* Ausgaben, fasst die erste Ausgabe den Wissensstand in der Klimatologie zusammen – zu jener Zeit noch als *Hilfswissenschaft* der Geographie (Hann, 1883: 5; und Köppen, 1923: 1) bezeichnet, beschäftigte sich jedoch nicht ausdrücklich mit den Folgen der Klimavariabilität. Als Reflexion auf die Voreingenommenheit jener Zeit mit dem Thema der Periodizität des Klimas unterscheidet Hann zwischen zwei Arten von Klimaschwankungen, namentlich „progressive" (das heißt hier vorherrschende) Transformationen oder, in moderner Terminologie „Klimawechsel" (siehe von Storch und Hasselmann, 1995) und „zyklischen" Veränderungen (das bedeutet Fluktuationen oder Schwankungen um ein konstantes Mittel mit bestimmten charakteristischen Zeiten oder Perioden, in moderner Begriffsform als „Klimavariabilität" definiert). Die hier relevanten zeitlichen Perioden des Klimawechsels welcher dem [letzteren] zyklischen Muster entspricht, könnten entweder auf eine deduktive (durch das Postulat bestimmter Kräftemechanismen wie der Sonnenaktivität) oder (induktiver Begründung durch das Filtern von Beobachtungsaufzeichnungen) gefunden werden. Nach Hann sollte es auch möglich sein, fortschreitenden Klimawechsel entweder durch langzeitliche Trendstudien der Temperaturen im Kerninnern der Erde oder der Sonnen[energie]ausstrahlung zu verfolgen. Jedoch unternimmt Hann es nicht, diese Ansichten im Einzelnen zu verfolgen.

Was das diesbezügliche empirische Material angeht, bezieht sich Hann ([1883] 1897: 390) auf beide, nicht-instrumentale und instrumentale Beobachtungen von Temperatur und Niederschlag, sowie

---

[9] Eine englische Übersetzung, die auf der zweiten Auflage des *Handbuch*s basierte, wurde 1903 veröffentlicht (Hann, 1903).

allgemeiner Tatsachen und Feststellungen zum Klimawechsel einer breit gefächerten Gruppe von Beobachtern – und sogar nachvollzogen aus disparaten historischen Aufzeichnungen. Er legt besonderen Nachdruck auf eine kritische Auseinandersetzung mit den Aufzeichnungen dieser Klimabeobachtungen. Offensichtlich können solche Aufzeichnungen nur dann von Wert sein, wenn die Durchführung der Beobachtungen, deren Archivierung und, wo möglich, Anbringung von Korrekturen der rohen Daten konstant unterhalten und auf dem laufenden gebracht werden (vgl. Jones, 1995). Die für Hann verfügbaren historischen Daten erreichten im Allgemeinen nicht diese Bedingungen an Homogenität. Bei näherer Untersuchung fand er, dass die in den vergangenen 150 Jahren aufgezeichneten Daten fast immer durch zeitbedingte Vorurteile und Wechsel der Observationspraktiken verwischt waren, deren älteste Instrumentenaufzeichnungen zwangsläufig innerhalb der sich rasch ausdehnenden Städte begannen und daher die „Urbanisation" reflektierten[10], während z. B. Regenmessungen ursprünglich auf hoch platzierten (z. B. Dächern) Stationen ernstliche Abweichungen in der vergleichbaren Messtechnik mit sich brachten (siehe Karl et al., 1993).

Auf der Basis solcher methodischen Fallgruben oder Fehleinschätzungen bezüglich der Qualität von Daten war Hann generell eher skeptisch gegenüber wissenschaftlichen Behauptungen identifizierter Klima-Variabilität und klimatischen Veränderungen beim allgemeinen Beobachten und Verwerten von diesbezüglichen Aufzeichnungen. Insbesondere folgerte er, dass der Beweis fehle für systematische Trends („progressive Veränderungen") des Klimas während der historischen Periode aus den erhältlichen Daten von anderen Jahrhunderten, Kontinenten und Ländern, welche alle samt und sonders nicht genügend aussagekräftig sind (siehe Hann, [1883] 1897: 390). Es wurde die Hypothese aufgestellt, dass die kontinentalen Vereinigten Staaten von Amerika im 19. Jahrhundert einer anthropogenen Klimaveränderung in der Natur ausgesetzt gewesen seien – aufgrund der Folgen aus einer rasch zunehmenden Besiedelung. Hann hat

---

[10] Hann gebrauchte den Ausdruck „Stadttemperaturen".

mit Whitney daraus geschlossen (1894), dass es keine harten Beweise für einen derartigen [zeitkonformen] Klimawechsel auf dem nordamerikanischen Kontinent gibt (Hann [1883] 1897: 392).

Im Falle der Klima*variabilität* war Hann keineswegs so zögernd. Zwar war er skeptisch gegenüber strikt periodischen Klimaschwankungen,[11] besonders bezüglich jedweder hypothetischen Verbindung zwischen Schwankungen in der Sonnenfleckenaktivität (welches gleichzeitig als Beispiel für eine deduktive Methode der Periodizität dient) und meteorologischen Elementen wie Temperatur, Niederschlag oder Wechsel in der Formation von Eisfeldern kursieren noch heutzutage. Er kam im Gegenteil zu dem Schluss, dass der Einfluss der Sonnenfleckenaktivität auf die Klimamodelle unbedeutend sei. Ferner lehnte er die Möglichkeit jeglicher Vorherbestimmung oder Kausalverbindung zwischen Klimaschwankungen und Sonnenfleckenaktivitäten ab (Hann, [1883] 1897: 394).

Hann erwägt und beurteilt Brückners quasi Schwingungen von 35 Jahreszyklen wesentlich günstiger, zumal sie auf reichliche Daten unterschiedlicher Herkunft basieren. Brückners Entdeckung scheint für viele Gebiete und Perioden zu gelten und wurde durch Beobachtungen über Veränderungen bei den Ausdehnungen der Alpengletscher unterstützt, wie Richter 1891 anmerkt. Ebenfalls konnte dies durch die Untersuchung von Daten aus anderen Gebieten bewiesen werden. Hann ([1883] 1897: 400) machte keinerlei ernsthafte, unabhängige Anstrengungen, die dynamischen Zusammenhänge von Brückners observiertem Beweismaterial zu erklären. Stattdessen beschränkte er sich auf Bemühungen, die Existenz von Modellfolgen der Klimaschwankungen zu liefern.

---

[11] Damals war es besonders beliebt, nach einer Periodizität der Daten über Serien von Zeitabschnitten zu forschen. Davor hatte *Fourier* gezeigt wie beliebige Zeitabschnitte in bestimmbare Summen periodischer Komponenten zerlegt werden, wodurch es im Prinzip möglich sei, die „dominierende Periodizität" zu extrapolieren. Bedauerlicherweise wurde der „stochastische" Charakter nach den Gesetzen der Wahrscheinlichkeit (z. B. Jenkins und Watts, 1968) der Serien von Zeitabschnitten noch nicht genügend verstanden, sodass beinahe alle Perioden in den Daten oder anderen Gruppe von Daten als dominant erschienen. Wenn die Perioden für Prognosezwecke angewandt werden, verschwindet die Periodizität stets völlig. Die Gründe für dies Verhalten werden heutzutage voll verstanden, mussten jedoch sehr enttäuschende Wirkungen bei den Wissenschaftlern um die Jahrhundertwende hinterlassen. Überreste dieser Jagd nach Periodizität sind noch immer virulent vorhanden und werden sogar jetzt noch von mathematisch ungenügend ausgebildeten Wissenschaftlern und sog. Hobbywissenschaftlern angewandt.

Hann beleuchtet die Tatsache, dass Brückners Beobachtungen es ermöglichen, die widersprüchlichen Aspekte der Klimaschwankungen in den bezeichneten Gebieten zu beleuchten, da sie „offensichtlich" in unterschiedlichen Phasen während der 35jährigen Periode avancierten.

Tatsächlich enthält die zweite Ausgabe des 1897 publizierten **Handbuchs** einen 40 Seiten umfassenden Abschnitt über Klimavariabilität, welcher sich auf Brückners Forschungen konzentriert. In der 1932 veröffentlichten vierten Ausgabe des **Handbuches** folgt Karl Knoch als Autor des Handbuchs und als Nachfolger Hanns (Hann und Knoch, [1883] 1932) dieser Thematik. Diese vierte Ausgabe befasst sich noch wesentlich systematischer mit der Klimavariabilität, obgleich die Zusammenfassung dort ein wenig kritisch klingt. Ein wesentliches Gewicht wird dort auf Beiträge gelegt, welche den Versuch unternehmen, die Stabilität des Klimas über historische Zeiträume darzustellen und man verweist auf das Fehlen von Beweisen säkularer Schwankungen (siehe Berg, 1914).

11.3.2 Klimavariabilität und gesellschaftliche Bedeutung

Für Brückner war es offensichtlich, dass Klimavariabilität eine direkte Auswirkung auf viele Aspekte der Gesellschaft hat, einschließlich der Wirtschaft, Umweltökologie, Gesundheit der Menschen, und sogar auf das politische Gleichgewicht zwischen Völkern und Nationen. Daher ist es von besonderem Interesse zu untersuchen, wie Brückner und Hann auf diese Herausforderungen reagierten, ihre Erkenntnisse der wissenschaftlichen und allgemeinen Öffentlichkeit als Warnungen vor bevorstehenden Klimawechseln anzutragen, aber auch als Instrumente zum Aufzeichnen von Strategien in der Auseinandersetzung mit klimatischen Schwankungen. Interessanterweise reagierten die beiden Wissenschaftler sehr unterschiedlich auf jene Aspekte.

Julius Hann verwirft soziale Auswirkungen vollkommen. Er erwähnt nicht einmal mögliche soziale Konsequenzen hervorgerufen durch Klimaschwankungen. Getreu dem in jener Zeit vorherrschenden Eigenkonzept der Klimatologie als im Wesentlichen beschreibende und aufzeichnende (z. B. Hann und Knoch, [1883] 1932: 3) „junge"

Wissenschaft (z. B. Köppen, 1923: v), erforscht Hann vorhandene Merkmale der Klimavariabilität und unternimmt es daraufhin zu beweisen, ob die [deduzierten] Daten die Argumente über das Phänomen des Klimawechsels unterstützen.

Brückner, andererseits, diskutiert nicht nur Art und Umfang von Klimaschwankungen, sondern betont die möglichen Konsequenzen für die Gesellschaft.[12] Obgleich die dynamischen Ursachen der beobachteten Schwankungen noch ziemlich unbekannt waren, überzeugte er sich davon, dass es genügend Gründe gab anzunehmen, daß die praktischen Auswirkungen der Schwankungen allgemein von größter Bedeutung seien (siehe Brückner, 1889: 11).

In dem gegenwärtigen Sprachgebrauch der Sozialwissenschaften stellen Brückners Erkenntnisse eine Art „praktischen Wissens" (Stehr, 1991) dar. Brückner beginnt mit jenen Störungen, welche durch Klimavariabilität hervorgerufen sein könnten: Das mit Gletschern bedeckte Gebiet variiert in Größe und Volumen, dem Wasserspiegel, das Auftreten [und Verschwinden] von Seen und Flüssen, das Ausmaß an Überschwemmungen, sie alle sind sensitiv abhängig von den klimatischen Bedingungen. Derartige Störungen würden sich hauptsächlich auf die Schifffahrt und den Handel auswirken und, in geringerem Ausmaße, auf die Landwirtschaft. Eine Änderung im Wasserspiegel und insbesondere in der Dauer der Eisdecke in den Flüssen würde Auswirkungen auf die Navigation in diesen Gewässern haben und daher auf die Leistungen im Güterverkehr. Ein weiterer sehr wichtiger Aspekt betrifft die Landwirtschaft (siehe ebenfalls Brückner, 1894). Klimatische Schwankungen haben naturgemäß einen wesentlichen Einfluss auf die Landwirtschaft, obgleich deren Auswirkungen erheblich von den zu erntenden Produkten abhängt. Brückner schließt daraus, dass mehr als zwei Drittel des überdurchschnittlich guten Ernteertrages in (Zentral- und West-Europa) mit warmen und trockenen Perioden zusammenfällt und ein verhältnismäßig gleich hoher

---

[12] In seiner 1890 erschienenen Monographie widmet Brückner (1890: 273–290) diesen Zusammenhängen ein ganzes Kapitel: „Die Bedeutung der Klimaschwankungen für Theorie und Praxis".

Anteil schlechter landwirtschaftlicher Erträge mit nassen und kalten klimatischen Perioden in denselben Gegenden ebenfalls zusammenfällt. In Regionen mit überwiegendem Meeresklima würden verstärkt auftretende Sommerregen zu Fehlernten führen, während in mehr kontinentalen Klimagebieten, wie zum Beispiel im zentralen Nordamerika oder in Russland verstärkte Sommerregen die Landwirtschaft begünstigen würde (Brückner, 1894: 2, 1915: 137–138). In seinem 1915 erschienenen Aufsatz fasst Brückner die Beziehungen zwischen klimaabhängigen Ernten und der Auswanderung nach Amerika in einer Anzahl eindrucksvoller Kurven zusammen, welche als Abb. 1 wiedergegeben werden.

Eduard Brückner (1890: 279–282) stellt ebenfalls die Hypothese des Vorhandenseins einer festen Verbindung zwischen Klimaschwankungen und der des Gesundheitswesens dar. Er nennt ein einziges Beispiel, namentlich eine Beziehung zwischen dem Auftreten von Typhus und den Grundwasserständen, welche durch sich langsam entwickelnde Schwankungen von klimatisch bedingten Faktoren beeinflusst werden. Nach Untersuchungen von Aufstellungen der Typhustodesfälle in Mitteleuropa schließt Brückner zumindest teilweise aus den zu beobachtenden Besserungen der rückläufigen Statistiken über jene Todesfälle durch Typhus seit Auftreten der nassen Periode (um 1860) – ergänzend zu den sanitären Verbesserungen – auf verbesserte Grundwasserverhältnisse als das Resultat einer Verschiebung von ehedem trockenen zu vorherrschend nassen Klimaperioden. Er erhebt den Anspruch, dass die Tabellen für Basel [Schweizer Stadtteil] (siehe Abb. 2) klare Zusammenhänge zwischen Klimaschwankungen und den Schwankungen in den Tabellen über Typhustodesfälle ergäben (Brückner, 1890: 280).

Auf der Grundlage seines 35jährigen „Modus der natürlichen Variabilität" und seiner Analyse der Klimasensitivität in unserer Zivilisation sagte Brückner (1890: 279, 287; 1915: 132) eine Anzahl drohend bevorstehender abträglicher sozialer Konsequenzen hervorgerufen durch klimatische Schwankungen voraus, insbesondere ernsthafte wirtschaftliche Krisen für Regionen welche in vorausgegangenen Jahrzehnten nur günstige Klimabedingungen hatten, besonders für solche Gebiete wie die Vereinigten Staaten, Russland und Australien, verstärkt jeweils dort in Gebieten mit kontinentalem Klima. Diese Gebiete, so argumentiert Brückner, werden unausweichlich trockenen Wetterbedingungen ausgesetzt sein, mit dem Ergebnis bedeutender Getreideausfälle und der Zerstörung Hunderttausender von Erwerbsgrundlagen.

11.3.3 Die Analogie zum heutigen Stand der Dinge

In mancher Hinsicht war die Situation Ende des vergangenen Jahrhunderts mit der heutigen vergleichbar. Den Naturwissenschaftlern wurde zunehmend deutlich, dass das Klima nicht konstant ist, sondern sich in Zeiträumen von Jahrhunderten und Jahrzehnten signifikant verändert. Gleichzeitig wurde man sich darüber klar, dass sich das Klima als Reaktion auf menschliches Verhalten sowohl systematisch (in Hanns Terminologie „progressiv") als auch zeitlich begrenzt (in Hanns Worten „zyklisch") aufgrund natürlicher Prozesse verändern kann.

Die Ursachen für die natürliche Klimavariabilität waren unbekannt – spekulative Hypothesen machten etwa eine unterschiedliche Sonneneinstrahlung oder andere „kosmische" Prozesse verantwortlich. In einer der gegenwärtigen Situation durchaus vergleichbaren Reaktion machte damals eine Anzahl von Wissenschaftlern den Fehler, relativ langsame natürliche Klimaveränderungen als Indikatoren für systematische Schwankungen zu deuten, während andere Wissenschaftler, wie zum Beispiel Hann, angesichts der in jener Zeit zur Verfügung stehenden Daten skeptisch blieben und es vorzogen, die klimatischen Entwicklungen sorgfältig zu messen und Buch über sie zu führen.

Gleichzeitig ging man vor hundert Jahren davon aus, dass anthropogene Klimaveränderungen durch grundlegende Modifikationen der Landoberfläche, insbesondere durch Entwaldung bzw. Aufforstung [großer Regionen], sowie deren Urbarmachung hervorgerufen werden. Angesichts der Tatsache, dass die Klimaverhältnisse einen erheblichen Einfluss auf bestimmte Wirtschaftszweige und gesellschaftliche Institutionen haben, sehen sich die Wissenschaftler damals wie auch heute vor die Frage gestellt, ob sie die Öffentlichkeit nur informieren oder sogar vor den anstehenden Klimaschwankungen warnen sollen. Einige Wissenschaftler, wie zum Beispiel Hann, entschieden sich dafür, es beim strikten Messen und Analysieren von Beobachtungsdaten zu belassen und ausschließlich mit anderen Wissenschaftlern zu kommunizieren. Andere dagegen, wie zum Beispiel Brückner, fühlten und erfüllten eine ethische Verpflichtung, sich direkt an die Öffentlichkeit zu wenden. Im Gegensatz zu besonders umweltbewussten, „aktivistisch" orientierten Wissenschaftlern der Gegenwart verlangten sie, soweit ersichtlich, allerdings keine bestimmten politischen Maßnahmen zum Klimaschutz. Andere Wissenschaftler zögerten jedoch nicht. Beispielhaft ist der amerikanische Wissenschaftler F.B. Hough (zitiert nach Brückner, 1890: 15), der um die Jahrhundertwende im Namen der *American Association for the Advancement of Science* (AAAS) umfassende Aufforstungsmaßnahmen in Nordamerika forderte, um ein weiteres Austrocknen des Kontinents zu vermeiden. Die Verfechter der These von anthropogenen Klimaveränderungen im vergangenen Jahrhundert hatten in der Tat einen gewissen Einfluss auf die öffentliche Verwaltung und die Politik verschiedener Nationen. Sie bestanden darauf, dass Umweltveränderungen, insbesondere durch großflächige Entwaldungen, eine Ursache für Klimaveränderungen seien. In einer Reihe von Nationen wurden parlamentarische Untersuchungskommissionen gegründet, um sich mit der Problematik des Klimawandels auseinanderzusetzen (siehe Brückner, 1890: 14–19).

Aus dem von uns dargestellten Abschnitt der Wissenschaftsgeschichte wird deutlich, dass das wachsende, populärwissenschaftliche Genre der öffentlichen Auseinandersetzung mit dem Klimaproblem keineswegs neu ist. Da ein bestimmtes ausgeprägtes Klimaverständnis wichtiger Teil des alltäglichen und allgemeinen Bewusstseins ist (vgl. Stehr, 1997), scheint die Frage des Klimawandels für umfassende öffentliche Diskussionen dieser Art besonders gut geeignet. Auch damals hatten die in diesen Diskussionen engagierten Wissenschaftler ein bestimmtes und sich stark voneinander unterscheidendes Selbstverständnis. Und schließlich machte man nicht erst heute auf die mit den Daten verbundenen Unsicherheiten und Ungewissheiten in der Prognose von Klimaschwankungen aufmerksam. Hann tat dies bereits vor hundert Jahren.[13]

Gleichzeitig sind viele Beobachter davon überzeugt, dass die globale Perspektive einen neuartigen Ansatz darstellt. Wie unser Fall aber eindeutig demonstriert, prognostizierten Wissenschaftler schon Ende des neunzehnten Jahrhunderts globale Umweltveränderungen. Für Brückner stand eindeutig fest, dass unser Klima ein globales System ist.

Wie in der Gegenwart, waren die Diskussion über Klimaschwankungen von wissenschaftlichen Bemühungen begleitet, die generellen gesellschaftlichen Folgen der Klimaveränderung zu definieren. Allerdings haben sich der Umfang und die Bezugspunkte der Klimafolgen-Forschung drastisch verändert. In der Vergangenheit war es nicht ungewöhnlich, dass Überlegungen über den Einfluss des Klimas auf das menschliche Verhalten in die Nähe von rassistischen Theorien gerieten oder sogar auf ihnen basierten. Die „zivilisatorische Überlegenheit" bestimmter Völker wurde mit großer Selbstverständlichkeit auf herrschende klimatische Bedingungen zurückgeführt. Klimatheorien dieser Provenienz sind mit Recht schon lange in Misskredit geraten. Die moderne Klimaforschung wird von naturwissenschaftlichen Disziplinen beherrscht, während die Sozial- und

---

[13] Brückner offeriert ebenfalls eine Erklärung für den kognitiven Dissens unter Meteorologen über die spezifischen Vorstöße des Klimawechsels während des [vergangenen] Jahrhunderts, das heißt, wo die beobachteten Wechsel als Signal für entweder zu trockener Wetterlagen oder zu feuchter Wetterlagen wohlmöglich gelten könnten!? Nach Brückner (1890: 289) ist die Antwort hierauf ganz einfach. Klimawechsel beeinflusst die Voraussagen der Klimatologen. Während einer Trockenperiode gedeihen die allgemeinen Vorhersagen über ein trockeneres Klima und während einer nassen Periode überwiegen die Voraussagen, dass das Klima sich vorwiegend mit vermehrten bzw. erhöhten Niederschlägen weiter fortentwickelt. Ferner ist festzustellen, dass in der meteorologischen Literatur die Schlussfolgerungen gezogen werden, während vorherrschend trockener Perioden trügen Entwaldungen zur Senkung von Niederschlägen bei – und während häufiger vorherrschend nasser Perioden würden verstärkte Wiederaufforstungen die Niederschläge begünstigten.

Geisteswissenschaften anscheinend Schwierigkeiten haben, sich mit der Umweltproblematik und ihren gesellschaftlichen Folgen zu befassen. Wahrscheinlich stellen die unrühmliche Geschichte sozialwissenschaftlicher Ansätze zur gesellschaftlichen Klimafolgeproblematik und die unerforschten Schwierigkeiten interdisziplinärer Arbeit wichtige Hindernisse auf dem Weg zu neuen Perspektiven und Forschungsprogrammen dar.

Die intensive wissenschaftliche und öffentliche Diskussion der Klimaschwankungen Ende des vergangenen und Anfang dieses Jahrhunderts verschwand allerdings sehr schnell von der Tagesordnung. In den Wissenschaften wurde sie durch einen neuen Konsens abgelöst, der bis in die Gegenwart beherrschend war und davon ausging, dass das globale Klimasystem auf Grund ihm inhärenter Gleichgewichtsprozesse erfolgreich gegen säkulare Klimaschwankungen gewappnet sei.

Zum gegenwärtigen Zeitpunkt kann man nur spekulieren, weshalb die einst heftige und teilweise mit Leidenschaft geführte Diskussion über Klimaschwankungen und ihre sozialen Folgen fast völlig verstummte und in Vergessenheit geriet. Sicher gab es schnell andere gewichtige Probleme: wie den ersten Weltkrieg, gravierende wirtschaftliche Krisen und das Entstehen totalitärer Regime, die zweifellos das Interesse an Fragen der Auswirkungen der Natur auf die Gesellschaft und der Gesellschaft auf die Natur für Jahrzehnte verdrängten. Ähnlich spekulativ ist die Frage: wird man sich in hundert Jahren erneut mit einer dann weitgehend verschütteten Diskussion zum Klimawandel befassen und werden sodann in deren Mitte zeitgenössische Wissenschaftler wie Richard Lindzen und James Hansen stehen?

11.4 Schlußfolgerungen

Unsere Diskussion über Klimavariabilität und Klimawechsel gegen Ende des 19. Jahrhunderts führte zu einer Reihe von Schlussfolgerungen, welche wir als wesentliche methodische, theoretische und praktische Gründe ansehen:

1. Die Debatte über natürliche Klimavariabilität und einen anthropogenen Klimawechsel ist nicht neu. Eine ähnliche Debatte, obwohl heute nahezu vergessen, wurde schon vor einem Jahrhundert geführt. Die Protagonisten befanden sich in einer Situation ähnlich der zeitgenössischer Wissenschaftler. Insbesondere Brückner erinnert uns an heutige „Aktivisten"-Wissenschaftler, welche typischerweise hervorragende Wissenschaftler auf ihrem Gebiete sind. Brückner übersah, dass er nicht die Erfahrung besaß, die gesellschaftlichen Erwiderungen auf ungünstige Klimabedingungen vorherzusehen, die [Evolution menschlich-technischer] Fähigkeit diese nachteiligen Bedingungen zu bewältigen, z. B. durch verbesserte Hygienestandards (bei der Typhus Vorhersage), durch Verbesserungen der Infrastrukturen beim Eisenbahn-/Schiffahrts-Beförderungssystem (bei Vorhersagen bezüglich. der vereisten Flüsse) oder durch die Möglichkeit künstlicher Bewässerungen landwirtschaftlich vermehrter Flächennutzungen (die Vorhersagen im Hinblick auf Ernten).
2. Eines der bemerkenswerten Grundzüge der frühen Debatten unter Klimatologen, Geographen und Meteorologen über die Natur und deren Konsequenzen beim Klimawechsel ist ebenfalls der Gradmesser in welchem Ausmaß die intellektuellen Grenzen zwischen wissenschaftlichen Gebieten gezogen wurden und welcher schon damals die Teilnehmer daran hinderte, gemeinschaftliche Perspektiven und Entdeckungen aufzugreifen, soweit sie sich mit genau den gleichen Phänomenen befassten, welche bereits in anderen Disziplinen Fortschritte machten. Immerhin gab es über Jahrzehnte eine lebendige und leidenschaftlich ausgetragene Debatte hierüber zwischen Philosophen und ebenso in den aufkommenden Sozialwissenschaften über die Auswirkungen der klimatischen Konditionen auf psychologische und soziale Prozesse. Die wesentlichen Aussagen aus diesen Debatten erwiesen sich letztendlich als nicht überzeugend und wurden verworfen, nicht nur als eingleisig und engstirnig, zunächst um die Jahrhundertwende in Frankreich und Deutschland und später in den Vereinigten Staaten, jedoch ebenso als irrelevant in Bezug auf die ausgeprägten Erhebungen,

welche aus den fortgeschrittenen Abhandlungen der Sozialwissenschaft sich später ergaben. Das bedeutet, die Bereiche des physikalischen und die des sozialen Milieus wurden in der Wissenschaft erfolgreich voneinander getrennt.

Am Ende jedoch entstand ein Konsensus unter Klimatologen (z. B. Berg, 1914: 67), dass in „historischer Zeit" das globale Klima konstant blieb; dass weder ein Erwärmungstrend noch ein Trend in Richtung geringerer Niederschläge beobachtet werden konnte. Die einzige Voreingenommenheit in der vor hundert Jahren geführten Debatte über Klimaschwankungen bezog sich auf die Periodizität der beobachteten Schwankungen von Temperatur und Niederschlag – nicht irgendeines säkularen Klimas, wie es durch ein Ansteigen im CO_2 Volumen der Atmosphäre angezeigt würde. Dass solch eine Möglichkeit als das Resultat aus dem gesteigerten Verbrauch fossiler Brennstoffe in der Tat besteht, wurde im Zusammenhang mit Brückners 35jähriger Periodentheorie in einem Textbuch über kosmische Physik von Svante A. Arrhenius (1903) bereits damals diskutiert. Jedoch nahm keiner der Klimatologen jener Zeit diese Herausforderung an. Stattdessen kamen sie darin überein, dass der Klimawechsel keine Angelegenheit von besonderer Bedeutung sei und schon bald begannen andere Streitfragen die wissenschaftlichen Diskussionen und öffentlichen Vorträge zu dominieren.

Literatur

Arrhenius, S. A., 1896: „On the influence of carbonic acid in the air upon the temperature of the ground." *Philosophical Magazine and Journal of Science* 41:237-276.

Arrhenius, S. A., 1903: *Lehrbuch der kosmischen Physik*. Volume 2. Leipzig: S. Hirzel.

Bacon, Francis, 1561–1626. *Essays, Civil and Moral*. The Harvard Classics, 1909-14.

Berg, L., 1914: „Das Problem der Klimaveränderung in geschichtlicher Zeit." *Geographische Abhandlungen* 10 (2): 1-70.

Bradley, R. S., H. F. Diaz, J. K. Eischeid, P. D. Jones, P. M. Kelly, and C. M. Goodess, 1987: „Precipitation fluctuations over Northern Hemisphere land areas since the mid-19th century." *Science* 237: 171-175.

Brückner, Eduard (1915) „*The Settlement of the United States as Controlled by Climate and Climate Oscillations,*" Memorial Volume Transcontinental Excursion of 1912 of the American Geographical Society of New York.

Brückner, E., 1888: „Ändert sich unser Klima?" Vortrag, Universität Dorpat (cf. *Neuen Dörptschen Zeitung* Nr. 68).

Brückner, E., 1889: „In wie weit ist das heutige Klima constant?", S. 1–13 in *Verhandlungen des VIII. Deutschen Geographentages in Berlin.* Leipzig: Teubner.

Brückner, E., 1890: *Klimaschwankungen seit 1700.* Nebst Bemerkungen über die Klimaschwankungen der Diluvialzeit. Wien and Olmutz: Holzel.

Brückner, E., 1894: „Russlands Zukunft als Getreidelieferant." S. 1–3 in Supplement to *Münchener Allgemeine Zeitung* (November 19, 1894).

Brückner, E., 1895: „Der Einfluss der Klimaschwankungen auf die Ernteerträge und Getreidepreise in Europa." *Geographische Zeitschrift 1:* 39-51.

Brückner, E., 1902: „Zur Frage der 35jahrigen Klimaschwankungen." *Dr. A. Petermann's Mittheilungen* aus Justus Perthes' Geographischer Anstalt 48:173–178.

Brückner, E., 1909. „Über Klimaschwankungen." *Mitteilungen der Deutschen Landwirtschafts-Gesellschaft* 24: 556–561.

Brückner, E., 1912: *Klimaschwankungen und V6lkerwanderungen.* Vortrag gehalten in der feierlichen Sitzung der kaiserlichen Akademie der Wissenschaften am 13. Mai 1912. Wien: K. K. Hof- und Staatsdruckerei.

Brückner, E., [1912] 1915: „The settlement of the United States as controlled by climate and climatic oscillations." S. 125–139 in *Memorial Volume of the Translantic Excursion of1912 of the American Geographical Society.*

Brückner, E., 1923: „Julius Hann." S. 151–160 in Akademie der Wissenschaften in Wien, *Almanach für das Jahr* 1922. Wien: Holder-Pichler-Tempsky.

Budel, J., 1977: *Klima-Geomorphologie.* Gebruder Borntrager Berlin-Stuttgart, 304 S. ISBN 3-443-01017-2

DeCourny Ward, R., [1908] 1918: *Climate Considered Especially in Relation to Man.* New York and London: G.P. Putnam's Sons.

Grosjean, G., 1991: 100 Jahre Geographisches Institut der Universitat Bern, *1886-1986. Jahrbuch der geographischen Gesellschaft von Bern,* 56, 1986-90, 175S.

Hann, J., 1883: *Handbuch der Klimatologie.* Volume 1: Allgemeine Klimatologie. Stuttgart: J. Engelhorn.

Hann, Julius ([1883] 1893) *Handbuch der Klimatologie*. Stuttgart: J. Engelhorn.
Hann, Julius ([1883] 1897) *Handbuch der Klimatologie*. Stuttgart: J. Engelhorn.
Hann, J., 1903: *Handbook of Climatology.* Part I: General Climatology. New York: Macmillan.
Hann, J. von and K. Knoch, [1883] 1932: *Handbuch der Klimatologie*. Vierte Auflage. Band 1: Allgemeine Klimalehre. Stuttgart: J. Engelhorn.
Hellpach, W. H., 1938: „Kultur und Klima." S. 417–438 in Heinz Wolterek (ed.), *Klima-Welter-Mensch*. Leipzig: Quelle & Meyer.
Huntington, E., 1915: „A neglected factor in race development." *The Journal of Race Development* 6: 167-184
Huntington, E., [1915] 1924: *Civilization and Climate*. Third Edition, Revised and Rewritten with Many New Chapters. New Haven: Yale University Press.
Huntington, E., 1916: „Climatic variations and economic cycles." *The Geographical Review* 1:192-202.
Huntington, E., 1945: *Mainsprings of Civilization*. New York: John Wiley and Sons.
Jenkins, G. M. und D. G. Watts (1968), *Spectral Analysis and Its Applications*. San Francisco: Holden-Day.
Jones, P. D., 1995: „The Instrumental Data Record: Its Accuracy and Use in Attempts to Identify the CO_2 Signal." S. 53–76, in H. von Storch and A. Navarra (eds), *Analysis of Climate Variability: Applications of Statistical Techniques.* Berlin: Springer Verlag
Kahlig, P., 1993: „Some aspects of Julius von Hann's contribution to modern climatology." *Interactions between Global Climate Subsystems*. The Legacy of Julius Hann. Geophysical Monograph 75.
Karl, T. R., R. G. Quayle and P.Y. Groisman, 1993: „Detecting climate variations and change: New challenges for observing and data management systems." J. *Climate* 6: 1481-1494.
Knoch, K., 1932: „Vorwort zur vierten Auflage." S. VIII-X in Julius von Hann and Karl Knoch, *Handbuch der Klimatologie*. Fourth Edition. Volume 1: Allgemeine Klimalehre. Stuttgart: J. Engelhorn.
Köppen, W. (1923) *Dle Klirmate der Erde*. Berlin: Walter de Gruyter.
Lacey, C. and D. Longmann, 1993: „The press and public access to the environment and development debate." *The Sociological Review* 41, 207-243.

Lamb, H. H., 1959: „Our changing climate, past and present." *Weather 14:* 299-318.
Le Roy Ladurie, E., [1971] 1988: *Times of Feast, Times of Famine. A History of Climate Since the Year 1000.* New York: Farrar, Straus and Giroux.
Oberhummer, E., 1927: „Eduard Brückner", S. 195–199 in Akademie der Wissenschaften in Wien, *Almanach für das Jahr 1927.* Wien: Holder-Pichler-Tempsky.
Ploetz, Al., 1911: „Die Begriffe Rasse und Gesellschaft und einige damit zusammenhängende Probleme", S. 111–136 in *Verhandlungen des Ersten Deutschen Soziologentages vom 13.201222. Oktober 1910 in Frankfurt am Main.* Tübingen: J. C. B. Mohr (Paul Siebeck).
Sombart, W., [1911] 1951: *The Jews and Modern Capitalism.* Translated by M. Epstein. Glencoe, Ill.: Free Press.
Sombart, W., 1938: *Vom Menschen.* Versuch einer geisteswissenschaftlichen Anthropologie. Berlin: Buchholz & Weisswange.
Sorokin, P., 1928: *Contemporary Sociological Theories.* New York: Harper & Brothers.
Stehr, N., 1997: „Trust and climate." *Climate Research* 8: 163–169, 1997
Stehr, N., 1996: „The ubiquity of nature: Climate and culture", *Journal for the History of the Behavioral Sciences* 32: 151-159.
Stehr, N., 1991: *Practical Knowledge.* London: Sage.
Stehr, N. and H. von Storch., 1995: „The social construct of climate and climate change." *Climate Research 5:99-105.*
Stehr, N. and H. von Storch, 1999: An anatomy of climate determinism. H. Kaupen-Haas (Hrsg.): *Wissenschaftlicher Rassismus – Analysen einer Kontinuität in den Human- und Naturwissenschaften.* Campus- Verlag Frankfurt a. M. – New York.
Stehr, Nico, von Storch, Hans, and Moritz Flügel, (1996), *The 19th century discussion of climate variability and climate change: Analogies for present day debate? World Research Review,* 7: 589–604.
Steinhauser, F., 1951: „Julius Hann." In Österreichische Akademie der Wissenschaften (Hrsg.), *Österreichische Naturforscher und Techniker.* Wien: Gesellschaft für Natur und Technik.
von Storch, H., and K. Hasselmann, 1996: „Climate Variability and Change." S. 33–58, in: G. Hempel (ed.): *The Ocean and the Poles. Grand Challenges for European Cooperation.* Jena, Stuttgart, New York: Gustav Fischer Verlag
Whitney, J.D., 1894: „Brief Discussion of the question whether changes of climate can be brought about by the agency of man, etc." *United States* Supplement I, Boston. Appendix B: 290–317.

12

Der vom Menschen verursachte Klimawandel: Ein Grund zur Sorge seit dem 18. Jahrhundert

Zusammenfassung In den letzten 20 Jahren hat das Konzept des anthropogenen Klimawandels die akademischen Kreise verlassen und ist zu einem wichtigen öffentlichen Anliegen geworden. Manche sehen in der „globalen Erwärmung" die größte Umweltbedrohung für unseren Planeten. Auch wenn dies oft als eine neue Bedrohung angesehen wird, zeigt ein Blick in die Geschichte, dass die Behauptung, der Mensch habe das Klima absichtlich oder unabsichtlich verändert, ein häufiges Phänomen in der westlichen Kultur ist. Seit der Antike wird über den Klimawandel, der sowohl natürliche als auch anthropogene Ursachen hat, diskutiert. Umweltveränderungen, einschließlich des Klimawandels, wurden von einigen als biblischer Auftrag zur „Vollendung der Schöpfung" angesehen. Entsprechend wurde der Klimawandel in der Neuzeit als vielversprechende Herausforderung betrachtet. Erst seit Mitte des 20. Jahrhunderts ist der anthropogene Klimawandel zu einer bedrohlichen Perspektive geworden. Das Konzept des anthropogenen

---

Zuerst: von Storch, H. und Stehr, N., 2006: Anthropogenic climate change: a reason for concern since the 18th century and earlier. *Geogr. Ann.*, 88 A (2): 1–8.

© Der/die Autor(en), exklusiv lizenziert an Springer Fachmedien Wiesbaden GmbH, ein Teil von Springer Nature 2023
N. Stehr und H. von Storch, *Die Wissenschaft in der Gesellschaft*,
https://doi.org/10.1007/978-3-658-41882-3_12

Klimawandels scheint zumindest in Europa tief im Volksglauben verankert zu sein, der nach wissenschaftlichen Erkenntnissen immer wieder auftaucht. Auch extreme Wetterereignisse wurden in der Vergangenheit häufig mit negativen menschlichen Einflüssen erklärt. Eine Liste von Behauptungen über anthropogene Klimaänderungen wird vorgestellt und die bemerkenswerte Ähnlichkeit der Debatte über anthropogene Klimaänderungen in der zweiten Hälfte des 19. Jahrhunderts mit der heutigen Situation verglichen. Es wird deutlich, dass die gegenwärtige Bedrohung sehr viel realer erscheint als alle historischen Vorläufer, die sich als überbewertet erwiesen haben.

12.1 Klimawandel und die Geschichte der Ideen

Der Geograph Eduard Brückner (1890; Stehr und von Storch, 2000) schrieb 1890 in seiner Dissertation über anthropogenen Klimawandel und natürliche Klimaschwankungen, über Gewinner- und Verliererstaaten und über parlamentarische Ausschüsse, die sich mit den Folgen des Klimawandels befassen:

> *Sehr alt und weit verbreitet ist die Meinung, dass Wälder einen wichtigen Einfluss auf die Niederschläge haben. [...] Wenn Wälder die Niederschlagsmenge und -häufigkeit allein durch ihr Vorhandensein erhöhen, muss die Abholzung von Wäldern als Teil der landwirtschaftlichen Expansion überall zwangsläufig zu weniger Niederschlägen und häufigeren Dürren führen. „[...] Es ist nicht verwunderlich, dass unter diesen Umständen die Frage eines Zusammenhangs zwischen Wäldern und Klima ... von den Regierungen aufgegriffen wurde. In letzter Zeit hat die italienische Regierung der Wiederaufforstung in Italien und der damit erwarteten Verbesserung des Klimas besondere Aufmerksamkeit gewidmet. [...] Es muss verhindert werden, dass sich Perioden mit starken Regenfällen mit Dürreperioden abwechseln. ...In den Vereinigten Staaten spielt die Abholzung der Wälder ebenfalls eine wichtige Rolle und wird als Ursache für eine Verringerung der Niederschläge angesehen. [...] Die American Association for Advancement of Science fordert entschiedene Schritte zur Ausweitung der Waldflächen, um der zunehmenden*

Trockenheit entgegenzuwirken. [...] einige ernsthafte Bedenken. Der Kongress für Land- und Forstwirtschaft erörterte das Problem eingehend; das preußische Abgeordnetenhaus beauftragte eine Sonderkommission mit der Prüfung eines Gesetzentwurfs zur Erhaltung und Durchführung von Schutzwäldern und wies darauf hin, dass das stetige Absinken des Wasserspiegels der preußischen Flüsse eine der gravierendsten Folgen der Abholzung sei, die nur durch Wiederaufforstungsprogramme behoben werden könne. Es ist erwähnenswert, dass [...] die gleichen Bedenken auch in Russland geäußert wurden und Regierungskreise die Frage der Abholzung neu überdachten.

Die meisten zeitgenössischen Klimaforscher gehen davon aus, dass das Konzept des anthropogenen Klimawandels relativ neu ist. (Mit „Klimawandel" meinen wir nicht die Veränderung des lokalen Klimas durch die Ausdehnung von Städten, die Abholzung einzelner Wälder und andere lokale Landnutzungsänderungen. Vielmehr handelt es sich um anthropogene Veränderungen regionalen oder globalen Ausmaßes). Für sie und die meisten Bürger ist es überraschend, dass der anthropogene Klimawandel nichts Neues ist. Wie wir aus Brückners Diskussion ersehen können, hat es in Europa schon seit der Aufklärung im 18. Jahrhundert und früher Besorgnis über weitreichende Veränderungen des Erdklimas gegeben.

Glacken (1967) bietet eine umfassende Analyse des abendländischen Denkens über Natur und Kultur von der Antike bis zum Ende des 18. Das Konzept des menschlichen Einflusses auf die Veränderung nicht nur des Klimas, sondern der Umwelt insgesamt hat sich in Europa seit der Antike durchgesetzt. Jahrhundert v. Chr. kann als Pionier angesehen werden, der am Anfang einer langen Geschichte von Spekulationen über Klimaveränderungen und deren Auswirkungen auf den Menschen – dem Klimadeterminismus – stand (Stehr und von Storch, 1999). Im 18. Jahrhundert spekulierte der schottische Philosoph und Historiker David Hume (1711–1776), dass die jüngste Erwärmung durch die Abholzung der Wälder durch den Menschen verursacht sein könnte, wodurch die Sonnenstrahlen die Erdoberfläche erreichen würden. Ein Zeitgenosse, H. Williamson, veröffentlichte Beweise dafür, dass das Klima in den nördlichen Kolonien Amerikas nach der Kolonialisierung gemäßigter geworden war (Williamson, 1770). Andere behaupteten, dass menschliche Aktivitäten das Klima unregelmäßiger und weniger vorhersagbar machten (Glacken, 1967).

Die Menschen waren sich der Klimaschwankungen bewusst, die sich z. B. im Zufrieren von Flüssen, im Ernteerfolg und in Sturmschäden an Deichen zeigten (z. B. Lamb, 1982; de Kraker, 1999). Sie spekulierten über die Gründe für diese Veränderungen, die das tägliche Leben stark beeinflussten. Eine naheliegende Erklärung war das Eingreifen des Himmels, wobei Gott das Klima teilweise als Reaktion auf das Verhalten der Menschen lenkte. Im Mittelalter wurde zum Beispiel vorgeschlagen, dass klimatische Anomalien oder extreme Ereignisse eine Strafe für Gemeinschaften darstellten, die zu tolerant gegenüber Hexen waren (Behringer, 1988). Andererseits ging man davon aus, dass der Mensch auf die Erde gebracht wurde, um die Schöpfung zu vollenden (Glacken, 1967). Die Veränderung der Umwelt war eine Aufgabe, die dem Menschen von Gott selbst übertragen wurde. Eine alternative Auffassung war, dass die Erde organisch sei und daher mit der Zeit altern würde: „eine Reihe von Ereignissen wurde ernsthaft als Beweis für den Verfall angesehen; fast jedes natürliche Phänomen war geeignet: Luftverschmutzung, Stürme, Wetterveränderungen, Erdbeben, Vulkane und so weiter" (Glacken, 1967).

12.2 Geschichte des anthropogenen Klimawandels

In den folgenden Abschnitten werden Elemente einer „Geschichte des anthropogenen Klimawandels" vorgestellt. Die meisten Fälle waren nicht real; in der Tat hat sich keiner als mit signifikanten Auswirkungen verbunden erwiesen, die mit dem vorgeschlagenen dynamischen Zusammenhang in Verbindung stehen. Alle Fälle waren jedoch mit der Wahrnehmung erheblicher Diskontinuitäten verbunden; in den meisten Fällen wurden die befürchteten Veränderungen als Bedrohung empfunden; nur selten wurden sie als Verbesserung begrüßt.

1. Religiöse Deutungen von Klimaanomalien, wie z. B. die lang anhaltende Regenperiode in England zu Beginn des 14. Jahrhunderts, erklärten die ungünstigen klimatischen Bedingungen als göttliche Antwort auf die Lebensweise der Menschen

(Stehr und von Storch, 1995). Im Mittelalter glaubte man beispielsweise, dass klimatische Anomalien oder Extremereignisse eine Strafe für Gemeinden darstellten, die zu tolerant gegenüber Hexen waren. Man glaubte, dass Hexen direkt schlechtes Wetter verursachen konnten (Behringer, 1988). In Spanien gab es ein ausgeklügeltes System zur Bekämpfung von Dürreperioden (Barriendos-Vallvé und Martín-Vide, 1998).

2. Der älteste Fall, der in zeitgenössischen wissenschaftlichen Schriften dokumentiert ist, betrifft das Klima in den nordamerikanischen Kolonien (Williamson, 1770). Der Arzt Williamson analysierte die Klimaveränderungen und brachte sie mit der Urbarmachung der Landschaft durch die Siedler in Verbindung. Dies ist ein Fall, in dem menschliches Handeln als positiver Einfluss auf das Klima wahrgenommen wurde. Weitere Fälle aus dem Mittelalter, die mit der Besiedlung durch Mönche zusammenhängen, werden von Glacken (1967) beschrieben.

3. Der Sommer 1816 war in vielen Teilen Europas ungewöhnlich nass, vermutlich wegen des Ausbruchs des Vulkans Tambora. Die Menschen führten diese ungünstigen Bedingungen auf die neue Praxis der Blitzableiter zurück. Der Fall ist in zwei Artikeln der Neuen Zürcher Zeitung (21. Juni und 9. Juli 1816) dokumentiert. Die Behörden bezeichneten die Befürchtungen als unbegründet und warnten eindringlich vor gewaltsamen und illegalen Aktionen gegen die Blitzableiter. Interessanterweise wird erwähnt, dass einige Jahre zuvor in Deutschland die Kondukteure für eine Dürre verantwortlich gemacht wurden.

4. Im 19. Jahrhundert sahen sich Wissenschaftler in Europa und Nordamerika mit der Vorstellung konfrontiert, dass das Klima in historischen Zeiträumen konstant sei; die Wissenschaftler stellten jedoch erhebliche Unterschiede zwischen den mittleren Niederschlägen und Temperaturen fest, wenn diese über verschiedene mehrjährige Zeiträume gemittelt wurden (z. B. Brückner, 1890). Außerdem behaupteten die Wissenschaftler, dass die Wasserstände der Flüsse kontinuierlich sinken würden. Dies führte dazu, dass die Annahme konstanter klimatischer Bedingungen – modern ausgedrückt: interdekadische natürliche Variabilität – infrage gestellt

wurde und alternativ die Hypothese aufgestellt wurde, dass die beobachteten Veränderungen durch menschliche Aktivitäten, insbesondere durch Abholzung oder Wiederaufforstung, verursacht werden. Es scheint, dass die Mehrheit das Konzept der anthropogenen Ursachen der Hypothese der natürlichen Variabilität vorzog (Brückner, 1890; Stehr et al., 1996).

5. Die sich entwickelnde Forstwissenschaft (z. B. Grove, 1975) informierte die Öffentlichkeit darüber, dass die schweren Überschwemmungen in der Schweiz Mitte des 19. Jahrhunderts mit der Abholzung der Wälder im Hochgebirge zusammenhingen (Pfister und Brändli, 1999). Die Überschwemmungen wurden fälschlicherweise als neu wahrgenommen, sodass nach einer neuen Ursache gesucht wurde, was zur Einführung des Schweizer Waldgesetzes führte, eines frühen fortschrittlichen Umweltgesetzes, das sehr nützlich war, um nicht nachhaltige Praktiken einzuschränken, aber auf falschen wissenschaftlichen Argumenten beruhte.

6. Es gibt Berichte, dass sowohl die ausgedehnten Schießereien während des Ersten Weltkriegs als auch die Einführung des transatlantischen Kurzwellenradios für die feuchten Sommer der 1910er und 1920er Jahre verantwortlich gemacht werden (Kempton et al., 1995: Hinzpeter, pers. Mitt.).

7. In der ersten Hälfte des 20. Jahrhunderts kam es in vielen Teilen der Welt zu einer bemerkenswerten Erwärmung. Im Jahr 1933 wurde diese Erwärmung dokumentiert und die beunruhigende Frage „Ändert sich das Klima?" in der *Monthly Weather Review* gestellt (Kincer, 1933). Einige Jahre später brachte Callendar (1938) die Erwärmung mit dem menschlichen Ausstoß von Kohlendioxid in die Atmosphäre in Verbindung, ein Mechanismus, der etwa 40 Jahre zuvor von Arrhenius (1896) beschrieben worden war. Interessanterweise stellte Arrhenius (1903) selbst fest, dass die anthropogenen CO_2-Emissionen erst nach mehreren hundert Jahren zu einer signifikanten Klimaänderung führen würden. Auch Flohn (1941) brachte diese Argumentation in die wissenschaftliche Diskussion ein. In den 1940er Jahren begannen die globalen Durchschnittstemperaturen zu sinken, was schließlich zu der Behauptung führte, die Erde steuere auf eine neue Eiszeit zu.

8. Nach dem Zweiten Weltkrieg stellten Wissenschaftler eine Abkühlung fest, und einige spekulierten, ob diese Abkühlung das erste Anzeichen einer neuen Eiszeit sei, die möglicherweise durch menschliche Aktivitäten, insbesondere durch Staubemissionen und industrielle Verschmutzung, ausgelöst wurde. Es wurde spekuliert, dass die Verschmutzung durch den Menschen um das Achtfache zunehmen würde, was die Trübung der Atmosphäre innerhalb von 100 Jahren um 400 % erhöhen könnte. Dies wiederum würde die Sonneneinstrahlung erheblich reduzieren und die globale Durchschnittstemperatur um 3,5 K senken. Eine solche Abkühlung würde mit ziemlicher Sicherheit ausreichen, um die Erde in eine neue Eiszeit zu zwingen (Rasool und Schneider, 1971). Zur Veranschaulichung dieser Perspektive wurde die folgende Grafik erstellt: Zwischen 1880 und 1950 war das Klima der Erde so warm wie seit fünftausend Jahren nicht mehr. ... Es war eine Zeit des Optimismus. ... Mit der ersten Abkühlung schwand der Optimismus. Seit den 1940er Jahren sind die Winter unmerklich länger, die Regenfälle unzuverlässiger und die Stürme weltweit häufiger geworden." (Ponte 1976: 89).
9. Nach dem Zweiten Weltkrieg löste die neue Praxis, nukleare Sprengkörper in der Atmosphäre zu zünden, weit verbreitete Besorgnis über die klimatischen Auswirkungen dieser Experimente aus. Nach der Analyse von Kempton sind auch heute noch viele Laien über diesen Zusammenhang besorgt (Kempton et al., 1995).
10. In Russland werden Pläne zur Umleitung sibirischer Flüsse nach Süden seit Anfang des 20. Jahrhunderts diskutiert. Die Pläne sahen Vorteile in der Wasserversorgung halbtrockener Regionen und einer Verbesserung des regionalen Klimas. Ein Nebenprodukt sollte ein eisfreies Nordpolarmeer sein, da der Süßwasserzufluss aus den Flüssen reduziert würde. Dies würde die Winter verkürzen und die Vegetationsperiode verlängern; die erhöhte Verdunstung aus dem offenen Wasser würde das arktische Klima in ein maritimes Klima mit gemäßigten Temperaturen und belebten Häfen entlang der Nordküste der Sowjetunion verwandeln (Ponte 1976: 136). Diese Pläne wurden 1976 auf dem 25. Parteitag der Kommunistischen

Partei der Sowjetunion formell angenommen. Sowohl westliche als auch sowjetische Wissenschaftler widersetzten sich diesen Plänen und warnten davor, dass die Entstehung einer eisfreien Arktis erhebliche Auswirkungen auf die globale Ozeanzirkulation und damit auf das Weltklima haben könnte. Die Pläne wurden schließlich aufgegeben, obwohl genauere Analysen zeigten, dass die Wahrscheinlichkeit eines Abschmelzens des arktischen Meereises in Verbindung mit einer Umleitung der Flüsse überschätzt worden war (z. B. Lemke, 1987).

11. Das Konzept der technischen Beeinflussung des Klimasystems wurde in der ersten Hälfte des 20. Jahrhunderts populär. Die Umleitung sibirischer Flüsse war ein solcher Plan; ein anderer wurde von dem New Yorker Ingenieur Riker vorgeschlagen, der 1912 vorschlug, den Golfstrom zu verändern, um das Klima nicht nur in Nordamerika, sondern auch in der Arktis und in Europa zu verbessern. Rikers Idee wurde von Ponte (1976: 138) zusammengefasst.

> *Der Golfstrom fließt problemlos an der amerikanischen Küste entlang, aber wenn er nach Osten abbiegt, um den Atlantik zu überqueren, kollidiert er mit dem eisigen Labradorstrom, der aus der Arktis kommt. Diese Kollision in relativ flachem Wasser schwächt den Golfstrom ... Aber das würde sich ändern ... wenn ein einfacher Steg von 200 Meilen Länge von Cape Race auf Neufundland bis zu einem Punkt jenseits der Unterwasser-Grand Banks gebaut werden könnte. Der Steg würde die beiden Ströme voneinander trennen ... Vor der Spitze Grönlands ... würde sich der stärkere Golfstrom teilen. Die eine Hälfte würde verstärkte Wärme gegen Nordeuropa schleudern, die andere Hälfte würde in die Arktis drängen... Die Vorteile dieser Entwicklung wären enorm. Der Nebel würde verschwinden, das gesamte Eis in der Arktis würde schmelzen. Das Schmelzen der Arktis würde das Weltklima in zweierlei Hinsicht verbessern.... Europa und Nordamerika wären von kalten Stürmen und eisigen Meeresströmungen befreit... Und ohne das Nordpolareis würde das überlebende Packeis am Südpol zum schwersten Teil unseres Planeten werden. Die Zentrifugalkraft würde dann die Erde kippen ... Wenn die nördliche Hemisphäre mehr zur Sonne geneigt wäre, könnten Europa und Nordamerika ein wärmeres Klima erwarten.*

Interessanterweise betrachtete Riker die Erwärmung als eine Verbesserung des Klimas. Diese Ansicht wird auch von H. Lamb (1982) vertreten. Die Idee, die Meeresströmungen zu verändern, wurde später auch von Wissenschaftlern in den USA, der UdSSR und anderen Ländern verfolgt. In den meisten Fällen ging es dabei um den Bau eines Staudammes, der z. B. die Strömung in der Beringstraße blockieren sollte. Ponte (1976) hat eine Skizze angefertigt, die eine große Vielfalt solcher Pläne zeigt (Abb. 12.1).

12. Die militärische Nutzung von Klimaveränderungen ähnelt der Idee des Climate Engineering. Die Idee, den Verlauf des Golfstroms zu verändern, wurde im 18. Jahrhundert von Benjamin Franklin formuliert, der eine Umlenkung des Golfstroms nach Norden als mächtige Waffe gegen das britische Empire ins Auge fasste (Ponte 1976: 137). Ein angeblicher Angriff, bei dem das Klima als Waffe eingesetzt werden sollte, ist ein angeblicher sowjetischer Plan aus den 1950er Jahren, eine „50 Meilen oder mehr lange Brücke" in der Nähe der Ostspitze Sibiriens zu bauen. Der Steg sollte mehrere nuklear betriebene Pumpstationen enthalten, die kaltes arktisches Wasser durch die Beringstraße drücken sollten. Dies würde … immer mehr eisiges Wasser in die Meeresströmung eingespeist, die an der Westküste Kanadas und der USA entlang fließt. Die Folge wäre kälteres, stürmischeres Wetter in ganz Nordamerika und enorme Verluste für die amerikanische Wirtschaft in der Landwirtschaft, bei den Arbeitstagen und durch Sturmschäden. (Ponte 1976: 169–170). Die Besorgnis über die Entwicklung von Klimawaffen führte zu einer Reihe von diplomatischen Gesprächen. Auf einem Gipfeltreffen 1974 veröffentlichten die USA und die Sowjetunion einen gemeinsamen Vertragsentwurf: „Jeder Vertragsstaat verpflichtet sich, keine umweltverändernden Techniken mit weitreichenden, langanhaltenden oder schwerwiegenden Auswirkungen als Mittel der Zerstörung, Beschädigung oder Verletzung zu militärischen oder anderen feindseligen Zwecken zu verwenden …" (Ponte 1976). Der Begriff ‚umweltverändernde Techniken' bezieht sich auf jede Technik, die durch absichtliche Beeinflussung natürlicher Prozesse die Dynamik und Zusammensetzung der Erde, einschließlich ihrer Biota, Lithosphäre,

Alternative II: Change Weather and Climate 213

FIGURE 13-1 Regional Climate-Modification Ideas

1. Dam Bering Strait
2. Dam Yukon River to create giant lake
3. Create "Lake Fallacy" in Arizona
4. Artificially heat Hudson Bay or dam its southern tip at James Bay
5. Blast sea level canal across Central America
6. Dam Long Island Sound
7. Dam Labrador Current
8. Dam Gulf Stream at Bimini Strait
9. Dam Amazon River to create inland sea
10. Dam Strait of Gibraltar
11. Use heating or other means to increase evaporation in or near Gulf of Guinea
12. Dam or blast submarine ridges near Norwegian Straits
13. Dam English Channel
14. Divert ocean or river waters to create inland sea in Sahara
15. Dig canal from North Sea to Mediterranean Sea
16. Dig canal from Arctic Ocean to Baltic Sea
17. Dig canal to eliminate swamps from upper Nile River in Sudan
18. Dam Red Sea
19. Divert Arctic-flowing rivers southward or dam them
20. Cloud-seed the trade winds
21. Heat or cool spots of ocean surfaces to alter global winds
22. Put stationary dust clouds over enemy nation, either in atmosphere or in outer space
23. Dig canal to ocean to turn Lake Eyre into inland sea
24. Dam Tatar Strait between Sakhalin Island and Siberia
25. Tow icebergs from Antarctica.

Abb. 12.1 Standorte und kurze Beschreibung verschiedener Pläne zur Veränderung der Umweltbedingungen, um das Klima zu verändern. (Aus Ponte 1976)

Hydrosphäre und Atmosphäre, [...] verändert, um Wirkungen zu erzielen wie ... Veränderungen des Wetters, ... des Klimas oder der Meeresströmungen. (Ponte 1976: 259–263). Zu dieser Zeit – und auch noch in jüngster Zeit – wurde die Idee der militärischen Kontrolle des Schlachtfeldes öffentlich diskutiert und gefordert (vgl. Abb. 12.2 zur aktuellen Debatte).

Abb. 12.2 *Öffentliche Ansichten über die Möglichkeiten zukünftiger Wetteränderungen.* Titelblatt der Mai 1954-Ausgabe des 1957 eingestellten Magazins „Collier's". Die Graphik wurde als Illustration von Fritz Siebel angefertigt, siehe https://picturingmeteorology.com/home/2017/1/6/weather-made-to-order-1954

13. In den 1960er und 1970er Jahren entwarfen die Luftfahrtindustrien der USA, Europas und der Sowjetunion zivile Überschallflugzeuge. Diese Pläne riefen heftige Kritik hervor. Wissenschaftler argumentierten, dass die Abgase solcher Flugzeuge die Ozonschicht in der Stratosphäre und das Klima im Allgemeinen schädigen würden. In den USA wurden die Pläne gestoppt, aber in Europa wurde die Concorde gebaut und in der Sowjetunion die TU 144. Natürlich gibt es auch heute noch zahlreiche militärische Überschallflugzeuge in der unteren Stratosphäre. Viele Jahre lang war die Diskussion über die Auswirkungen des Luftverkehrs auf das Klima verstummt. Doch Anfang der 90er Jahre ist das Thema wieder in die öffentliche Diskussion gekommen, diesmal im Zusammenhang mit hochfliegenden konventionellen Düsenflugzeugen. Im Mittelpunkt stehen dabei die Auswirkungen von Kondensstreifen und Abgasen auf den Strahlungshaushalt der Erde. Wissenschaftler (z. B. Sausen und Schumann, 1998) schätzen den derzeitigen Einfluss dieser Quellen im Vergleich zu anderen Effekten als gering ein. Es wird jedoch argumentiert, dass die Auswirkungen angesichts der derzeitigen Projektionen für zukünftige Passagierzahlen und Technologien erheblich sein könnten.
14. Ein populärer, aber für Wissenschaftler überraschender Mechanismus verbindet den Weltraumverkehr mit einer Verschlechterung des globalen Klimas. In den Interviews von Kempton et al. (1995) mit Laien wurde dieser Mechanismus mehrfach erwähnt: 43 % der von Kempton Befragten hielten die Aussage, dass es einen Zusammenhang zwischen Wetterveränderungen und all den Raketen, die ins All geschossen werden, geben könnte, für plausibel.
15. Die fortschreitende Abholzung der Tropenwälder bereitet vielen Menschen große Sorgen, da nicht nur ein Rückgang der Artenvielfalt, sondern auch Veränderungen des globalen Klimas befürchtet werden (Kempton et al. 1995; Dunlap et al. 1993). Modellrechnungen zeigen, dass diese Landnutzungsänderungen zu erheblichen lokalen und regionalen Veränderungen führen, während die globalen Auswirkungen in den meisten Modellrechnungen marginal sind. Interessanterweise wurden ähnliche Ergebnisse für die klimatischen

Auswirkungen der Umwandlung nordamerikanischer Wildnis in landwirtschaftliche Nutzflächen erzielt (Copeland et al., 1996).
16. Anthropogene Aerosole gelten als wirksames Mittel zur Veränderung des globalen Klimas. Ein Szenario befasst sich mit der Emission von Aerosolen, insbesondere durch die Verbrennung von Wäldern und fossilen Brennstoffen. Ein dramatisches Szenario ist das des „nuklearen Winters", bei dem angenommen wurde, dass die Explosion einer großen Zahl von Atombomben in einem zukünftigen Krieg einen hoch aufsteigenden Schleier aus Rußpartikeln erzeugen würde, der die Sonneneinstrahlung effektiv abschirmen und einen Zusammenbruch der Biosphäre verursachen würde (Cotton und Pielke, 1992). Dies wurde durch eine Reihe von Computersimulationen untermauert. Die Entzündung der kuwaitischen Ölquellen nach dem Golfkrieg 1991 ließ einige Wissenschaftler einen kleinen nuklearen Winter erwarten, insbesondere im Hinblick auf den indischen Monsun. Wie sich herausstellte, waren die Auswirkungen lokal schwerwiegend, aber im größeren Maßstab unbedeutend (z. B. Cahalan, 1992).
17. Ein neues Problem, insbesondere für Europa, ist die Stabilität des Golfstroms im Atlantischen Ozean. Ozeanmodelle zeigen ein deutlich nichtlineares Verhalten der atlantischen Zirkulation mit zwei stabilen Zuständen, einem mit aktivem Golfstrom und einem mit abgeschwächtem Transport nach Norden, der das europäische Klima mäßigt. Beide Zustände sind innerhalb einer bestimmten Bandbreite von Bedingungen stabil, aber wenn das System an die Ränder dieser Bereiche gebracht wird, kann es abrupt in den anderen Zustand übergehen (Marotzke, 1990). Paläoklimatische Rekonstruktionen aus Eisbohrkernen und anderen indirekten Quellen belegen die Existenz solcher stabiler Zustände und die Häufigkeit schneller Übergänge von einem Zustand in den anderen. In der Diskussion um die globale Erwärmung wird die Gefahr eines „Zusammenbruchs" des Golfstroms beschworen. Während sich der Globus erwärmt, würde es in Europa und Nordostamerika kälter werden.

12.3 Soziale und kulturelle Prozesse

Welche sozialen und kulturellen Prozesse führen dazu, dass das Konzept des anthropogenen Klimawandels nicht nur ein episodisches, sondern ein nahezu permanentes Thema ist, das Wissenschaftler und alarmierte Laien herausfordert? Unter den gegenwärtigen Umständen umfassen diese sozialen Prozesse die Notwendigkeit für Wissenschaftler, ihre Probleme so zu formulieren, dass sie zu ihrem Fachgebiet passen, die Bereitschaft von Mitgliedern der wissenschaftlichen Gemeinschaft, sich am öffentlichen Agenda-Setting zu beteiligen, und den Wunsch von Wissenschaftlern, in den Medien präsent zu sein (Bray und von Storch, 1999b). Die Tatsache, dass die Besorgnis über das Klima nicht nur in den letzten Jahrzehnten, sondern seit vielen Jahrhunderten vorherrscht, deutet darauf hin, dass die Menschen grundlegend von der Verlässlichkeit des Klimas abhängen und dass diese Verlässlichkeit manchmal als gefährdet wahrgenommen wird. Interessanterweise nimmt der Klimawandel meist eine apokalyptische Form an, mit dem Auftreten von Extremen, stärkeren Dürren und Überschwemmungen und heftigeren Stürmen (Glacken, 1967; Ponte, 1976). Wir gehen davon aus, dass der anthropogene Klimawandel für die Menschen im Westen ein permanentes, oft schlafendes Problem darstellt. Es kann jederzeit durch extreme Wetterereignisse reaktiviert werden, die – zumindest in der heutigen Zeit – nicht als seltene, aber normale Ereignisse wahrgenommen werden, sondern als Zeichen an der Wand, die auf eine drohende hausgemachte Katastrophe hinweisen. Früher verschwand die Aufmerksamkeit nach einiger Zeit wieder, wenn sich die Verhältnisse wieder normalisiert hatten.

Aufgrund der offenen und komplexen Natur des Klimasystems (Oreskes et al. 1994), der langen Zeitskalen und der Probleme mit der Homogenität der Beobachtungsdaten wird das Wissen über das Klimasystem immer mit erheblichen Unsicherheiten behaftet sein. Andererseits ist der Klimawandel, wie wir gesehen haben, ein wichtiges Thema, das öffentliches Interesse und Besorgnis hervorruft. Daher ist die Forschung zum Klimawandel zwangsläufig eine postnormale Wissenschaft (Funtowicz und Ravetz, 1985), die durch große Unsicherheit

12 Der vom Menschen verursachte Klimawandel: Ein Grund ...

und hohe Risiken gekennzeichnet ist (Bray und von Storch, 1999a), in der Politik und Wissenschaft sich gegenseitig beeinflussen und in der öffentliche und kontroverse Debatten nicht nur unter Wissenschaftlern, sondern auch unter Aktivisten und anderen Nicht-Experten geführt werden.

In den meisten der von uns aufgeführten Fälle war die tatsächliche Bedrohung durch den anthropogenen Klimawandel entweder nicht existent oder eine übertriebene Behauptung der wissenschaftlichen Gemeinschaft. Im aktuellen Fall der „globalen Erwärmung" wissen wir natürlich noch nicht, ob es sich um eine reale Bedrohung handelt oder ob die Warnungen wie in früheren Fällen übertrieben sind. Die Tatsache, dass das Intergovernmental Panel on Climate Change (IPCC; z. B. Houghton et al., 2001) die wissenschaftlichen Beweise mit großer Sorgfalt geprüft und 1995 seine berühmte Aussage gemacht hat, dass „die Ausgewogenheit der Beweise darauf hindeutet, dass es einen erkennbaren menschlichen Einfluss auf das globale Klima gibt", und dass andere offizielle Gremien wie die Enquete-Kommission des Deutscher Bundestag (1988) ernsthafte Bedenken geäußert haben, kann als Bestätigung für die Realität der angenommenen Bedrohung angesehen werden. Vor 100 Jahren setzten Parlamente und Regierungen in Europa (z. B. Preußen, Italien und Russland) jedoch auch angesehene Ausschüsse ein, die sich mit der Realität des anthropogenen Klimawandels im Zusammenhang mit der Abholzung von Wäldern befassen sollten (Brückner, 1890). Und vor etwa 200 Jahren diskutierte das britische Parlament die klimatischen Auswirkungen menschlicher Veränderungen in den britischen Tropenkolonien (Grove, 1975).

Die Hypothese, dass wir es derzeit tatsächlich mit einem weitgehend anthropogenen Klima zu tun haben, wird durch eine Vielzahl wissenschaftlicher Analysen gestützt, von denen die sogenannten „Discovery and Attribution"-Studien wohl die wichtigsten sind (IDAG, 2005). „Entdeckung" bedeutet, dass Beobachtungsdaten daraufhin untersucht werden, ob die jüngsten Änderungen außerhalb der natürlichen Variabilität liegen (Hasselmann, 1993). Zumindest für die Temperatur ist diese Bedingung erfüllt, sodass auf nicht-natürliche Faktoren geschlossen werden kann. Im nächsten Schritt, der „Attribution"

(Hasselmann 1998), werden Klimamodellsimulationen auf diejenige Mischung von Reaktionen auf verschiedene anthropogene Faktoren untersucht, die den jüngsten Trend am besten beschreibt: Es ist eine Mischung aus erhöhten atmosphärischen Treibhausgas- und Aerosolkonzentrationen. Es gibt also gute empirische Belege dafür, dass der anthropogene Klimawandel bereits stattfindet (siehe auch Houghton et al., 2001).

12.4 Schlussfolgerungen und Ausblick

Die Klimaforschung hat sich bisher fast ausschließlich mit der naturwissenschaftlichen Dimension beschäftigt, d. h. mit der Dynamik des Klimasystems, seiner Empfindlichkeit gegenüber äußeren Störungen und den Perspektiven für die absehbare Zukunft. Dieser Artikel zeigt, dass es auch eine kulturelle Dimension von „Klima" gibt. Nur wenige Forscher beschäftigen sich aktiv mit den sozialen und kulturellen Prozessen des Sprechens über das Klima, mit der Entstehung und dem Gebrauch von Laienwissen, mit der Entstehung und dem sozialen Funktionieren von mentalen Bildern, Ikonen und populären Erklärungen des Klimas und seiner Interaktion mit dem Menschen. Wir brauchen die Sozial- und Kulturwissenschaften, um die soziale und kulturelle Konstruktion des Klimas abzubilden, zu verstehen und, wenn möglich, vorherzusagen. Diese Fragen sind nicht nur von akademischem Interesse, sondern haben einen erheblichen Einfluss auf die laufende öffentliche Debatte über den anthropogenen Klimawandel (von Storch und Stehr, 2000). Diese Art von Wissen wird dringend benötigt, um politische Entscheidungsträger und die Öffentlichkeit bei der Entwicklung und Annahme rationaler Strategien für den Umgang mit der sehr realen Aussicht auf signifikante zukünftige Klimaänderungen zu unterstützen (Sarewitz und Pielke, 2000).

Literatur

Arrhenius, S.A., 1896: On the influence of carbonic acid in the air upon the temperature of the ground. *Philosophical Magazine and Journal of Science*, 41: 237–276.

Arrhenius, S.A., 1903: *Lehrbuch der kosmischen Physik*. Volume Two. Leipzig: S. Hirzel, 1026 S.

Barriendos-Vallvé, M. and Martín-Vide, J. 1998: Secular climatic oscillations as indicated by catastrophic floods in the Spanish Mediterranean coast area (14th–19th centuries). *Climatic Change*, 38: 473–491.

Behringer, W., 1988: *Hexenverfolgungen in Bayern*. R. Oldenbourg Verlag, München. 546 S.

Bray, D. and von Storch, H. 1999a: Climate Science. An empirical example of postnormal science. *Bulletin of the American Meteorological Society*, 80: 439–456.

Bray, D. and von Storch, H. 1999b: Climate Science and the transfer of knowledge to public and political realms. In: von Storch, H. and Flöser, G. (Hrsg): *Anthropogenic Climate Change*. Springer Verlag, Berlin. 287–328.

Brückner, E., 1890: *Klimaschwankungen seit 1700 nebst Bemerkungen über die Klimaschwankungen der Diluvialzeit*. Geographische Abhandlungen herausgegeben von Prof. Dr. Albrecht Penck in Wien. E.D. Hölzel. Wien and Olmütz, 325 S.

Cahalan, R., 1992: *Kuwait oil fires as seen by Landsat*. Journal of Geophysical Research, 97: 14, 565–14, 571

Callendar, G.S., 1938: The artificial production of carbon dioxide and its influence on temperature. *Quarterly Journal of the Royal Meteorological Society*, 64: 223–239.

Copeland, J.H., Pielke, R.A. and Kittel, T.G.F., 1996: Potenzial climatic impacts of vegetation change: a regional modeling study. *Journal of Geophysical Research*, 101(D3): 7409–7418.

Cotton, W.R. and Pielke, R.A. 1992: *Human Impacts on Weather and Climate*. ASTeR Press. Ft. Collins. 288 S.

De Kraker, A.M.J., 1999: A method to assess the impact of high tides, storms and storm surges as vital elements in climate history. The case of stormy weather and dikes in the Northern part of Flanders, 1488–1609. *Climatic Change*, 43: 287–302.

Deutscher Bundestag, 1988: Schutz der Erdatmosphäre: Eine internationale Herausforderung. Deutscher Bundestag, Referat Öffentlichkeitarbeit. Bonn. 582 S.

Dunlap, R.E, Gallup, G.H. Jr., and Gallup, A.M. 1993: *Health of the Planet*: A George H. Gallup Memorial Survey. Gallup International Institute. Princeton, New Jersey, USA.

Flohn, H., 1941: Die Tätigkeit des Menschen als Klimafaktor. *Zeitschrift für Erdkunde*, 9: 13–22.

Funtowicz, S.O. and Ravetz, J.R., 1985: Three types of risk assessment: a methodological analysis. In: Whipple, C. and Covello, V.T. (Hrsg): *Risk Analysis in the Private Sector*. Plenum. New York. 217–231.

Glacken, C.J., 1967: *Traces on the Rhodian Shore*. University of California Press. 763 S.

Grove, R.H, 1975: *Green Imperialism. Expansion, Tropical Islands Edens and the Origins of Environmentalism 1600–1860*. Cambridge University Press. 540 S.

Hasselmann, K., 1993: Optimal fingerprints for the detection of time dependent climate change. *Journal of Climate*, 6: 1957–1971.

Hasselmann, K., 1998: Conventional and Bayesian approach to climate change detection and attribution. *Quarterly Journal of the Royal Meteorological Society*, 124: 2541–2565.

Houghton, J.T., Ding, Y., Griggs, D.J., Noguer, M. van der Linden, P.J., Dai, X. , Maskell, K. and Johnson, C.A., 2001: Climate Change 2001: *The Scientific Basis*. Cambridge University Press. 881 S.

IDAG, 2005: Detecting and attributing external influences on the climate system. A review of recent advances. *Journal of Climate*, 18: 1291–1314.

Kempton, W., Boster, S.J and Hartley, J.A. 1995: Environmental values in American Culture. MIT Press. Cambridge MA and London. 320 S.

Kincer, J.B., 1933: Is our Climate Changing? A Study of longterm temperature trends. *Monthly Weather Review*, 61: 251–259.

Lamb, H.H., 1982: *Climate, History and the Modern World*. Methuen. London. 387 S.

Lemke, P., 1987: A coupled one-dimensional sea ice-ocean model. *Journal of Geophysical Research*, 92(C12): 13, 164-13, 172

Marotzke, J., 1990: Instabilities and multiple equilibria of the thermohaline circulation. PhD thesis Universität Kiel. 194 S.

Oreskes, N., Shrader-Frechette, K. and Beltz, K., 1994: Verification, validation, and confirmation of numerical models in earth sciences. *Science*, 263: 641–646.

Pfister, C., and Brändli, D. 1999: Rodungen im Gebirge – Überschwemmungen im Vorland: Ein Deutungsmuster macht Karriere. In: Sieferle, R.P. and Greunigener, H. (Hrsg): *NaturBilder*. Wahrnehmungen von Natur und Umwelt in der Geschichte Campus Verlag. Frankfurt/New York. 9–18.

Ponte, L., 1976: *The Cooling*. Prentice-Hall. Englewood Cliffs, NY. 306 S.

Rasool, S. I. and Schneider, S. H., 1971: Atmospheric carbon dioxide and aerosols: Effects of large increases on global climate. *Science*, 173: 138–141.

Sarewitz, D., and Pielke, R. jr. 2000: Breaking the global-warming gridlock. *The Atantic Monthly*, July 200: 55–64.

Sausen, R. and Schumann, U., 1998: Estimates of the climate response to aircraft emission scenarios. *Institut für Physik der Atmosphäre* 95. DLR. 26 p.

Stehr, N. and von Storch, H. 1995: The social construct of climate and climate change. *Climate Research*, 5: 99–105.

Stehr, N., and von Storch, H. 1999: An anatomy of climate determinism. In: Kaupen-Haas, H. (Hg.): *Wissenschaftlicher Rassismus* – Analysen einer Kontinuität in den Human- und Naturwissenschaften. Campus Verlag. Frankfurt and New York. 451 S.

Stehr, N., and von Storch, H. (Hrsg) 2000: *Eduard Brückner* – The Sources and Consequences of Climate Change and Climate Variability in Historical Times. Kluwer, Dordrecht. 338 S.

Stehr, N., von Storch, H. and Flügel, M., 1996: The 19th century discussion of climate variability and climate change: analogies for present day debate? *World Research Review*, 7: 589–604

von Storch, H., and Stehr, N. 2000: Climate change in perspective. Our concerns about global warming have an age-old resonance. *Nature*, 405: 615.

Williamson, H., 1770: An attempt to account for the change of climate, which has been observed in the Middle Colonies in North America. *Transactions of the American Philosophical Society*, 1: 272.

Teil IV

Kulturen der Wissenschaft

In den drei Artikeln dieses Kapitels wird versucht, den Stand und die komplementäre Rolle der Natur- und Sozialwissenschaften in der Klimaforschung zu diagnostizieren. In den letzten Jahrzehnten dominieren die Naturwissenschaften, insbesondere die Physik, den öffentlichen Diskurs und die politische Entscheidungsfindung, während die Sozialwissenschaften nur eine marginale Rolle spielen. Ein Vergleich der verschiedenen Kulturen physikalischen und sozialwissenschaftlichen Denkens zeigt erhebliche Unterschiede in ihren Vorzügen und Potenzialen.

13

Klimaschutz

Nicht der Raum, sondern die von der Seele her erfolgende Gliederung und Zusammenfassung seiner Teile hat gesellschaftliche Bedeutung.
Georg Simmel ([1908] 1992: 688)

Boden und Klima im Verein entscheiden über die natürliche Fruchtbarkeit eines Landes und bestimmen in weitem Umfange die Natur des Volkes, das sie entweder zur Indolenz oder zur Tätigkeit verleiten. [...] Selbst die Wissenschaft, namentlich die Naturwissenschaft, erscheint, wenigstens in ihrer Entstehung, umweltbedingt, sie ist erst möglich in einer Natur, die nicht mehr überwältigt.
Werner Sombart (1938: 361, 408)

Zuerst: Stehr, N., und H. von Storch: Klimaschutz. *Zeitschrift für Verbraucherschutz und Lebensmittelsicherheit* 4 (2009): 56–60 1661-5751/09/010.056-5 https://doi.org/10.1007/s00003-008-0392-y

Zusammenfassung Die Stimme der Sozialwissenschaften in der Klimaforschung und in den klimapolitischen Debatten ist, abgesehen von den Beiträgen der Ökonomen, die sich vor allem mit den Kosten der durch die klimawissenschaftliche Forschung vorangetriebenen Politikoptionen nicht befassen, schwach, wenn nicht gar abwesend. Es überrascht, dass die Abwesenheit der Sozialwissenschaften in der Klimaforschung und -politik den Klimadiskurs in besonderer Weise geprägt hat. Wir plädieren für eine stärkere Einbeziehung und Gewichtung der Sozialwissenschaften in der interdisziplinären Klimaforschung.

13.1 Einleitung

Wie die Zitate von Georg Simmel und Werner Sombart zeigen, waren die Sozialwissenschaften über weite Strecken ihrer Geschichte hin- und hergerissen zwischen denjenigen, die entweder für die Einbeziehung von „Natur" in den sozialwissenschaftlichen Diskurs plädierten, und denjenigen, die jeglichen Bezug auf Naturkräfte aus den Sozialwissenschaften ausschlossen. Es ist offensichtlich, dass der zeitgenössische sozialwissenschaftliche Diskurs im Allgemeinen Umwelt- oder physikalische (wie auch biologische) Faktoren als direkt relevant für soziologische, ökonomische, historische oder anthropologische „Erklärungen" ausgeschlossen hat. Es gibt gute Gründe für eine Differenzierung der kognitiven Agenden in der Wissenschaft, insbesondere die folgenden:

- biologische und kulturelle Evolution sind nicht identisch
- die natürliche Umwelt der Gesellschaft ist weitgehend unabhängig von menschlichem Handeln
- Gesellschaften haben sich von vielen Umweltzwängen emanzipieren können.

Gleichwohl bleibt das Ökosystem, das durch die Aneignung seiner Ressourcen mehr oder weniger stark durch gesellschaftliches Handeln umgestaltet wird, eine wichtige materielle Quelle und ein Zwang für menschliches Verhalten. Die Sozialwissenschaften haben heute die feste Dichotomie von Natur und Gesellschaft weitgehend akzeptiert. Die Sozialwissenschaften haben ihr eigenes Forschungsgebiet, ihre eigenen Methoden und Theorien: eine Welt von Objekten und Subjekten, die eine Realität sui generis darstellt.

Das Ergebnis dieser intellektuellen Entwicklungen in den Sozialwissenschaften war, dass die Stimme der Sozialwissenschaften in der Klimaforschung und in den klimapolitischen Diskussionen leise oder gar nicht zu hören war.

In den folgenden kurzen Ausführungen zum „Klimaschutz" wollen wir zeigen, wie das Fehlen sozialwissenschaftlicher Vorstellungskraft in der Klimaforschung und in der politischen Diskussion dazu führt, dass sich die wissenschaftliche und politische Debatte über den globalen Klimawandel ausschließlich auf die Bemühungen konzentriert, die drohende Erderwärmung zu begrenzen. Wir beginnen mit dem Fall der Tropenkrankheiten, deren polwärtige Ausbreitung allgemein erwartet wird und die als eines der größten Gesundheitsrisiken des Klimawandels gelten. Die Bedrohung durch Tropenkrankheiten, die sich in Regionen der Welt ausbreiten, die bisher von solchen Gesundheitsgefahren weitgehend verschont geblieben sind, wird häufig als Argument dafür angeführt, dass die Reduktion von Emissionen, also die Bekämpfung der Ursache des anthropogenen Klimawandels, der einzig sinnvolle Ansatz sei. Diese Argumentation vernachlässigt die Tatsache, dass viele Gebiete durch verbesserte Anpassungsmaßnahmen überhaupt erst frei von diesen Krankheiten geworden sind (Reiter, 2001). Von hier aus geht es direkt zu dem Argument, dass sowohl in der Forschung als auch in der Politik ein stärkerer Fokus auf Maßnahmen gelegt werden sollte, die dem Schutz der Gesellschaft vor einem sich ändernden Klima dienen. Auch in dieser Diskussion dominieren bisher ausschließlich naturwissenschaftliche Ansätze.

13.2 Tropische Krankheiten und soziales Verhalten

Bekanntlich wird immer wieder davor gewarnt, dass bestimmte Krankheiten, die sich derzeit auf die tropischen Regionen der Welt konzentrieren, wie Malaria oder Dengue-Fieber, in die Polebene einwandern und zu einer weit verbreiteten Gefahr für die Gesundheit der Bevölkerung in den gemäßigten Breiten werden könnten. Dieses Szenario ist jedoch, wie viele inzwischen erkannt haben, unwahrscheinlich. Viel wichtiger als das Klima sind sozioökonomische Faktoren, die die Verbreitung von Krankheiten beeinflussen. So gibt es beispielsweise in den nördlichen Regionen Mexikos tausendmal mehr Dengue-Fälle als in Südtexas (Gubler et al., 2001). Das Klima in diesem 100 km breiten Streifen ist gleich, sogar die Lebensräume der Vektoren sind in vielen Fällen ähnlich, aber die Muster der sozialen Interaktion und der Zugang zur öffentlichen Gesundheit sind sehr unterschiedlich. In Mexiko ist es üblich, sich in der Dämmerung im Freien aufzuhalten, wenn die Mücken auf Nahrungssuche sind. Nördlich der Grenze halten sich die Menschen in klimatisierten Räumen auf, wo sie sich um den Fernseher versammeln. Die Klimaanlage ist ebenso eine Anpassungsmaßnahme wie das Sitzen in der kühlen Abendluft. Das eine setzt die Bevölkerung einem Gesundheitsrisiko aus, das andere kann sie vor durch Vektoren übertragenen Krankheiten und Hitzewellen schützen. Anpassung ist der Grund, warum sich die Menschen an so viele unterschiedliche Klimabedingungen auf der Welt angepasst haben. Proaktive Anpassung ist unsere beste Chance, Menschen vor Schaden zu bewahren. Krankheiten und Behinderungen werden in der Regel ausgeblendet, wenn man sich auf das Klima konzentriert, ebenso wie soziale Einflüsse und Umstände. Dabei sind sie oft die stärksten Determinanten von Gesundheit. Ungleichheit und Armut sind tödlich (Kawachi et al., 1997; Marchand et al., 1998).

Dieser Fall zeigt unseres Erachtens, dass das Fehlen eines sozialwissenschaftlichen Diskurses in der Klimaforschung zu stark vereinfachten und vermeintlich kausalen Zusammenhängen zwischen Umweltveränderungen führt. Die gleiche Schlussfolgerung gilt für

Gesundheitsrisiken, die laut einer Studie von Brikowski et al. (2008) mit dem Klima in Verbindung gebracht werden. Die Autoren wollen einen direkten Zusammenhang zwischen einem signifikanten Anstieg der Häufigkeit von Nephrolithiasis (einer Nierensteinerkrankung) und der globalen Erwärmung in den USA gefunden haben. Was in ihrer Untersuchung völlig fehlt, ist die Frage, wie solche Veränderungen in ihren Auswirkungen auf die Gesellschaft durch soziales Verhalten vermittelt werden. Würde dies berücksichtigt, sähe die Analyse der Gesundheitsrisiken und möglicher klimapolitischer Maßnahmen ganz anders aus.

13.3 Schutz des Klimas

Wir möchten unsere Überlegungen zum Klimawandel und zur Klimapolitik in Form von Vermeidungs- und Anpassungsstrategien mit der Erläuterung eines merkwürdigen zusammengesetzten Substantivs aus dem zeitgenössischen deutschen klimapolitischen Diskurs beginnen, nämlich mit dem Begriff *Klimaschutz* (in diesem Fall: Maßnahmen zum Schutz des Klimas oder Klimaschutz). Der Begriff Klimaschutz steht exemplarisch für das eigentümliche Dilemma, dem wir in diesem Beitrag nachgehen wollen. Wenn wir uns nicht täuschen, bedeutet Klimaschutz in seiner heute fast selbstverständlichen Bedeutung, das Klima (und die Umwelt) vor der Gesellschaft zu schützen. Genauso gut könnte es aber auch heißen, die Gesellschaft vor dem Klimawandel (und den damit verbundenen Umweltveränderungen) zu schützen, vor allem dann, wenn der Begriff auf ein „Management der globalen Erwärmung" bezogen wird.

Die von einflussreichen Kreisen der Klimaforschung unterstützte Klimaschutzpolitik ist weitgehend einseitig. Sie ist nicht der richtige Weg, um mit dem Problem umzugehen. Die Klimaschutzpolitik konzentriert sich bisher fast ausschließlich auf Maßnahmen, die die Energie-, Verkehrs-, Industrie- und Wohninfrastruktur betreffen: z. B. Maßnahmen zur Energieeinsparung und Effizienzsteigerung sowie entsprechende gesetzliche Rahmenbedingungen. Häufig sind regionale Klimaschutzkonferenzen in Wirklichkeit Konferenzen über lokale Energiesparmaßnahmen, ohne Bezug zu den lokalen Aspekten des gegenwärtigen und möglichen zukünftigen Klimawandels. Die zukünftige Abwasser- und Regenwasserbewirtschaftung oder die Umsetzung von Maßnahmen, die der bisherigen Erwärmung der Städte entgegenwirken, um die lokale Ausprägung der globalen Erwärmung abzumildern (Gill et al., 2007), oder die Gefahren von Stürmen, die durch tropische Wirbelstürme wie Nargis Anfang dieses Jahres in Myanmar ausgelöst werden, werden kaum thematisiert.

Der Bedrohung der Lebensgrundlagen der Gesellschaft durch den Klimawandel kann nicht wie bisher allein durch den Schutz des Klimas vor der Gesellschaft begegnet werden, zumal viele dieser Maßnahmen eher symbolischer Natur sind. Es bedarf zusätzlicher wirksamer Anstrengungen von Wissenschaft, Politik und Wirtschaft, um auch bei einer erfolgreichen Klimaschutzpolitik den bereits heute bestehenden und sich in Zukunft teilweise noch verschärfenden Klimagefahren zu begegnen. Dieser Schutz kann nicht erst dann erfolgen, wenn wir nach Wetterextremen wie der verheerenden Sturmflut 2008 in Myanmar durch den Tropensturm Nargis Katastrophen erlebt haben, sondern muss in Form von Vorsorgemaßnahmen umgesetzt werden. Und daran mangelt es hier und heute!

Gegen einen solchen Vorschlag wird gelegentlich eingewandt, die Erweiterung der bisherigen Klimaschutzpolitik um eine aktive Klimavorsorgepolitik sei im Grunde ein Eingeständnis des Scheiterns der bisherigen Politik. Dieses Argument ist offenkundig kurzsichtig und unbegründet.

13.4 Eine Reduzierung der CO_2-Emissionen ist nicht ausreichend

Die Konzentration der Klimapolitik auf die Reduktion von Treibhausgasen ist nicht zielführend, wenn sie gleichzeitig dazu führt, dass die Vorsorge im Umgang mit den gegenwärtigen Gefahren und ihren möglichen zukünftigen Verstärkungen vernachlässigt wird. Eine solche einseitige Forschungsperspektive und Klimaschutzpolitik wird in den kommenden Jahrzehnten weder das Klima vor der Gesellschaft, noch die Gesellschaft vor dem Klima schützen.

Im Gegensatz dazu stellt sich unser Konzept der Realität und ihren Bedingungen: Die Klimaerwärmung ist kein flüchtiges, vorübergehendes oder kurzlebiges Phänomen. Es ist wichtig, dies offen auszusprechen, denn oft wird der Eindruck erweckt, absichtlich oder unabsichtlich, dass das Klima in kurzer Zeit in die eine oder andere Richtung verändert werden kann.

Eine Verringerung der Emissionen bedeutet in erster Linie nur eine Verringerung des Anstiegs der Emissionskonzentration. Und in der Tat wäre es schon ein Erfolg, wenn es uns gelänge, den Anstieg dieser Emissionen zu verringern. Die langfristige Verhinderung der globalen Erwärmung erfordert jedoch eine recht weitgehende Reduzierung der Treibhausgasemissionen, d. h. eine Senkung der menschlichen Emissionen auf nahezu Null. Die Zeitspanne, die notwendig ist, bis unsere erhöhte CO_2-Konzentration auch nur annähernd in ihr ursprüngliches – hier: vorindustrielles – Gleichgewicht zurückkehrt, beträgt zwischen einigen Jahrzehnten und einigen Jahrhunderten.

Warum sind diese Zeitspannen relevant? Zum einen weisen sie auf die enormen Anstrengungen hin, die weltweit notwendig sind, um die Klimaerwärmung wirksam zu stoppen; zum anderen sind diese Zahlen der Ausgangspunkt für unsere weiteren Thesen, wie die Gesellschaft mit den Folgen der Klimaerwärmung umgehen muss.

13.5 Die Verringerung des Energieverbrauchs verringert nicht die Risiken

Anpassung und Vermeidung, d. h. Emissionsminderung, sind sinnvolle Optionen, die gemeinsam verfolgt werden sollten. In der Regel handelt es sich jedoch um unterschiedliche Optionen. Anpassung an die Gefahren des Klimas wird nur nebenbei die Emissionen verringern; ebenso werden Energieeinsparung und andere Minderungsmaßnahmen nur selten die Verwundbarkeit unserer Lebensgrundlagen gegenüber den Gefahren des Klimas verringern. Beiden Optionen ist jedoch gemeinsam, dass sie durch technische Innovationen, vor allem aber durch gesellschaftliche Veränderungen unterstützt werden. Eine realistische Einschätzung und öffentliche Diskussion der Gefahren des Klimas und des Klimawandels sind die ersten Voraussetzungen, um Art und Umfang der notwendigen gesellschaftlichen Veränderungen zu verstehen. Ein positives Klima, in dem Innovationen aktiv gefördert und öffentlich anerkannt werden, ist nicht nur im Rahmen einer aktiven Klimapolitik sinnvoll.

13.6 Die Klimapolitik sollte eine Doppelstrategie verfolgen

Reduktionsmaßnahmen begrenzen das Ausmaß des anthropogenen Klimawandels und forcieren die effiziente Nutzung begrenzter Ressourcen, auch wenn nur ein Teil davon verfügbar ist. Darüber hinaus sind sie ein Motor für den allgemeinen technischen Fortschritt. Sie sind daher in jedem Fall sinnvoll und notwendig. Anpassungsmaßnahmen hingegen sind ebenfalls in jedem Fall sinnvoll und notwendig, um mit den unvermeidlichen Unwägbarkeiten des heutigen und möglichen zukünftigen Klimas umzugehen. Darüber hinaus fördern sie den technischen Fortschritt.

Die beiden Arten der menschlichen Reaktion auf den anthropogenen Klimawandel sind keine Gegensätze, sondern ein untrennbares Zwillingspaar. Emissionsminderung ist ein langfristiges Projekt. Maßnahmen, die langfristig angelegt sind, führen sehr viel schneller zu sichtbaren Effekten, die aber auch dann noch von Nutzen sind, wenn die Reduktionsmaßnahmen erst später zu wirken beginnen. Je wirksamer die Minderungsmaßnahmen sind, desto wirksamer sind auch die Anpassungsmaßnahmen – auf lange Sicht!

Es wird oft argumentiert, dass Anpassung zu der Illusion führen würde, dass das notwendige Maß an Emissionsminderung nicht wirklich notwendig sei; dass die Berücksichtigung von Anpassung eine Verharmlosung der Gefahren des Klimawandels bedeute – dass Anpassung und Minderung in der Tat ausschließliche Alternativen seien – entweder

Anpassung oder Minderung. Interessanterweise wird dieses Argument nicht von denjenigen vorgebracht, die fordern, jetzt über Anpassung nachzudenken und zu planen, sondern von denjenigen, die darauf bestehen, dass die einzige wirkliche Option darin besteht, Energie zu sparen, und dass alles andere nur eine Ablenkung sei. Wenn man solchen Befürwortern zuhört, hat man manchmal den Eindruck, dass sie sich gar nicht wirklich mit den Gefahren des Klimas auseinandersetzen wollen, sondern das Schreckgespenst Klimawandel nur als Druckmittel benutzen, um einen Umbau von Wirtschaft und Gesellschaft nach ihren Vorstellungen durchzusetzen.

Wir konzentrieren uns in diesem Papier auf die Frage der Anpassung, nicht weil sie wichtiger wäre als die Bemühungen zur Emissionsminderung, sondern weil sie nicht die notwendige Aufmerksamkeit erhält.

13.7 Die Gefahren eines einseitigen Ansatzes zum Klimawandel

Nehmen wir in einem Gedankenexperiment an, dass es den Menschen auf diesem Planeten gelingen würde, das Ziel einer achtzigprozentigen Emissionsreduktion innerhalb eines Jahres zu erreichen. Wann würde die Klimamaschine unter diesen Bedingungen ein neues „Gleichgewicht" erreichen? Die Antwort lautet: erst nach Jahrzehnten. Mit anderen Worten: Der bereits eingetretene Klimawandel kann auch durch die größten denkbaren Anstrengungen der Klimapolitik nicht von heute auf morgen verhindert werden.

Eine Klimapolitik, die sich dem Problem der Minderung verschreibt und dabei den dringenden Anpassungsbedarf vernachlässigt, ist eine unverantwortliche Klimapolitik, weil sie die in den kommenden Jahrzehnten unweigerlich zunehmende Verwundbarkeit der Gesellschaft negiert. Das Ziel einer solchen Politik – das Klima vor der Gesellschaft und damit die Gesellschaft vor sich selbst zu schützen – wird erst in ferner Zukunft Früchte tragen.

Ein repräsentatives Beispiel für die vorherrschende Einseitigkeit in der Diskussion und den Bemühungen um den Klimaschutz ist der oft unsachlich verwendete Begriff „Hitzetote". Als ob die Menschen fast zwangsläufig und wehrlos Opfer der Natur und nicht Opfer bestimmter gesellschaftlicher Umstände wären, nämlich solcher gesellschaftlicher Umstände, die die Menschen in unverantwortlicher Weise der extremen Hitze und ihren Folgen aussetzen und die am stärksten betroffenen Bevölkerungsgruppen nicht präventiv schützen (Klinenberg, 2002). Von „Hitzetoten" zu sprechen, wie im Falle des Hitzesommers 2003 geschehen, schützt nur die Kommunen, Regionen oder Länder, die ihrer Vorsorgepflicht nicht nachgekommen sind. Allein die Verwendung dieses Begriffs garantiert sozusagen die unreflektierte Wiederholung der Trends, die die eigentliche Ursache dieses Phänomens sind.

13.8 Eine kohlenstofffreie Welt kommt zu spät

Es gibt mindestens drei wichtige Gründe, warum Politik, Gesellschaft und Wissenschaft als Reaktion auf die Folgen des Klimawandels dringend nicht nur über Schadensbegrenzung, sondern auch über Vorsorgemaßnahmen nachdenken müssen:

Die Zeitskalen der langfristigen Wirkungen von Emissionsminderung und Klimawandel stimmen nicht überein. Erfolge bei der Minderung von Treibhausgasemissionen werden sich, wie gesagt, erst in ferner Zukunft auswirken. Eine Welt mit geringen CO_2-Emissionen wird in den nächsten Jahrzehnten zu spät kommen, um den Klimawandel zu begrenzen. Die nahezu unbegrenzten Emissionen der Vergangenheit und der Gegenwart garantieren, dass der Klimawandel unsere Lebensbedingungen verändern wird. Das Dilemma besteht darin, dass die Zeitskalen der Natur nicht deckungsgleich sind mit den politischen Entscheidungszyklen demokratischer Gesellschaften, die in Wahlperioden und Aufmerksamkeitszyklen ablaufen und sich in den begrenzten Horizonten menschlichen Handelns widerspiegeln.

Die Bedrohung durch extreme Klimaereignisse wie sintflutartige Regenfälle, Überschwemmungen und Hitzewellen ist heute und war in vielen Regionen der Welt schon immer groß. Erinnert sei nur an New

Orleans im Jahr 2005, an die Sturmflut von 1872 an der deutschen Ostseeküste, an die Sturmflut von 1953 in den Niederlanden oder an den Hurrikan Mitch, der 1992 über Rio de Janeiro hinwegfegte. Die Verwundbarkeit unserer Lebensgrundlagen steigt parallel zum Wachstum der Weltbevölkerung in gefährdeten Regionen, in denen immer größere Teile der Bevölkerung schutzlos ausgegrenzt und nicht zuletzt aus wirtschaftspolitischen Gründen Opfer von Extremwetterereignissen werden.

Die Regionen der Welt, deren Lebensgrundlagen von den Folgen des globalen Klimawandels besonders betroffen sein werden, fordern schon heute zu Recht und mit zunehmender Vehemenz, dass sich die Welt um ihren Schutz und nicht nur um den Klimaschutz kümmert.

13.9 Der Kyoto-Ansatz ist gescheitert

Die weltweite Klimapolitik und auch die deutsche Klimapolitik wird besonders deutlich durch das Kyoto-Protokoll repräsentiert. Der Kyoto-Prozess befasst sich fast ausschließlich mit Reduktionsfragen. Die Reduktionsziele des Kyoto-Protokolls, das 2012 ausläuft, werden kaum erreicht werden. Eine erfolgreiche Umsetzung des sogenannten „Clean Development Mechanism" (CDM) des Kyoto-Protokolls würde, bezogen auf die weltweiten CO_2-Emissionen, bis 2012 nur zu einer geringen Reduktion der globalen kumulierten Emissionen im Vergleich zu einer gleichen Entwicklung ohne Kyoto-Reduktionen führen (vgl. Wigley, 1998).

Für Entwicklungs- und Schwellenländer, insbesondere China und Indien, bestehen derzeit keine Verpflichtungen zur Reduktion von Treibhausgasemissionen. Ihr Anteil an der globalen Treibhausgasbilanz steigt kontinuierlich. Zumindest in naher Zukunft werden auch die entwickelten Gesellschaften mehr klimaschädliche Treibhausgase emittieren. Insbesondere die Gesamtemissionen von Kohlendioxid werden trotz aller Reduktionsbemühungen in den Industrieländern bis 2012 voraussichtlich weiter ansteigen.

Der Kyoto-Ansatz als eine Form sozial restriktiver, globaler Großplanung ist gescheitert (Prins und Rayner, 2007). Jeder weitere

Prozess, der auf dieser hegemonialen Planungsmentalität basiert, ist sinnlos. Als Folge schreitet der anthropogene Klimawandel weiter voran und wird sich in Zukunft noch verstärken. Eine Umkehr dieser Entwicklung des globalen Klimas wird nur über Jahrzehnte, wenn nicht Jahrhunderte möglich sein.

Vorsorge hat eine höhere Legitimität

Trotz der bisher ablehnenden Haltung aller politischen Parteien und ihrer Zurückhaltung, sich öffentlich zu Klimavorsorgeprogrammen zu äußern, ist Anpassung als Vorsorgemaßnahme relativ leicht umzusetzen und politisch zu legitimieren. Sie hat zudem den großen Vorteil, dass ihr Erfolg in absehbarer Zeit sichtbar wird. Wenn es um Problemlösungen durch wissenschaftlich-technische Innovationen geht, lassen sich diese leichter als Anpassungsmaßnahmen darstellen.

13.10 Anpassung ist regional

Die Folgen der Erwärmung sind je nach Region und Klimazone sehr unterschiedlich. Die Erforschung von Anpassungsmaßnahmen bedeutet daher, dass wir unser Wissen über regionale Veränderungen erweitern müssen. Worauf müssen wir uns einstellen? Anpassungsstrategien können mehrere Ziele gleichzeitig erreichen, da sie in erster Linie lokal oder regional ausgerichtet und damit flexibel gestaltbar sind: Die Verbesserung der Lebensqualität, der Abbau sozialer Ungleichheiten und die Stärkung der politischen Teilhabe schließen sich nicht gegenseitig aus.

Die doppelte Herausforderung von Anpassung und Vermeidung führt auch zu einer sinnvollen Arbeitsteilung. Die Verantwortung auf Bundes- und europäischer Ebene liegt auf der Ebene der Rahmenbedingungen für das Emissionsmanagement, während für die Verantwortlichen in den subnationalen Regionen und Kommunen die Frage der Verringerung ihrer Verwundbarkeit im Vordergrund stehen sollte. Tatsächlich zeigen Institutionen und Personen, die mit spezifischen Aufgaben betraut sind – z. B. für den Küstenschutz oder den Hamburger Hafen – ein konkretes Engagement für die Lösung von Anpassungsproblemen.

13.11 Die Fehler des tugendhaften Verhaltens

In der öffentlichen Diskussion werden bisher nur Reduktionsaktivitäten als tugendhaftes Verhalten dargestellt, auch wenn es sich nur um rein symbolische und weitgehend wirkungslose Handlungen handelt, wie z. B. der Verzicht auf sonntägliche Autofahrten, der Verzicht auf lange Reisen oder die Durchführung von öffentlichen Veranstaltungen. Diese Wahrnehmung ist insofern problematisch, als sie bei den Akteuren den Eindruck erweckt, dass ausreichend Maßnahmen zum Schutz des Klimas und der Gesellschaft ergriffen werden.

Eine Revision bzw. Erweiterung dieser Wahrnehmung hin zu einer proaktiven Einstellung zur Vorsorge und zu notwendigen gesellschaftlichen Veränderungen, wie sie zum Schutz der Gesellschaft vor dem Klimawandel und damit zur Verringerung der Verwundbarkeit unserer Lebensgrundlagen notwendig sind, steht jedoch noch aus. Ein wirksamer Schutz dieser Grundlagen erfordert Vorsorgemaßnahmen in den kommenden Jahren und Jahrzehnten. Dies muss jetzt unsere Priorität sein.

Die Chancen, dass ein solches Forschungsprogramm auch in Ländern, in denen die Widerstände in Politik und Wissenschaft gegen Anpassungsstrategien groß sind, wie z. B. in Deutschland, als wichtig angesehen und letztlich auch unterstützt wird, dürften sich deutlich verbessern, wenn die Sozialwissenschaften die etablierten Grenzen zwischen natur- und sozialwissenschaftlichen Untersuchungsgebieten überdenken. Generell sollte das Feld sowohl der Anpassungsforschung/Politikberatung als auch der Minderungsforschung/-politik nicht allein den Naturwissenschaften überlassen werden.

Literatur

Brikowski, T. H., Lotan, Y. und Pearle, M. S. (2008) Climate-related increase in the prevalence of urolithiasis in the United States. *Proc Natl Acad Sci* 105:9841-9846.

Gill, S. E., Handley, J. F., Ennos, A. R., und S. Paulett, S. (2007) Adapting cities for climate change: The role of the green infrastructure. *Built Environm* 33:115-133.

Gubler, D. J., Reiter, P., Ebi, K. L., Yap, W., Nasci, R., und Platz, J. A. (2001) Climate Variability and Change in the United States: Mögliche Auswirkungen auf vektor- und nagetierbedingte Krankheiten. *Environm Health Perspect* 109:223-233.

Kawachi, I., Kennedy, B. P., Lochner, K., und Prothrow-Smith, D. (1997) Social capital, income inequality, and mortality. *Amer J Publ Health* 87:1491–1498.

Klinenberg, E. (2002) *Heat Wave*. A Social Autopsy of Distaster in Chicago. The University of Chicago Press.

Marchand, S., Wikler, D., und Landesman, B. (1998) Class, health, and justice. *The Milbank Quarterly* 76:449-467.

Prins, G., und Rayner, S. (2007) The wrong trousers. James Martin Institute for Science and Civilisation, Oxford, 37 Seiten.

Reiter, P. (2001): Climate change and mosquito-borne disease. *Environmental Health Perspectives* 109, Suppl.1:141–16

Simmel, G. ([1908] 1992) *Soziologie*. Band 11 der Gesamtausgabe. Frankfurt am Main, Suhrkamp.

Sombart, W. (1938) *Vom Menschen*. Versuch einer geisteswissenschaftlichen Anthropologie. Berlin, Buchholz & Weisswange.

Wigley, T. M. L. (1998) The Kyoto-Protocol: CO_2, CH_4 and climate implications. *Geophys. Res. Lett.* 25:2285-2288.

14

Mikro/Makro und weich/hart: divergierende und konvergierende Themen in den Natur- und Sozialwissenschaften

Zusammenfassung Das Konzept der Skalen ist in den Sozial-, Umwelt- und Naturwissenschaften weit verbreitet und in verschiedene philosophische Debatten über die Natur der Natur und die Natur der Gesellschaft eingebettet. Die Frage ist, ob der Unterschied zwischen Skalen einen Unterschied macht und wenn ja, welchen. Multidimensionale Ansätze konkurrieren mit reduktionistischen Ansätzen. Wir werden die Höhepunkte der Debatten und einige der vorgeschlagenen Lösungen nachzeichnen. Am wichtigsten ist, dass die Debatten über Skalenunterschiede mit dem zu tun haben, was unterschieden werden sollte, nämlich analytische Erkenntnisinteressen und solche, die man als praktische Erkenntnisinteressen bezeichnen könnte. Es ist unwahrscheinlich, dass rein analytische Debatten gelöst werden können. Fortschritte hinsichtlich der Wirkung und Relevanz von Maßstäben können jedoch auf der praktisch-politischen diskursiven Ebene von Wissensansprüchen erzielt werden. Genauer gesagt ist der Maßstab ein entscheidendes

---

Zuerst: Stehr, N., und H. von Storch: "Micro/Macro and Soft/Hard: Diverging and Converging Issues in the Physical and Social Sciences," *Integrated Assessment* 3:115–121, 2002.

Konzept, wenn es darum geht, die Handlungsfähigkeit von Wissen über die Dynamik und die Strukturen von Prozessen zu bestimmen. Im Kontext des Klimawandels sind beispielsweise Wissensansprüche über globale und kontinentale Prozesse relevant für den internationalen politischen Prozess, der auf Vermeidungsmaßnahmen abzielt, während Wissen über regionale und lokale Auswirkungen Entscheidungen über Anpassungsmaßnahmen steuert.

14.1 Einführung und Überblick

Klimawissenschaftler haben ein größeres gemeinsames Verständnis für den wissenschaftlichen Nutzen von Skalen als Sozialwissenschaftler. Diese größere Übereinstimmung unter den Klimawissenschaftlern erhöht nicht unbedingt die praktische Anwendbarkeit der Wissensansprüche über die Dynamik des Klimasystems. Sozialwissenschaftler haben lange Zeit über die Relevanz verschiedener Skalen debattiert, und obwohl die Argumente immer wieder aufgewärmt und wiederholt wurden, haben sie selten zu neuen Erkenntnissen geführt. Die Konflikte wichen der Suche nach Verknüpfungen zwischen Mikro- und Makroebene der Analyse, und das Scheitern einer Einigung über Verknüpfungen belebte die Konflikte erneut (vgl. Alexander und Giesen, 1987). Die Streitigkeiten bleiben ungelöst. Wir werden versuchen, das Thema neu zu formulieren, anstatt Behauptungen zu wiederholen, die immer umstritten sind.

Die wichtigsten Punkte, die wir bei der Neuausrichtung der Skalierungsdebatte herausarbeiten wollen, sind, dass Skalen – oder der Unterschied zwischen Mikro und Mikro, wie viele Sozialwissenschaftler sagen würden – nicht nur als analytisches Problem (d. h. als Problem der wissenschaftlichen Beschreibung oder Erklärung), sondern auch als praktisches Problem relevant sind.

Die Auseinandersetzungen um den Maßstab wurden selten als ein Thema behandelt, bei dem zwischen wissensleitenden Interessen unterschieden werden sollte, denen es einerseits um die Praktikabilität des von der Wissenschaft generierten Wissens und andererseits um die Optimierung bestimmter theoretischer und methodologischer Konzeptionen im Prozess der Generierung von Wissensansprüchen geht (siehe Gibson, Ostrom und Ahn, 1998: 14).

Die praktische Anwendbarkeit des von der Wissenschaft erzeugten Wissens bezieht sich auf den Nutzen, den das Wissen als „Handlungsfähigkeit" unter praktischen Umständen und für bestimmte Akteure haben kann. Analytische Eigenschaften von Wissen beziehen sich auf methodische und theoretische Eigenschaften von Wissensansprüchen, z. B. inwieweit sich die für eine Ebene entwickelten Aussagen auf eine andere Ebene verallgemeinern lassen oder inwieweit sie formalisiert werden können. Die Praxistauglichkeit von Wissensansprüchen zielt dagegen darauf ab, Akteuren, die mit konkreten Handlungsbedingungen konfrontiert sind, dabei zu helfen, etwas in Bewegung zu setzen, und dies natürlich mithilfe von Wissen.

Wir behaupten, dass es keine lineare Beziehung oder offensichtliche Kongruenz zwischen der Verbesserung der analytischen und der praktischen Fähigkeit des Wissens gibt. Zwei Beispiele mögen dies verdeutlichen.

1. Die Feststellung, dass die „zunehmende Arbeitsteilung in der Gesellschaft die steigenden Scheidungsraten in der fortgeschrittenen Gesellschaft erklärt", stellt eine prominente und angesehene sozialwissenschaftliche Erklärung dar. Eine Nation, eine Region, eine Stadt, ein Dorf oder eine Nachbarschaft wird jedoch kaum in der Lage sein, die Arbeitsteilung zu „manipulieren" und damit die Scheidungsraten innerhalb ihrer Grenzen „aufzuhalten" (im Sinne von zu beeinflussen).

2. Die Erkenntnis, dass die globale Gleichgewichtstemperatur der Erde um, sagen wir, 2 Grad Celsius ansteigen würde, wenn sich die Kohlendioxidkonzentration in der Atmosphäre verdoppelt, gibt den Menschen auf regionaler und lokaler Ebene nicht die Möglichkeit, geschickt zu reagieren, da diese Erkenntnis auf globaler Ebene keine Abschätzung für die laufenden Umweltveränderungen auf regionaler oder lokaler Ebene in absehbarer Zeit liefert.

Wissensleitende Interessen, die darauf abzielen, die Praktikabilität von Wissensansprüchen zu erhöhen, und Wissensansprüche, die bestimmten analytischen Attributen (wie Logik, Wahrhaftigkeit, Realitätskongruenz usw.) gerecht werden, schließen sich nicht gegenseitig aus; sie führen jedoch nicht notwendigerweise zu identischen Wissensansprüchen.

Die Unterscheidung zwischen analytisch und praktisch ist besonders für Akteure relevant, die sich mit wissenschaftlichen Erkenntnissen auseinandersetzen und diese in praktische Maßnahmen umsetzen müssen. Die Wahl des Maßstabs beeinflusst also nicht nur, was analysiert werden kann oder wird, sondern auch, was getan werden kann oder wird.

Doch zunächst müssen wir die sozial- und naturwissenschaftliche Debatte über die Rolle von Skalen in der Analyse und die Unterschiede, die im Namen einer Unterscheidung mit Hilfe von Skalen behauptet werden, neu formulieren und zusammenfassen. Im Falle der Naturwissenschaften wird sich unsere Beschreibung auf die Klimawissenschaften konzentrieren.

14.2 Skalen in den Sozialwissenschaften: Mischniveaus oder was ist der Unterschied?

In jedem lebendigen Wesen sind das, was wir Teile nennen, dergestalt unzertrennlich vom Ganzen, daß sie nur in und mit demselben begriffen werden können, und es können weder die Teile zum Maß des Ganzen noch das Ganze zum Maß der Teile angewendet werden, und so nimmt, wie wir oben gesagt haben, ein eingeschränktes lebendiges Wesen teil an der Unendlichkeit oder vielmehr, es hat etwas Unendliches in sich, wenn wir nicht lieber sagen wollen, daß wir den Begriff der Existenz und der Vollkommenheit des eingeschränktesten lebendigen Wesens nicht ganz fassen können und es also ebenso wie das ungeheure Ganze, in dem alle Existenzen begriffen sind, für unendlich erklären müssen.

Johann Wolfgang von Goethe (1792)

Goethe behauptet, dass das Verständnis der Teile oder des Ganzen die Aufhebung ihrer Differenz erfordert. Es scheint, dass die Sozialwissenschaften im Allgemeinen seinen Rat befolgt haben, da eine großzügige Vermischung der Ebenen oder eine Mehrebenenanalyse in sozialwissenschaftlichen Darstellungen üblich ist. Selbst in Ansätzen, die sich bewusst auf die Mikro- oder Makroebene konzentrieren, sind Verbindungen zwischen den Ebenen offensichtlich. In diesem Fall ist eine Unterscheidung zwischen den Ebenen nicht notwendig.

Die Aussage, ob eine Unterscheidung sinnvoll ist oder nicht, beruht auf einem bestimmten Verständnis der Konstitution der untersuchten Prozesse und damit auf spezifischen wissenschaftsinternen Erkenntnisinteressen. So ist beispielsweise der gemeinsame theoretische Zusammenhang, den Soziologen zwischen dem Verhalten einzelner Akteure (Mikroebene), situativen Faktoren oder der Sozialstruktur herstellen, typischerweise eine bestimmte sozialpsychologische Theorie (Makroebene). Wenn Robert K. Merton (1975) abweichendes Verhalten erklärt, tut er dies nicht als Ergebnis individueller Unterschiede, sondern als Folge der Situation, in der sich der Akteur befindet. Merton argumentiert, dass unerreichbare Ziele zu abweichendem Verhalten führen. Ob der Akteur tatsächlich mit unerreichbaren Zielen konfrontiert ist, hängt von der Situation oder der sozialen Struktur ab. Situationen sind unterschiedlich, aber die Sozialpsychologie, die Akteur und Situation verbindet (nämlich der Versuch, legitime Ziele zu verfolgen), ist für jedes Individuum gleich. Die Unterschiede in der Situation erklären also die Unterschiede. Ohne die soziale Psychologie wäre die Erklärung unvollständig (Zelditch, 1991: 102–103). Mit anderen Worten besteht das Problem darin, dass keine der beiden Einzelperspektiven „die konstruierte Natur sowohl von Individuen als auch von Gruppen angemessen berücksichtigt" (Calhoun, 1991: 59). Teil und System bilden ein Ganzes. Die Vermischung verschiedener Skalen wird als konstitutiv für soziale Phänomene angesehen. In Anlehnung an Wittgenstein ([1953] 1967: 20, 20e) erfordert das Verstehen von Teilen eines gewöhnlichen Sprachspiels das Verstehen einer Lebensform oder eines kulturellen Systems.

Wie der Name bereits andeutet, räumt die institutionalistische Perspektive der Makroebene den Erklärungsvorrang ein: „Soziale Prozesse und sozialer Wandel ... resultieren zumindest teilweise aus den Handlungen und Interaktionen von Akteuren im großen Maßstab ... Wohlfahrtssysteme, Arbeitsmärkte und kulturelle Strukturen werden zu Produkten von Organisationen oder Gruppen von Organisationen" (Meyer et al., 1987: 17). Die Netzwerkanalyse, die Rational-Choice-Theorie, die Analyse ritueller Interaktionsketten (Collins, 1981) oder der Behaviorismus von Homans (1961) bevorzugen in der Regel die Mikroebene. Diese Strategien halten einfach an der theoretischen Prämisse fest, dass die Realitäten der sozialen Struktur Muster der „repetitiven Mikrointeraktion" (Collins, 1981: 985) offenbaren und mit ihr verbunden sind.

Was relevant ist und die unmittelbare Umgebung für die Analyse darstellt, hängt von der Priorisierung der Skalen ab. Makromodelle – deren eigene interne Unterteilung der Ebenen problematisch ist – bevorzugen Perspektiven der Ressourcen- oder Umweltabhängigkeit, während Mikromodelle, die die Existenz von Ebenen anerkennen, kulturelle Praktiken und Vorstellungen als ihr relevantestes Umfeld betonen. Ansätze, die verschiedene Skalen anerkennen und in ihrer Analyse frei mischen, legen unterschiedliche Schwerpunkte auf die relevanten Skalen, auf die Art und Weise, wie man auf der konzeptionellen Skala nach unten oder oben fortschreitet (Aggregation, Kumulierung, Interaktion), und darauf, wie robust oder widerspenstig verschiedene Analyseeinheiten sind.

Die strikte Beschränkung auf bestimmte Skalen, d. h. die Überzeugung, dass Ebenen nicht gemischt werden können, beruht auf Überlegungen zu **Methoden** oder zum Zugang zu Ebenen. Wie Scheff (1990: 27–28) beispielhaft feststellt: Die Makrowelt, „die so groß ist und sich so langsam bewegt, erfordert besondere Techniken, um ihre Regelmäßigkeiten sichtbar zu machen – Statistiken und mathematische Modelle, die heute als selbstverständlich gelten. Das Studium der Mikrowelt erfordert ebenfalls besondere Techniken, aber aus dem umgekehrten Grund: Die Bewegungen sind zu klein und zu schnell, um mit dem bloßen Auge ohne weiteres beobachtet werden zu können". Unsere Interpretation der Anhebung einer Ebene ist eine, die durch die

Perspektive bedingt ist: Die Perspektive des Beobachters im Vergleich zur Ebene des Beobachters.

Die Debatte über Analyseebenen in den Sozialwissenschaften wird nicht durch allgemein akzeptierte Definitionen der Grenzen von Disziplinen und Subdisziplinen eingeschränkt oder diszipliniert. Die Entscheidung, innerhalb der akzeptierten Grenzen der subatomaren Physik oder der Zellbiologie zu arbeiten, schränkt jedoch a priori die Auflösung der Muster ein, die legitimerweise untersucht werden können. Sozialwissenschaftler haben die Welt der sozialen Phänomene nicht in der gleichen hierarchischen Weise rekonstruiert, wie es in den Naturwissenschaften allgemein als selbstverständlich angesehen wird.

14.3 Skalen in den Naturwissenschaften: das Klimasystem

Ein Merkmal des physikalischen Klimasystems ist das Vorhandensein von Prozessen auf allen räumlichen Skalen. Die „Skala" eines Prozesses ist die Ausdehnung des Gebietes, in dem die direkte Auswirkung des Prozesses zu spüren ist. So beträgt die räumliche Skala des tropischen Passatwindsystems mehrere tausend Kilometer, die eines Hurrikans in mittleren Breiten etwa tausend Kilometer, die einer Front einige hundert Kilometer, die eines Gewitters einige Kilometer, und einzelne turbulente Wirbel in der atmosphärischen Grenzschicht haben einen Einfluss auf Skalen von einigen Metern und darunter (Abb. 14.1). Ein typisches Merkmal dieser Kaskade räumlicher Skalen ist, dass sie mit einer ähnlichen Kaskade zeitlicher Skalen verbunden ist. Die kleineren Skalen zeigen kurzfristige Schwankungen, während die größeren Skalen auf längeren Zeitskalen variieren. So kann ein Zyklon mit einem Durchmesser von mehreren tausend Kilometern mehrere Tage bestehen, während sich ein Gewitter mit einem Durchmesser von einigen Kilometern innerhalb weniger Stunden auflöst (Abb. 14.1). Eine ähnliche Analyse kann für ozeanische Prozesse durchgeführt werden.

Alle diese Prozesse wirken zusammen. Das Passatwindsystem als Teil der Hadley-Zelle trägt zur Aufrechterhaltung eines meridionalen Temperaturgradienten in den mittleren Breiten bei, wodurch die Luft-

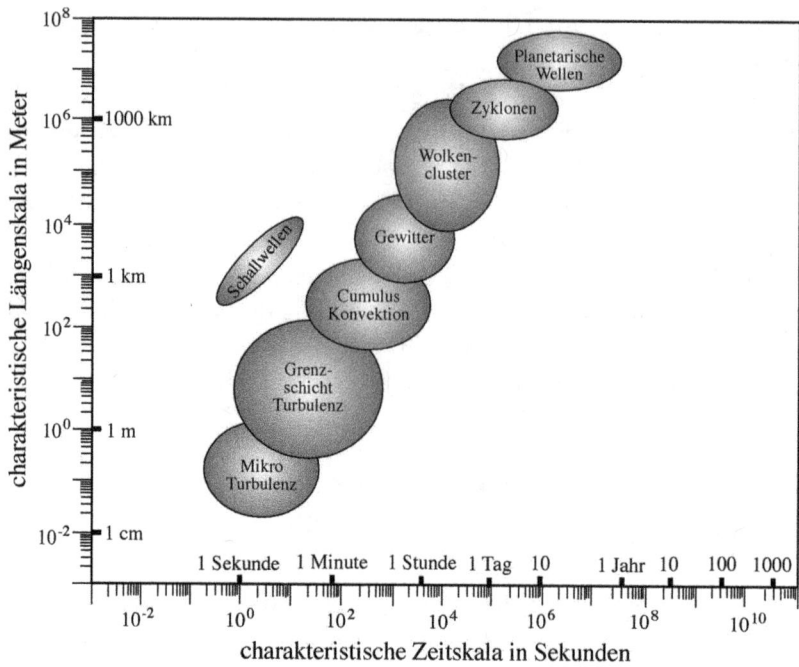

Abb. 14.1 *Skalen in der atmosphärischen Dynamik.* (Quelle: von Storch, H., S. Güss und M. Heimann, 1999: Das Klimasystem und seine Modellierung. Eine Einführung. Springer Verlag ISBN 3-540-65830-0, 255 pp)

strömung instabil wird und sich Wirbel bilden (außertropische Wirbelstürme); diese Stürme bilden Fronten und die starken Winde über der Erdoberfläche erzeugen eine turbulente Grenzschicht von mehreren hundert Metern Höhe. Die großskaligen Phänomene schaffen also Umweltbedingungen, die die Entstehung kleinskaliger Phänomene begünstigen. Diese Ansicht wird durch ein Experiment mit einem komplexen Klimamodell gestützt, das die atmosphärische Bewegung auf einem „Aqua-Planeten", d. h. einem Globus ohne Topographie, simuliert (Fischer et al., 1991). Ausgehend von einem unbewegten Zustand, der durch Äquator-Pol-Gradienten in der Oberflächentemperatur des globalen Ozeans und durch die Sonneneinstrahlung angetrieben wird, stellt sich innerhalb weniger Wochen die oben beschriebene allgemeine Zirkulation der Atmosphäre mit Passatwinden, außertropischen Stürmen und turbulenten Grenzschichten ein. Das kleinskalige Klima scheint durch das großskalige bedingt zu sein (von Storch, 1999).

Die kleinskalige Situation wird jedoch nicht durch die großskalige bestimmt, wie die Wetterdetails zeigen, die in zwei sehr ähnlichen synoptischen Situationen sehr unterschiedlich sein können (Starr, 1942; Roebber und Bosart, 1998). Die Information über die großskaligen Bedingungen ist jedoch in den Statistiken der kleinskaligen Merkmale enthalten. Diese Tatsache wird in paläoklimatischen Rekonstruktionen genutzt (Appenzeller et al., 1998, Mann et al., 1998), die vollständig auf der „Hochskalierung" lokaler Informationen wie Jahrringbreiten oder Baumdichten beruhen.

Haben die kleineren Skalen einen Einfluss auf die größeren Skalen? Ja: Ohne die kleinskaligen Wirbel in der turbulenten Grenzschicht würde ein Wirbelsturm seine kinetische Energie nicht verlieren; ohne die außertropischen Stürme wäre der Temperaturgradient zwischen Äquator und Pol viel größer, und die Hadley-Zelle mit ihrem Passatwindsystem würde sich möglicherweise bis in die Polarregionen ausdehnen. Während die großen Skalen die kleinen Skalen bedingen, machen die kleinen Skalen die großen Skalen unschärfer. Es gibt ein einfaches intuitives Argument für diese Asymmetrie: Es gibt viele Realisierungen des Prozesses auf kleineren Skalen, die im Einflussbereich eines Prozesses auf größeren Skalen liegen. Die kleinskaligen Prozesse stellen eine Zufallsstichprobe möglicher Realisierungen dar, und ihre Rückwirkung auf den großskaligen Prozess hängt von der Statistik der kleinskaligen Prozesse ab. Die Details eines einzelnen Sturms sind nicht relevant, aber das bevorzugte Entstehungsgebiet, die Zugbahn der Stürme und die mittlere Intensität beeinflussen die Ausbildung der allgemeinen atmosphärischen Zirkulation.

Abgesehen davon, dass die großen Skalen unschärfer werden, führen kurzfristige Schwankungen auf kleineren Skalen auch zu langsamen Schwankungen der großskaligen Komponenten. Dieses Phänomen, vergleichbar mit der Brownschen Bewegung makroskopischer Teilchen unter dem Beschuss unendlich vieler mikroskopischer Moleküle, wird im „stochastischen Klimamodell" von Hasselmann (1976) gezeigt. Die kurzfristigen Schwankungen werden als zufällig angesehen, und die großskaligen Komponenten integrieren dieses zufällige Verhalten.

Ob die vielen kleinskaligen Eigenschaften wirklich zufällig variieren, ist unerheblich; solange diese Prozesse stark nichtlinear sind, was häufig angenommen wird, ist ihr gemeinsamer Effekt nicht von zufällig generierten Zahlen zu unterscheiden. Dieser Effekt wird in Abb. 14.2 ver-

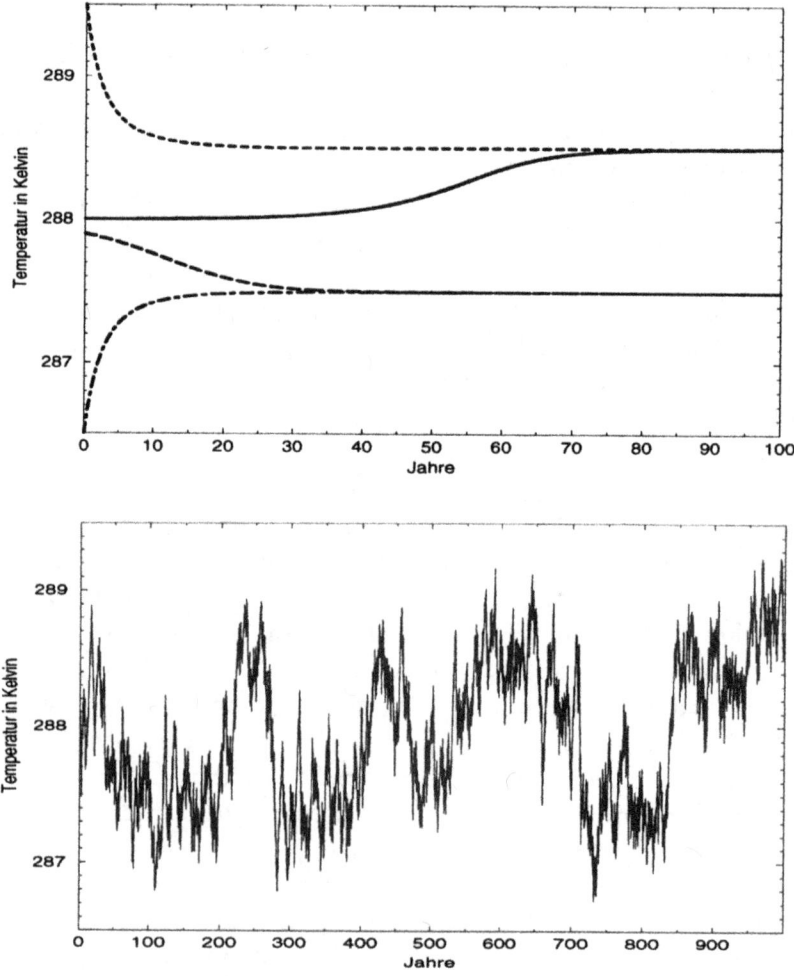

Abb. 14.2 Oben: EBM ohne Rauschen; unten: mit Rauschen. (Quelle: von Storch, H., S. Güss und M. Heimann, 1999: Das Klimasystem und seine Modellierung. Eine Einführung. Springer Verlag ISBN 3-540-65830-0, 255 pp)

anschaulicht, die die zeitliche Entwicklung einer eindimensionalen Welt zeigt, die durch eine großräumige (globale) Temperatur gekennzeichnet ist: Die solare (kurzwellige) Strahlung wird von dieser Welt aufgefangen; ein Teil dieser Strahlung wird in den Weltraum zurückreflektiert; die aufgefangene Strahlung wird als thermische (langwellige) Strahlung proportional zur vierten Potenz der Temperatur wieder abgestrahlt. Wenn der Anteil der reflektierten Sonnenstrahlung („Albedo") so beschaffen ist, dass eine höhere Temperatur mit einem geringeren Reflexionsvermögen (weniger Schnee und Eis) und eine niedrigere Temperatur mit einem höheren Reflexionsvermögen (mehr Schnee und Eis) verbunden ist, dann kann die Erde zwei unterschiedliche Temperaturen haben. Welche dieser Temperaturen erreicht wird, hängt davon ab, wo man beginnt (Abb. 14.2 oben). Ein anderes Verhalten zeigt sich jedoch, wenn das Reflexionsvermögen zusätzliche zufällige Schwankungen aufweist, die die variable kleinräumige Bewölkung der Erde darstellen (Abbildung B unten). Die Systeme weisen langsame Schwankungen und zeitweilige Sprünge zwischen den beiden bevorzugten Regimen des Systems auf. Offensichtlich sind in diesem Gedankenexperiment die kleinräumigen, kurzfristigen Schwankungen („Rauschen") ein konstitutives Element, das das Auftreten langsamer Schwankungen der großräumigen Temperatur verursacht (von Storch et al., 2001). Zeitreihen beobachteter großskaliger Größen, wie die globale mittlere oberflächennahe Temperatur, zeigen ein ähnliches Frequenzverhalten, auch wenn die interessanten Regimeverschiebungen in Abb. 14.2 unten nicht offensichtlich sind (Hansen und Sutera, 1986; Nitsche et al., 1994).

14.4 Es gibt nichts Praktischeres als eine gute Theorie

Unsere Diskussion der Makro/Mikro-Kontroverse in den Sozialwissenschaften und der Skalierungsleistung in den Klimawissenschaften hat gezeigt, dass trotz der Unterschiede in beiden Kulturen der Schwerpunkt auf der analytischen Leistung liegt. Das bedeutet, dass Skalierungsfragen in den Wissenschaften eher auf der Basis interner erkenntnisleitender Interessen diskutiert und bewertet werden.

Dies bedeutet aber auch, dass das Skalierungsproblem einseitig diskutiert wird. Verbesserungen der analytischen Fähigkeiten des Wissens (oder der Wissenschaftlichkeit von Wissensansprüchen) verbessern nicht immer die praktische Wirksamkeit des Wissens. Die These, dass analytische Verbesserungen die Nützlichkeit von Wissen erhöhen, lässt sich am besten mit der Maxime „Es gibt nichts Praktischeres als eine gute Theorie" zusammenfassen. Die Betonung liegt eindeutig auf einer guten Theorie, und was eine gute Theorie ausmacht, ist in den Sozialwissenschaften umstrittener als in den Naturwissenschaften. Eine Verbesserung der Theorie stellt sicherlich einen intellektuellen Fortschritt innerhalb der Wissenschaft dar. Aber eine gute Theorie bezieht sich nicht immer auf „Elemente" in einer konkreten Situation, auf die man einwirken kann, um ein bestimmtes Ziel zu erreichen, z. B. im Sinne der Beeinflussung der Entwicklung eines bestimmten Prozesses – auch wenn dieser Prozess aufgrund der guten Theorie (und der Skalenentscheidungen, die getroffen wurden, um eine gute Theorie zu entwickeln) besser verstanden wird.

Dass gute Theorie – und was auch immer gute Theorie konkret bedeuten mag – nicht automatisch praktisches Wissen bedeutet, lässt sich am besten zeigen, wenn man Wissen als Handlungsfähigkeit oder als Modell der Wirklichkeit definiert (vgl. Stehr, 2000).

Bei der Wahl der Begriffe haben wir uns von Francis Bacons berühmtem Ausspruch „scientia est potentia" inspirieren lassen, der oft etwas irreführend mit „Wissen ist Macht" übersetzt wird. Bacon meinte damit, dass Wissen seinen Nutzen aus der Fähigkeit bezieht, etwas in Bewegung zu setzen. Der Begriff „potentia", also die Fähigkeit, beschreibt die Macht des Wissens. Menschliches Wissen ist die Fähigkeit zu handeln, einen Prozess in Gang zu setzen oder etwas zu produzieren. Der Erfolg menschlichen Handelns kann an den Veränderungen gemessen werden, die in der Realität stattgefunden haben oder von der Gesellschaft wahrgenommen werden.

Wissen als soziale Handlungsfähigkeit zu begreifen hat den Vorteil, dass nicht nur eine Dimension, sondern die reichhaltigen und vielfältigen Konsequenzen von Wissen für das Handeln betont werden. Die Anwendung von Wissen in politischen, alltäglichen, wirtschaftlichen oder geschäftlichen Kontexten ist eingebettet in ein Geflecht sozialer, rechtlicher, ökonomischer und politischer Umstände. Das heißt, die Definition von Wissen als Handlungskompetenz weist stark darauf hin, dass die Realisierung von Wissen von spezifischen sozialen und intellektuellen Kontexten abhängt. Die Nutzung von Wissen und seine praktische Wirksamkeit ist eine Funktion der „lokalen" Bedingungen und Kontexte.

Skalierungsentscheidungen können daher im Hinblick auf handlungsrelevante Umstände getroffen werden und nicht nur im Hinblick auf Attribute, die sich anbieten, weil sie aus analytischer Sicht wünschenswert sind.

14.5 Die Unterschiede, die einen Unterschied machen: Skalen in der Klimawandel- und Klimafolgenforschung

Das oben skizzierte Skalenproblem ist sowohl ein Erfolg als auch eine große Einschränkung der modernen Klimaforschung bei der Erstellung plausibler Szenarien für den Klimawandel. Die heute und in absehbarer Zukunft verfügbare Rechentechnik erlaubt es nicht, kleinskalige Eigenschaften in Klimamodellen aufzulösen. Stattdessen werden die kleinskaligen Eigenschaften nicht detailliert beschrieben, sondern parametrisiert, d. h. ihre Wirkung auf die aufgelösten Skalen wird als Funktion der aufgelösten Skalen beschrieben. Auf diese Weise werden die Gleichungen geschlossen und die großskaligen Eigenschaften realistisch beschrieben. Die allgemeine Zirkulation der Atmosphäre wird wie in der realen Welt simuliert, außertropische Stürme werden mit den richtigen Lebenszyklen und Standorten gebildet. Natürlich ist dieser Erfolg nicht perfekt, und in den kommenden Jahren werden erhebliche Verbesserungen erforderlich sein. Unabhängig davon, wie gut dies auf Skalen von z. B. 2000 km und mehr gelingt, sind die heutigen globalen Klimamodelle nicht in der Lage, sinnvolle Bewertungen auf Skalen von z. B. 100 km und weniger zu liefern.

Daher konzentriert sich die aktuelle Diskussion nur auf den anthropogenen Klimawandel, der auf der globalen Skala nachweisbar ist, nicht aber auf die regionale und lokale Skala. Für politische Zwecke, d. h. um die Notwendigkeit von Klimaschutzmaßnahmen durch die Regierungen der Welt zu unterstreichen, sind diese großskaligen Ergebnisse ausreichend, da die Details der erwarteten Änderungen weniger wichtig sind als die Wahrnehmung des globalen Risikos.

Wenn wir die alternative, aber nicht widersprüchliche politische Strategie zu Vermeidungsmaßnahmen, die Anpassung, betrachten, benötigen wir eine regionale und lokale Bewertung des anthropogenen Klimawandels, da das Klima die Menschen hauptsächlich auf regionaler Ebene beeinflusst. Regionale Skalen sind als soziale Konstrukte sehr variabel. Sturmfluten treten regional auf; die Zugbahnen von Stürmen können sich um einige hundert Kilometer verschieben; wenn Regen den Schneefall ersetzt oder der Schnee vorzeitig schmilzt, ist ein Einzugsgebiet betroffen usw. Solche Informationen können aus den Ergebnissen globaler Klimamodelle abgeleitet werden, indem die oben beschriebenen Verbindungen zwischen den Skalen genutzt werden. Zu diesem Zweck haben Klimawissenschaftler dynamische oder empirische Modelle entwickelt, die mögliche regionale Zustände beschreiben, die mit den großskaligen Zuständen, die von globalen Modellen erzeugt werden, konsistent sind. Dieser Ansatz wird als „Downscaling" bezeichnet, da Informationen von größeren Skalen auf kleinere Skalen übertragen werden. Beim „dynamischen Downscaling" werden Modelle verwendet, die auf detaillierten dynamischen Modellen oder regionalen Klimamodellen basieren; beim „empirischen Downscaling" werden statistische Modelle verwendet, die an verfügbare Beobachtungen aus der jüngsten Vergangenheit angepasst wurden.

Obwohl in den letzten zehn Jahren eine Vielzahl von „Downscaling"-Techniken entwickelt wurden, haben sie der Klimafolgenforschung noch nicht die erforderlichen robusten Schätzungen plausibler regionaler und lokaler Klimawandelszenarien geliefert, hauptsächlich weil die globalen Klimamodelle noch keine ausreichend konvergierten und konsistenten großskaligen Informationen liefern, die durch „Downscaling" verarbeitet werden könnten (Giorgi et al., 2001). Es wird jedoch erwartet, dass diese Lücke innerhalb weniger Jahre geschlossen werden kann, sodass detaillierte regionale und lokale

Impaktstudien robuste Szenarien für Änderungen von Klimavariablen wie Temperatur, Sturmintensität und Meeresspiegel liefern können. Diese Informationen müssen auch mit dynamischen und empirischen Modellen klimasensitiver Systeme wie dem Wasserhaushalt eines Flusseinzugsgebietes, der Ökologie eines Waldes, der Wellenstatistik in Randmeeren oder der Ökonomie der Landwirtschaft weiterverarbeitet werden. Natürlich ist diese Nachbearbeitung in vielen Fällen nicht sinnvoll, wenn parallel zu den sich ändernden Klimabedingungen auch andere Faktoren berücksichtigt werden, wie z. B. sich ändernde gesellschaftliche Präferenzen, technologischer Fortschritt etc.

Auch diese Modelle leiden unter Skalenproblemen. In fast allen Umweltmodellierungsversuchen wird davon ausgegangen, dass das System in zwei Teilsysteme zerlegt werden kann, von denen eines explizit beschrieben wird und das andere als Rauschen betrachtet wird, das den explizit beschriebenen Teil statistisch beeinflusst. Der explizit beschriebene „dynamische" Teil wird als Träger der wesentlichen Dynamik angesehen. Im Falle des Klimas und anderer physikalischer Systeme umfasst das dynamische Subsystem alle großskaligen Prozesse, während das Rauschen die kleinskaligen Prozesse umfasst. Ersteres enthält also relativ wenige Prozesse, letzteres unendlich viele. Diese bequeme Skalentrennung kann für andere Systeme wie Ökosysteme oder Volkswirtschaften nicht mehr übernommen werden.

14.6 Schlussfolgerungen

In den Naturwissenschaften dreht sich die Maßstabsdiskussion um Zeit und Raum. In den Sozialwissenschaften konzentriert sich die Mikro/Makro-Diskussion eher auf funktionale Zusammenhänge. Die Begriffe Makro und Mikro sowie Maßstab in den Sozial- und Naturwissenschaften sind weit verbreitet, aber nicht unproblematisch (siehe Connolly, 1983: 10–44). Die Frage ist, ob der Unterschied zwischen den Skalen einen Unterschied macht, und wenn die Skalen wichtig sind, welchen Unterschied sie machen. Es überrascht nicht, dass die Intensität der Kontroverse je nach Diskursfeld variiert. In den Naturwissenschaften, in diesem Fall der Klimawissenschaft, ist die Debatte weniger intensiv und äußert sich in definitiveren Wissensansprüchen über die Auswirkungen von Skalenunterschieden.

Wohlmeinende Wissenschaftler konzentrieren sich auf die analytischen Qualitäten der von ihnen generierten Wissensansprüche, vor allem, weil sie darin die Lösung für die Frage sehen, „was zu tun ist", ohne zu prüfen, wie effektiv und praktisch diese Darstellungen sein werden. Dies kann als eine Form der Flucht vor wissenschaftlicher Arbeit betrachtet werden. Wirksamkeit und Praktikabilität werden von den vorherrschenden gesellschaftlichen Bedingungen bestimmt. Die Fähigkeit, vorherrschende Kontexte zu verändern, erfordert zunächst eine Untersuchung und Identifizierung derjenigen Kontextelemente, die verändert werden können. Die veränderbaren Bedingungen bestimmen dann die Entscheidungen über die Skalierung.

Literatur

Alexander, Jeffrey C. and Bernhard Giesen, 1987 "From reduction to linkage: the long view of the micro-macro debate." S. 1-42 in Jeffrey C. Alexander et al. (Hrsg.), *The Micro-Macro Link*. Berkeley: University of California Press.

Appenzeller, C., T.F. Stocker and M. Anklin, 1998 "North Atlantic Oscillation dynamics recorded in Greenland ice cores." *Science* 282: 446-449

Calhoun, Craig, 1991 "The problem of identity in collective actions." S. 51-75 in Joan Huber (ed.), *Macro-Micro Linkages in Sociology*. Newbury Park, California: Sage.

Collins, Randell, 1981 "The microfoundations of macrosociology." *American Journal of Sociology* 86: 984-1014.

Connolly, William E., 1983 *The Terms of Political Discourse*. Princeton, New Jersey: Princeton University Press.

Fischer, G., E. Kirk and R. Podzun, 1991 "Physikalische Diagnose eines numerischen Experiments zur Entwicklung der grossräumigen atmosphärischen Zirkulation auf einem Aquaplaneten." *Meteorologische Rundschau* 43:33-42.

Gibson, Clark, Elinor Ostrom and Toh-Kyeong Ahn, 1998 Scaling Issues in the Social Sciences. A Report for the International Human Dimensions

Programme on Global Environmental Change. IHDP Working Paper 1. Bonn: IHDP.
Giddens, Anthony, 1990 „R.K. Merton on structural analysis." S. 97–110 in Jon Clark, Celia Modgie and Sohna Modgie (Hrsg.), *Robert K. Merton: Consensus and Controversy.* London: Falmer Press.
Goethe, J.W., 1792 Studie nach Spinoza und der Versuch als Vermittler.
Hansen, A.R. and A. Sutera, 1986 "On the probability density function of planetary scale atmospheric wave Amplitude." *J. Atmos. Sci* 43:3250-3265.
Hasselmann, K., 1976 "Stochastic climate models. Part I. Theory." *Tellus* 28: 473-485
Homans, George C., 1961 *Social Behavior: Its Elementary Forms.* New York: Harcourt, Brace, and World.
Mann, M., R.S. Bradley and M. K. Hughes 1998 "Global-scale temperature patters and climate forcing over the past centuries." *Nature* 392:779-789.
Merton, Robert K., 1975 „Social knowledge and public policy. Sociological perspectives on four presidential commissions." S. 153–177 in Mirra Komarovsky (ed.), *Sociology and Public Policy.* The Case of Presidential Commissions. New York: Elsevier.
Meyer, John, Francisco O. Ramirez and John Boli, 1987 "Ontology and rationalization in the Western cultural account." S. 12–37 in Thomas, George M. et al., *Institutional Structure. Constituting State, Society and the Individual.* Newbury Park, California: Sage.
Nitsche, G., J.M. Wallace and C. Kooperberg, 1994 "Is there evidence of multiple equilibria in the planetary-wave amplitude?" *J. Atmos. Sci* 51:314-322.
Roebber, P.J., and L.F. Bosart, 1998 "The sensitivity of precipitation to circulation details. Part I: An analysis of regional analogs." *Mon. Wea. Rev.* 126, 437-455.
Scheff, Thomas J., 1990 *Microsociology. Discourse, Emotion and Social Structure.* Chicago: University of Chicago Press.
Starr, Victor P., 1942 *Basic principles of weather forecasting.* New York: Harper.
Stehr, Nico, 2000 *Knowledge and Economic Conduct: The Social Foundations of the Modern Economy.* Toronto: University of Toronto Press.
von Storch, Hans, 1999: "The global and regional climate system". In: Hans von Storch and Götz Flöser (Hrsg.), *Anthropogenic Climate Change,* New York: Springer Verlag.
von Storch, H., S. Güss und M. Heimann, 1999: *Das Klimasystem und seine Modellierung. Eine Einführung.* New York. Springer

von Storch, H., von Storch, J.-S., and P. Müller, 2001 "Noise in the Climate System – Ubiquitous, Constitutive and Concealing. In In B. Engquist and W. Schmid (Hrsg.) *Mathematics Unlimited – 2001 and Beyond.* New York: Springer, 1179–1194.

Wittgenstein, Ludwig, [1953] 1967 *Philosophical Investigations.* New York: Macmillan.

Zelditch, Morris Jr., 1991 "Levels in the logic of macro-historical explanations." S. 101-106 in Joan Huber (ed.), *Macro-Micro Linkages in Sociology.* Newbury Park, California: Sage.

15

Die Naturwissenschaften und die Klimapolitik

15.1 Orientierung

In den folgenden Abschnitten werden die physikalischen Grundlagen der Klimawissenschaft diskutiert. Einer der Gründe dafür ist die Beobachtung, dass einige Wissenschaftler, die als Physiker ausgebildet wurden, oft eine sehr einflussreiche Rolle als politische Akteure spielen, wenn sie die Bedeutung wissenschaftlicher Erkenntnisse für politische Implikationen interpretieren und erklären, indem sie das „lineare" Modell verwenden, demzufolge Wissen direkt zu einem politischen Konsens und dann zur Entscheidungsfindung führt, während soziale und kulturelle Prozesse, die mit Präferenzen und Werten zusammenhängen, normalerweise ungültige Störungen darstellen (z. B. Beck, 2010; Curry und Webster, 2011). Natürlich impliziert das lineare Modell, dass diejenigen, die das Wissen kontrollieren, auch das Ergebnis des politischen Entscheidungsprozesses kontrollieren sollten.

Zuerst: von Storch, H., A. Bunde und N. Stehr: The Physical Sciences and Climate Politics. In J.S. Dyzek, D. Schlosberg, und R. B. Norgaard (eds): *The Oxford Handbook of Climate Change and Society.* Oxford University Press. Oxford UK, 113–128, 2011.

Wir hielten es daher für sinnvoll zu untersuchen, inwieweit diese Behauptung der politischen Kontrolle gerechtfertigt ist. Wir stellen fest, dass dies nicht der Fall ist. Um gesellschaftlich relevant zu werden, muss die Klimawissenschaft transdisziplinär werden und die soziokulturelle Dimension einbeziehen.

Wir hätten auch eine Analyse mit den Bereichen Ökologie oder Ökonomie durchführen können. Ein ähnliches Phänomen ist bei einigen hochrangigen Mitgliedern dieser Gruppen zu beobachten: Wissenschaftler haben Schwierigkeiten, die Autorität wissenschaftlicher Kompetenz, Grenzen und Integrität mit der Notwendigkeit, ihre eigenen Werte zu vertreten, in Einklang zu bringen. Wir beschränken uns hier auf die Physik, da dies wahrscheinlich der wichtigste Bereich ist.

Unser Kapitel besteht aus drei Hauptabschnitten.

In Abschn. 15.2 wird die historische Entwicklung des Klimabegriffs von einer anthropozentrischen über eine rein physikalische zu einer wieder stärker anthropozentrischen Weltsicht diskutiert – diesmal nicht nur in Bezug auf die Auswirkungen, sondern auch auf die treibenden Kräfte. Es geht hier nicht um einen allgemeinen Rückblick auf die Geschichte der Klimawissenschaften, wie ihn Weart in diesem Band kompetent vornimmt. Vielmehr wollen wir die Zirkularität in der Entwicklung von einer anthropozentrischen Sichtweise über eine leidenschaftliche, distanzierte, wahrhaft physikalische Sichtweise zurück zu einer anthropozentrischen Sichtweise hervorheben.

Abschn. 15.3 diskutiert eine Reihe physikalischer Probleme, von der Modellierung und Parametrisierung bis hin zur Unmöglichkeit von Experimenten und Datenproblemen.

Abschn. 15.4 führt das Konzept der „postnormalen" Wissenschaft ein, das mit den großen Unsicherheiten in der Klimaforschung und dem hohen gesellschaftlichen Engagement verbunden ist. Hier, an der Grenze zwischen Wissenschaft und Politik, entstehen neue Dynamiken, die wenig mit Physik zu tun haben; Dynamiken, die von Kultur und Geschichte, von widerstreitenden Interessen und Weltanschauungen abhängen.

In einem kurzen abschließenden Abschnitt wird die Notwendigkeit eines transdisziplinären Ansatzes für das Klima dargelegt, um die Entwicklung von Maßnahmen zu unterstützen, die mit physikalischen Erkenntnissen und kulturellen und sozialen Zwängen im Einklang stehen.

15.2 Geschichte der Klimawissenschaft

Historisch gesehen wurde „Klima" als Teil der menschlichen Umwelt betrachtet. Alexander von Humboldt ([1845] 1864: 323–4) definierte 1845 in seinem Buch „*Kosmos*: Entwurf einer physikalischen Beschreibung des Universums" das Klima als die Summe der physikalischen Einflüsse, die durch die Atmosphäre auf den Menschen einwirken:

> „Der Begriff Klima, in seiner allgemeinsten Bedeutung genommen, bezeichnet alle Veränderungen in der Atmosphäre, die auf unsere Organe fühlbar einwirken, wie Temperatur, Feuchtigkeit, Schwankungen des Luftdrucks, die Ruhe der Luft oder die Wirkung entgegengesetzter Winde, den Grad der elektrischen Spannung, die Reinheit der Atmosphäre oder ihre Vermischung mit mehr oder weniger schädlichen Gasausdünstungen, und schließlich der Grad der gewöhnlichen Durchsichtigkeit und Klarheit des Himmels, der nicht nur im Hinblick auf die erhöhte Strahlung der Erde, die organische Entwicklung der Pflanzen und die Reifung der Früchte von Bedeutung ist, sondern auch wegen seines Einflusses auf die Gefühle und die seelische Verfassung der Menschen."

Wie die Astronomie unterlag auch das Klima in weiten Teilen des Diskurses des 19. Jahrhunderts einer anthropozentrischen Sichtweise unterworfen. Das globale Klima war kaum mehr als die Summe der regionalen Klimate (vgl. Hann 1903), und die Herausforderung bestand darin, die regionalen Klimate durch Messung und Kartierung der statistischen Daten ihres Wetters getreu zu beschreiben. Es überrascht nicht, dass eine große Menge an Informationen über die Auswirkungen des Klimas auf Menschen und Gesellschaft gesammelt wurde. In dieser Zeit gewann die Perspektive des Klimadeterminismus an Bedeutung (Fleming 1998; Stehr und von Storch 1999, 2010). An der Wende vom 19. zum 20. Jahrhundert wurden die Fragen stärker in Bezug auf das Klima als physikalisches System formuliert (z. B. Friedman 1989; siehe auch den systematischen Ansatz von Arrhenius 1908), und Meteorologie und Ozeanographie wurden zur „Physik der Atmosphäre" und zur „Physik des Ozeans". Das Klima wurde nicht mehr primär als

Thema der Geographie, sondern der Meteorologie und Ozeanographie betrachtet, und die Klimawissenschaft wurde zur „Physik des Klimas" (z. B. Peixoto und Oort 1992). Seit den 1970er Jahren wurde die Vorstellung, dass ungebremste Emissionen von Treibhausgasen in die Atmosphäre, die durch menschliche Aktivitäten verursacht werden, zu erheblichen Veränderungen der klimatischen Bedingungen führen werden – eine Theorie, die erstmals von Svante Arrhenius (1896) aufgestellt wurde – durch Beweise für eine allgemeine Erwärmung gestützt und schließlich von der Mehrheit der Klimawissenschaftler übernommen. Die Bewertungsberichte des *Zwischenstaatlichen Ausschusses für Klimaänderungen* (IPCC) stehen im Mittelpunkt dieses Wandels und dokumentieren ihn. In den 1990er Jahren wurde der vom Menschen verursachte Klimawandel zum absolut dominierenden Thema in den Klimawissenschaften (Weart, 1997, 2010). Die Klimaforschung wurde in hohem Maße von der Sorge um das vom Menschen verursachte Klima und seine Auswirkungen bestimmt.

Von den meisten Klimawissenschaftlern unbemerkt, stellen die Entwicklungen der letzten Jahrzehnte eine Rückkehr zu der ursprünglichen, aber veränderten anthropozentrischen Sichtweise der Klimafrage dar (Stehr und von Storch 2010): Im Gegensatz zur Perspektive des „Klimadeterminismus" war es nicht mehr die Vorstellung, dass das Klima das Funktionieren und das Schicksal von Gesellschaften bestimmt, sondern dass das Klima menschliche Gesellschaften bedingt (Stehr und von Storch 1997).

15.3 Methodische Herausforderungen der Klimaphysik

Nach einem kurzen Rückblick auf die Erfolge der Physik werden in diesem Abschnitt einige Konzepte der Klimawissenschaft skizziert, die in der konventionellen Physik normalerweise nicht vorkommen und daher aus physikalischer Sicht ernsthafte Hindernisse darstellen. Eines dieser Hindernisse ist das Fehlen von „Gleichungen" und die Notwendigkeit der Parametrisierung, ein anderes die Schwierigkeit, „Vorhersagen" zu machen, und schließlich das Problem der Inhomogenität der Daten.

15 Die Naturwissenschaften und die Klimapolitik

Die Säulen der Erfolgsgeschichte der Physik in den letzten zwei Jahrhunderten sind die unvoreingenommene Beobachtung und Beschreibung von Naturphänomenen, die Reproduzierbarkeit experimenteller Daten und die mathematische Beschreibung der empirischen Ergebnisse, die zur Verallgemeinerung der experimentellen Ergebnisse und zur Aufklärung der zugrunde liegenden Naturgesetze führt. Das vielleicht bekannteste Beispiel ist die klassische Newtonsche Mechanik, die Newton auf der Grundlage der Beobachtungen Keplers und der Gravitationsexperimente Galileis entwickelte. In der klassischen Mechanik folgt die zeitliche Entwicklung eines Systems (z. B. die Bewegung der Erde um die Sonne) den Newtonschen Gleichungen. Wenn der Zustand des Systems zu einem bestimmten Zeitpunkt bekannt ist (für das Erde-Sonne-System sind dies die Position und die Geschwindigkeit der Erde relativ zur Sonne), kann die zeitliche Entwicklung des Systems genau berechnet und präzise Vorhersagen gemacht werden. Durch die Lösung der Newtonschen Gleichungen können beispielsweise die Flugbahnen von Raketen, Satelliten und Raumschiffen vorhergesagt werden, was die Grundlage für die moderne Weltraumforschung bildet. Ein weiteres Beispiel ist die Elektrodynamik, die von Maxwell begründet wurde und auf den experimentellen und theoretischen Arbeiten von Coulomb, Volt, Ampere, Gauß und anderen beruht. Wie die Newtonschen Gleichungen beschreiben die berühmten Maxwell-Gleichungen umfassend alle (klassischen) elektrischen und magnetischen Phänomene, und nicht nur diejenigen, die sie ursprünglich beschreiben sollten. Die Maxwellsche Theorie führte unter anderem zu der Erkenntnis, dass Licht ein elektrodynamisches Phänomen ist.

Voraussetzungen für den Erfolg der Physik waren 1. die Abkehr vom anthropozentrischen Weltbild, die erstmals einen unvoreingenommenen Blick auf Naturphänomene (wie die Planetenbewegungen) ermöglichte; 2. eine neue Publikationspraxis: die Protagonisten verheimlichten ihre Ergebnisse nicht mehr (wie die Alchemisten), sondern stellten sie der Öffentlichkeit zur Verfügung und ermöglichten es ihren Kollegen, sie zu reproduzieren (oder zu falsifizieren); und schließlich 3. die Norm, theoretische Hypothesen experimentell zu überprüfen. Im Falle widersprüchlicher Theorien ist ein *experimentum crucis* erforderlich, um zu entscheiden, welche Theorie richtig ist. Das vielleicht wichtigste *experimentum crucis* ist das Michelson-Experiment zur Lichtgeschwindigkeit, das die Grundlage für Einsteins Relativitätstheorie bildet.

In der Klimawissenschaft sind mindestens zwei dieser Voraussetzungen nicht erfüllt. Die Klimawissenschaft ist anthropozentrisch geworden und *experimenta crucis* sind nicht möglich. Wenn man sich dem Thema Klima aus physikalischer oder mathematischer Sicht nähert, lautet die erste Frage in der Regel: Was beinhaltet es und wie kann man es beschreiben? Wie lauten seine Gleichungen? Das Klimasystem besteht aus verschiedenen „Kompartimenten" wie Atmosphäre, Ozean, Meereis, Landoberfläche einschließlich Flussnetzwerken, Gletschern und Eisschilden, aber auch Vegetation und Stoffkreisläufen, insbesondere Treibhausgasen (Abb. 15.1). Ein wichtiges Element der Dynamik ist die Fluiddynamik von Atmosphäre, Ozean und Eis, die durch vereinfachte Navier-Stoker-Gleichungen beschrieben wird. Aufgrund der unvermeidbaren diskreten Beschreibung des Systems kann die Turbulenz jedoch nicht mathematisch exakt beschrieben werden, und die Gleichungen müssen „geschlossen" werden – die Auswirkungen der Reibung, insbesondere an den Grenzen zwischen Land, Atmosphäre

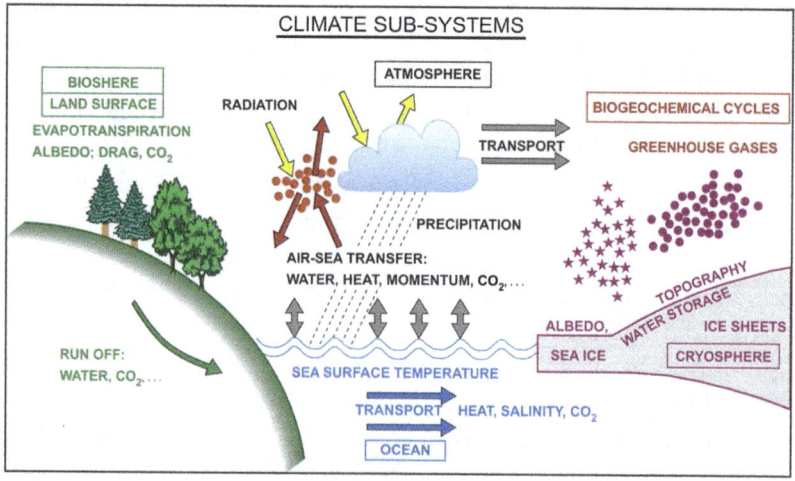

Abb. 15.1 Schematische Skizze der Prozesse und Variablen im Klimasystem. (Abdruck mit Genehmigung von Klaus Hasselmann)

und Ozean, müssen „parametrisiert" werden (z. B. Washington und Parkinson 2005). Es werden zusätzliche Gleichungen benötigt, die den Energiefluss und die Energieumwandlung beschreiben – ein Teil davon kann durch den ersten Hauptsatz der Thermodynamik, die Energieerhaltung, beschrieben werden. In diesen Gleichungen finden wir Quellen- und Senkenbegriffe, die mit Phasenänderungen (z. B. Kondensation) und der Wechselwirkung von Wolkenwasser und Strahlung zusammenhängen. Diese Quellen und Senken spielen sich oft auf sehr kleinen Skalen ab und erfordern zusätzliche Zustandsgrößen (z. B. das Größenspektrum der Wolkentröpfchen). Auch solche Prozesse können nicht explizit berücksichtigt werden und müssen „parametrisiert" werden.

Dieses Problem der Parametrisierung ist schwer zu verstehen (Müller und von Storch 2004). Die Grundidee ist, dass es einen Satz von „Zustandsvariablen" Ψ gibt (darunter das Temperaturfeld zu einem bestimmten Zeitpunkt t an bestimmten diskreten Positionen auf dem Globus), die das System beschreiben und deren Dynamik durch eine Differentialgleichung $d\Psi/dt = F(\Psi)$ gegeben ist. Die Funktion F ist in Ψ nichtlinear und nur näherungsweise bekannt. Eine strenge analytische oder numerische Lösung der Gleichungen (wie bei den Newtonschen Gleichungen) ist unmöglich.

Um die Gleichungen zu vereinfachen und sie für eine numerische Behandlung handhabbar zu machen, teilt man jede der Zustandsvariablen C in eine langsam und eine schnell variierende Komponente auf, $\Psi = \underline{\Psi} + \Psi'$.[1] $\underline{\Psi}$ steht für den Teil von C, der mit der gegebenen räumlichen Auflösung (z. B. 100 km) gut dargestellt wird, und Ψ' ist der nicht aufgelöste Teil mit kleinerer räumlicher Skala. Die Gleichungen werden dann näherungsweise als $d\underline{\Psi}/dt = F(\underline{\Psi}) + G(\Psi')$ geschrieben. Dabei beschreibt $F(\underline{\Psi})$ den Einfluss des aufgelösten Teils $\underline{\Psi}$ auf die zukünftige Entwicklung von Ψ, während $G(\Psi')$ den Einfluss des nicht aufgelösten Teils beschreibt, der natürlich unbekannt

---

[1] In bestimmten Fällen kann dies durch die Erweiterung von Ψ in eine Fourier-Reihe trigonometrischer Funktionen oder sphärischer Oberschwingungen erreicht werden. Diejenigen mit kleinen Wellenzahlen bilden dann $\underline{\Psi}$ und der Rest Ψ '.

ist. Eine konventionelle Verkürzung der Gleichungen würde zu d$\underline{\Psi}$/dt = F($\underline{\Psi}$) führen, und der nicht aufgelöste Teil hätte keinen Einfluss. Diese Verkürzung gilt nur für lineare Systeme und ist daher hier nicht akzeptabel, da der Einfluss der kleinräumigen Turbulenz und der damit verbundenen Reibung auf die sich langsam verändernde Zustandsgröße $\underline{\Psi}$ nicht vernachlässigt werden kann. Es wird eine andere Näherung verwendet, nämlich G(Ψ') = H($\underline{\Psi}$). Letzteres ist die „Parametrisierung". Das Problem besteht darin, H zu spezifizieren.

Die Idee bei der Parametrisierung ist, dass sie die Information tragen würde, die von den kleinen Skalen Ψ' zu erwarten ist, wenn der aufgelöste Zustand $\underline{\Psi}$ ist. Oder genauer gesagt, G(Ψ') wird als Zufallsvariable betrachtet, die durch den aufgelösten Teil $\underline{\Psi}$ bedingt ist. In der Praxis kann die Verteilung von G(Ψ') empirisch bestimmt werden, indem man die Verteilung von G(Ψ') beobachtet, wenn der großräumige Zustand $\underline{\Psi}$ ist. Die Parametrisierung H($\underline{\Psi}$) kann dann eine zufällige Realisierung dieser Verteilung von G(Ψ') oder die $\underline{\Psi}$-bedingte Erwartung von G(Ψ') sein.

Die Verwendung von Parametrisierungen ist gängige Praxis in Klimamodellen, und es hat sich gezeigt, dass solche Modelle in der Lage sind, das gegenwärtige Klima, den laufenden Wandel und historische Klimata zu beschreiben. Es ist plausibel, dass die Parametrisierungen auch in einem anderen Klima gültige „Abschlüsse" sind (schließlich würde jede Klimaänderung in Bezug auf physikalische (aber nicht gesellschaftliche) Größenordnungen nur eine geringfügige Änderung darstellen), aber der endgültige Beweis für diese Annahme wird erst dann vorliegen, wenn die erwarteten Änderungen stattgefunden haben, beobachtet und analysiert wurden.

Es gibt zwei wichtige Aspekte der Parametrisierung.

Einer davon ist ein sprachlicher Aspekt, nämlich die Tatsache, dass Parametrisierungen in der Sprache der Klimamodellierer als „Physik" bezeichnet werden, eine Kurzform für „ungelöste physikalische Prozesse". Für eine Person, die mit der Kultur der Klimawissenschaften nicht vertraut ist, mag diese Terminologie die falsche Konnotation haben, dass Parametrisierungen aus physikalischen Prinzipien abgeleitet werden würden. Während die funktionale Form der Parametrisierung H($\underline{\Psi}$) durch ein physikalisches Plausibilitätsargument motiviert

15 Die Naturwissenschaften und die Klimapolitik

sein mag, werden die verwendeten spezifischen Parameter entweder erraten, an Kampagnen- oder Labordaten angepasst oder dazu verwendet, das Modell in die Lage zu versetzen, das großräumige Klima zu reproduzieren Ψ. Das Wort „Physik" deutet also auf halbempirische „Tricks" hin.

Ein weiterer Aspekt der Parametrisierungen ist ihre starke Abhängigkeit von der räumlichen Auflösung. Wenn das Modell geändert wird, um auf einer höheren Auflösung zu laufen, müssen die Parametrisierungen neu formuliert oder neu spezifiziert werden. Es gibt keine Regel, wie das zu tun ist, wenn die räumliche Auflösung erhöht wird – was bedeutet, dass die Differenzengleichungen nicht zu einem vorgegebenen Satz von Differentialgleichungen konvergieren, oder anders ausgedrückt: Es gibt keinen Satz von Differentialgleichungen, der das Klimasystem an sich beschreibt, wie es in den meisten physikalischen Disziplinen der Fall ist.

Zusammengefasst: In der Klimawissenschaft gibt es nicht „die Gleichungen", sondern nur sinnvolle Näherungen, die entscheidend von der räumlichen Auflösung des Systems abhängen. Dieser Aspekt führt zu vielen Missverständnissen, insbesondere bei Mathematikern und Physikern, die oft genug „die Gleichungen" sehen wollen.

Im Gegensatz zu den meisten physikalischen Disziplinen kann das Klima nicht mit Raum- und Zeitskalen in einem bestimmten begrenzten Bereich in Verbindung gebracht werden – stattdessen variiert das Klima auf allen räumlichen Skalen (auf der Erde) und erstreckt sich über mehrere Größenordnungen von Zeitskalen, von kurzfristigen Ereignissen, die in Sekunden gemessen werden, über Zeitskalen von Jahrzehnten und Jahrhunderten bis hin zu geologischen Zeitskalen von Jahrtausenden und mehr. Betrachtet man die relevanten Prozesse in den Klimakomponenten Atmosphäre und Ozean, so findet man ein Kontinuum von Skalen, wie es in Abb. 15.2 dargestellt ist. Das bedeutet, dass es kaum unabhängige Beobachtungen an verschiedenen Orten gibt und dass das zeitliche Gedächtnis über viele Jahrzehnte und Jahre reicht.

Als praktische Regel hat die *Weltorganisation für Meteorologie* (WMO) vor mehr als hundert Jahren festgelegt, dass Zeitintervalle von dreißig Jahren „normale klimatische Bedingungen" darstellen; alle dreißig Jahre werden neue Normalwerte festgelegt. Wenn wir diese

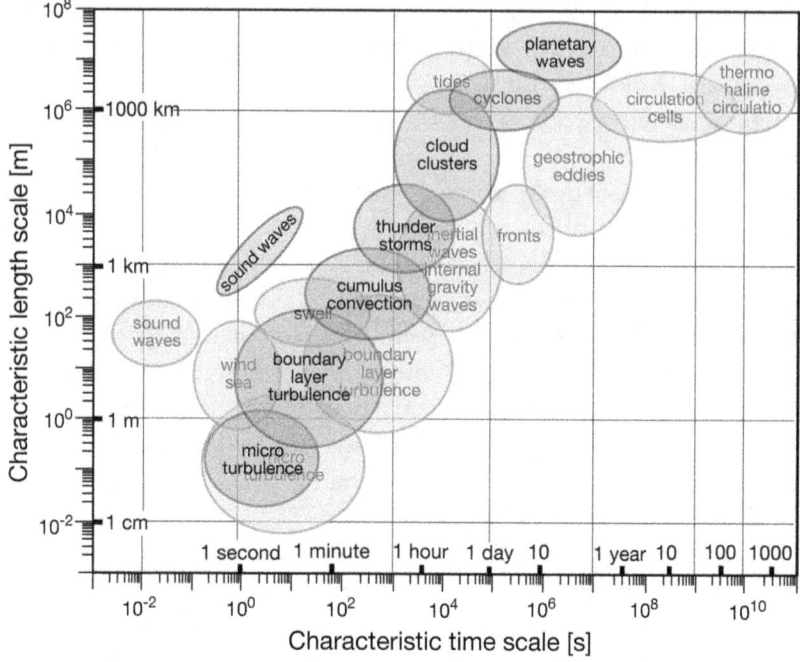

Abb. 15.2 Räumliche und zeitliche Skalen der Prozesse in den Klimakomponenten Atmosphäre und Ozean. (Quelle: eigene Darstellung)

etwas willkürliche Zahl von dreißig Jahren akzeptieren, müssen wir etwa dreißig Jahre warten, bis wir neue Erkenntnisse über das Klimasystem gewinnen, die zumindest einigermaßen unabhängig von früheren Zuständen sind. Eine Überprüfung von Hypothesen, die aus historischen Daten abgeleitet wurden, mit neuen Daten ist daher kaum möglich.

Reale Experimente im Sinne von paarweisen Konfigurationen, die sich in einer begrenzten Anzahl bekannter Details unterscheiden, sind natürlich auch in der realen Welt (wie in jedem anderen geophysikalischen System) nicht möglich. Mit quasi-realistischen Modellen, die als eine Art virtuelles Labor dienen, ist es jedoch möglich, virtuelle Experimente durchzuführen, z. B. zu den Auswirkungen unterschiedlicher Formulierungen von Wolken, unterschiedlicher

Spezifikationen von physiographischen Details, aber auch zu erhöhten Treibhausgaskonzentrationen in der Atmosphäre. Unabhängige Realisierungen können erzeugt werden; ausgedehnte, lange Simulationen sind möglich, wodurch das Wetterrauschen reduziert wird und die gesuchten Signale, die durch eine experimentelle Veränderung im System verursacht werden, leichter isoliert werden können. Das Problem ist natürlich, dass selbst wenn die Modelle tatsächlich viele Eigenschaften mit der Realität teilen, nicht bewiesen ist, dass die spezifische Modellreaktion realistisch ist.

Echte Vorhersagen sind ebenfalls kaum möglich: Selbst wenn wir in der Lage sind, eine erfolgreiche Vorhersage für die nächsten zehn oder dreißig Jahre zu machen, können wir nicht von einem „Erfolg" unseres Vorhersageschemas sprechen, da ein einzelner Erfolg auch zufällig eingetreten sein kann. Um die Fähigkeit eines Prognosemodells zu bestimmen, sind viele unabhängige Versuche erforderlich, wie dies auch bei der Wettervorhersage der Fall ist. Die lange Zeitskala der Klimavariabilität erlaubt keine robusten Schätzungen der Fähigkeit unserer Methoden, die Zukunft zu verstehen.

Tatsächlich wurden in den letzten Jahren gelegentlich Versuche unternommen, mithilfe dynamischer Klimamodelle reale Vorhersagen mit einem oder mehreren Jahrzehnten Vorlaufzeit zu machen (z. B. Keenlyside 2011). Die Logik hinter solchen Vorhersagen ist, dass die Details der Emissionen für einen solchen Zeithorizont nicht wirklich wichtig sind – solange sie in den nächsten Jahrzehnten einen gewissen Anstieg zeigen. Ein erster Versuch, die nächsten zehn Jahre (in diesem Fall 2000–9) vorherzusagen, wurde im Jahr 2000 von Allen et al. (2000) veröffentlicht – jetzt, zehn Jahre später, kann diese Vorhersage mit der tatsächlichen jüngsten Entwicklung verglichen werden. Das Szenario von Hansen et al. (1988) wurde von Hargreaves (2010) rückblickend als Prognose betrachtet und mit der aktuellen Entwicklung verglichen (Abb. 15.3). In beiden Fällen wurde die Zukunft gut vorhergesagt. Für die kommenden Jahrzehnte wurde in einem experimentellen Prognoseversuch von Keenlyside et al. (2008) eine geringere Erwärmung vorhergesagt. Die meisten Prognosen über mögliche zukünftige Klimaentwicklungen haben die Form von bedingten Vorhersagen – angenommene Entwicklungen von Treibhausgasemissionen/-

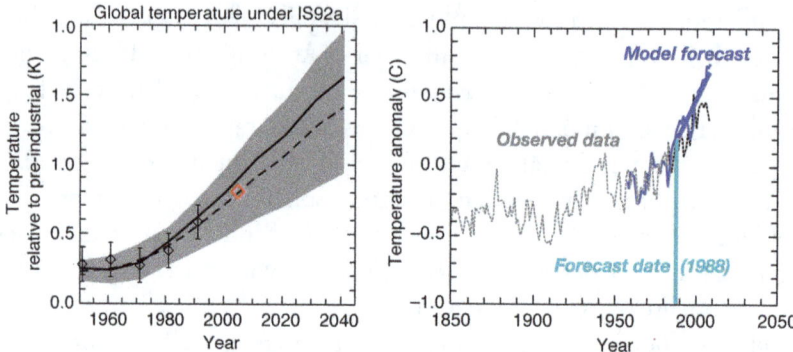

Abb. 15.3 Links: Vorhersage der globalen Temperatur von Allen et al. (2000) aus dem Jahr 1999. Die durchgezogene Linie zeigt die ursprüngliche Modellprojektion. Die gestrichelte Linie zeigt die Vorhersage nach dem Abgleich der Klimamodellsimulationen mit der HadCRUT-Temperaturaufzeichnung unter Verwendung von Daten bis August 1996. Das graue Band zeigt das 5–95 %ige Unsicherheitsintervall. Die rote Raute zeigt die beobachtete dekadische mittlere Oberflächentemperatur für den Zeitraum vom 1. Januar 2000 bis zum 31. Dezember 2009, bezogen auf die gleiche Basislinie. Rechts: Hansens 1988 veröffentlichtes Szenario als Vorhersage bis zum Jahr 2010 (neu gezeichnet nach Hargreaves 2010). (Quelle: Hargreaves, J. 2010. Skill and uncertainty in climate models. Wileys Interdisplinary Reviews/Climate Change 1, 556–564)

konzentrationen und anderen Faktoren werden als externe Treiber in Klimamodellen verwendet (z. B. von Storch 2007). Als solche sind sie Szenarien, d. h. mögliche zukünftige Entwicklungen, und keine Vorhersagen, d. h. wahrscheinlichste Entwicklungen (vgl. die Diskussion in Bray und von Storch (2009)). Solche Szenarien werden in den Medien und sogar von einigen Forschungsinstituten oft fälschlicherweise als „Vorhersagen" bezeichnet. Sie werden mit quasi-realistischen Klimamodellen erstellt (z. B. Müller und von Storch, 2004), oft abgekürzt mit GCM (was historisch für *General Circulation Models* und nicht für Global Climate Models steht) Zusammenfassend lässt sich sagen, dass die meisten Zukunftsprojektionen, die der Wissenschaft zur Verfügung stehen und der Öffentlichkeit präsentiert werden, keine Beschreibungen der wahrscheinlichsten Zukunft (Vorhersagen) sind, sondern plausibel konsistente und mögliche Zukünfte (Szenarien oder Projektionen). In einigen wenigen Fällen wurden echte Prognosen für die nahe Zukunft erstellt, und es hat sich gezeigt, dass sie in die richtige Richtung weisen.

Obwohl dies ermutigend ist, können solche sporadischen Erfolge nicht als signifikanter Beweis für die allgemeine Gültigkeit von Klimamodellen angesehen werden. Gleichzeitig gibt es keine Beweise, die solche Modelle als brauchbare Werkzeuge zur Untersuchung des anthropogenen Klimawandels ausschließen würden.

Viele Unsicherheiten, wie z. B. die Klimasensitivität (Temperaturanstieg nach dem Gleichgewicht bei Verdoppelung der CO_2-Konzentration), können aufgrund fehlender Experimentiermöglichkeiten nicht geklärt werden. Indirekte Beweise werden verwendet, um die Schätzung solcher unsicheren Größen zu verbessern, aber eine gewisse Unsicherheit bleibt. Dies lässt Raum für unterschiedliche Interpretationen der politischen Auswirkungen.

Aufgrund der langen Zeiträume, die vergehen, bis neue Erkenntnisse über das Klimasystem gewonnen werden, muss sich die Klimawissenschaft auf historische „instrumentelle" Daten stützen, die für oft ganz andere Zwecke, unter anderen Bedingungen und mit anderen Instrumenten und Standards gemessen wurden. Alternativ können auch Proxydaten verwendet werden, z. B. Daten über das Wachstum von Bäumen oder die Ansammlung von Eis, die möglicherweise Aspekte der geophysikalischen Umwelt „aufgezeichnet" haben.

Die „instrumentellen" Daten leiden in der Regel unter „Inhomogenitäten" (z. B. Jones 1995; Karl et al. 1993). Ein Beispiel hierfür liefern Lindenberg et al. (2010), die die Statistik der Windgeschwindigkeiten auf den Inseln entlang der deutschen Nordseeküste untersucht haben (Abb. 15.4). Das Diagramm zeigt Zeiträume, in denen die Windgeschwindigkeiten weitgehend übereinstimmen, während in anderen Zeiträumen, die durch die gestrichelte Linie gekennzeichnet sind, die Statistik stark abweicht. Diese Abweichungen hängen in der Regel damit zusammen, dass die Messgeräte aus verschiedenen Gründen versetzt wurden. Solche Effekte sind in „rohen" Datenreihen üblich und zumindest in modernen Datensätzen gut dokumentiert.

Als Faustregel kann gelten, dass fast alle Zeitreihen, die sich über mehrere Jahrzehnte erstrecken, gewisse Inhomogenitäten aufweisen – die leichter erkennbaren sind „sprunghafte" Inhomogenitäten wie in Abb. 15.4, die schwerer erkennbaren sind kontinuierliche Veränderungen. Ein Beispiel dafür ist der Effekt der fortschreitenden

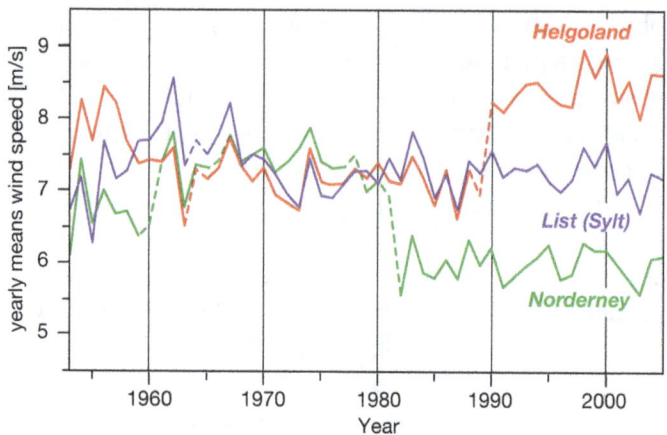

Abb. 15.4 Jährliche Mittelwerte der Windgeschwindigkeitsmessungen von drei synoptischen Inselstationen. Gestrichelte Linien kennzeichnen Jahre mit bekannten Stationsverlegungen. (Nach Lindenberg et al. 2010, Quelle: Lindenberg et al., 2004)

Urbanisierung, der nur innerhalb großer Fehlerbalken von der natürlichen Variabilität getrennt werden kann (Lennartz und Bunde 2009).

Bevor solche Daten für Klimaanalysen verwendet werden können, müssen die Reihen „homogenisiert" werden (z. B. Peterson et al. 1998). Diese erhebliche Hürde wird von Wissenschaftlern und Laien, die mit den Zusammenhängen von Klimadaten nicht ausreichend vertraut sind, kaum erkannt. So kommt es immer wieder vor, dass Publikationen überraschende Ergebnisse zeigen, die letztlich auf eine veränderte Datenerhebungspraxis und nicht auf Veränderungen im Klimasystem hinweisen. Ein schönes Beispiel ist die vermutete Zunahme der absoluten Zahl von Tiefdruckgebieten im letzten Jahrhundert, die auf unzureichende Datenkenntnis zurückzuführen ist (Schinke, 1992). Darüber hinaus wird in Weblogs oft nach „Rohdaten" gefragt, wobei der Verdacht nahe liegt, dass jemand die Rohdaten manipuliert hat, um vorgefasste Meinungen zu erhalten. Dies ist – wegen der unsichtbaren Inhomogenitäten – in den meisten Fällen kein sinnvolles Vorgehen (vgl. Böhm, 2010).

„Proxy"-Daten haben andere Probleme (Briffa 1995). Das Hauptproblem besteht darin, dass Proxies, z. B. Jahresringe von Bäumen oder Jahresschichten von Sedimentmaterial, nicht nur einige Klimaparameter, wie z. B. die Sommertemperatur, aufzeichnen, sondern auch andere Einflüsse. Das Grundproblem besteht darin, dass nur ein Teil der Variabilität in den Proxies mit der Klimavariabilität, insbesondere der Temperatur, zusammenhängt. Der Anteil der Variabilität, der auf Klimatreiber zurückgeführt werden kann, variiert mit der Zeit, und die empirisch abgeleiteten Übertragungsfunktionen können für verschiedene Zeitskalen unterschiedliche Amplituden aufweisen. Das berühmte „Hockeystick"-Problem der Temperaturrekonstruktion, das hauptsächlich auf Baumringen basierte, hatte viel mit der inkonsistenten Darstellung der lang- und kurzfristigen Variabilität zu tun. Einen interessanten Austausch über Proxy-Methoden und robuste Aussagen bietet eine Reihe von Beiträgen, Kommentaren und Antworten von Christiansen et al. (2009), Rutherford et al. 2010.

Zusammenfassend lässt sich sagen, dass „Daten" in der Klimaforschung komplexe Probleme mit sich bringen. Historisch gesammelte „instrumentelle" Daten leiden oft unter Inhomogenitäten, die mit wechselnden Beobachtungs-, Archivierungs- und Analysepraktiken zusammenhängen. Indirekte Proxy-Daten liefern Informationen über sich verändernde physikalische Bedingungen, konkurrieren aber mit anderen unbekannten Einflüssen, sodass Stationarität und Zeitskalenabhängigkeit des Informationsgehalts solcher Daten ein Problem darstellen. Es ist mehr Fachwissen über den Einsatz von Instrumenten und die Speicherung von Einflüssen in indirekten Daten erforderlich.

So gibt es eine Reihe von Hindernissen und Unsicherheiten, die in der konventionellen Physik unüblich sind und die bei der Behandlung der Klimadynamik und -auswirkungen besondere Herausforderungen darstellen.

15.4 Der soziokulturelle Kontext

Es gibt noch eine Reihe weiterer Faktoren, die die Klimawissenschaft von anderen naturwissenschaftlichen Disziplinen „unterscheidet", nämlich die Tatsache, dass die Klimaforschung, ihre Themen, Ergebnisse und Personen stark in sozio-historische, sozio-kulturelle und sozio-ökonomische Kontexte eingebettet sind. Dies zeigt sich schon daran, dass die meisten, wenn nicht sogar fast alle aktuellen Klimaforschungsaktivitäten mit der Frage des anthropogenen Klimawandels und seinen Auswirkungen auf die natürliche Umwelt und die Gesellschaft verbunden sind.

Im gesellschaftlichen Kontext geht es vor allem um die Statistik des Wetters (in der Atmosphäre und im Ozean) und seiner Veränderungen, z. B. die Häufigkeit und Intensität von Extremereignissen wie Stürmen, Hitzewellen und Überschwemmungen. Wetterstatistiken sind wichtige Daten für die Gesellschaft, ihre Infrastruktur und ihre Bewohner, da sie wichtige Informationen über mögliche Auswirkungen (und Anpassungsmaßnahmen zu deren Bewältigung) und Optionen zur Kontrolle der Einflussfaktoren (Minderung) enthalten. Beide Reaktionsstrategien auf den Klimawandel, d. h. Emissionsminderung und Verwundbarkeitsminderung, sind Gegenstand eines breiten Spektrums wissenschaftlicher Disziplinen, darunter Ingenieurwissenschaften, Hydrologie, Recht, Geographie, Politikwissenschaften, Ökologie, Ökonomie und Sozialwissenschaften.

Die Klimaforschung hat also wichtige Eigenschaften, die über die Physik hinausgehen. Wir könnten jetzt beginnen, die notwendigen Beiträge aus diesen anderen Bereichen zu diskutieren, aber das tun wir nicht. Stattdessen konzentrieren wir uns darauf, wie die Interaktion zwischen Wissenschaft und Gesellschaft funktioniert.

Diese Interaktion zwischen der Klimaforschung und der Gesellschaft im Allgemeinen und der Politik im Besonderen hängt von zwei Faktoren ab. Der eine Faktor, den wir gerade diskutiert haben, ist die große Unsicherheit über die „Fakten" der Klimadynamik, von der Klimasensitivität über die regionale Ausprägung bis hin zum Vorhandensein anderer gesellschaftlicher Triebkräfte und den zukünftigen

Möglichkeiten des Umgangs mit Emissionen und Auswirkungen. Der andere Faktor ist die gesellschaftliche Reaktion auf die klimatischen Bedingungen, die Art und Weise, wie wir klimarelevante Prozesse interpretieren und mit ihnen umgehen. Unser alltägliches Verständnis von Klima ist eng mit unserer Lebensweise verknüpft, natürlich auch vermittelt durch die Art und Weise, wie die Massenmedien Klimathemen gemäß der Medienlogik gestalten (Weingart et al., 2000; Boykoff und Timmons, 2007; Carvalho 2010). Verweise auf Klima und Klimawandel in der öffentlichen Kommunikation können beispielsweise als Mittel zur Legitimierung von Veränderungen unseres Lebensstils oder aber zur Verteidigung vorherrschender Weltbilder eingesetzt werden.

Unter diesen Umständen, aber nicht nur, weil die Art unseres Verständnisses von Klima in den Alltag eingebettet ist, wird die Klimawissenschaft zusammen mit anderen modernen wissenschaftlichen Bereichen „postnormal" (Funtovicz und Ravetz, 1985; Bray und von Storch, 1999). Ein breites Spektrum von im Wesentlichen umstrittenen Begriffen und Erklärungen gelangt in die öffentliche Arena und konkurriert um Aufmerksamkeit, wobei diese Erklärungen auch dazu dienen können, unterschiedlichen Weltanschauungen Glaubwürdigkeit zu verleihen und politische und wirtschaftliche Interessen zu legitimieren.

Es scheint zwei große konkurrierende Klassen von Erklärungen für das Klima und den Klimawandel zu geben (von Storch, 2009). Die eine, die wir als „wissenschaftliches Konstrukt" des vom Menschen verursachten Klimawandels bezeichnen, besagt, dass Prozesse menschlichen Ursprungs das Klima beeinflussen – dass der Mensch das globale Klima verändert. An fast allen Orten verschieben sich gegenwärtig und in absehbarer Zukunft die Häufigkeitsverteilungen der Temperatur zu höheren Werten, der Meeresspiegel steigt an, die Niederschlagsmengen verändern sich. Einige Extremereignisse wie Starkregenereignisse werden sich verändern. Die treibende Kraft hinter den Veränderungen, die über den Bereich der natürlichen Variabilität hinausgehen, ist vor allem der Ausstoß von Treibhausgasen, insbesondere Kohlendioxid und Methan, in die Atmosphäre, wo sie das Strahlungsgleichgewicht des Erdsystems stören.

Das wissenschaftliche Konstrukt genießt breite Unterstützung in den einschlägigen wissenschaftlichen Kreisen und wurde insbesondere dank der gemeinsamen und sinnvollen Bemühungen des IPCC umfassend formuliert. Natürlich besteht in der wissenschaftlichen Gemeinschaft kein vollständiger Konsens über alle Aspekte des Konstrukts, sodass es eine gewisse Vereinfachung darstellt, von „dem wissenschaftlichen Konstrukt" zu sprechen. Das, was Konsens ist und im vorigen Absatz aufgelistet wurde, ist der Kern des wissenschaftlichen Konstrukts.

Ein anderes Verständnis von Klima und Klimawandel kann als soziales oder kulturelles Konstrukt bezeichnet werden (vgl. Stehr und von Storch, 2010). Auch in diesem Verständnis verändern sich Klima- und Wettermuster, das Wetter ist weniger verlässlich als früher, die Jahreszeiten sind unregelmäßiger, Stürme heftiger. Wetterextreme nehmen katastrophale und bisher unbekannte Formen an.

Was sind die Ursachen für diese Veränderungen im Wettergeschehen? Es gibt eine Reihe von ökonomischen und psychologischen Gründen, wie zum Beispiel die schiere Gier des Menschen und schlichte Dummheit. Der Mechanismus, der hier am Werk ist, lässt sich wie folgt beschreiben: Die Natur rächt sich und schlägt zurück. Für weite Teile der Bevölkerung, zumindest in Mittel- und Nordeuropa, ist dieser Mechanismus, der zum Klimawandel führt, eine Selbstverständlichkeit. Ungünstige Wetterverhältnisse waren in der Vergangenheit und sind es teilweise noch heute die prompte Antwort der Götter, die über die Sünden der Menschen erzürnt waren (z. B. Stehr und von Storch 2010).

Die kulturelle Konstruktion des Klimas und des Wettergeschehens nimmt je nach den Traditionen einer Gesellschaft, ihrer Entwicklung und den vorherrschenden Bestrebungen viele verschiedene Formen an – aber das, was oben als alltägliche Vorstellung von Klima und Wetter beschrieben wurde, stellt so etwas wie einen Standardkern solcher Aussagen dar.

Offensichtlich ist das wissenschaftliche Konstrukt mit solchen kulturellen Konstrukten kaum kompatibel.

Die Position der sogenannten „Klimaskeptiker" wird hier nicht diskutiert, da es keinen einheitlichen Wissensstand der „Skeptiker" in der

Klimawissenschaft gibt, sondern nur eine Ansammlung verschiedener, oft heftig umstrittener Fragen, die von Detailfragen bis zu sehr viel allgemeineren Behauptungen reichen, z. B. dass Treibhausgase keine nennenswerten Auswirkungen auf das Klima hätten. Das Fehlen eines kohärenten Satzes von Behauptungen bedeutet nicht, dass die von den „Skeptikern" aufgeworfenen Fragen nicht in dem einen oder anderen Fall nützlich sein können, um die Klimawissenschaft konstruktiv voranzubringen.

In dieser postnormalen Situation, in der die Wissenschaft keine konkreten Aussagen mit hoher Sicherheit machen kann und in der die Evidenz der Wissenschaft von erheblicher praktischer Bedeutung für die Formulierung von Politiken und Entscheidungen ist, wird die Wissenschaft immer weniger von reiner „Neugier" getrieben, die idealistische Auffassungen als innerste Triebkraft der Wissenschaft überhöht, sondern zunehmend von der Nützlichkeit der möglichen Evidenz für eben solche Formulierungen von Entscheidungen und Politiken (Pielke, 2007b). Nicht mehr die Wissenschaftlichkeit steht im Mittelpunkt, nicht die methodische Qualität, nicht Poppers Diktum der Falsifikation, nicht Flecks (1980) Idee der Reparatur veralteter Erklärungssysteme, sondern die gesellschaftliche und politische Nützlichkeit von Wissensansprüchen. Nicht Korrektheit oder objektive Falsifizierbarkeit stehen im Vordergrund, sondern soziale Akzeptanz und sozialer Nutzen.

Wissenschaft in ihrer postnormalen Phase lebt also von ihren Ansprüchen, von ihrer medialen Inszenierung, von ihrer Affinität und Kongruenz zu soziokulturellen Konstruktionen. Diese Wissensansprüche werden nicht nur von etablierten Wissenschaftlern erhoben, sondern auch von anderen, selbsternannten Experten, die oft mit spezifischen Interessen verbunden sind. Vertreter gesellschaftlicher Interessen suchen sich diejenigen Wissensansprüche heraus, die ihre eigene Position am besten stützen. Erinnert sei nur an den Stern-Report (vgl. die Kritik von Pielke (2007a) oder Yohe und Tol (2008)) oder die Pressemitteilungen des US-Senators Inhofe.

15.5 Schlussfolgerungen

In Bezug auf die Klimawissenschaft und das Wissen über das Klima lassen sich zwei wichtige Schlussfolgerungen ziehen.

Das wissenschaftliche Konstrukt basiert im Wesentlichen auf einer physikalischen Analyse des Klimas und wurde von Naturwissenschaftlern entwickelt. Es beschreibt die beiden linken Blöcke in Abb. 15.5. Im „linearen Modell" (Beck, 2010; Hasselmann, 1990) werden die mittleren Blöcke, die soziale und kulturelle Dynamiken repräsentieren, nicht berücksichtigt. Stattdessen geht es, sobald die Gesellschaft einen Maßstab für „gut" und „weniger gut" festgelegt hat, nur noch darum, das „physikalische" System (einschließlich der Wirtschaft) zu verstehen.

Aber auch Klimawissenschaftler sind Teil der Gesellschaft und nicht immun gegen die vorherrschenden gesellschaftlichen Vorstellungen über die Natur und die Auswirkungen des Klimas und des Klimawandels auf das menschliche Verhalten. Sie neigen dazu, ihre Analysen in einer Weise einzubetten, die die soziokulturelle Konstruktion von Klima

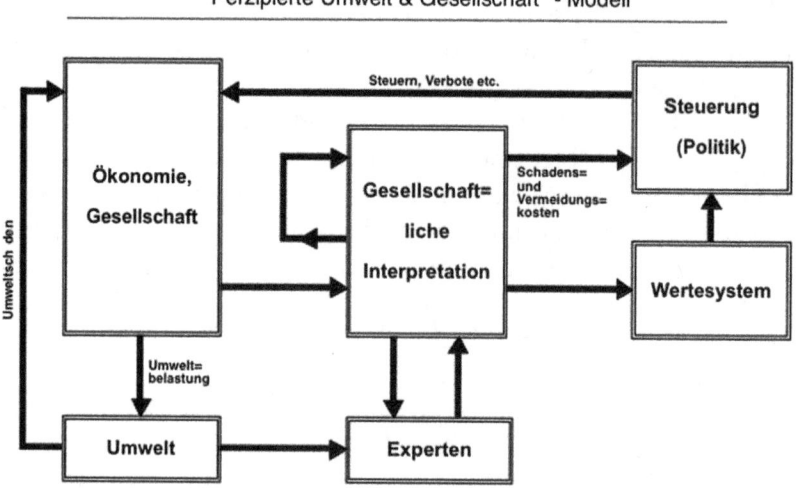

Abb. 15.5 Das Modell des wahrgenommenen Klimas und der Gesellschaft. (Quelle: s. Stehr & Storch, 2010)

und Klimawandel berücksichtigt, insbesondere wenn sie versuchen, ihr Wissen an politische Entscheidungsträger und die Gesellschaft im Allgemeinen zu vermitteln. Es ist nicht verwunderlich, dass in dieser postnormalen Situation Wissenschaftler, die sich mit den Auswirkungen von Treibhausgasen befassen, in ihrem Wunsch, die Welt zu retten, zu einer gewissen Dramatisierung neigen. Die Diskussion selbst ähnelt oft eher einer religiösen als einer physikalischen Diskussion, in der diejenigen, die nicht an die Rolle der Treibhausgase und ihre Auswirkungen glauben, als „Leugner" bezeichnet werden.

Man kann also davon ausgehen, dass die Übertragung des wissenschaftlichen Konstrukts in den sozialen Bereich mit einer subtilen Transformation des Klimawissens einhergeht, indem das wissenschaftliche Konstrukt mit dem soziokulturellen Konstrukt verschmilzt (die mittleren Blöcke in Abb. 15.5). Es ist offensichtlich, dass in dem in Abb. 15.5 dargestellten Modell die Grundannahme der Physik, dass es gegebene quantifizierbare (lineare oder nichtlineare) Gesetze gibt, nicht mehr gültig ist. Das Verständnis der Wechselwirkung zwischen Klima und Gesellschaft ist nicht nur eine Frage der physikalischen Analyse (mit Gesetzen), sondern auch der Analyse der Gesellschaft/Kultur (ohne Gesetze).

Offensichtlich ist die Situation nicht so einfach, nicht so leicht zu dekonstruieren, und die Wechselwirkungen zwischen wissenschaftlichen und alltäglichen Konstruktionen sind schwer zu entschlüsseln. Die vielfältigen Wechselwirkungen zwischen Wissenschaft und Gesellschaft im Falle unseres Verständnisses von Klima und Klimawandel zu verstehen und zu entwirren, ist jedoch eine echte und würdige wissenschaftliche und praktische Herausforderung. Dazu bedarf es eines transdisziplinären Ansatzes, der Wissenschaftler mit einem soliden physikalischen Hintergrund und Wissenschaftler, die die Dynamik von Gesellschaft und Wissen verstehen, zusammenbringt (Pielke, 2007b).

Dieser Ansatz muss weiterentwickelt werden, wenn er dazu beitragen soll, eine bessere Klimapolitik mit einer wirksamen Begrenzung des Klimawandels und soziokulturell akzeptablen Maßnahmen zur Minderung und Anpassung umzusetzen. Zusammenfassend lässt sich sagen, dass Klimawissenschaft weit mehr ist und sein sollte als physikalische Analyse.

Literatur

Allen, M. R., Stott, P., Mitchell, J., Schnur, R., and Delworth, T. 2000. Quantifying the uncertainty in forecasts of anthropogenic climate change. *Nature* 407: 617–620, October.

Arrhenius, S. A. 1896. On the influence of carbonic acid in the air upon the temperature of the ground. *Philosophical Magazine and Journal of Science* 41: 237–276.

Arrhenius, S. A. 1908. *Das Werden der Welten.* Leipzig: Akademische Verlagsanstalt.

Beck, S. 2010. Moving beyond the linear model of expertise? IPCC and the test of adaptation. *Reg. Env. Change*, https://doi.org/10.1007/s10113-010-0136-2.

Böhm, R. 2010. 'Faking versus adjusting'—why it is wise to sometimes hide 'original' data. <http://klimazwiebel.blogspot.com/2010/01/guest-contribution-from-reinhard-bohm.html> (as of 22 March 2010).

Boykoff, M. T., and Timmons, R. J. 2007. Media Coverage of Climate Change: Current Trends, Strengths, Weaknesses. Human Development Report 2007/2008.

Bray, D., and von Storch, H. 1999. Climate science: An empirical example of postnormal science. *Bull. Amer. Met. Soc.* 80: 439–456.

Bray, D., and von Storch, H. 2009. 'Prediction' or 'projection'? The nomenclature of climate science. *Sci. Comm.* 30: 534–43, https://doi.org/10.1177/1075547009333698.

Briffa, K. R. 1995. Interpreting high-resolution proxy climate data—the example of dendro-climatology. S. 77–84 in H. von Storch and A. Navarra (Hrsg.), *Analysis of Climate Variability*: Applications of Statistical Techniques. Berlin: Springer Verlag.

Carvalho, A. 2010. Media(ted) discourses and climate change: A focus on political subjectivity and (dis)engagement. Climate Change 1(2), https://doi.org/10.1002/wcc.13.

Christiansen, B., Schmith, T., and Thejll, P. 2009. A surrogate ensemble study of climate reconstruction methods: Stochasticity and robustness. J. Climate 22: 951–976.

Curry, J. A., and Webster, P. J. 2011. Climate science and the uncertainty monster. *Bull Amer. Meteo. Soc.* 2011, 92. Jg., Nr. 12, S. 1667–1682.

Fleck, L. [1935] 1980. *Entstehung und Entwicklung einer wissenschaftlichen Tatsache:* Einführung in die Lehre vom Denkstil und Denkkollektiv. Frankfurt am Main: Suhrkamp

Fleming, J. R. 1998. *Historical Perspectives on Climate Change.* Oxford: Oxford University Press.
Friedman, R. M. 1989. *Appropriating the Weather:* Vilhelm Bjerknes and the Construction of a Modern Meteorology. Ithaca, NY: Cornell University Press.
Funtowicz, S. O., and Ravetz, J. R. 1985. Three types of risk assessment: A methodological analysis. S. 217–231 in C. Whipple and V. T. Covello (Hrsg.), *Risk Analysis in the Private Sector.* New York: Plenum.
Hann, J. 1903. *Handbook of Climatology.* Vol. i: General Climatology. New York: Macmillan.
Hansen, J., Fung, I., Lacis, A., Rind, D., Lebedeff, S., Ruedy, R., Russell, G., and Stone, P. 1988. Global climate changes as forecast by Goddard Institute for Space Studies three-dimensional model. *J. Geophys. Res.*—Atmospheres 93(D8).
Hargreaves, J. 2010. *Skill and uncertainty in climate models.* Wileys Interdisplinary Reviews/Climate Change, 1:556–564.
Hasselmann, K. 1990. How well can we predict the climate crisis? S. 165–183 in H. Siebert (Hrsg.), *Environmental scarcity:* The International Dimension. Tübingen: J.C.B. Mohr.
Humboldt, Alexander von [1845] 1864. *Cosmos:* Sketch of a Physical Description of the Universe. Vol. i. London: Henry G. Bohn.
Jones, P. D. 1995. The instrumental data record: Its accuracy and use in attempts to identify the 'CO_2 Signal'. S. 53–76 in H. von Storch and A. Navarra (Hrsg.), *Analysis of Climate Variability:* Applications of Statistical Techniques. Berlin: Springer Verlag.
Karl, T. R., Quayle, R. G., and Groisman, P. Y. 1993. Detecting climate variations and change: New challenges for observing and data management systems. *J. Climate* 6: 1481–1494.
Keenlyside, N. S. 2011. Prospects for decadal climate prediction. Wiley Interdisciplinary Review/Climate Change, in press.
Keenlyside, N. S., Latif, M., Jungclaus, J., Kornblueh, L., and Roeckner, E. 2008. Advancing decadal- scale climate prediction in the North Atlantic sector. *Nature* 453: 84–88.
Lennartz, S., and Bunde, A. 2009. Trend evaluation in records with long-term memory: application to global warming. *Geophys. Res. Lett.* 36, L16706.
Lindenberg, J., Mengelkamp, H.-T., and Rosenhagen, G. 2010. Representativity of near surface wind measurements from coastal stations at the German Bight. Forthcoming.

Lindenberg, J., H.-T. Mengelkamp, and G. Rosenhagen, 2012. "Representativity of near surface wind measurements from coastal stations at the German Bight," *Meteorologische Zeitschrift* 21: 99–06

Müller, P., and von Storch, H. 2004. *Computer Modelling in Atmospheric and Oceanic Sciences—Building Knowledge*. Berlin: Springer Verlag.

Peixoto, J. P., and Oort, A. H. 1992. *Physics of Climate*. American Institute of Physics.

Peterson, T. C., Easterling, D. R., Karl, T. R., Groisman, P., Nicholls, N., Plummer, N., Torok, S., Auer, I., Boehm, R., Gullett, D., Vincent, L., Heino, R., Tuomenvirta, H., Mestre, O., Szentimrey, T., Saliner, J., Førland, E., Hanssen-Bauer, I., Alexanders- son, H., Jones, P., and Parker, D. 1998. Homogeneity adjustments of in situ atmospheric climate data: A review. *Intern. J. Climatol.* 18: 1493–1517.

Pielke, R. A., Jr. 2007a. Mistreatment of the economic impacts of extreme events in the Stern Review Report on the economics of climate change. *Global Environmental Change* 17: 302–310.

Pielke, R. A., Jr. 2007b. *The Honest Broker*. Cambridge: Cambridge University Press.

Rutherford, S. D., Mann, M. E., Ammann, C. M., and Wahl, E. R. 2010. Comment on: 'A surrogate ensemble study of climate reconstruction methods: Stochasticity and robustness' by Christiansen, Schmith, and Thejll. *J. Climate* 23: 2832–2838.

Schinke, H. 1992. Zum Auftreten von Zyklonen mit niedrigen Kerndrücken im atlantisch- europäischen Raum von 1930 bis 1991. *Wiss. Zeitschrift der Humboldt Universität zu Berlin*, R. Mathematik/Naturwiss. 41: 17–28.

Stehr, N., and von Storch, H. 1997. Rückkehr des Klimadeterminismus? *Merkur* 51: 560–562.

Stehr, N., and von Storch, H. 1999. An anatomy of climate determinism. S. 137–185 in H. Kaupen-Haas (ed.), *Wissenschaftlicher Rassismus—Analysen einer Kontinuität in den Human- und Naturwissenschaften*. Frankfurt. a. M.: Campus-Verlag.

Stehr, N., and von Storch, H. 2010. *Climate and Society: Climate as a Resource, Climate as a Risk*. Singapore: World Scientific.

von Storch, H. 2007. Climate change scenarios—purpose and construction. In H. von Storch, R. S. J. Tol, and G. Flöser (Hrsg.), *Environmental Crises: Science and Policy*.

von Storch, H. 2009. Climate research and policy advice: Scientific and cultural constructions of knowledge. *Env. Science Pol.* 12: 741–747.

Washington, W. M., and C.L. Parkinson, 2005. An Introduction to Three-Dimensional Climate Modelling. 2. Auflage, Sausalito, California: University Science Books.

Weart, S. R. 1997. The discovery of the risk of global warming. *Physics Today* January: 35–40.

Weart, S. R. 2010. The idea of anthropogenic global climate change in the 20th century. Interdisciplinary Reviews/Climate Change. Published online: 22 December 2009; https://doi.org/10.1002/wcc.6.

Weingart, P., A. Engels and P. Pansegrau, (2000) *"Risks of communication: Discourses on climate change in science, politics and the mass media,"* Public Understanding of Science 9:261–283.

Yohe, Gary W. und Richard S. J. Tol (2008), *"The Stern Review and the Economics of Climate Change: An Editorial Essay,"* Climatic Change 89: 231–240.

Teil V
Klimapolitik

Während die Arbeiten von Stehr und von Storch in der ersten Hälfte ihrer Zusammenarbeit vor allem analytisch waren und sich auf die Konkurrenz zwischen gesellschaftlich und wissenschaftlich konstruiertem Wissen, auf die unterschiedlichen Qualitäten von Sozial- und Naturwissenschaften bei der Information der Öffentlichkeit und der Beratung politischer Diskussionen sowie auf die Geschichte der Überlegungen zum Verhältnis von Gesellschaften und Klima konzentrierten, erweiterte sich der Fokus der beiden Autoren in der Folge auf die politischen Konsequenzen dieses Klimawissens. Diese Bemühungen gipfelten im „Zeppelin Manifest" (siehe Kap. 22).

Im folgenden Abschnitt unseres Sammelbandes werden insgesamt sechs Artikel abgedruckt. In Kap. 16 diskutieren wir die Notwendigkeit, nicht nur das globale Problem des Klimawandels zu betrachten, sondern auch den „Engpass nationaler, regionaler und sogar kommunaler Kontingenzen". Die Rolle der Kommunikation wird in Kap. 17 erörtert, und in Kap. 18 geht es um die Frage, wie die Klimawissenschaft die Gestaltung der Politik nachhaltig unterstützen kann. Die in Teilen der wissenschaftlichen Gemeinschaft und im öffentlichen Diskurs geäußerte Behauptung, dass demokratisches Regieren nicht in der Lage sei, ein komplexes und langfristiges Problem wie den Klimawandel zu bewältigen, und daher eine „technokratische" Lösung erfordere, wird in Kap. 19 kritisch untersucht.

Betrachtet man den öffentlichen und politischen Diskurs in den entwickelten Gesellschaften, so wird deutlich, dass die politische Option der *Anpassung* an den Klimawandel weithin als unzureichend oder sogar defätistisch angesehen wird. Das politische Ziel wird tendenziell als „Klimaschutz" formuliert – allerdings nicht im Sinne des Schutzes der Bevölkerung vor den gefährlichen Auswirkungen des Klimawandels, sondern des Schutzes des Klimas selbst vor menschlichen Aktivitäten (Kap. 20). Die Dualität und Konvergenz der beiden politischen Optionen zur Bewältigung der Folgen des anthropogenen Klimawandels, Anpassung und Minderung, werden im letzten Artikel, in Kap. 21, diskutiert.

Zusätzlich zu diesen wissenschaftlichen Artikeln haben Nico Stehr und Hans von Storch ihre Ideen auch in der Öffentlichkeit präsentiert, in Zeitungen, Zeitschriften, Radio, Fernsehen und sozialen Medien.[1]

---

[1] Zum Beispiel: Stehr, N., und H. von Storch, 2019: Wir müssen lernen, uns anzupassen. *CICERO Online, 30.10.201 von* Storch, H., und N. Stehr, 2019: Die unsichtbaren Elefanten in der Klimapolitik. *Iablis.*

Stehr, N., H. von Storch, 2011: Forscher als Politikberater: Der Welt rettende Professor ist gescheitert. *Spiegel online,* 11. Dezember 2011.

von Storch, H., und N. Stehr, 2010: Gedanken zur Klimaforschung und -politik. *Mitteilungsblatt der Europäischen Akademie Bad Neuenahr-Ahrweiler GmbH* 99, S. 1-2.

von Storch, H., und N. Stehr, 2010: Klimaforschung und Klimapolitik - Rollenverteilung und Nachhaltigkeit. *Naturwissenschaftliche Rundschau* 63, Nr. 744, 301-307.

Stehr, N., und H. von Storch, 2009: Die lästige Demokratie. Spiegel online, 29.Dezember 2009.

Stehr, N., und H. von Storch, 2009: Klimaschutz und Vorsorge, *forum* 291, 21-24.

von Storch, H., und N. Stehr, 2007: Anpassung an den Klimawandel. *Aus Politik und Zeitgeschichte* 47/2007, 19.11.2007 (Englische Fassung: http://www.hvonstorch.de/klima/pdf/Parlament.english.pdf).

von Storch, H., und N. Stehr, 2007: Essay: Nur keine unbequeme Wahrheit. ZEIT Wissen, 18.10.2007.

von Storch, H., und N. Stehr, 2007: Der öffentliche Diskurs über das Klima oder - die politische Macht der Klimaforschung. In Philipp Mißfelder (Hrsg.): *Umdenken.* Für eine nachhaltige Klimapolitik, 14-21.

Stehr, N. und H. von Storch, 2007: Einsichten in das Machbare. Klimaschutz ist vor allem auch Schutz vor dem Klima. *Süddeutsche Zeitung,* 15.9.2007.

Stehr, N. und H. von Storch, 2005: Trägheitsfaktor Natur. Anpassung statt Klimapolitik: Was New Orleans lehrt. *Frankfurter Allgemeine Zeitung,* 21. September 2005 - Englische Fassung: Die Trägheit von Politik und Natur, http://www.hvonstorch.de/klima/pdf/NO.english.pdf.

von Storch, H., und N. Stehr, 2005: Klima inszenierte Angst. SPIEGEL 4/2005, 160-161 Englische Fassung: Ein Klima inszenierter Angst, http://sciencepolicy.colorado.edu/prometheus/archives/klimawandel/000343a_Klima_der_inszenierten_.htm.

16

Durchführbarkeitsorientierte Politiken: Untersuchung Anwendung

Mögliche Lösungen für den drohenden Klimawandel müssen eine Reihe gesellschaftlicher, nationaler und globaler Herausforderungen berücksichtigen, die heute und in Zukunft von Bedeutung sein werden. Zu diesen Herausforderungen gehören die Asymmetrien im Lebensstandard zwischen den Gesellschaften der Welt: Die wirtschaftlichen Bestrebungen des Nordens und des Südens, die unterschiedlichen Positionen von rohstoffreichen und rohstoffarmen Ländern, von demokratischen und autokratischen politischen Regimen und von Staaten mit dramatisch unterschiedlicher demografischer Dynamik. Nicht zuletzt stehen wir auch vor der Herausforderung, wie wir mit den stark voneinander abweichenden Überzeugungen darüber umgehen, was den Angehörigen verschiedener Kulturen „heilig" ist.

Vor dem Hintergrund dieser Situation und den unvorhersehbaren Ereignissen und Entwicklungen in den Jahren nach dem Kyoto-Abkommen haben wir starke Zweifel, dass in absehbarer Zeit eine konsensfähige, weltweit wirksame Strategie zur nachhaltigen

---

Zuerst: Nico Stehr und Hans von Storch, "Feasibility-based Policies: Investigation and Application", S. 14–21 in TU Graz (ed.), *Urbanität statt Energie*. Urbane Zukunftsszenarien mit echter Nachhaltigkeit. *Grazer Architekturmagazin*. Band 5. Wien: Springer, 2008.

Begrenzung der Treibhausgasemissionen umgesetzt werden kann. Die gescheiterten politischen Bemühungen der Vergangenheit, das Weltklima nachhaltig vor den Folgen menschlichen Handelns zu schützen, sind ein sicheres Indiz dafür, dass diese Skepsis angebracht ist.

Die Umsetzung globaler Vereinbarungen muss nach wie vor durch das Nadelöhr nationaler, regionaler und sogar kommunaler Kontingenzen gehen. Es gibt keine globale politische Ordnung, die die Umsetzung globaler Vereinbarungen unterstützen oder gar durch entsprechende Sanktionen durchsetzen könnte. Jedes politische System wird seine eigenen Reaktionen auf die Herausforderungen des Klimawandels hervorbringen. Die Widersprüchlichkeit und Fragilität, die mit jeder Art von (aggregierter) Aktivität verbunden sind, sind unvermeidlich und werden den grundlegenden Rahmen für jede Lösung bilden, die als Reaktion auf die Forderungen nach rechtzeitigen und gezielten Maßnahmen gegen den Klimawandel vorgeschlagen wird.

Diese elementaren und offensichtlich widersprüchlichen Rahmenbedingungen für jegliches zielgerichtetes Handeln kommen in der öffentlichen Klimadebatte noch zu wenig vor und werden oft sogar tabuisiert.

Welche Erkenntnisse könnten also in diese politischen Debatten, Fehlentwicklungen und Sackgassen eingebracht werden? Welche Erkenntnisse könnten die Untersuchung einer machbarkeitsorientierten Politik fördern und die (oft ideologisch gefärbten) Propagatoren des Wunschdenkens, die sich in den politischen Kreisen der Klimaforschung breit machen, auf den Boden der Tatsachen zurückholen?

Vor einigen Wochen (ca. 2008) erklärte die deutsche Bundeskanzlerin Angela Merkel, dass die Kohlendioxid-Emissionen bis zur Mitte dieses Jahrhunderts auf durchschnittlich zwei Tonnen pro Person und Jahr begrenzt werden müssen, damit die katastrophalen Folgen des Klimawandels und Kriege um Ressourcen vermieden werden können. Andernfalls könnte sich die Erde bis 2050 um mehr als die „kritische Schwelle" von zwei Grad Celsius aufheizen. Da der Durchschnittsamerikaner derzeit zwanzig Tonnen Kohlendioxid pro Jahr produziert, der Durchschnittsdeutsche elf Tonnen pro Jahr und der typische Bürger eines Entwicklungslandes deutlich weniger, kann ihr Vorschlag zumindest als vorläufige Antwort auf die Frage interpretiert werden, was für eine weiter wachsende Weltbevölkerung ein „faires" individuelles Maß an Kohlendioxidbelastung wäre. Für Deutschland würde das von Merkel gesetzte Ziel für 2050 eine Reduzierung um 82 % bedeuten, für die USA um 90 %.

Die verfügbaren Zahlen über den durchschnittlichen Kohlendioxidausstoß sind umstritten. Für Deutschland liegen sie wahrscheinlich über dem hier angegebenen Wert von elf Tonnen pro Bürger und Jahr. Zudem sind die globalen Werte allenfalls Anhaltspunkte für einen Kohlendioxid-„Gerechtigkeitsquotienten". Aber selbst wenn sie stimmen, sind sie mit realistischen Zukunftserwartungen nicht vereinbar. Im Jahr 2050 wird die Bevölkerung der Erde auf 9 Mrd. Menschen angewachsen sein; heute sind es 6,5 Mrd. Bei einem Kohlendioxidausstoß von zwei Tonnen pro Person ergäben sich globale Gesamtemissionen von 18 Mrd. t, eine Zahl, die in jedem Fall nicht ausreichen würde, um das Weltklima zu stabilisieren.

Gleichzeitig steigen die tatsächlichen Kohlendioxidemissionen weiter an. Die Emissionen nehmen derzeit zu, auch in Deutschland. Im Moment bewegen wir uns eher in Richtung fünfzehn statt zwei Tonnen pro Person und Jahr.

Zwei weitere Standpunkte sind in diesem Zusammenhang besonders relevant: Erstens kommen H. Damon Matthews und Ken Caldeira (2008: L04705) in einem Anfang des Jahres in den *Geophysical Research Letters* veröffentlichten Aufsatz zu dem Schluss, dass eine *Stabilisierung der* globalen Temperatur in den nächsten Jahrhunderten nur möglich ist, wenn die CO_2-Emissionen auf Null reduziert werden: „Wenn der Mensch nicht aktiv eingreift, um CO_2 aus der Atmosphäre zu entfernen [z. B. Keith et al., 2006], muss jede Einheit CO_2-Emissionen als eine quantifizierbare und im Wesentlichen dauerhafte Klimaänderung auf hundertjährigen Zeitskalen angesehen werden. Wir betonen, dass ein stabiles globales Klima nicht gleichbedeutend mit einem stabilen Strahlungsantrieb ist, sondern vielmehr eine Abnahme der Treibhausgaskonzentration in der Atmosphäre erfordert. Wir haben hier gezeigt, dass stabile globale Temperaturen innerhalb der nächsten Jahrhunderte erreicht werden können, wenn die CO_2-Emissionen auf nahezu Null reduziert werden. Das bedeutet, dass zur Vermeidung einer künftigen, vom Menschen verursachten Klimaerwärmung politische Maßnahmen erforderlich sein könnten, die nicht nur auf eine Verringerung der CO_2-Emissionen abzielen, sondern auf deren vollständige Beseitigung." Es ist kein Geheimnis, dass dieses Klimaschutzziel nur schwer zu erreichen sein wird; umso dringender sind präventive Forschung und Politik. Je größer der Erfolg der Eindämmung, desto besser. In jedem Fall bleibt die Notwendigkeit von Anpassungsmaßnahmen bestehen.

Zweitens verweist Peter Sheehan (2008) in einer Studie auf neue Daten zum globalen Wirtschaftswachstum und zu den weltweiten CO_2-Emissionen und weist darauf hin, dass die Welt in den letzten Jahren „auf einen neuen Weg des raschen globalen Wachstums eingeschwenkt ist, der weitgehend von den Entwicklungsländern vorangetrieben wird, energieintensiv ist und in hohem Maße von der Nutzung von Kohle abhängt – der weltweite Kohleverbrauch wird in den zehn Jahren bis 2010 um fast 60 % steigen". Es ist davon auszugehen, dass sich die weltweiten CO_2-Emissionen aus der Verbrennung von Kraftstoffen bis 2020 gegenüber dem Jahr 2000 fast verdoppeln und auch nach 2030 weiter ansteigen werden, wenn die im Jahr 2006 geltenden politischen Maßnahmen nicht geändert werden. Weder die SRES-Marker-Szenarien noch die Referenzfälle, die in den jüngsten Studien mit integrierten Bewertungsmodellen zusammengestellt wurden, erfassen diesen abrupten Übergang zu einem raschen, auf fossilen Brennstoffen basierenden Wachstum, dessen Schwerpunkt in den wichtigsten asiatischen Ländern liegt.[1] Kurz gesagt, die bisher getroffenen Annahmen über das künftige Volumen der globalen Emissionen sind höchstwahrscheinlich zu konservativ. Das bedeutet, dass die Bemühungen zur Verringerung der CO_2-Emissionen noch umfassender sein müssen, um die gewünschten Ziele der Klimapolitik zu erreichen.

Dies wiederum deutet darauf hin, dass die weltweiten Bemühungen um eine Begrenzung der Treibhausgasemissionen höchstwahrscheinlich nur mäßig erfolgreich sein werden. Angesichts dieser Risiken

---

[1] Der *IPCC-Sonderbericht über Emissionsszenarien* (SRES; Nakicenovic et al., 2000) erörtert die qualitativen gesellschaftlichen Rahmenbedingungen (z. B. politische, soziale und kulturelle Entwicklungen), die die Emissionsmengen beeinflussen. Die *SRES-Emissionsszenarien* sind die quantitativen Interpretationen dieses Narrativs.

beginnen Technologieoptimisten, großtechnische Möglichkeiten zur Abschwächung des Klimawandels als Alternativen zum traditionellen, auf Reduktion basierenden „Klimaschutz" in Betracht zu ziehen. Zu diesen Möglichkeiten gehören die Abschwächung der Sonneneinstrahlung oder die Ablagerung von CO_2 im Meer. Derzeit sieht es kaum danach aus, dass diese Option die nötige politische Unterstützung erhält, sodass eine machbare Klimapolitik nicht nur auf Forschung und politische Anstrengungen, sondern zunehmend auch auf präventive und adaptive Maßnahmen angewiesen sein wird.

Warum also werden präventive Strategien in der Klimapolitik und -forschung, d. h. Bemühungen, die Verwundbarkeit von Gesellschaften und ihren Infrastrukturen gegenüber den Folgen des Klimawandels zu verringern, sowohl von den Medien als auch von den politischen Akteuren so weitgehend tabuisiert?

Bereits vor fünfzehn Jahren hat der ehemalige US-Vizepräsident und heutige Oscar- und Friedensnobelpreisträger Al Gore seine kompromisslose Ablehnung einer auf Anpassungsstrategien basierenden Klimapolitik zum Ausdruck gebracht. Gore hält eine solche Politik für einen Ausdruck intellektueller und politischer Faulheit, oder, noch schlimmer, für „einen arroganten Glauben an unsere Fähigkeit, rechtzeitig zu reagieren, um unsere eigene Haut zu retten". Erst kürzlich wiederholte Gore dieses Credo bei einer Diskussion über seinen Film *Eine unbequeme Wahrheit* an der Columbia University in New York. Wir müssen uns auf die Reduktion konzentrieren, lautet Gores kompromisslose Botschaft an Wissenschaft, Politik und Gesellschaft insgesamt.

Die Botschaft von Al Gore ist ein ziemlich genaues Echo einer klimadeterministischen Haltung, die sowohl in der Wissenschaft als auch im Alltag vorherrscht: Aufgrund ihrer einzigartigen Macht und ihres Einflusses auf das menschliche Leben sind die Naturkräfte – und insbesondere das Klima – für eine Vielzahl gesellschaftlicher Prozesse und regionaler Besonderheiten verantwortlich. Das Klima ist gleichbedeutend mit Schicksal, es bestimmt über Erfolg und Misserfolg ganzer Zivilisationen. Mit anderen Worten: Der Einfluss des Klimas ist unausweichlich. Aus dieser Perspektive müssen Klimaveränderungen – ob vom Menschen verursacht oder „natürlich" – per definitionem einen Angriff auf die Grundfesten einer jeden Gesellschaft darstellen.

Bis vor kurzem betonten Wissenschaftler und Philosophen die nachhaltigen Auswirkungen des Klimas auf die Entwicklung der Menschheit. Obwohl sich die Wissenschaft inzwischen von diesem kruden Klimadeterminismus verabschiedet hat, ist er noch nicht ganz aus der aktuellen Debatte verschwunden. Wenn Gore und viele andere Beobachter des Klimawandels gegen Präventivmaßnahmen polemisieren, fallen sie in gewisser Weise einer Denkschule zum Opfer, die als überholt gilt, einer Ideologie.

Die Vorstellung, wir könnten das Weltklima überlisten – etwa durch technologische Tricks oder präventive Maßnahmen – ist in dieser Denkschule geradezu vermessen und vermittelt ein falsches Sicherheitsgefühl. Die Anpassung an sich verändernde Klimabedingungen stellt somit die traditionelle menschliche Hybris gegenüber den Naturgewalten dar. Wir glauben, dass diese philosophische Annahme hinter der Verharmlosung von Anpassungs- und Vermeidungsstrategien in der öffentlichen Debatte über den Klimawandel auf wissenschaftlicher, politischer und gesellschaftlicher Ebene steht. Es gibt aber auch andere, ebenso wichtige Gründe:

Beginnen wir mit den Gründen, die der *wissenschaftlichen* Untersuchung des Klimawandels zugeschrieben werden können. Angesichts der immer wiederkehrenden Zweifel haben sich die wissenschaftlichen Bemühungen bisher auf zwei Themen konzentriert: Erstens ging es darum, zu beweisen, dass wir – in historischen Dimensionen betrachtet – derzeit einen raschen und einzigartigen globalen Klimawandel erleben. Zweitens konzentrierte sich die Wissenschaft darauf, Beweise zu erbringen, die schlüssig belegen, dass die beobachteten Veränderungen des Weltklimas vom Menschen selbst verursacht wurden. Die Klimawissenschaft, an sich eine junge Disziplin, hat diese Ziele innerhalb weniger Jahre erreicht und heute einen weitreichenden Konsens erzielt, der sich in den Berichten des IPCC widerspiegelt. Die Klimawissenschaft hat damit eine ihrer selbst definierten zentralen Aufgaben erfüllt, indem sie gezeigt hat, dass sich ein menschengemachter Klimawandel gegenwärtig manifestiert und in absehbarer Zeit noch verstärken wird.

Aus diesem Konsens innerhalb der Klimawissenschaft ergeben sich jedoch keine unverzichtbaren, evidenzbasierten Handlungsanweisungen für Gegenmaßnahmen – sehr zum Missfallen der Wissenschaft, aber auch der Politik und ihrer dominanten Vorstellung von der instrumentellen Wirksamkeit ihrer Erkenntnisse. Die Dynamik der Gesellschaft ist viel komplexer als die des Klimas. Die Fluktuationszeiträume und Zeithorizonte der Natur korrespondieren einfach nicht mit der Vielfalt der Phasen und Planungshorizonte im Leben der Mitglieder menschlicher Gesellschaften. Im Vergleich dazu ist der Zeitrahmen der Klimaprozesse träge und entspricht nicht den Möglichkeiten und Rahmenbedingungen des gesellschaftlichen Wandels, die sehr viel kurzfristiger sind.

An diesem Punkt müssen wir uns die Frage stellen, was dieser Klimawandel in einer sich bereits radikal verändernden Welt eigentlich bedeutet. Das ist eine Frage, die auch Wissenschaftsdisziplinen jenseits der physikalisch orientierten Klimaforschung betrifft, zum Beispiel Klimafolgenforscher, insbesondere Sozialwissenschaftler, die untersuchen müssen, wie sich dieser globale Wandel, der weit mehr als nur den Klimawandel umfasst, in Zukunft entwickeln kann und inwieweit diese Entwicklung gesteuert oder gefördert werden kann. Bisherige Vorschläge dazu beruhen meist auf einfachen Modellen von Klimaökonomen, die versuchen, das Problem auf wenige existenzielle Motive zu reduzieren, was aber sicher zu naiv ist. Unsere Vorstellungen über die zukünftigen gesellschaftlichen Verhältnisse sind bestenfalls schemenhaft, und das Gleiche gilt für die langfristigen technologischen und politischen Rahmenbedingungen. Daraus lassen sich keine definitiven Handlungsanweisungen ableiten.

Der gesellschaftliche Status von Naturwissenschaft und Technik ist ein wichtiger Grund, warum sich die Sozialwissenschaften der Herausforderung „Klimawandel in einer sich verändernden Welt" nur zögerlich stellen. Solange die „Humanwissenschaften" (Norbert Elias) in der Gesellschaft eine untergeordnete Stellung einnehmen und ihr Einfluss systematisch unterschätzt wird, wird die Kompetenz zur Lösung des Problems Klimawandel weiterhin primär als Aufgabe der Naturwissenschaften und der Technik gesehen. Eine der häufigsten Antworten, die in diesem Zusammenhang zu hören sind, lautet, dass wir früher oder später radikal neue Energiequellen finden müssen. Die Frage, wie wir mit diesen Anstrengungen unsere Lebensgrundlagen jetzt und in den nächsten Jahrzehnten vor den jetzt schon gravierenden und in Zukunft noch stärker werdenden Gefahren des zukünftigen Klimas schützen können, wird einfach beiseite geschoben.

Das mangelnde Ansehen der Geisteswissenschaften in der Gesellschaft in Verbindung mit der Überheblichkeit der Natur- und Technikwissenschaften reduziert das Problem des Klimawandels auf ein rein wissenschaftlich-technisches Problem. Auf dem Markt des öffentlichen Wissens bieten die Naturwissenschaften als erste ihre Diagnose an, sind dann aber durch die Tatsache gebunden, dass ihre Beschreibung der Situation eine bestimmte präzise Therapie erfordert. Der Weg von der Erkenntnis zum möglichen Handeln wird so als eindeutig, als linear, als zwingend dargestellt. Es ist nicht verwunderlich, dass die Terminologie der medizinischen Wissenschaft – der direkte Weg von der Anamnese zur Therapie – in diesem Zusammenhang eine zentrale Rolle spielt.

Eine weitere Folge der Sonderstellung der Natur- und Technikwissenschaften ist, dass das Scheitern der von öffentlich sichtbaren Klimaforschern als „zwingend" dargestellten Therapie und die mangelnde Resonanz von Ausflügen in „fremde" Forschungsfelder als bedauerliche Rückständigkeit des kollektiven Geistes oder als Egoismus von Politik und Gesellschaft angeprangert werden. Manchmal scheint es fast so, als würde dieser Egoismus bei Nichtannahme dieser obligatorischen Ratschläge durch eine Verschärfung des vermeintlichen Gefahrenpotenzials „behandelt".

Es geht darum, die Vorrangstellung der Natur- und Technikwissenschaften zu überdenken, auf eine soziale Klimawissenschaft hinzuarbeiten, die sich auf gesellschaftliche Fragen konzentriert, und politische Einsichten in machbare Lösungen zu gewinnen. Machbar ist in diesem Zusammenhang eine gewisse Begrenzung des Ausstoßes von klimaschädlichen Treibhausgasen, aber vor allem auch ein Schutz der Gesellschaft vor einem sich schnell verändernden Klima.

Literatur

D. W. Keith, M. Ha-Duong, J. K. Stolaroff, „Climate strategy with CO_2 capture from the air", *Climatic Change*, 74/2006, pp. 17–45.

H. Damon Matthews, Ken Caldeira, „Stabilizing climate requires near-zero emissions", *Geophysical Research Letters*, 35/2008, L04705, https://doi.org/10.1029/2007GL032388.

N. Nakicenovic, J. Alcamo, G. Davis, B. de Vries, J. Fenhann, S. Gaffin, K. Gregory, A. Grübler, T. Y. Jung, T. Kram, E. L. La Rovere, L. Michaelis, S. Mori, T. Morita, W. Pepper, H. Pitcher, L. Price, K. Riahi, A. Roehrl, H.-H. Rogner, A. Sankovski, M. Schlesinger, P. Shukla, S. Smith, R. Swart, S. van Rooijen, N. Victor, Z. Dadi, *IPCC Special Report on Emissions Scenarios*, Cambridge University Press, Cambridge 2000.

Peter Sheehan, „The new global growth path: implications for climate change analysis and policy", *Climatic Change*, 2008.

17

Effiziente Kommunikation

Zusammenfassung Die Gesellschaft hat zunehmend Probleme mit der Naturwissenschaft, und diese wiederum hat Schwierigkeiten mit der Gesellschaft. Am Beispiel der globalen Klimaveränderung zeigen der Klimaforscher Hans von Storch und der Soziologe Nico Stehr, woher diese Verständigungsdefizite rühren, und machen Vorschlage, wie man sich annähern kann.

Die Verbindung zwischen Wissenschaft und Gesellschaft funktioniert nicht nach dem Prinzip kommunizierender Röhren. Die gegenseitigen Beobachtungen, aber auch die Aussagen und Reaktionen von Wissenschaft und Gesellschaft laufen über viele Zwischenstationen, die man sich jedoch nicht als passive Schaltstellen vorstellen darf. Die Aussagen von Naturwissenschaftlern und die Rückmeldungen von Kollegen und Kritikern werden vielfach übersetzt. Reisen müssen nicht immer bilden, aber die Durchfahrt ändert die Botschaft. Weder die Wissenschaft noch die Gesellschaft bleiben davon unbeeindruckt. Ein Beispiel für diese Situation aus der Sicht eines Naturwissenschaftlers:

Zuerst: von Storch, H., and N. Stehr „Effiziente Kommunikation." *Universitas* 684:608–614, 2003.

Wenn Klimaforscher von klimawirksamen Treibhausgasen reden, denkt man im Alltag eher an eine Vergiftung der Luft oder an den Verbrauch von Sauerstoff; statt weniger Energie zu verbrauchen, sollen den Fabrikschloten Filter aufgesetzt werden. Andererseits arbeitet der Wissenschaftler nicht losgelöst von Urteilen und Vorstellungen seiner Gesellschaft und deren Kultur. So kann die These, sich an Klimaänderungen anzupassen, einer fast schon sündhaften Verfehlung gleichkommen. Als würde man damit die Zerstörung der Schöpfung akzeptieren. Als Naturwissenschaftler kümmert man sich um den Zustand, die Veränderungen und die Dynamik des Klimas, mariner Ökosysteme oder anderer Forschungsgegenstande. Aber in einer Gesellschaft, in der Wissen nicht nur Schlüssel zum Verständnis der Geheimnisse der Natur und der Gesellschaft ist, sondern zum Werden der Welt wird, ist das ein stark verkürztes Verständnis der eigenen Rolle.

Die mit der Gesellschaft ins Benehmen tretenden Wissenschaftler geraten mit ihren Urteilen in wahre Minenfelder. Ihre Aussagen treffen sie ohne Handlungsdruck. Die Arbeitswelt der Klimaforscher kennt Strahlung, Strömungen, Sturmfluten und Dürren, veränderliche Landnutzung und Emissionen von Treibhausgasen und Aerosolen. Sie kennt jedoch keine millionenfache Armut und Hunger, widerstreitenden Kulturen, sozialen Konflikte, konkurrierenden Interessen, Massenarbeitslosigkeit oder wirtschaftlichen Rezessionen. Der bundesdeutsche Klimaforscher und der am Klima interessierte Zeitungsleser sorgen sich beide um die Folgen des steigenden Wasserstands in Bangladesch. Lokale Umfragen nach den relevanten Küstenprobleme nennen aber zuerst Bevölkerungswachstum und die Zerstörung der Mangroven Wälder. Erst an 13. Stelle folgt der Anstieg des Meeresspiegels. Wissenschaftliche Erkenntnisse heben ab auf eine auf wenige physikalische oder ökologische Dimensionen reduzierte Welt, weil das Sinn und Zweck jeglicher Theorie ist. Sie treffen und wirken aber in einer Realität, in der es eine halsabschneiderische Konkurrenz der Aufmerksamkeit und der Probleme gibt, in der soziale Unterschiede herrschen und ideologische Einstellungen wirken, in der verschiedene Wissensformen und Wahrnehmungen die Menschen umtreiben. Nicht nur, um mit Rudolf Virchow zu sprechen, „spekulatives Wissen und tatsachlich errungenes und vollkommen festgestelltes Wissen", sondern auch vorwissenschaftliches Wissen, Laienwissen, Praxiswissen, ideologisches Wissen und so weiter. Dies ist unvermeidlich.

Das Bemühen um ein besseres Verständnis der Wissenschaft in der Öffentlichkeit durch effizientere Pressearbeit und plakative Popularisierung greift da viel zu kurz. Es geht ebenso um ein besseres Verständnis der Öffentlichkeit in der Wissenschaft und einen aufgeklarten Zugang zum Verständnis der wissenschaftlichen Arbeit in der Öffentlichkeit. Ein Verständnis der Dynamik des gesellschaftlich gesteuerten Implementierens wissenschaftlicher Expertise und die gesellschaftliche Steuerung der Erkenntnis, wie sie zum Beispiel von der EU-Kommission in ihren Prinzipien der Wissenschaftsförderung eingefordert wird, müssen zum selbstverständlichen Teil der Wissenschaft als Wissenschaft werden. Kann man mit dieser Problemkonstellation .. „besser" umgehen? Auch grundlagenorientierte Wissenschafter sollen ihr Wissen anwenden. „Zumindest mochten sie die Gesellschaft aufklaren, sie sogar dazu erziehen, naturwissenschaftliche Phänomene und Entwicklungen .. „richtig" zu verstehen. Gerade im Falle von Klima wird das deutlich, da das Problem „Global Warming" im Alltag konkret nicht erfahrbar ist, sondern eine Die mit der Gesellschaft ins Benehmen tretenden Wissenschaftler geraten mit ihren Urteilen in wahre Minenfelder. mehr oder weniger plausible wissenschaftliche Konstruktion darstellt. Viele Wissenschaftler erwarten auch, dass die Kollegen ihr kulturelles Gepäck ablegen, bevor sie sich vor ihren Computer setzen und dann vor die Kamera treten. Die erste Forderung wird in naturwissenschaftlichen Kreisen oft und leidenschaftlich erhoben, die letztere seltener.

Das klingt gut, ist aber naiv. Abgesehen davon, dass die Unterscheidung in Grundlagen und Anwendungen eine allzu simple ist, dass das Gepäck angewachsen und damit nicht abnehmbar ist, dass das angebliche Missverstehen keines ist, sondern ein Konflikt der verschiedenen Wissensformen und -welten, können Naturwissenschaftler das Problem – auf sich allein gestellt – nicht angemessen behandeln. Sie müssen die ungeliebten Cousinen dazu bitten: die „weichen" Sozial- und Kulturwissenschaftler.

Was sollten und können sie gemeinsam leisten? „Effizienz" und „Resistenz" sind die Stichworte. Sie sollten helfen, die Effizienz der

Naturwissenschaften und die Resistenz der Gesellschaft zu erhöhen. Effizienz bedeutet, den Mitgliedern der Gesellschaft zu ermöglichen, neue, naturwissenschaftlich konstruierte Vorstellungen [besser) zu „verstehen" -was nur gelingen kann, wenn das .. „neue" Wissen in konsistenten Bezug zum „alten" Wissen gestellt wird. Effizienz heirlt auch, handlungsrelevante, weil problemorientierte Erkenntnisse zu liefern.

Resistenz hat vor allem damit zu tun, dass die Gesellschaft, ihre Mitglieder und wichtigsten Instanzen die Unsicherheit und kulturelle Bedingtheit der scheinbar objektiven Naturwissenschaft akzeptieren und berücksichtigen. Resistenz Wissenswelten – Naturwissenschaft und Öffentlichkeit – Hans von Storch/Nico Stehr heißt auch, mit Unbestimmtheit und Indifferenz, Über- und Untertreibungen, Risikovorstellungen und Dramatisierungen umzugehen.

Das Problem ist natürlich, dass sich die verwandten Wissenschaften mit distanziertem Argwohn begegnen, wenig voneinander wissen und fast schon neurotische Berührungsängste zeigen. Die Sozial- und Kulturwissenschaftler sind in den Augen der Naturwissenschaftler eine Bande von Schwadroneuren, die kaum nachhaltige Gesetzmaf3igkeiten kennen geschweige denn robuste Erkenntnisse suchen, sondern für jede sich bietende Gelegenheit Ad-hoc- Erklärungsversuche anbieten, die mehr oder weniger tauglich sind.

Dagegen beeindruckt der theoretische Physiker, der mit ein paar einfachen Differenzialgleichungen nicht nur die natürlichen Temperaturen bestimmt, sondern auch gleich noch gesellschaftliche Präferenzen berechnet. Viele Naturwissenschaftler sind von recht einfachen, vor allem traditionellen Vorstellungen überzeugt, wonach die Welt durch Klima oder andere geographische Faktoren determiniert sei. Früher war es Rasse, heute die genetische Struktur.

Demgegenüber haben Sozial- und Kulturwissenschaften die verschiedenen Ismen, insbesondere den Klimadeterminismus und den Biologismus, ohne Rückkehrmöglichkeit auf den Misthaufen der Ideengeschichte geschleudert und erklären gesellschaftliche Dynamik anhand sozialer Prozesse.

Lehnen wir uns also zurück und geniessen das Chaos, versuchen spielerisch Vorhersagen, wann die Klimagurus auf die nächsten Nordpoleislocher hereinfallen, wer als Nächster mit sicherem Blick erzählt, El Nino schlüge auch in Hamburg zu und wurde dies, wenn die Emissionen von Treibhausgasen nicht vermindert wurden, noch viel schlimmer tun, und wer sich zu der Aussage versteigen wird, dass der tropische Wirbelsturm Mitch oder die Sommerfluten in Zentraleuropa nicht nur das Menetekel, sondern sogar der Beweis der Klimakatastrophe seien.

Für einen Betrachter, der an Zustand, Veränderung und Dynamik interessiert ist, ist dies durchaus ausreichend, da es die für den Naturwissenschaftler typische Neugier befriedigt. Für jemand, der an der Anwendung wissenschaftlichen Wissens interessiert ist, kann distinkter Fortschritt nur darin bestehen, die Milieus der fremdelnden Cousinen zusammenzubringen. Für Naturwissenschaftler ist es erfahrungsgemäß kein besonderes Problem, sozial- und kulturwissenschaftliche Fragen zu stellen. Das Problem besteht nur darin, dass dann gleich die Differenzialgleichungen aus dem Fundus traditioneller Methoden geholt werden, also diverse Arten von Determinismen die weitere Diskussion dominieren. Sozial- und Kulturwissenschaftler machen es sich allerdings noch einfacher: Sie erklären die Cousine für unverständlich, aber kontextspezifisch inkompetent und ignorieren sie einfach. Wenn der Naturwissenschaftler glaubt, das Klima bestimme weitgehend Leben und Wohlergehen von Mensch und Umwelt, so reduziert der Sozial- und Kulturwissenschaftler die globale Erwärmung zum Konstrukt der Wissenschaft oder allenfalls zur Klimakatastrophe, deren Plausibilität, Relevanz und Einzelheiten einer weiteren kritischen Nachfrage nicht mehr bedürften.

Nachdem die Verantwortlichen für die bundesdeutsche Forschung über zwei Jahrzehnte die naturwissenschaftliche Klimaforschung großzügig gefördert haben, nachdem wissenschaftliche Aktivisten bei jeder Gelegenheit über die Medien auf das Klimathema öffentlich aufmerksam gemacht haben und das IPCC seine für den öffentlichen Konsum aufgearbeitete Einschätzung auf den Titelseiten großer Zeitungen wiederfindet, ist es an der Zeit, darüber nachzudenken, ob die derzeitige Form der Kommunikation zwischen Wissenschaft und Öffentlichkeit ausreicht.

Die Forschungsadministration sollte Anreize schaffen, dass Sozial- und Kulturwissenschaftler nicht nur die Lebenswelt von Naturwissenschaftler-Gesellschaften studieren, die von so unterschiedlichen Spezies wie Computerfachleuten, Geologen, Meteorologen, Glaziologen und Physikern bewohnt werden. Sie sollten in den naturwissenschaftlichen Gemeinschaften nicht nur als Beobachter leben und dort die Eigenarten, Sprache und Mythen, das heisst die Kultur der Physiker, Mathematiker und Geowissenschaftler distanziert wissenschaftlich beobachten. Die Sozial- und Kulturwissenschaftler müssen sich auf die Anwohner dieser fremdartigen Gemeinschaften einlassen. Dazu müssen die Gastgeber auch willens sein, sich mit den Gasten anzulegen.

Wichtigste Aufgabe scheint uns zu sein, die verschiedenen Wissensformen und die gesellschaftliche Wissensteilung über Klima zu katalogisieren. Das vom Wissenswelten – Naturwissenschaft und Öffentlichkeit – Hans von Storch/Nico Stehr IPCC aufgearbeitete „moderne" naturwissenschaftliche Wissen ist eine Form.

In geowissenschaftlichen Kreisen zirkulieren andere Vorstellungen. Laien mit gutem physikalischem und chemischem Wissen formulieren ihre Vorbehalte in den Medien. Daneben gibt es noch tradierte Wissensformen, wonach das Wetter in letzter Zeit weniger regelmäßig und vorhersagbar geworden sei – offenbar eine anthropologische Konstante, wonach wissenschaftlicher Fortschritt eo ipso entweder positiv oder negativ sei, und wonach Klima der Regelmechanismus der Natur sei, uns in die Schranken zu weisen, wenn wir es zu doll mit ihr treiben. Alle diese Wissensformen konkurrieren um die öffentliche Lehnen wir uns also zurück und genießen das Chaos, versuchen spielerisch Vorhersagen, wann die Klimagurus auf die nächsten Nordpoleislocher hereinfallen, wer als Nächster mit sicherem Blick erzählt, El Nino schlüge auch in Hamburg zu. Aufmerksamkeit, beeinflussen Klimapolitik und Klimawahrnehmung. Um mit ihnen umgehen zu können, müssen wir sie untersuchen und beschreiben, also auf einen allgemeinen, versteh- und akzeptierbaren Nenner bringen.

Ein anderer Forschungsgegenstand sind die Metamorphosen des Wissens in seinem Kreislauf zwischen Naturwissenschaft, Öffentlichkeit, Medien undPolitik. In diesem Transport passiert viel. Das ist nur bedingt eine Frage der Unkenntnis, des Desinteresses angesichts brennender Probleme, der besser auszubildenden Journalisten, der mangelnden Kommunikationskompetenz der Wissenschaftler, der korrupten Politiker und der unzureichenden Allgemeinbildung der Bevölkerung. Das Studium des Kreislaufs und Metamorphosen des Wissens wird aber helfen, mit dem Wissen – in all seinen Formen – bestimmter, offener und bewusster umzugehen.

Ein besonderer Aspekt der Wissenskreislaufe ist die Kontextgebundenheit der arbeitsteiligen Produktion von Wissen. Die Verankerung der Erkenntnis in sozialen Zusammenhangen wird manchmal abschätzig als Subjektivität des Wissens verstanden. Diese Subjektivität besteht in dem schon erwähnten Tornister von Werten und nichtwissenschaftlichen Wissensformen, aber auch in der – angesichts der dominanten Arbeitsteilung – systematischen Unfähigkeit der Einschätzung der Lage als Ganzem. Ein Physiker mag viel verstehen von der Strahlungsübertragung, von den Möglichkeiten der Fernerkundung, von derzeitigen Methoden zur Bereitstellung von Energie. Sein Wissen über Konfliktdynamik, Modernisierung der Energiewirtschaft, den Entwicklungsmöglichkeiten Schwarzafrikas, den Ängsten der Bevölkerung und so weiter aber ist in seinem Haus nicht wissenschaftlicher Natur, sondern Laienwissen. Das Problem ist nur, wenn er oder sie in den Medien die Öffentlichkeit, die Politik oder die Wirtschaft über die Notwendigkeiten berat, wie nachteilige Klimaveränderungen verhindert werden können oder man sich an sie anpassen.

18

Klimaforschung und Klimapolitik – Rollenverteilung und Nachhaltigkeit

Zusammenfassung Die derzeitige Diskussion über die Klimaforschung und die klimapolitischen Maßnahmen lassen einen tiefen Vertrauensverlust in die Naturwissenschaften erkennen. Eine wesentliche Ursache ist, dass Bedingungen geschaffen wurden, die einen Wissenschaftlertyp forderten, den man als „wissenschaftlichen Anwalt" bezeichnen kann. Dieser richtet seine Forschung nach politischen und gesellschaftlichen Zielsetzungen aus und versteht es, sich medial zu inszenieren. Dieser Fehlentwicklung sollte durch eine Besinnung auf die eigentlichen Aufgaben des Wissenschaftlers entgegengesteuert werden. Als „ehrlicher Makler" sollte er seine Expertise zur Verfügung stellen, ohne mit politischem Sendungsbewusstsein zu agieren. Da Naturwissenschaftler stets von gesellschaftlichen und kulturellen Haltungen geprägt sind, ist es wichtig, dass sie eng mit Geistes- und Kulturwissenschaftlern zusammenarbeiten, um ihrer eigentlichen Aufgabe gerecht zu werden.

Überarbeiteter Vortrag vor der Europäischen Akademie zur Erforschung von Folgen wissenschaftlich-technischer Entwicklungen, Rolandseck, 29. April 2010.

Zuerst: H. von Storch, and N. Stehr: "Klimaforschung und Klimapolitik – Rollenverteilung und Nachhaltigkeit," *Naturwissenschaftliche Rundschau* 63:301–307, 2010.

Nur auf diesem Weg kann die Institution Wissenschaft, auf die unsere Gesellschaft angewiesen ist, dauerhaft bestehen.

Im Allgemeinen herrscht in der *Wissenschaft* Übereinstimmung, dass vom Menschen ausgehende Prozesse das Klima beeinflussen, dass der Mensch das globale Klima verändert. Klima: Das ist die Statistik des Wetters. Weitgehende Übereinstimmung gibt es etwa über folgende Aussagen: Die Häufigkeitsverteilungen der Temperatur tendieren derzeit an fast allen Orten der Welt zu größeren Werten, und dieser Trend wird sich auch in absehbarer Zukunft fortsetzen; der Meeresspiegel steigt; die Regenmengen verändern sich. Die Intensität einiger Extreme, wie etwa Starkniederschläge im Westwindgürtel der mittleren Breiten, wird schwanken. Angetrieben werden diese Veränderungen vor allem durch die Freisetzung von Treibhausgasen, also insbesondere Kohlendioxid und Methan.

18.1 Das wissenschaftliche und das medial-kulturelle Konstrukt des Klimawandels

Aus diesen auf Messdaten und Beobachtungen gründenden Erkenntnissen setzt sich das *wissenschaftliche Konstrukt* unseres Wissens über den anthropogenen Klimawandel zusammen. Es findet breite Unterstützung in den einschlägigen wissenschaftlichen Kreisen und wird insbesondere in der Öffentlichkeit, den Medien und in der Politik durch das kollektive Bemühen des UNO-Klimarats, des Intergovernmental Panel on Climate Change (IPCC) vertreten.

Welches sonstige, insbesondere auch im *Alltag verbreitete* Wissen haben wir von Klima und Klimawandel?

- Dass sich das Klima durch menschliches Verhalten verändern wird, so zum Beispiel durch Entwaldung.
- Dass das Wetter anscheinend weniger zuverlässig ist als in früheren Jahrzehnten.

- Dass Jahreszeiten unregelmäßiger sind, und die Stürme starker werden.
- Dass die Wetterextreme katastrophale, vorher nie dagewesene Formen annehmen.

Als Ursachen werden nicht selten menschliche Gier und Dummheit verantwortlich „Racheakte der Natur", die „Natur schlagt zurück". In dieser wertenden Einschätzung kommt der sogenannte *Klimatische Determinismus* (beispielsweise in den Arbeiten des Philosophen Montesquieu und später in den Untersuchungen des einflussreichen amerikanischen Geographen Ellsworth Huntington) zum Ausdruck, der über Jahrzehnte und Jahrhunderte in den Kulturen der westlichen Gesellschaften von großem Einfluss war (Stehr und von Storch, 1999). Nach ihm wird das Schicksal von Menschen und Gesellschaft maßgeblich von Klima und Wetter bestimmt, wobei von der Überzeugung ausgegangen wird, der Mensch müsse in einer bestimmten Ausgewogenheit mit dem ihm angemessenen Klima leben.

Ändert sich dieses ideale Klima, dann ist die durch bestimmte klimatische Bedingungen geprägte Zivilisation auesserst gefährdet; ganze Kulturen können verschwinden, wie etwa Indianerkulturen in Nordamerika, die Maya-Zivilisation in Mittelamerika oder die Wikinger-Siedlungen in Grönland. Diese Vorstellung über Klima und Wetter ist gegenwärtig vorrangig ein *medial-kulturelles Konstrukt,* ein insbesondere auch im Alltag im deutschsprachigen Raum, in ähnlicher Weise aber auch in anderen Teilen des Westens, verbreiteter Ideenkomplex.

Das neuere wissenschaftliche und das traditionsreiche medialkulturelle Konstrukt sind Konkurrenten in der Deutung einer komplexen Umwelt; zwei „Akteure" auf dem Markt des Wissens. Wenn die beiden Formen des Verständnisses van Klima zusammengeführt werden, entsteht ein *„modernisiertes Konstrukt"* mit noch größerer gesellschaftlicher Wirkmächtigkeit; seine wissenschaftliche Basis aber wird schmaler. Die öffentliche Akzeptanz steigt, die Robustheit des Konstrukts gegenüber wissenschaftlich nachprüfbaren Fakten schwindet.

Natürlich wird die naturwissenschaftliche Praxis (und damit ihre Theoriebildung) ohnehin durch das medialkulturelle Konstrukt mitbeeinflusst, da die Naturwissenschaftler in ihrer Kultur verhaftet sind. Ihre Kultur konditioniert sie in ihrem Rollenverständnis, ihren Sichtweisen, leitet sie in ihren Fragestellungen und in ihrer Bereitschaft, bestimmte Antworten als argumentativ ausreichend anzusehen.

18.2 Postnormale Wissenschaft

Silvio Funtovitz und Jerome Ravetz haben in den 1980er Jahren den Begriff „postnormale Wissenschaft" in die Diskussion eingeführt [Funtowicz und Ravetz, 1985]. In einer Situation, in der Wissenschaft in ihren konkreten, handlungsanleitenden Aussagen unsicher bleiben muss, in der aber andererseits die Aussagen der Wissenschaft für die Formulierung van politischen Entscheidungen van erheblicher praktischer Bedeutung sind und in der gesellschaftliche Werte und Ziele betroffen sind, wird diese Form der Wissenschaft immer weniger aus reiner „Neugier" betrieben. Dies wird allerdings nicht sofort klar, denn in _idealistischer Verklärung wird nach wie vor von Neugier als innerster Triebfeder von Wissenschaft gesprochen. In Wirklichkeit geht es aber darum, wissenschaftliche Forschung so auszurichten, dass ihre möglichen Ergebnisse den politischen Zielsetzungen und Entscheidungen entgegenkommen und die Chance bieten, an diesen gestaltend mitzuwirken. Nicht mehr die Wissenschaftlichkeit steht im Zentrum, die methodische Qualität, das Popper'sche Falsifikationsdiktum oder auch der Fleck'sche Reparaturbetrieb überzogener Erklärungssysteme [Fleck, 1980], sondern die Nützlichkeit. „*Nichts ist so praktisch wie eine gute Theorie*", heißt es,

Naturwissenschaft in ihrer postnormalen Phase lebt also auch van ihren gesellschaftlichen Erwartungen, ihrer medialen Inszenierung, ihrer Affinität zu dominanten kulturellen Konstruktionen. Diese Wissensansprüche werden nicht nur durch ausgewiesene Wissenschaftler erhoben, sondern auch durch andere, nicht selten selbsternannte Experten vermittelt [Stehr und Grundmann, 2010], die häufig genug auch speziellen Interessen verpflichtet sind, seien sie nun die des Exxon-Konzerns oder die van Greenpeace.

Klimaforschung ist derzeit in einer postnormalen Situation. Die inhärenten Unsicherheiten ihrer Aussagen sind enorm, da Projektionen in die Zukünfte verlangt werden, Zukünfte, die nur in Modellen dargestellt werden können und in denen deshalb Bedingungen herrschen werden, die bislang empirisch nicht beobachtet wurden. Man weiß zum Beispiel nicht genau, wie sich die Bewölkung verändern wird oder, wenn sich Temperaturen und Wasserdampfgehalt andern, was in Bezug auf den Massenhaushalt der Antarktis die Oberhand gewinnen wird: der vermehrte Niederschlag in der Höhe oder das Abschmelzen am Rande. Dieser Mangel an gesichertem Wissen hat nichts mit Unfähigkeit der Wissenschaftler zu tun, sondern mit der dürftigen Faktenlage, mit den unvollständigen instrumentellen Daten, die für eine Betrachtung van Veränderungen auf Zeitskalen van Jahrzehnten einen viel zu kurzen Zeitraum überspannen, mit den durchaus problematischen Proxydaten, die nicht nur Klimaschwankungen, sondern auch andere Bedingungen darstellen. Zweifellos gibt es Argumente, die auf die eine oder andere vermutliche Antwort verweisen, und Plausibilitätsbetrachtungen lassen uns gewisse Entwicklungen als unwahrscheinlich oder gar unmöglich ausschließen. Es bleibt aber eine erhebliche Restunsicherheit, die sich erst im Laufe der Jahre und Jahrzehnte deutlich vermindern wird.

In dieser Lage suchen sich die Vertreter gesellschaftlicher Interessen jene Wissensansprüche heraus, die die van ihnen favorisierten gesellschaftspolitischen Positionen am besten stützen, und interpretieren sie. Man denke an den Stern-Report [Pielke, 2007, Yohe et al., 2008] oder die regelmäßigen Sendungen des als „Klima-Skeptikers" bekannten US-Senators James Inhofe. Aber es werden nicht nur die geeignet erscheinenden Wissensansprüche ausgewählt und in ein passendes Gesamtbild gestellt; auch eigene neue Wissensansprüche werden formuliert, so <lass am Ende eine bunte Ansammlung van manchmal beliebig erscheinenden Behauptungen entsteht, etwa der Art, dass es als Falge der Klimaerwärmung vermehrt Patienten mit Nierensteinen geben werde [Brikowski et al., 2008]. Der wissenschaftlich unhaltbare Film *The Day After Tomorrow* wird von öffentlich agierenden Wissen-

schaftlern als bewusstseinsfordernd gelobt; politische und wissenschaftliche Leistungen werden <lurch die gemeinsame Verleihung des Friedensnobelpreises an Al Gore und das IPCC in einen Topf geworfen; und als Professoren verkleidete Politiker erklären der Öffentlichkeit notwendige Maßnahmen als Reaktion auf den Klimawandel. Neben diesen alarmistischen Tendenzen gibt es auch das skeptische Pendant, das sich in Produkten wie *State of Fear* des ansonsten grandiosen Michael Chrichton oder dem Film *The Great Swindle* darstellt. All dies ist typisch für gesellschaftliche Umfelder postnormaler Wissenschaften.

Dem eigenen, historisch gewachsenen Anspruch der Naturwissenschaft kann dieser Zustand nicht genügen. Es bleibt ein Unbehagen, dass so eine Praxis nicht das sein kann, was wir ungenau mit „gute Naturwissenschaft" umschreiben, in der das Argument, die kritische Nachfrage, der kluge Test, die unkonventionelle Idee jenseits des geltenden Paradigmas den Fortschritt bestärkt und nicht die Nützlichkeit einer Aus sage zum Zweck der Durchsetzung einer als richtig wahrgenommenen oder beschriebenen Politik. Selbst in *Science* und *Nature* erscheint viel Vorläufiges und Meinungsbestimmtes, das die Phantasie und hin und wieder die Ängste des Publikums anregt – und sich nach einigen Jahren dann oft eben doch als revisionsbedürftig erweist. Aber diese Revision ist schlussendlich der Mechanismus, der die Wissenschaft aus dem Strudel der Postnormalität herausholt.

Wenn sich die mediale und öffentliche Aufmerksamkeit anderen Themen zuwendet, dann greift die normale Naturwissenschaft wieder, und die Kompromisse an die erforderliche Nützlichkeit, den Zeitgeist und die politische Korrektheit können sehr viel leichter revidiert werden. In kleinem Maßstab sehen wir das schon jetzt in der Klimaforschung, etwa im Falle des „Hockeyschlagers", der die historische Temperaturentwicklung im letzten Jahrtausend voreilig durch eine zunächst stetige Absenkung beschrieb, die van einem dramatischen ebenso stetigen Anstieg abgelöst wurde, oder der van Teilen der Versicherungswirtschaft interessengeleiteten Wahrnehmung eines verschärften Sturmrisikos.

18.3 Der ehrliche Makler

Für die beteiligten Naturwissenschaftler stellt sich angesichts der van uns skizzierten Umstande die Frage, wie wir hier und heute mit dieser postnormalen Situation umgehen sollen, denn beide Forderungen – gute Naturwissenschaft und gute Beratung der Öffentlichkeit – werden in der Wissenschaft als legitim akzeptiert. Die Lösung kann eigentlich nur darin bestehen, dass die Wissenschaft versucht, das zu tun, was sie im Prinzip am besten kann, nämlich die Problemsituation wissenschaftlich nüchtern zu analysieren. Aber ein auf sich gestellter Naturwissenschaftler kann das nur in beschränktem Maße. Der Prozess der Wissenschaft ist ein sozialer Prozess; Naturwissenschaftler sind zumindest beim Fragen nach und Akzeptieren und Interpretieren van Erklärungen nicht immer „objektiv", sondern auch durch ihr kulturelles Verständnis mitkonditioniert.

Um einer notwendigen und umfassenden Analyse der Klimaproblematik Tiefe und Substanz zu geben, sind neben den Naturwissenschaften auch die Kompetenzen der Sozial und Kulturwissenschaften gefragt. Aber bisher stehen diese Wissenschaften beispielsweise in der Forderung der Erforschung des gesellschaftlichen Umfelds der Klimafrage, aber auch in dem in diesen Feldern gezeigten Interesse an dieser Forschungsthematik weitgehend im Abseits.

Gelegentliche Hinweise darauf, alles sei sozial konstruiert und konditioniert, demonstrieren eine deutliche Weigerung, ins Konkrete zu gehen was aber für eine wirkliche interdisziplinäre Synergie wissenschaftlicher Anstrengungen notwendig wäre. Aber selbst wenn sich die überwiegende Mehrheit der Sozial- und Kulturwissenschaftler einem transdisziplinären Zugang – im Sinne einer dauerhaften, nicht nur projektbezogenen Zusammenarbeit van Naturwissenschaften auf der einen und van Sozial- und Kulturwissenschaften auf der anderen Seite – zum Thema des anthropogenen Klimawandels noch verschließt, so gibt es doch hervorragende Beispiele, wo die erforderliche sozialwissenschaftliche Begleitforschung gelingt, etwa die Typologie van Wissenschaftlern aus der „Honest Broker"-Analyse van Roger Pielke jr. [Pielke, 2007].

Pielke unterscheidet fünf Arten von Wissenschaftlern, die auf verschiedene Weise und in unterschiedlichem Maße in eine mittelbare bzw. unmittelbare Kommunikation mit der Öffentlichkeit treten. Der *„Reine Wissenschaftler"* ist im Wesentlichen van Neugier getrieben und hat kaum Interesse, neue Erkenntnisse in einen gesellschaftlichen Kontext gestellt zu sehen. Der „Wissenschaftliche *Schlichter"* ermöglicht das richtige Verständnis unstrittiger wissenschaftlicher Fakten. Beide Typen passen gut zu einer „normalen" Wissenschaft, die Fragen mit großer Sicherheit beantworten kann, und in eventuellen gesellschaftlichen Umsetzungen sind diese Antworten in der Regel auch nicht kontrovers.

Wie schon dargestellt, ist die derzeitige Klimaforschung nicht „normal", sondern „postnormal". Daher sieht man oft den *„Wissenschaftlichen Anwalt"*, der seine wissenschaftliche Kompetenz nicht zur unvoreingenommenen Fortschreibung des Wissens einsetzt, sondern zur Förderung einer wertorientierten, das heißt auch politischen, Agenda. Die Folgen wissenschaftlicher Einsicht werden bis auf wenige wertkonsistente „Lösungen", oder gar nur eine, verengt. Gerade die jüngste Zeit hat viele Wissenschaftler dieses Typs hervorgebracht, die für wirtschaftliche oder (gesellschafts)politische Interessen arbeiten und sich dazu äußern.

Der vierte Wissenschaftlertyp, den Pielke selbst ganz eindeutig als erstrebenswertes Rollenverständnis ansieht, hat seinem Buch den amen gegeben: „Der *ehrliche Makler"*. Er zeichnet sich dadurch aus, dass er anders als der „Wissenschaftliche Anwalt" die Bandbreite der möglichen Folgerungen aus seinen Erkenntnissen verbreitert, anstatt einzuengen Dadurch ermöglicht er den für den politischen Prozess Verantwortlichen, eigennützig jene „Lösung" auszuwählen, die gesellschaftlich gewollt ist (und nicht jene, die vom wissenschaftlichen Anwalt favorisiert und gefordert wird). Der fünfte Typ ist der *„Verdeckte Anwalt"*, der seinem Wirken nach ein „Wissenschaftlicher Anwalt" ist, sich aber als Schlichter oder ehrlicher Makler ausgibt. Der Sache nach tut er mit seinem Etikettenschwindel weder der Wissenschaft noch der Gesellschaft einen Gefallen.

Pielke empfiehlt der Wissenschaft, den Weg des „ehrlichen Maklers" zu gehen, der die Komplexität darlegt und dazu beiträgt, die Implikationen von möglichen Entscheidungen abzuwägen. Dadurch versetzt er die Gesellschaft in die Lage, Losungen für ihre Kontroversen selbst aufgrund unsicheren Wissens um Zusammenhänge und Möglichkeiten wertkonsistent und rational zu wählen – etwa, um mit der Perspektive des anthropogenen Klimawandels umzugehen.

Eine andere van Roger Pielke angesprochene problematische Situation entsteht, wenn die Politik daran scheitert, zu Entscheidungen zu kommen, weil die damit verbundenen politischen Mittel und Ziele van signifikant einflussreichen Sektoren der Gesellschaft oder sozialen Bewegungen abgelehnt werden. Situationen dieser Art fuhren dazu, dass in der öffentlichen Vermittlung komplexer Probleme zur Reduktion eben dieser Komplexität Sachzwange etabliert werden, in denen sich das Politiksystem <lurch wissenschaftliche Vorgaben dazu genötigt zu sehen scheint, nur *eine* Entscheidung zu treffen. So wird Politik zum Handlanger der Wissenschaft, und politische Entscheidungen degenerieren zu einer Art technisch-wissenschaftlichen Notwendigkeit.

Gerade bei der Klimapolitik ist dies der Fall, wenn das van Wissenschaftlern formulierte 2-Grad-Ziel zur Vermeidung der Klimakatastrophe als *ultima ratio* dargestellt wird, dem sich die Politik einfach zu beugen hat und dass sie als ihr Ziel definieren muss. Gemäß der Maßregel, wonach nichts so praktisch ist wie eine gute Theorie – da handlungs*leitend* –, sind diese eingegrenzten Handlungsumstande politisch überaus nützlich, weil sie die Verantwortung bei der Wissenschaft belassen und aus der Sicht politischer Institutionen *handlungsentlastend* sind. Weitere politisch strittige Diskussionen sind nicht erforderlich, die Ziele der Klimapolitik werden beispielsweise <lurch eine entsprechen de Energiepolitik erreicht.

Problematisch ist allerdings, dass technokratisch bestimmte politische Entscheidungen van der öffentlich sichtbaren Bühne und aus der öffentlichen Auseinandersetzung verschwinden und sich in den Hintergrund der weniger sichtbaren wissenschaftlichen Diskussion verlagern. Dort gibt es allerdings für die zu ziehenden praktischen Folgerungen bestimmter Zielvorstellungen ebenso wenig einen Konsensus wie in der Politik, und der sich ergebende argumentative Kampf unter den Wissenschaftlern wird zu einer politisch bestimmten Auseinandersetzung, die dann auch in der *scientific community* nach den Regeln der Politik geführt und schlussendlich van einer der konkurrierenden Parteien „gewonnen" wird.

Der Politik wiederum nützt dieser Vorgang, kommt sie doch auf diese Weise einfacher zu vom Prestige der (politisierten) Wissenschaft abgesegneten Entscheidungen. Dies ist keine nachhaltige Nutzung der Ressource „Wissenschaft", deren gesellschaftliche Dienstleistung, neue Erkenntnisse zu produzieren und komplexe Sachverhalte zu deuten, in der öffentlichen Wahrnehmung letztlich kaum noch von der politisch bestimmten Information van Interessenverbanden zu unterscheiden ist.

Pielke leitet zwei normative Forderungen ab: Wissenschaft soll als *„honest broker"* agieren, das heilst, Handlungsoption en, Folgen und Risiken einschließlich nicht intendierter Konsequenzen absichtlichen Handelns in ihrer ganzen Bandbreite aufzeigen. Politik soll in normativ schwierigen Situationen eine wertekonsistente „Lösung" finden und durchsetzen – und die Wissenschaft nach Bedingungen dafür befragen.

18.4 Nachhaltigkeit

Wissenschaft ist eine gesellschaftliche Tätigkeit, mit dem Ziel, *neues Wissen zu schaffen*. Wie jede andere gesellschaftliche Tätigkeit kann man dies nachhaltig tun oder nicht.

Was erwartet die Gesellschaft von der Wissenschaft? Zuallererst, dass sie Wissen zur *Deutung einer komplexen Umwelt* schafft. Diese Fähigkeit, die Vorgange in der Umwelt, den eigenen Einfluss darauf, die Abhängigkeiten von Aktion und Reaktion zu verstehen, ist ein wichtiger Beitrag zur Lebensqualität, bedeutet sie doch, dass wir aktiv und selbstverantwortlich unser Leben und in Massen unsere Umwelt gestalten können, dass wir Risiken abschätzen und zuversichtlicher entscheiden können.

Warum traut man „der Wissenschaft" diese Rolle zu? Vor allem wegen der Methodik, mit der Wissenschaft arbeitet, aber auch aufgrund der Motive, die die wissenschaftliche Arbeit mitbestimmen. Die Methodik sorgt dafür, dass in der Regel „stimmige" Deutungen angeboten werden. „Stimmig" soll hier heißen, dass Handlungen gefolgert werden können, die das gewünschte Ergebnis bringen.

„Falsche" Deutungen kommen auch vor, sind allerdings selten und werden nach einiger Zeit entdeckt und durch „stimmige" Deutungen ersetzt.

Diese Methodik und die begleitenden Normen wissenschaftlichen Arbeitens charakterisierte der Wissenschaftstheoretiker Robert K. Merton durch eine Reihe von Prinzipien, die er als „Ethos der Wissenschaft" beschreibt [Merton, 1985]. Merton unterstreicht, *„das Ethos der Wissenschaft ist jener affektiv getonte Komplex van Werten und Normen, der als für den Wissenschaftler bindend betrachtet wird. Die Normen haben die Gestalt van Vorschriften, Verboten und Grundsätzen, die bestimmen, was bevorzugt werden soll und was noch zulässig ist"* [Merton, 1985, S. 88].

Zu den von ihm charakterisierten handlungsbestimmenden und in der Wissenschaft institutionalisierten Motiven gehört zum Beispiel die Norm der *Uneigennützlichkeit:* Eigennützige Interessen sollen keinen Einfluss auf die Ergebnisse der Forschung und das Verhalten des Wissenschaftlers haben. Weiter zahlt dazu die kollektive Norm des *organisierten Skeptizismus:* Ergebnisse unterlaufen der kritischen Prüfung und Falsifikationsversuchen durch Fachkollegen.

Diese normativen Prinzipien stellen keine empirische Deskription wissenschaftlichen Verhaltens dar, sondern sind als eine idealisierte Forderung zu verstehen, die in Reinform wohl kaum realisierbar ist.[1] Dennoch beschreibt Mertons Ethos der Wissenschaft, was große Teile der „Abnehmer" der Wissenschaft, insbesondere die Öffentlichkeit, erwarten bzw. als Bedingung für die Akzeptanz von Erkenntnisansprüchen voraussetzen. Die fraglichen Normen beschreiben darüber hinaus das *kulturelle Konstrukt der Qualität van wissenschaftlichen Erkenntnissen.* Diese Erwartungen an das Zustandekommen wissenschaftlicher Aussagen sind entscheidend für die Akzeptanz durch die Öffentlichkeit. Werden diese oder ähnliche normative Prinzipien respektiert, so kann gefolgert werden, kann die wissenschaftliche Praxis nachhaltig betrieben werden. Oder ganz konkret: Dann werden

---

[1] Eine kritische Analyse der Mertonschen Normen findet sich in Stehr (1978); eine aktuelle Diskussion der Mertonschen kriterien im Lichte der Climategate Affäre bei Grundmann (2013).

Öffentlichkeit, Medien und Entscheider unseren heutigen Doktoranden noch in 20 Jahren mit der gleichen Aufmerksamkeit zuhören wie gegenwärtig uns.

Entsteht dagegen der Eindruck, dass die Prinzipien missachtet werden, dann erodiert das Vertrauen der Öffentlichkeit in die Praxis der Wissenschaft, und unseren Doktoranden wird in 20 Jahren kaum jemand zuhören. Wie steht die gegenwärtige Klimaforschung denn nun im Lichte der Merton'schen Normen da?

Uneigennützigkeit: Eigennützige Interessen sollen keinen Einfluss auf die Interpretation der Ergebnisse der Forschung haben. Hier gibt es in der wissenschaftlichen Praxis der Klimaforschung erhebliche Verwerfungen; zwei Lager, die „Zweifler" und die „Alarmisten", argumentieren heftig mit und gegeneinander, wobei die politische Nützlichkeit der Aussagen – für oder gegen einen umfassenden Klima- und Umweltschutz, für oder gegen das Vorsorgeprinzip – im Vordergrund steht, und Ergebnisse, die diesen Grundüberzeugungen widersprechen, van den beiden Gruppen nur bedingt als „richtig" anerkannt werden. Die bisher entdeckten „fehlerbehafteten" Beobachtungen im jüngsten IPPC Bericht, der den Stand des Wissens dokumentieren soll, waren unzutreffende, aber öffentlichkeitswirksam dramatisierende Aussagen. Dies kann man so interpretieren, dass in der Klimaforschung gewisse politische Meinungen einen stärkeren Einfluss auf die Formulierung van Fragen, die Interpretation und die Auswahl von Erkenntnissen haben als andere politisch mitbestimmte Zielvorstellungen.

Organisierter Skeptizismus: Ergebnisse unterlaufen der kritischen Analyse und Falsifikation durch die Kollegen. Auch hier gibt es deutliche Defizite. Gradueller Skeptizismus wird akzeptiert, aber _ umfassender Skeptizismus ist tabuisiert und wird mit Ausschluss aus der wissenschaftlichen Gemeinschaft bestraft. In den öffentlich diskutierten Fallen der vergangenen Monate wurde das zur Nachprüfung erforderliche Datenmaterial Kritikern nicht zur Verfügung gestellt; unter anderem wurde dieses Zurückhalten damit gerechtfertigt, Kritiker seien nur daran interessiert, „Fehler zu finden".

Wir haben in der jüngsten Zeit eine deutliche Erosion des öffentlichen Vertrauens in die Klimaforschung erlebt. Der SPIEGEL etwa befragte Burger, ob sie persönlich Angst vor dem Klimawandel hatten. Im Jahr 2006 bejahten dies noch 62 %, 2010 waren es nur noch 42 %.[2] In den USA fragte Gallup, ob die Gefahren des Klimawandels übertrieben dargestellt würden.[3] 2006 bejahten dies 30 %, in diesem Jahr stieg diese Zahl auf 48 % an. Leser des schwedischen *Aftonbladet* bewerteten nach dem Bekanntwerden der CRU-E-Mails die Klimabedrohung zu 25 % als Bluff, zu 35 % als übertrieben, zu 17 % als noch unklar und zu 23 % als sehr ernst.[4]

Die sich in diesen Zahlen abzeichnende Erosion des Vertrauens der Öffentlichkeit deutet auf Veränderungen in der Wahrnehmung der Bedeutung klimawissenschaftlicher Aussagen und in deren medialer Rezeption hin, zumal die wissenschaftliche Basis der Kernaussagen der Klimawissenschaft zum anthropogenen Klimawandel unverändert plausibel sind. Wie schon betont, stellt dieses *wissenschaftliche Konstrukt* des Klimas fest: Die Nutzung fossiler Brennstoffe führt zu erhöhten Konzentrationen van atmosphärischen Treibhausgasen; dies führt zu einer Erwarmung der Luft in der Troposphäre und der Ozeane sowie zu anderen Veränderungen, etwa in den Niederschlägen und im Meeresspiegel. Die bisherige Entwicklung lässt die Vorhersage zu, dass sie sich in der Zukunft fortsetzen wird, wobei der Umfang der Änderungen durch eine Steuerung der Emissionen von Treibhausgasen vermindert werden kann.

Das Problem ist, dass diesen wissenschaftlich gut begründeten Kernaussagen andere Aussagen hinzugefügt werden, die als „Erkenntnisse" formuliert werden – so z. B. über das Artensterben, die Zunahme

---

[2] SPIEGEL-Umfrage: Deutsche verl:ieren Angst vor Klimawandel, 27.3.2010 - https://www.spiegel.de/wissenschaft/natur/spiegel-umfrage-deutsche-verlieren-angst-vor-klimawandel-a-685946.html?sara_ref=re-em-em-sh (1. Mai 2010).

[3] F. Newport: Americans' Global Warming Concerns Continue to Drop. http://poll/126560/americans-global-warming-concerns-continue-drop.aspx (1. Mai 2010).

[4] Der entsprechende Artikel kann unter http:// w,.vwc.aftonblad et.se/vss/speci al/stor fragan/visa/0,1937,44615,00.html (1. Mai 2010) nicht mehr abgerufen werden - diese Umfrage sollte als spontane Umfrage, nicht als repräsentative Umfrage gewertet werden. - Die Klimaforschungsgruppe CRU (Climatic Research Unit) ist Tei! der School of Environmental Sciences der University of East Angla (Norwich, UK). Im November 2009 waren Tausende van E-mails durch Hackerangriffe publik gemacht worden. Klima-Skeptiker meinten, darin Belege fur wissenschaftliches Fehlverhalten gefunden zu haben.

van Hurrikanen, die Anzahl der „Hitzetoten", die Bevölkerungsentwicklung, die Relevanz der Demokratie –, aber allenfalls in den Bereich der Spekulation gehören. Es handelt sich um interessante wissenschaftliche *Hypothesen,* die jedoch immer wieder als politisch relevante *Fakten* argumentativ verwendet werden. Die Übertreibungen im Bericht der zweiten Arbeitsgruppe des IPPC (Stichworte: Himalaya-Gletscher, Hurrikane und deren volkswirtschaftliche Schaden) können hier als Beispiele genannt werden. Diese Übertreibungen, obwohl im Umfang geringfügig, widersprechen dem Prinzip der Nachhaltigkeit der wissenschaftlichen Praxis. Dadurch wurde die Darstellung des IPPC bei vielen als eine „Blase" wahrgenommen, die nun als geplatzt gilt.

Was tun? Die von uns als Nachhaltigkeit beschriebenen Vorgehensweisen müssen wiederhergestellt werden; das wichtigste Element ist die Erneuerung der durch unterschiedliche Funktionsweisen gesteuerten Institutionen „Politik" und „Wissenschaft". Die Institution Politik hat Entscheidungen zu finden, deren Folgen verständlich und normativ akzeptabel sind. Die Wissenschaft hat dagegen die Funktion zu klaren, wie Dinge zusammenhängen und sich entwickeln, und zwar unabhängig van geltenden gesellschaftlichen Werten und Präferenzen. Politik darf sich daher nicht hinter angeblich *wissenschaftlich* stringenten Notwendigkeiten verstecken – solche Notwendigkeiten gibt es in der Klimapolitik nicht, ebenso wenig wie das Ziel der Begrenzung der Erwarmung auf 2 Grad relativ zum vorindustriellen Zustand. Die Wahl von Klimazielen ist eine legitime *politische* Frage. Auf der anderen Seite darf sich Wissenschaft in ihren Aussagen nicht van deren politischer Nützlichkeit leiten !assen. Die Devise muss dementsprechend lauten: Wissenschaft entpolitisieren und Politik entwissenschaftlichen Politik und Wissenschaft können ein in vieler Hinsicht gut kooperierendes Institutionenpaar abgeben, aber ein Paar von kollektiven Akteuren mit unterschiedlichen Funktionen, an die verschiedene Erwartungen gestellt werden sollten.

Wir brauchen eine gesellschaftliche Diskussion darüber, welche Art von Wissenschaft die Gesellschaft will, was „gute" Wissenschaft ausmacht und welche Dienstleistung die Gesellschaft von ihrer Einrichtung „Wissenschaft" erwartet.

18.5 Optionen der Klimapolitik

Das Klima ist ein gesellschaftspolitisch wichtiges Thema; es bedarf der intensiven Aufmerksamkeit durch die Wissenschaft. Sie muss für klimapolitisches Handeln mehr Handlungsoptionen herausarbeiten. Dazu müssen wir die Klimaforschung zukünftig offener gestalten – offener im Hinblick auf Fragen und Kritik.

Prinzipiell gibt es zwei Zugänge, mit dem Klimaproblem umzugehen: Zum einen, die Ansammlung von Treibhausgasen in der Atmosphäre zu verringern, und zum anderen, die Folgen des auf Grund erhöhter Treibhausgase veränderten Klimas auf Gesellschaften und Ökosysteme zu vermindern. In die erste Gruppe gehören neben der Drosselung der Emissionen – gemeinhin Mitigation genannt – auch noch globale geotechnische Maßnahmen, mit denen bereits emittiertes Treibhausgas aus der Atmosphäre entfernt wird. Neben diesen globalen Maßnahmen gibt es noch regional begrenzte geotechnische Maßnahmen wie z. B. Veränderungen des Stadtklimas durch geeignete Baumaßnahmen.

Lange Zeit wurde in der Klimawissenschaft und im Umgang mit dem Klimawandel praktisch nur über Fragen nachgedacht, die für die Mitigation relevant waren. Der Einsatz von Geotechnik war und ist weiterhin weitgehend tabuisiert. Im täglichen Leben des einzelnen, der Kommune und des Betriebes besteht aber in jedem Fall die Aufgabe, mit Auswirkungen des Klimawandels so umzugehen, dass gefährliche Folgen vermieden werden, wozu zunächst ein mal Anpassungswissen gefragt ist.

Wir brauchen also ermöglichendes, d. h. handlungsrelevantes Wissen, nicht nur über die Aufgabe der weltweiten Reduktion der Freisetzung von Treibhausgasen, sondern auch über die Anpassung an die regional unterschiedlichen Auswirkungen des Klimawandels. Dies ist deshalb notwendig, weil sich signifikante Veränderungen des Klimas bereits abzeichnen und in Zukunft noch deutlicher in Erscheinung treten werden. Politisch geforderte Maßnahmen waren bis her, was die Emissionen betrifft, wenig oder gar nicht erfolgreich. Am wahrscheinlichsten wird das sogenannte „business as usual"-Szenario noch eine ganze Weile vorherrschen, oder die globalen Emissionen werden sich sogar noch erhöhen. Selbst wenn weltweite Klimaschutzmaßnahmen in den kommenden Jahrzehnten erfolgreich sein sollten, wird der Klimawandel fortschreiten und damit das Wohlergehen und die Entwicklung der Gesellschaften beeinträchtigen. Daher muss die Frage der Verminderung der Verletzlichkeit der Lebensbedingungen der Menschen, also der Anpassung und Vorsorge, auf die Agenda der öffentlichen Aufmerksamkeit und des politischen Handelns.

Erfolg oder Misserfolg jeder Klimapolitik ist eingebettet in gesellschaftliche Systeme und deren ständige Veränderung. Wenn wir an die Zukunft denken, kann man sich daher nicht damit begnügen abzuschätzen, wie sich das Klima verändern könnte. Wissen über die Zukunft verlangt Erkenntnisse darüber, wie sich die Gesellschaft, deren Präferenzen und Möglichkeiten andern werden. Es zeigt sich: Ohne Sozial und Kulturwissenschaftler können kaum Erfolge erwartet werden. Über Zukunft zu reden, darf nicht allein aus physikalischem Blickwinkel geschehen.

18.6 Resumee

Der Klimawandel ist ein ernstes Thema; es erfordert unsere ganze Aufmerksamkeit. Es bedarf einerseits der wissenschaftlichen Analyse und andererseits der politischen Bewertung. Eine weltanschaulich gesteuerte Wahrnehmung der Dynamik, der Klimafolgen, der Möglichkeiten und Notwendigkeiten, wie sie die medialkulturelle Konstruktion bedient, mag kurzfristig Engagement erzeugen, wird aber kaum nachhaltige Erfolge erzielen. Vielmehr wird eine „kalte" wissenschaftliche Analyse benötigt, die Optionen und deren Folgen beschreibt und auf diese Weise eine normativ bestimmte politische Auswahl ermöglicht.

Dazu muss sich die Klimawissenschaft einer kritischen Selbstreflektion unterwerfen, was Zweck, Prozedere und Ethik an geht. Die Unterordnung unter ein politisches Ziel und die Einstellung, fur ein vorbestimmtes politisches Ziel geeignetes Wissen erzeugen zu wollen, müssen aufgegeben werden.

Es gilt, sich der Überlegungen von Roger Pielke und Robert Merton zu besinnen. Pielke empfiehlt, Wissenschaft solle durchaus problemorientiert arbeiten und Optionen für die Lösung gesellschaftlicher Probleme aufzeigen, aber eben nicht als Hilfstruppe einer gesellschaftlichen Präferenz agieren und versuchen, bestimmte Entscheidungen zu erzwingen. Vielmehr sollte sie alle Möglichkeiten und deren Folgen darstellen. Die Merton'schen Prinzipien beschreiben die fundamentale Bedeutung von Widerspruch, Nachprüfung, Offenheit, Nachhaltigkeit, Personenunabhängigkeit und Falsifikation, ohne die das Potenzial der Wissenschaft als handlungsleitender Deuter nicht möglich ist.

Dies wird bestenfalls in Umrissen erreicht werden können; aber schon eine Annäherung wäre ein Erfolg und würde das postnormale Korsett der Klimaforschung lockern. Dazu ist die Naturwissenschaft auf die Hilfe von Sozial- und Kulturwissenschaft angewiesen, aber auch auf eine mündige Öffentlichkeit, die dem gesellschaftlichen Machtfaktor „Professor" ebenso auf die Finger schaut wie den Kardinalen, Generaldirektoren oder Gewerkschaftsfunktionaren.

Literatur

Brikowski, T.H. Y. Lotan, M.S. Pearle, 2008: Climate-related increase in the prevalence of urolithiasis in the United States. Proc. Natl. Acad. Sci. U.S.A. 105, 9841, https://doi.org/10.1073/pnas.0709652105.

Fleck, L. 1980: Entstehung und Entwicklung einer wissenschaft, 2007lichen Tatsache: Einführung in die Lehre vom Denkstil und Den kkollektiv. Suhrkamp Verlag. Frankfurt a. M.

Funtowicz, S. und J. R. Ravetz. 1985: Three types of risk assessment: a methodological analysis. In C. Whipple, VT. Covello (Hrsg.): Risk Analysis in the Private Sector. Plenum. New York.

Grundmann, R., 2013: „Climategate" and the Scientific Ethos. Science, Technology, & Human Values 38, 67–93, https://www.jstor.org/stable/23474464.

Merton R.K., 1985: Die normative Struktur derWissenschaft (1942). In: N. Stehr (Hrsg.): R. K. Merton: Entwicklung und Wandel von Forschungsinteressen. Aufsätze zur Wissenschaftssoziologie. Suhrkamp. Frankfurt am Main.

Pielke, R.A., 2007: Mistreatment of the economic impacts of extreme events in the Stern Review Report on the Economics of Climate Change. Global Environmental Change 17, 302.

Pielke, R.A. jr., 2007: The Honest Broker. Cambridge University Press. Cambridge.

Stehr, N., 1978: The norms of science revisited: social and cognitive norms. Sociological Inquiry 48, 172.

Stehr, N. und R. Grundmann, 2010: Expertenwissen. Velbrück Wissenschaft. Weilserswist 2010.

Stehr, N. und H. von Storch, 1999: An anatomy of climate determinism. In: H. Kaupen-Haas, C. Saller (Hrsg.): Wissenschaftlicher Rassismus – Analysen einer Kontinuität in den Human- und Naturwissenschaften. Campus Verlag. Frankfurt a. M., New York. – Hier als Kapitel 8.

Yohe, G.W., S. J. Richard, und S. J. Toi, 2008: The Stern Review and the Economics of Climate Change: An Editorial Essay. Climatic Change 89, 231.

19

Die Atmosphäre der Demokratie: Wissen und politisches Handeln

Zusammenfassung In den aktuellen Diskussionen über den Klimawandel unter führenden Klimawissenschaftlern wird das Verhältnis zwischen Wissen und Governance zunehmend als „unbequeme Demokratie" betrachtet. Einerseits kommt die Diskrepanz zwischen unserem Wissen über den Klimawandel und den Verpflichtungen der Bürger zu Verhaltensänderungen der Diagnose eines „unbequemen Verstandes" gleich, und andererseits führt die Trägheit der Politik bei der Umsetzung von Wissensfortschritten zu der Diagnose „unbequemer Institutionen". Das Gefühl der politischen Ineffizienz, das vor allem unter Klimawissenschaftlern herrscht, führt zu einer starken Enttäuschung über die demokratische Regierungsführung. Infolgedessen wird vorgeschlagen, dass politisches Handeln, das auf den Grundsätzen demokratischen Regierens beruht, aufgegeben werden sollte. Mein Beitrag zeigt auf, dass eine solche Sichtweise falsch ist.

Zuerst: Stehr, N.: „Die Atmosphäre der Demokratie: Wissen und politisches Handeln", in J. Glückler, G. Herrigel, & M. Handke (Eds.), Knowledge for Governance (pp. 69–91), 2020. Wissen und Raum: Vol. 15. Cham: Springer, 2020.

19.1 Einführung[1]

Wir sind darüber informiert, dass sich in den letzten Jahren nicht nur der Konsens in der Wissenschaft über den vom Menschen verursachten Klimawandel gefestigt hat, sondern dass eine Reihe neuerer Studien darauf hinweist, dass die Folgen der globalen Erwärmung weitaus dramatischer und *langfristiger sind* als bisher angenommen. Obwohl gemeinhin als „globale Erwärmung" bezeichnet, sind die erwarteten Folgen ein Anstieg der globalen Durchschnittstemperaturen, ein Ansteigen des Meeresspiegels und ein häufigeres Auftreten von Wetterextremen. Angesichts der Anhäufung von Treibhausgasen in der Atmosphäre, ihrer Verweildauer von Hunderten oder mehr Jahren und trotz zahlreicher Anstrengungen zur Emissionsreduzierung, zur Verbesserung der Widerstandsfähigkeit und zur Einführung neuer Technologien wird sich das Verhältnis zwischen Klima und Gesellschaft zwangsläufig auf neue und unvorhersehbare Weise verändern (siehe Stehr und Machin, 2019).

Wie ist es unter diesen Umständen möglich, so fragen sich viele Wissenschaftler, dass solide wissenschaftlich fundierte Erkenntnisse nicht zu größeren politischen Maßnahmen in allen Gesellschaften und zu Änderungen im Verhalten der Mitglieder der Zivilgesellschaft auf der ganzen Welt motivieren und anregen? Wie ist es möglich, dass insbesondere die Demokratien so wenig getan haben, um die Risiken des Klimawandels wirksam zu bekämpfen, und die Gefahren der globalen Erwärmung einfach übersehen haben?[2] Schließlich hängt die künftige

---

[1] Meine Erörterung des Verhältnisses zwischen Wissen, Expertise und Demokratie stützt sich auf einige frühere Überlegungen, zum Beispiel Stehr, 2015 und 2016b. Ich danke Michael Handke für seine umfassende und konstruktive Durchsicht meines Manuskripts. Ich danke Scott McNall für seine hilfreichen Kommentare.

[2] Ich verwende die Begriffe „Risiko" und „Gefahren" nicht als sich überschneidende Begriffe, sondern in dem Sinne, in dem sie von Niklas Luhmann (2005: 23) als entgegengesetzte Begriffe eingeführt wurden. Die Risiken des Klimawandels können auf von Menschen getroffene Entscheidungen *zurückgeführt werden*, während wir den Gefahren des Klimawandels ausgesetzt sind. Ein Beispiel für risikobehaftete Entscheidungen im Zusammenhang mit dem Klimawandel kann im heutigen Bundesstaat Kalifornien untersucht werden: Die Menschen ziehen in Gebiete mit hohem Brandrisiko, d. h. die Bevölkerung Kaliforniens ist zwischen 2000 und 2010 um 3 Mio. Menschen gewachsen, und „im Jahr 2017 lebte mehr als ein Viertel der Bevölkerung des Staates in der Nähe von Korridoren mit mittlerem oder hohem Brandrisiko. Mit dieser Bevölkerungs-

Gegenwart in hohem Maße von den jetzt getroffenen Entscheidungen ab. Die Enttäuschung über die Funktionsweise der Demokratie und die Schuldzuweisung an die Demokratie für eine Vielzahl sozialer, wirtschaftlicher und politischer Missstände ist keine neue Klage: „Das Beklagen der Mängel der Demokratie ist ein ständiges Merkmal des demokratischen Lebens, das sowohl in Regierungskrisen als auch bei Erfolgen anhält" (Runciman, 2013a). Der Verweis auf den „Klimawandel" ist jedoch ein neuer Grund für eine grundlegende Besorgnis über das Schicksal und die Zukunft der Demokratie.

19.1.1 Der Demokratie die Schuld geben

Klimawissenschaftler, Sozialwissenschaftler und die Medien sowie Umweltaktivistengruppen (NGOs), die sich mit dem Klimawandel befassen, verweisen auf eine „zukünftige Gegenwart" mit außergewöhnlichen Umständen[3] und protestieren, dass „die Evolution uns nicht für den Umgang mit solchen Problemen geschaffen hat" (Jamieson, 2014: 61; Di Paola und Jamieson, 2018).[4] Mitglieder der-

---

zunahme steigt auch die Wahrscheinlichkeit eines von Menschen verursachten Waldbrandes. Und je mehr Menschen in diese Hochrisikogebiete ziehen, desto mehr Gebäude sind gefährdet: Gebäude brennen in der Regel länger als die Vegetation, sodass das Feuer mehr Zeit hat, sich auszubreiten" (vgl. The Guardian, November 11, 2018, „Why are California wildfires so bad?" https://www.theguardian.com/world/ng-interactive/2018/sep/20/why-are-california-wildfires-so-bad-interactive).

[3] Das nützliche Konzept einer „zukünftigen Gegenwart" ist die Terminologie von Niklas Luhmann (1976: 140): „Wenn wir Vorgänge oder Tätigkeiten als beginnend oder endend charakterisieren, verwenden wir eine Terminologie, die der Gegenwart angehört. Wenn wir diese Ausdrücke verwenden, um auf ferne Daten zu verweisen – zum Beispiel: Das Römische Reich begann zu fallen -, beziehen wir uns auf eine vergangene Gegenwart oder auf eine zukünftige Gegenwart."

[4] Eine unablässige Verstärkung des Diskurses über drohende Gefahren, viele erinnern sich vielleicht an den SPIEGEL-Titel von 1986 mit dem Kölner Dom unter Wasser, kann sich paradoxerweise als Unterstützung der gegenteiligen Tugend erweisen, nämlich als Verteidigung der Gegenwart und Ermutigung zur Skepsis gegenüber Szenarien drohender Gefahren. Dies stellt einen psychologischen Mechanismus dar, der der alltäglichen Haltung gegenüber Wetterextremen nicht unähnlich ist, die vielfach als Bejahung des normalen Klimaverlaufs interpretiert wird (vgl. Stehr, 1997; Stehr und Machin, 2016b; Stehr und Machin, 2019).

selben Gruppen behaupten ungeduldig, dass niemand auf die Diagnose der historisch beispiellosen Risiken und Gefahren hört.[5]

Nachdem die Klimawissenschaft die Tatsache des anthropogenen Klimawandels festgestellt hat, ist der Diskurs zwangsläufig zukunftsorientiert geworden. Der Fokus hat sich auf die Frage verlagert, wie es möglich sein wird, Gesellschaften in nicht allzu ferner Zukunft unter den massiven Auswirkungen der globalen Erwärmung zu regieren. Wie wird es möglich sein, eine künftige Gegenwart zu regieren, die sich voraussichtlich völlig von dem gesellschaftlichen Kontext unterscheiden wird, in dem demokratische Systeme in der Vergangenheit entstanden und gediehen sind? In den Fällen, die ich aufzeigen werde, sind starke Meinungen, die die Notwendigkeit der Unterdrückung politischer Freiheiten im Zuge tiefgreifender zukünftiger Umweltveränderungen befürworten, nicht mehr ungewöhnlich, haben aber in der Sozialwissenschaft keine systematische Aufmerksamkeit erhalten.

In diesem Aufsatz werde ich daher diese Demokratieverdrossenheit, insbesondere in ihrer gegenwärtig vorherrschenden liberalen Version, ins Rampenlicht stellen. In meinem Aufsatz geht es um das Ringen um die Ausrichtung von Politik und Wissenschaft. Ich werde mich kritisch mit dem Argument auseinandersetzen, dass die politischen Entscheidungsträger auch ohne ein breites öffentliches Mandat und ohne Legitimation handeln müssen. Die Zeit ist sehr kurz, bevor die Zukunft mit katastrophalen Schäden feststeht. Doch anstatt über die Unannehmlichkeiten demokratischen Regierens zu lamentieren, ist es wichtig, darüber nachzudenken, wie die Demokratie gestärkt werden kann, nicht trotz, sondern *gerade* angesichts der massiven Herausforderungen des Klimawandels. Die Bewältigung großer ökologischer Herausforderungen gelingt am besten, wie die Geschichte zeigt und wie ich argumentieren werde, innerhalb der Grenzen demokratischer und nicht autoritärer politischer Systeme. In diesem Aufsatz wird der Klima-

---

[5] Wie Bill McKibben (2018) zum Beispiel feststellt: „Immer wieder haben wir wissenschaftliche Weckrufe erhalten, und immer wieder haben wir die Schlummertaste gedrückt. Wenn wir so weitermachen, wird der Klimawandel kein Problem mehr sein, denn etwas als Problem zu bezeichnen, bedeutet, dass es immer noch eine Lösung gibt."

wandel als eine Frage der politischen Steuerung und nicht nur als eine Umwelt- oder Wirtschaftsfrage betrachtet. Ich werde meine Argumentation in einer Reihe von Schritten vorantreiben: Zunächst werde ich mich mit der zunehmenden Behauptung befassen, dass sich die heutigen Demokratien in einer Ausnahmesituation befinden. Zweitens werde ich über den klassischen und gegenwärtigen sozialwissenschaftlichen Diskurs über die Erosion der Grundlagen der Demokratie nachdenken. Drittens werde ich das wachsende Gefühl einer *unbequemen Demokratie* unter Klimawissenschaftlern, anderen Gelehrten, Nichtregierungsorganisationen und den Medien beschreiben. Klimawissenschaftler schlagen vor, die Unfähigkeit moderner Demokratien, mit den katastrophalen Folgen des Klimawandels fertig zu werden, durch die Abschaffung der Demokratie zu überwinden. Die Alternative wäre natürlich, die Demokratie zu stärken. Im Folgenden werde ich die vorgeschlagene Veränderung der Rolle von Klimawissenschaftlern als politische Entscheidungsträger betrachten. Im letzten Abschnitt werde ich die schwerwiegenden Mängel der Behauptung untersuchen, die heutige Gesellschaft sei eine „unbequeme Demokratie".

19.1.2 Das Aufkommen von „außergewöhnlichen Umständen"

Wie nie zuvor ist die Kontinuität zwischen Vergangenheit und Zukunft in unserer Zeit unterbrochen.
  Niklas Luhmann ([1992] 1998: 67)

In der Vergangenheit wurden kriegsähnliche Zustände und große Katastrophen üblicherweise als Rechtfertigung für die – wenn auch nur vorübergehende – Abschaffung demokratischer Freiheiten angesehen. Die gegenwärtige Berufung auf außergewöhnliche Umstände durch die Kritiker der herrschenden Klimapolitik der Regierungen auf der ganzen

Welt spiegelt dieses Gefühl wider und fordert die Erhebung eines einzigen soziopolitischen Ziels zur obersten politischen Instanz.[6]

Mit dem Klimawandel sind wir mit einer historisch neuartigen Situation und zukünftigen Gegenwart konfrontiert: Der Klimawandel in historischer Zeit ist eingeschlossen. Der größte Teil des wissenschaftlichen Diskurses war der Feststellung gewidmet, dass es einen anthropogenen Klimawandel gibt. Die Frage, dass der Klimawandel anthropogen ist, ist geklärt, und es ist klar geworden, dass sich der Planet weiter erwärmen wird, „so stark wie seit mehr als einer halben Million Jahren nicht mehr" (Nordhaus, 2015: 325), wenn nicht immer energischere politische, wirtschaftliche und gesellschaftliche Maßnahmen ergriffen werden. Was in der Wissenschaft nicht geklärt ist, sind eine Reihe wichtiger Fragen wie die Geschwindigkeit der globalen Erwärmung oder die Art der Folgen des Klimawandels für verschiedene wichtige Merkmale der menschlichen Existenz und in verschiedenen Regionen der Welt.

Die Beherrschung der Folgen des Klimawandels bezieht sich auf eine Zeitskala und voraussichtliche gesellschaftliche Veränderungen, die eindeutig jenseits der menschlichen Vorstellungskraft und der derzeitigen politischen Institutionen liegen. Abgesehen von einzelnen historischen Ereignissen wie Krieg, Revolution, wirtschaftlichem Zusammenbruch oder dem Kampf um nationale Befreiung gibt es keine groß angelegten menschlichen Erfahrungen innerhalb historischer Zeiten, auf die sich die Klimawissenschaft berufen kann, wenn sie beginnt, über eine „zukünftige Gegenwart" nachzudenken, in der massive Auswirkungen des Klimawandels eingesetzt haben. Dies betrifft alle Ebenen innerhalb der Gesellschaft und ihre Beziehungen zum Ausland, z. B. die Art und Weise, wie die Welt Energie erzeugt und nutzt, die Tugend des Nationalstaats, Migrationsmuster, die Weltwirtschaft und die Zivilgesellschaften. In solchen Kontexten begünstigen die Krisenbedingungen die Schaffung von Notstandsbefugnissen, die Delegitimierung der bisherigen politischen Ordnung,

---

[6] Für eine Diskussion des *Exzeptionalismus* in der politischen Theorie, der kritischen Sicherheitsforschung und den Citizenship Studies siehe Best, 2018.

die Abschaffung von Freiheit und Gerechtigkeit und die Einführung einer revolutionären Regierungsform. Die Vergangenheit ist zwar kein untrüglicher Wegweiser für die Zukunft. Sie ist jedoch oft der einzige Wegweiser, den wir haben.

Man beruft sich also auf außergewöhnliche Umstände oder eine kriegsähnliche Situation (Lovelock, 2009; McKibben, 2016), die die Aufhebung von Freiheiten und den politischen Aufstieg von Klimawissenschaftlern erforderlich macht. Wie der französische Politikwissenschaftler Pierre Rosanvallon ([2011] 2013: 184) betont, wird der zentrale Nationalstaat als einzige Quelle der Sicherheit angesichts der radikalen Risiken gesehen. Es ist die Hoffnung, dass die Berufung auf außergewöhnliche Umstände, d. h. auf eine Bedrohung der Existenz der Zivilisation, wenn nicht gar der Menschheit, „allein in der Lage sein könnte, einem versagenden oder behinderten [politischen] Willen Kapazität und [...] Energie zurückzugeben". Frank Fischer (2017: 54) ergänzt dies, indem er kritisiert, dass „die gegenwärtigen politisch-ökonomischen Bemühungen der zeitgenössischen demokratischen Systeme, mit Problemen wie der globalen Erwärmung umzugehen [...], wenig mehr als begrenzte symbolische Gesten sind, insbesondere angesichts des Zeitdrucks". Das Problem der globalen Erwärmung und ihrer Folgen betrifft nicht nur die gegenwärtige demokratische Regierungsführung und das fehlende Engagement der Bürger, ihre Ambitionen und ihr Verhalten zu ändern. Es ist vor allem eine Zukunftsperspektive erforderlich (Lovelock, 2009). Die Zukunftsperspektive zwingt der Gegenwart ihre eigenen Normen auf (vgl. Jonas, [1979] 1984: 143).[7]

Aber wie kann man unter außergewöhnlichen Umständen gut regieren? Diese Frage stößt auf zwei gegensätzliche Kräfte: die eines *unbequemen Geistes*[8] und die von *unbequemen sozialen Institutionen*.

---

[7] Hans Jonas ([1970] 1984: 143) hinterfragt auf der Suche nach einer Ethik des technischen Zeitalters die baconsche Idee der Beherrschung der Natur durch die Steigerung der Macht des Menschen über die Natur, wie sie z. B. im Marxismus ausgeführt wird. Jonas bezeichnet das baconsche Ideal als Quelle einer Ethik, die vor allem auf die Zukunft zielt und deshalb ihre Normen der Gegenwart aufzwingt.

[8] Der Verweis auf den unbequemen Verstand ist natürlich ein Wortspiel mit der bekannteren Metapher „eine unbequeme Wahrheit" als Anker. Ein recht einfaches Beispiel für eine unbequeme Meinung im Fall des Klimawandels ist die Behauptung, dass die Wissenschaft des Klimawandels für den Durchschnittsbürger viel zu kompliziert ist, um sie zu verstehen. Eine

Ersteres bezieht sich auf eine Öffentlichkeit, von der angenommen wird, dass sie „gegenwartszentriert" (Skidelsky und Skidelsky, 2012: 130) ist, d. h. mit dem Status quo zufrieden ist, und die es rechtfertigt, den Bürgern künftiger Generationen die eigenen (überlegenen) Ideen aufzuzwingen (denn müssen wir uns wirklich darum kümmern, ob sich die künftige Öffentlichkeit kümmert?). Letzteres bezieht sich auf einen starken Staat in Form einer Kommandogesellschaft. Mit anderen Worten: Eine gute Governance der Gesellschaft auf der Grundlage der Bürgerbeteiligung muss der Überwindung der Ausnahmesituation mit fast allen Mitteln untergeordnet werden.

Es ist der einzige Zweck, die außergewöhnlichen Umstände zu besiegen, der die zeitliche Aussetzung der Freiheiten legitimiert (Hayek, 1944: 189). Ist jedoch jede massive Absorption von Befugnissen in der Hand des Staates und seiner Repräsentanten auf Dauer umkehrbar? Und sind die möglichen Folgen des Klimawandels gleichbedeutend mit (abrupten) kriegsähnlichen Zuständen? Wie lässt sich der Beginn eines Ausnahmezustands feststellen?

Die Unzulänglichkeiten demokratischer Regierungen sind vielfältig und gehen weit über das Problem des Klimawandels und seiner gesellschaftlichen Folgen hinaus; aber ist es deshalb gerechtfertigt, zu einer so abschätzigen Schlussfolgerung zu gelangen wie der Diagnose einer unbequemen Demokratie? Schließlich haben autoritäre und totalitäre Regierungen im Umweltbereich keine Erfolge vorzuweisen; Nationen, die den Weg der „autoritären Modernisierung/Umweltpolitik" beschritten haben, wie China oder Russland, können nicht behaupten, eine bessere Bilanz vorzuweisen.[9] Nichtsdestotrotz ist die Enttäuschung über die Demokratien weiter vorangeschritten und wird

---

weniger „neutrale" Version der unbequemen Meinung wäre die Behauptung, die Öffentlichkeit sei intellektuell nicht in der Lage, die Idee der globalen Erwärmung und ihrer Folgen zu begreifen.

[9] Wie Bruce Gilley (2012: 287) erklärt, bezieht sich „autoritärer Umweltschutz" auf „eine aufkommende Theorie der öffentlichen Politikgestaltung angesichts ernsthafter ökologischer Herausforderungen. Sie wurde sowohl als präskriptives Modell dafür diskutiert, wie Länder effektiv auf solche Herausforderungen reagieren sollten, als auch als deskriptives Modell dafür, wie sie wahrscheinlich reagieren werden".

vielleicht sogar noch lauter, da die etablierte Klimapolitik nicht hält, was sie verspricht.

19.2 Unbequeme Demokratie

Die Behauptung außergewöhnlicher Umstände und die damit einhergehende Förderung der Notwendigkeit, eine „unbequeme Demokratie" zu überwinden, speisen sich aus einer Reihe neuer und klassischer Überlegungen und führen zu unterschiedlichen Formen von Schuldzuweisungen mit unterschiedlichen Adressaten.

19.2.1 Die Erosion der Demokratie: die klassische Perspektive

In der klassischen sozialwissenschaftlichen Literatur hat die Bedrohung der Demokratie, die sich aus einem ungleichen Zugang und einer ungleichen Verteilung von Wissen in der Gesellschaft ergibt, z. B. durch die Entstehung sozialer Ungleichheit in der Gesellschaft (siehe Stehr und Machin, 2016a), in den Augen vieler Beobachter frühere, optimistische Ansichten der Aufklärung über die Widerstandsfähigkeit und sogar die Möglichkeit einer Demokratie, die auf einer allgemeinen Verbreitung von Wissen in der Gesellschaft beruht, radikal verdrängt.[10] Zahlreiche Autoren, von Max Weber bis Robert Michels, haben diese und andere Bedrohungen der repräsentativen Demokratie erläutert.

Angesichts des unaufhaltsamen Vordringens der Bürokratie in den modernen Gesellschaften befürchtete beispielsweise Max Weber ([1918] 1994) eine Art *Pazifismus der sozialen Ohnmacht* der Bürgerschaft, denn wie kann angesichts einer „wachsenden Unentbehrlichkeit und damit

---

[10] Es gibt gute Gründe, der Vorstellung skeptisch gegenüberzustehen, dass entweder der Begriff oder die Realität der Wissenslücke oder der Informationsüberlastung, wie auch immer definiert, wirklich neu sind. Man braucht nur auf die Konvergenz der gesellschaftlichen Diagnosen zu verweisen, die zu Beginn des letzten Jahrhunderts u. a. von Georg Simmel, Sigmund Freud und Walter Benjamin für ein kulturelles Zeitalter mit starker Reizüberflutung, Diskontinuität und Überlastung gestellt wurden.

zunehmenden Macht der staatlichen Beamtenschaft [...] gewährleistet werden, dass es Kräfte gibt, die der ungeheuren, erdrückenden Macht dieser ständig wachsenden Gesellschaftsschicht Grenzen setzen und sie wirksam kontrollieren können? Wie soll Demokratie auch nur in diesem eingeschränkten Sinne *überhaupt möglich* sein?" (Weber, [1918] 1994: 159).

Robert Michels ([1915] 1949) verweist in seiner klassischen Studie über die undemokratischen Tendenzen in der sozialdemokratischen Partei, einer politischen Organisation, die eigentlich demokratische Ziele anstrebt und dafür kämpft, auf einen fast „natürlichen" Zustand der Inkompetenz und Unmündigkeit der Masse der Menschen in modernen Demokratien. Und da die einfachen Leute unfähig sind, „[...] ihre eigenen Interessen wahrzunehmen, ist es notwendig, dass sie Experten haben, die sich um ihre Angelegenheiten kümmern" (Michels, [1915] 1949: 93). Selten ist die Basis bereit, die Autorität der fachkundigen Führer zu brechen und sie aus der Kontrolle zu entlassen.[11] Zahlreiche der klassischen Bedenken über die Lebensfähigkeit der demokratischen Staatsführung finden ihren Widerhall in zeitgenössischen Überlegungen über die Zerbrechlichkeit der Demokratie.

19.2.2 Die Erosion der Demokratie: die moderne Perspektive

Ein tief verwurzelter Pessimismus in Bezug auf die psychologische Beschaffenheit des Menschen; die Zeitgebundenheit des menschlichen Denkens; das Unvermögen, Einzelpersonen für eine wirksame Klima-

---

[11] Ob die desillusionierte Schlussfolgerung, die Robert Michels ([1915]: 1949: 95) angesichts der von ihm beobachteten Tendenzen zieht, nämlich dass „die Sozialdemokratie keine Demokratie ist, sondern eine Partei, die darum kämpft, die Demokratie zu erlangen", unvermeidlich, d. h. als eine Art eisernes Gesetz allgemeingültig ist, lässt sich natürlich bestreiten, obwohl viele Beobachter bereit sind zuzugeben, dass Michels eine der wenigen gesetzesähnlichen Beziehungen in der Sozialwissenschaft entdeckt hat. Für neuere Studien von Ökonomen, Soziologen und Politikwissenschaftlern, die sich Michels' These von der Unvermeidbarkeit oligarchischer Tendenzen in Organisationen zu eigen machen, siehe Williamson (1975, 1985, 1995), Granovetter (1985), Foucault ([1981–1985] 2005) sowie Stehr und Adolf (2018: 321–324).

politik zu mobilisieren; die Unfähigkeit der Regierung angesichts der verfassungsmäßigen Zwänge, langfristige Ziele zu verfolgen; die Zerbrechlichkeit der politischen Ordnung; der Einfluss von Eigeninteressen auf die politische Tagesordnung; und im Fall des anthropogenen Klimawandels die Abhängigkeit von fossilen Brennstoffen; und nicht zuletzt die Unfähigkeit der Klimawissenschaft selbst, dafür zu sorgen, dass ihre Botschaft nicht auf taube Ohren stößt.[12]

19.2.3 Den Menschen die Schuld geben

Daniel Kahneman bringt die wachsende Skepsis gegenüber der Motivation der Bürger auf den Punkt, wenn er feststellt:

„Unterm Strich bin ich extrem skeptisch, dass wir den Klimawandel bewältigen können. Um die Menschen zu mobilisieren, muss dies ein emotionales Thema werden. Es muss unmittelbar und eindringlich sein. Eine entfernte, abstrakte und umstrittene Bedrohung hat einfach nicht die notwendigen Eigenschaften, um die öffentliche Meinung ernsthaft zu mobilisieren" (zitiert in Marshall, 2014; 57; Hervorhebung hinzugefügt).

Die Masse der Bürger, so scheint es, kann einfach nicht dafür gewonnen werden, wissenschaftlich begründete politische Optionen zu befürworten und zu verfolgen. Die große Mehrheit der Bürger ist grundsätzlich geneigt, irrational zu handeln (vgl. Schumpeter, 1942: 262–263). Der Klimawissenschaftler Hans-Joachim Schellnhuber (2011: 29)[13] beschreibt düster, warum die Kommunikation über den Klimawandel die Zivilgesellschaft nicht erreicht: „Meine eigene

---

[12] Die Bemühungen um die Kommunikation des Klimawandels beruhen auf der Überzeugung, dass die Öffentlichkeit ihre Stimme erheben und von unseren Regierungen und Unternehmen verlangen wird, etwas zu unternehmen, wenn sie nur die Fakten über den Klimawandel kennt und zu verstehen beginnt, wie ernst das Problem ist (vgl. Andrew Revkin, http://dotearth.blogs.nytimes.com/2014/04/16/a-risk-analyst-explains-why-climate-change-risk-misperception-doesnt-necessarily-matter/?_php=true&_type=...).

[13] Der Klimaforscher Hans Joachim Schellnhuber in einem Interview mit DER SPIEGEL (Ausgabe 12, 21. März 2010, S. 29) auf die Frage, warum die Botschaften der Wissenschaft nicht in der Gesellschaft ankommen.

Erfahrung und mein Alltagswissen zeigen, dass Bequemlichkeit und Unwissenheit die größten Fehler des menschlichen Charakters sind. Dies ist eine potenziell tödliche Mischung." Demokratie und Politik in der Kompetenz der einzelnen Bürger zu sehen, hieße jedoch, für eine Mikrosoziologie ohne Makrosoziologie zu plädieren. Der Verweis auf die öffentliche Wahrnehmung von Wissenschaft und Expertenwissen geht über die implizite oder explizite Annahme hinaus, dass die Öffentlichkeit grundsätzlich über ein Informations- und Wissensdefizit verfügt, vielleicht sogar reaktionär ist und dazu neigt, auf Komplexität mit Beklemmung zu reagieren (vgl. Gauchat und Andrews, 2018).

Die offenbar weit verbreitete Fähigkeit, nicht zu wissen, was die Zukunft bringen könnte, kann natürlich auch als psychologischer „Anreiz" gedeutet werden, mit dem Wissen um das begrenzte Wissen über den Ausgang von Ereignissen, die in der Zukunft liegen, zu leben (vgl. Gigerenzer und Garcia-Rettamero, 2017). Inzwischen betonen auch Politikwissenschaftler, die sich beispielsweise in vielerlei Hinsicht um den Informationsmangel der Wählerinnen und Wähler sorgen, dass das demokratisch-politische System trotz der Unwissenheit der Bürgerinnen und Bürger funktioniert (Kuklinski 1990). Oder wie Petersen und Aarøe (2013: 289) in jüngerer Zeit dokumentiert haben, bilden sich die Bürger trotz des weit verbreiteten Mangels an umfassendem politischem Wissen „bereitwillig eine Meinung darüber, was die beste und effizienteste Politik ist."

Eine Einschätzung, die eher für die politische Tugend der informierten Bürger spricht, wird von Seymour Martin Lipset und seinen Kollegen ([1956] 1962) vertreten: Informationsmangel, Passivität und mangelndes Interesse der einfachen Mitglieder an den Angelegenheiten einer Organisation liegen im Interesse der Mächtigen und unterstützen ihre Fähigkeit, Machtvorteile aufrechtzuerhalten. Es scheint, dass nicht so sehr der Umfang des Wissens oder der Informationen, über die die Bürger verfügen, das Verhältnis zwischen Demokratie und Wissen beeinflusst, sondern vielmehr die Bedeutung demokratiefördernder individueller und kollektiv geteilter *Wertorientierungen;* oder, wie Robert Dahl (1977: 1) argumentiert: Es ist „die Art und Weise, wie wir über uns als Volk denken", die die Existenz und die Stabilität der Demokratie unterstützt. Natürlich sind Wertorientierungen und Bildungserfolg miteinander verbunden: „Bildung erweitert vermutlich den Blick der Menschen, befähigt sie, die Notwendigkeit von Toleranznormen zu verstehen, hält sie davon ab, extremistischen und monistischen Doktrinen anzuhängen, und erhöht ihre Fähigkeit, rationale Wahlentscheidungen zu treffen" Lipset (1959: 79).

19.2.4 Schuldzuweisung an die politische Klasse

In den Augen vieler Klimawissenschaftler sind nicht nur die Bürger, sondern auch die Politiker nicht bereit, eine Politik zu verfolgen, die den Klimawandel wirksam bekämpft: Klimaaktivisten, Klimawissenschaftler, einige Politiker und viele andere Beobachter sind sich einig, dass die jüngsten Klimagipfel in Kopenhagen, Cancun, Durban und Warschau gescheitert sind. Die Gipfeltreffen führten nicht zu einem neuen globalen Abkommen zur Begrenzung der Treibhausgasemissionen. Das anschließende Pariser Abkommen von 2015, das weithin als historische Errungenschaft angesehen wird, scheint einen allgemeinen wissenschaftlichen und öffentlichen Konsens darüber zu markieren, dass der vom Menschen verursachte Klimawandel eine sehr ernste Bedrohung für die menschliche Zivilisation und ihre Umwelt darstellt. Das Abkommen ist jedoch nicht bindend. Es gibt keine formellen Sanktionen für den Fall, dass ein Land seinen Verpflichtungen in Bezug auf Klimaschutz, Anpassung oder Finanzierung nicht nachkommt, und es gibt keine Garantie dafür, wie weitreichend das Pariser Abkommen sein wird. Dieses Problem trat am 1. Juni 2017 in den Vordergrund, als die Vereinigten Staaten unter der Führung von Präsident Donald Trump ihren formellen Ausstieg aus dem Abkommen ankündigten und den wissenschaftlichen Konsens, dass Treibhausgasemissionen den Planeten erwärmen, ablehnten.

Obwohl die USA gemäß den Bestimmungen des Pariser Abkommens erst im November 2019 offiziell mit dem Ausstieg beginnen können, hat die derzeitige Regierung bereits eine stark umweltfeindliche Agenda auf den Weg gebracht. Mit seiner Ankündigung erfüllte Trump sein Wahlkampfversprechen, „den Krieg gegen die Kohle zu beenden", und sein angebliches Ziel, die Souveränität des amerikanischen Volkes zurückzugewinnen und „Amerika an die erste Stelle zu setzen". Doch wie bereits mehrfach erwähnt, äußerte sich der Bürgermeister von Pittsburgh, Bill Peduto, kurz nach seiner Ankündigung, in der Trump betonte, er sei gewählt worden, um „die Menschen in Pittsburgh und nicht in Paris" zu vertreten, kritisch über den Ausstieg und verkündete das Engagement des Staates für das Abkommen. In der Tat wird eine Reihe amerikanischer Bundesstaaten und Städte ihre angekündigte Klimapolitik fortsetzen und damit „einen tiefgreifenden Gegenpol zu Trumps Anti-Umwelt-Kreuzzug" (Bomberg 2017: 5) bilden. Dieses Szenario verdeutlicht den hohen Grad der Politisierung der Themen Klima und Klimawandel in der heutigen Welt.

Die Art des Verhältnisses zwischen Zeitlichkeit und Demokratie rechtfertigt in der Tat Zweifel an der Wirksamkeit demokratischen Regierens angesichts der längerfristigen zukünftigen Risiken und Gefahren des Klimawandels. Fragen der Zeitlichkeit beziehen sich auf mindestens zwei wichtige Aspekte, die durch unterschiedliche, aber miteinander verbundene systemische Bedingungen der demokratischen Regierungsführung bedingt sind: Einerseits wird demokratisches Regieren von der *Unmittelbarkeit* häufig wechselnder „Ereignisse" bestimmt, die oft schnell kommen und gehen, und andererseits von konstitutionellen Regeln der Repräsentation, die relativ kurze *Zeiträume* vorschreiben. Die öffentliche Wahrnehmung der Dringlichkeit von politischen Themen ist dynamisch und relativ. Die Aufmerksamkeit, die dem Klimawandel zuteil wird, hängt sehr stark davon ab, wie wichtig andere politische Themen zu einem bestimmten Zeitpunkt wahrgenommen werden, insbesondere die Wahrnehmung dringender wirtschaftlicher Fragen.

Sind Demokratie und gesellschaftliche Institutionen, die durch kurzfristige verfassungsrechtliche Rahmenbedingungen eingeschränkt sind und von Freiheitsprinzipien wie dem Markt bestimmt werden, in der Lage, mit Schäden und Risiken für die Gesellschaft umzugehen, die in der Zukunft liegen? Wie können Demokratien das Interesse an einer zukünftigen Gegenwart aufrechterhalten, die einige Jahrzehnte in der Ferne liegt und damit dem typischen Medienaufmerksamkeitszyklus (Downs, 1972; McDonald, 2009) von Ereignissen entgeht?

In den Sozialwissenschaften gibt es einen parallelen Diskurs, dem ich mich nun zuwende und der starke Zweifel an der „Nachhaltigkeit" der modernen Demokratien äußert. Es wird hervorgehoben, dass es sich um eine Krise handelt, die nicht nur durch große Umweltprobleme ausgelöst wird, sondern auch durch verschiedene strukturelle und säkulare Herausforderungen, mit denen die heutige demokratische Governance konfrontiert ist.

19.2.5 Sterben die Demokratien?

Die Diskussion in der Klimawissenschaft über die Unzulänglichkeiten der demokratischen Regierungsführung deckt sich mit den Einschätzungen zum gegenwärtigen Zustand und zur Zukunft der Demokratie in den Sozialwissenschaften. Noch vor wenigen Jahren verkündeten Politikwissenschaftler das Ende der Geschichte (Fukuyama, 1992) und damit den endgültigen Sieg der Demokratie. Heute denken Politikwissenschaftler – auch Francis Fukuyama (2018) – viel eher über die Auflösung der Demokratie nach. *Selbst* Titel wie „The Future of Freedom" (Zakaria, [2004] 2007), „The Retreat of Western Liberalism" (Luce, 2017) „How Democracy Ends" (Runciman, 2018), „How Democracies Die" (Levitsky und Zinblatt, 2018), „The People vs. Democracy" (Mounk, 2018) und „Can Democracy Survive Global Capitalism?" (Kuttner, 2018) geben einen Hinweis darauf. Der Streit um den Klimawandel und die Klimapolitik spielt eine zentrale Rolle in der aktuellen Verschiebung der Debatte um das Wohl der Demokratie. Als Reaktion auf die vielfältigen gesellschaftlichen Veränderungen, so die Schlussfolgerung, verliert die Demokratie in den Augen ihrer Bürger ihre Legitimität.

Die Schlussfolgerung der sozialwissenschaftlichen Beobachter muss daher lauten, dass die heutige Demokratie – in vielerlei Hinsicht, ob gewollt oder als Ergebnis struktureller wirtschaftlicher, politischer und moralischer Veränderungen – auf dem Weg zu autokratischen Regierungsformen ist. Die Aushöhlung der Demokratie manifestiert sich beispielsweise in Prozessen der Entpolitisierung, der Substitution von Politik durch Techniken des Managements oder der Einschränkung des öffentlichen Raums oder (vgl. Rosanvallon, 2006: 228; auch Swyngedouw, 2011): „in einer Aushöhlung der Bürgerschaft, der Vermarktlichung des öffentlichen Sektors, den damit einhergehenden seelisch zerstörerischen Zielvorgaben und Audits, der Verunglimpfung der Professionalität und des Berufsethos sowie der Erosion des öffentlichen Vertrauens" (Marquand, 2004: 172). Das demokratische Regieren wird durch die rasche Abschaffung der demokratischen Grundsätze der politischen Gleichheit zunehmend gedämpft und sogar durch autokratische Formen des Regierens ersetzt, die das jahrhundertealte eiserne Gesetz der Oligarchie von Robert Michels ([1915] 1949) widerspiegeln.

Was die Diskussion über den schlechten Zustand der Demokratie zwischen Sozialwissenschaftlern und Klimawissenschaftlern unterscheidet, ist die Abhilfe, die beide Seiten befürworten: Auf der einen Seite diskutieren Sozialwissenschaftler Anstrengungen, die die Demokratie wiederherstellen könnten, zum Beispiel die Wiederherstellung einer „Gesellschaft ähnlicher Individuen" (Rosanvallon, [2011] 2013) durch die aktive Beteiligung einer großen Zahl von Bürgern, die die Agenda des öffentlichen Lebens mitgestalten. Andererseits bezweifeln Klimawissenschaftler und andere Beobachter des globalen Klimawandels, dass die demokratische Regierungsführung in der Lage ist, die großen Umweltprobleme wirksam zu bewältigen, und fordern daher einen autoritäreren Staat und/oder einen Staat, in dem die Entscheidungsfindung durch technische Experten im Vordergrund steht. Aber dann baut sich die Demokratie angeblich selbst ab.

Colin Crouch (2004: 4) zum Beispiel beschreibt den Übergang von der Demokratie zur Postdemokratie wie folgt: „Unter den Bedingungen einer Postdemokratie, die die Macht zunehmend an die Wirtschaftslobbys abgibt, besteht wenig Hoffnung auf eine Agenda für eine starke egalitäre Politik zur Umverteilung von Macht und Reichtum oder für die Zurückhaltung mächtiger Interessen".

Die Postdemokratie geht auch mit einer raschen Aushöhlung und Verleugnung der demokratischen Rechte und Werte einher, wie Richard Rorty (2004: 10) argumentiert: „Am Ende dieses Erosionsprozesses wäre die Demokratie durch etwas ganz anderes ersetzt worden. Dies wäre wahrscheinlich weder eine Militärdiktatur noch ein Orwellscher

Totalitarismus, sondern eher ein relativ wohlwollender Despotismus, der von einer allmählich erblich gewordenen Nomenklatura durchgesetzt würde". In einigen Bildern der „Postdemokratie" ist der Zustand des Staates – eine Rückkehr zur aristokratischen Gesellschaft – bereits erreicht worden: Selbsternannte Eliten erheben den Anspruch, die Wünsche der Massen auszuführen.[14] Kurzum, wie Pierre Rosanvallon (2006: 228) hervorhebt, wurde die Politik ersetzt, „um einem einzigen Akteur auf der Bühne Platz zu machen: der internationalen Gesellschaft, die die Verfechter des Marktes und die Propheten des Gesetzes unter demselben Banner vereint". Dies ist eine politische Entwicklung, die von den Vertretern der Klimawissenschaft sehr begrüßt wird.

Die radikale Schlussfolgerung, die von einigen Beobachtern gezogen wird, insbesondere von denen, die die Rolle von Experten und Fachwissen als eine Form der aufgeklärten Führung befürworten und fördern, ist, dass die Demokratie selbst unangemessen ist, dass die langsamen Verfahren für die Umsetzung und Verwaltung spezifischer, politisch relevanter wissenschaftlicher Erkenntnisse zu massiven, unbekannten Risiken und Gefahren führen. Die Zivilisation, wie wir sie kennen, könnte an ihr Ende kommen. Vorausgesetzt, es ist nicht schon zu spät, muss eine angemessene Umweltpolitik ganz anders aussehen. Um eine global nachhaltige Lebensweise zu schaffen, brauchen wir, um es mit den Worten des deutschen Klimaforschers Hans Joachim Schellnhuber (vgl. WGBU, 2012) zu sagen, unmittelbar eine „große Transformation". Ein Teil, wenn nicht sogar der Kern der erforderlichen großen Transformation scheint ein neues politisches Regime und neue Formen des Regierens zu sein: Zum Beispiel, wie es die australischen Wissenschaftler David Shearman und Joseph Wayne Smith (2007: 12) in ihrem Buch „The Climate Change Challenge and the Failure of Democracy" ausdrücken: „Wir brauchen eine autoritäre Regierungsform, um den wissenschaftlichen Konsens über die Treibhausgas-

---

[14]Hans Jonas ([1979] 1984: 147) nüchterne Antwort auf eine solche Behauptung ist in diesem Zusammenhang durchaus angebracht und zitierenswert: „Wenn [...] nur eine Elite ethisch und intellektuell die Art von Verantwortung für die Zukunft übernehmen kann, die wir postuliert haben – wie wird eine solche Elite erzeugt und rekrutiert, und wie wird sie mit der Macht für ihre Ausübung ausgestattet?"

emissionen umzusetzen." In die gleiche Richtung argumentiert Mark Beeson (2010: 289), wenn er den Begriff des guten Autoritarismus ins Spiel bringt: „[...] angesichts der beispiellosen und unversöhnlichen Natur der Herausforderungen, denen wir uns gemeinsam gegenübersehen [...] können Formen des ‚guten' Autoritarismus, in denen ökologisch nicht nachhaltige Verhaltensweisen einfach verboten werden, nicht nur vertretbar, sondern für das Überleben der Menschheit in einer annähernd zivilisierten Form unerlässlich werden". Ein weiterer Vorschlag bezieht sich auf eine eindeutig politische Rolle der Klimawissenschaftler. In den meisten Ländern ist die Klimawissenschaft erfolgreich darin, die Regierungen mit der Autorität des richtigen Standpunkts zum Klimawandel auszustatten. Die Klimawissenschaft stellt jedoch nicht sicher, dass die Regierungen im Sinne der Wissenschaft handeln.

Was ist die Alternative? Eine Alternative ist ein Austausch der Führung und die Herrschaft der wissenden Klasse. Die Idee, die politische Führung auszutauschen, besteht nicht nur darin, die Wissenschaft und die Wissenschaftler in den Mittelpunkt der Regierungsführung zu stellen, sondern auch darin, das Thema Klimawandel zu entpolitisieren (vgl. Swyngedouw, 2010; Aitken, 2012).

19.3 Aufgeklärte Führung?

Im weiten Feld der Klimatologie und Klimapolitik kann man eine wachsende Frustration über die Tugenden der Demokratie und eine zunehmende Berufung auf außergewöhnliche Umstände und die Förderung der Rolle von Wissenschaftlern und Experten bei der Politikgestaltung feststellen. Die Ungeduld mit der Demokratie und das sich wandelnde Verständnis der Rolle der Wissenschaftler lässt sich an einer Veränderung der Funktion des *Internationalen Ausschusses für Klimaänderungen* (IPCC) beobachten. Der IPCC versteht sich nicht mehr als wissenschaftliche Organisation mit dem Auftrag, alternative Politikoptionen zur politischen Diskussion und Entscheidung anzubieten, sondern als Expertengremium, das die rasche Umsetzung der von ihm ermittelten politischen Handlungsoptionen fordert.

Robert Stavins, Direktor des *Harvard Environmental Economics Program* und Mitverfasser des Berichts der IPCC-Arbeitsgruppe 3, stellt fest, dass „eine Forderung von unten nach oben, die wir in einer repräsentativen Demokratie normalerweise immer haben wollen und auf die wir uns verlassen, im Fall der Klimapolitik wahrscheinlich nicht so funktionieren wird wie bei anderen Umweltproblemen [....]. Es wird eine aufgeklärte Führung brauchen, Führer, die die Führung übernehmen".[15]

Die Sozialwissenschaftlerin Evelyn Fox Keller (2017: 107) plädiert angesichts der Schwere des Problems der globalen Erwärmung nachdrücklich für eine unmittelbar wirksame, praktische politische Rolle der Klimawissenschaft:

> *Wir haben keine andere Wahl, als uns an diejenigen zu wenden (in diesem Fall an unsere Klimawissenschaftler), die über das nötige Fachwissen verfügen [...] Darüber hinaus behaupte ich, dass die Klimawissenschaftler für die besondere Aufgabe, aus der gegenwärtigen Sackgasse herauszukommen, möglicherweise die einzigen sind, die in der Lage sind, die Führung zu übernehmen. [... und] in Anbetracht des stillschweigenden Vertrags zwischen Wissenschaftlern und dem Staat, der sie auf der anderen Seite unterstützt, argumentiere ich [...] auch, dass Klimawissenschaftler nicht nur in der Lage sind, die Führung zu übernehmen, sondern dass sie auch verpflichtet sind, dies zu tun.*

19.4 Wissenschaft, Wissen und Demokratie

Der starke Wunsch, bestimmte politische Ergebnisse zu erreichen, die von der Klimawissenschaft vorgegeben werden, führt viele zu der Annahme, dass wissenschaftliches Wissen in irgendeiner Weise unmittelbar performativ ist oder eine unmittelbar überzeugende Form des Wissens darstellt. Eine solche Auffassung von Wissen privilegiert Wissen als politisches Instrument und ignoriert die Grenzen der Macht

---

[15] Zitiert in Andrew Revkin, „A Risk Analyst Explains Why Climate Change Risk Misperception Doesn't Necessarily Matter", *New York Times*, 16. April 2014.

des Wissens (Stehr, 1991; Prewitt, 2010; Sarewitz, 2010). Allein auf dieser zweifelhaften Grundlage ist es nicht verwunderlich, dass Klimawissenschaftler zumindest mit der Aussetzung des demokratischen Prozesses sympathisieren.

Die Position der unbequemen Demokratie weist jedoch eine Reihe von Schwächen auf, die ich im Folgenden näher erläutern möchte. Meine Beobachtungen sind in fünf Gegenargumente gegliedert:

Erstens, und das ist wichtig, stößt man auf ein fehlerhaftes Verständnis von wissenschaftlichem Wissen und seiner möglichen Rolle in politischen Kontexten. Wissenschaftliches Wissen ist weder unmittelbar performativ (Wissen ist gleichbedeutend mit Kontrolle und repräsentiert praktische Vernunft) noch ist es unmittelbar überzeugend (d. h. Wissen überzeugt unbelastet). Wissen allein generiert keinen Gewinn oder schießt keine Tore (vgl. Van Dijk, 2014). Einer der grundlegenden Fehler im Porträt einer unbequemen Demokratie ist das Versäumnis, den sozialen Charakter von Wissen im Allgemeinen und den umstrittenen und oft ambivalenten Charakter von politischem Wissen im Besonderen zu erkennen. Die Anerkennung der eigentlichen Funktion von Wissen sorgt für eine vorzeitige politische Schließung, d. h. die Entpolitisierung des Themas Klimawandel und der Klimapolitik.

Es ist angemessener, Wissen nicht als *etwas zu* bezeichnen, *das so ist*, sondern als eine verallgemeinerte *Fähigkeit*, auf die Welt *einzuwirken*, als ein Modell *für die* Realität oder als die Fähigkeit, etwas in Bewegung zu setzen (Stehr, 1994; Grundmann und Stehr, 2012; Stehr und Adolf, 2018). Der deutsche Begriff, der Wissen als verallgemeinerte Handlungsfähigkeit am besten beschreibt, wäre *Handlungsvermögen*. Das Verb *vermögen* bedeutet „in der Lage sein zu tun", während das Substantiv *Vermögen* in diesem Zusammenhang am besten mit „Fähigkeit" (und nicht mit „Vermögen" oder „Reichtum") übersetzt werden kann.[16] Die Fähigkeit zu handeln – die Fähigkeit, etwas in Bewegung

---

[16] Georg Simmel ([1907] 1989: 276) verwendet in seiner Erörterung des Geldes als verallgemeinertem Code den Begriff Vermögen, um die Tatsache zu beschreiben, dass Geld mehr als nur ein Tauschmittel ist; seine Definition von Geld geht somit über ein rein funktionales Verständnis seiner sozialen Fähigkeiten hinaus.

zu setzen – erstreckt sich auch auf die Fähigkeit, „symbolische Handlungen" zu erzeugen. Symbolisches Handeln kann zum Beispiel die Fähigkeit beinhalten, eine Hypothese zu formulieren, ein Ritual durchzuführen, eine neue Metapher für einen etablierten Begriff zu finden[17], „Fakten" zu bewerten, die Literatur zu einem Thema zu organisieren oder eine These gegen „neue Fakten" zu verteidigen. Die Handlungsfähigkeit bezieht sich also nicht nur auf die Möglichkeit, etwas im Sinne einer materiellen und physischen Leistung zu vollbringen, wie z. B. Feuer zu machen oder ein Auto zu fahren usw. Handlungsfähigkeit bezieht sich auch auf *intellektuelle* Fähigkeiten sowie auf die Produktion von *Bedeutung, wie sie* in der detaillierten Beschreibung des Bündels von Fähigkeiten, die ich als *Wissensfähigkeit* bezeichne, zu finden sind (vgl. Stehr, 2016a). Dies ist wohl auch der Grund, warum Norbert Elias (1984: 252) Wissen als „die soziale Bedeutung von menschengemachten Symbolen, wie Worten oder Zahlen, in ihrer *Eigenschaft als Orientierungsmittel*" definiert (meine Hervorhebung).

Wissen als verallgemeinertes Handlungsvermögen wird nur unter bestimmten Umständen im sozialen Handeln „*aktiv*" (d. h. eingesetzt), nämlich dort, wo soziales Handeln nicht rein stereotypen (mühelosen) Mustern folgt (Max Weber) oder in anderer Weise streng geregelt ist. Unter den Bedingungen ritualisierten sozialen Handelns findet ein Bruch in der Kontinuität zwischen Vergangenheit und Zukunft nicht statt. Vergangenheit und Zukunft sind durch selbstverständliche Abfolgen von Ereignissen gesichert.

Niklas Luhmanns Überlegungen zu den Bedingungen für die Möglichkeit, überhaupt Entscheidungen zu treffen, erlauben vielleicht ein noch umfassenderes Verständnis der Nutzung von Wissen, bestätigen aber auch meine Beschreibung der wahrscheinlichen Nützlichkeit von Wissen nur unter Bedingungen von Offenheitsgraden der Handlungsumstände. Entscheidungsfindung, schreibt Luhmann ([1992] 1998: 67), „ist nur möglich, wenn und insofern das, was geschehen wird, ungewiss ist".

---

[17] Ich beziehe mich in diesem Zusammenhang z. B. auf die Überlegungen von Donald Schon ([1963] 1967) in *Displacement of Concepts* (vgl. auch Haldane ([2009] 2013).

Die Umstände des Handelns, an die ich denke, können auch als die Fähigkeit der Akteure beschrieben werden, eine bestimmte Realität zu verändern oder zu stabilisieren. Die Fähigkeit, *etwas zu bewirken*, die Realität zu verändern und zu beeinflussen, sowie die Fähigkeit, in einen Kontext einzugreifen, der sich andernfalls verändern würde, ist jedoch nicht symmetrisch mit der Fähigkeit zu handeln (Wissen). Wissen und Kontrolle sollten nicht symmetrisch sein: „Voraussicht und Kontrolle sind in der Realität höchst fragil, es lässt sich zeigen, dass ein anhaltender Wissensfortschritt weder notwendigerweise zu einer Verbesserung der Voraussicht noch zu einer Verbesserung der Kontrolle führt" (Tenbruck, 1977: 223). Die Fähigkeit, etwas zu tun, hängt von der Kontrolle über die Bedingungen des Handelns ab. Die fehlende Kontrolle über die politischen Handlungsbedingungen ist eine treffende Beschreibung der gesellschaftlichen Rolle, die auf die Position der Klimawissenschaftler heute zutrifft und solange sie sich die politische Macht nicht angeeignet haben, auch weiterhin der Fall sein wird.

Zweitens ist eine der Hauptannahmen der demokratiekritischen Klimawissenschaftler ein falsches Verständnis des Klimaproblems und ein irreführendes Framing des politischen Prozesses.[18] Das Ergebnis dieses Missverständnisses des Klimaproblems und des klimapolitischen Prozesses ist ein grundlegender Fehler, der darin besteht, dass der *Klimawandel als ein herkömmliches Umwelt-„Problem"* dargestellt wird, *das „gelöst" werden kann*. Er ist keines von beiden.

Der Klimawandel ist kein *einzelnes* Problem, das es zu lösen gilt, sondern er ist vielmehr als dauerhafter Zustand zu verstehen, der bewältigt werden muss und nur teilweise mehr – oder weniger – gut bewältigt werden kann. Das Klimaproblem ist ein Teil eines größeren Komplexes solcher Bedingungen, der Bevölkerung, Technologie, Wohlstandsgefälle, öffentliche Werte, Ressourcennutzung usw. umfasst. Daher ist es auch kein reines „Umwelt"-Problem. Es ist genauso ein Energieproblem, ein wirtschaftliches Entwicklungsproblem oder ein Landnutzungsproblem und kann besser über diese *verschiedenen Wege*

---

[18] Meine Kritik an der vorherrschenden Sichtweise des Klimaproblems stützt sich auf unser *Hartwell-Papier* (Prins et al., 2010).

angegangen werden als über ein Problem der Steuerung des Verhaltens des Erdklimas durch Änderung der Art und Weise, wie der Mensch Energie nutzt.

Dies macht den Klimawandel zu einem „*verrückten*" Problem.[19] Ein „bösartiges" Problem besteht darin, dass es unmöglich ist, eine endgültige Formulierung für das politische Problem zu finden: Die Informationen, die zum Verständnis des Problems erforderlich sind, hängen von der eigenen Idee zu seiner Lösung ab. Darüber hinaus gibt es bei „wicked problems" keine Stopp-Regel: Wir können nicht wissen, ob wir ein ausreichendes Verständnis haben, um die Suche nach mehr Verständnis einzustellen. Es gibt kein Ende der Kausalketten in interagierenden offenen Systemen, für die das Klima das beste Beispiel ist. *Maßnahmen zum Klimawandel sind am besten in umfassende politische Perspektiven eingebettet,* die den Klimawandel *indirekt* angehen, indem sie beispielsweise akzeptieren, dass die Dekarbonisierung nur dann erfolgreich sein wird, wenn andere Ziele, die politisch attraktiv und pragmatisch sind, erreicht werden.

Drittens konzentriert sich der vorherrschende politische Ansatz fast ausschließlich auf einen *einzigen Effekt,* der durch Governance erreicht werden soll, nämlich die Verringerung der Treibhausgasemissionen und eventuell notwendige Maßnahmen zur Anpassung an den Klimawandel. Dabei schließt er andere, komplexere Formen und Bedingungen des Handelns aus. Durch die Fokussierung auf die Ziele des politischen Handelns und nicht auf dessen Bedingungen wird das strittige Thema Klimawandel auf wissenschaftliche oder technische Fragen reduziert. Gesellschaftspolitische Fragen werden vernachlässigt. Die Politisierung der Klimawissenschaft führt zu einer Entpolitisierung des Klimawandels. Für die Öffentlichkeit relevante Themen werden dauerhaft aus der Politik herausgenommen (siehe auch Jasanoff, 2012).

---

[19] Abwegige Probleme sind in mehrere soziale Systeme eingebettet. Ursprünglich von C. West Churchman (1967) beschrieben und später von Horst Rittel und Melvin Webber (1973) im Zusammenhang mit der Stadtplanung umfassender erläutert, handelt es sich bei „wicked problems" um Probleme, die oft so formuliert werden, als ob sie einer einfachen, unilinearen Lösung zugänglich wären, was aber in Wirklichkeit nicht der Fall ist.

Ebenso unzureichend ist in diesem Zusammenhang die Konzentration auf einen *einzigen Ansatz* zur Bekämpfung des Klimawandels, nämlich die Reduzierung von Treibhausgasen, insbesondere CO_2. Die ausschließliche Ausrichtung der Klimapolitik auf eine Reduzierung der Emissionen ignoriert das, was Roger Pielke Jr. (2010) das *„eiserne Gesetz"* der Klimapolitik nennt. Das eiserne Gesetz besagt lediglich, dass die Menschen zwar oft bereit sind, einen bestimmten Preis für umweltpolitische Ziele zu zahlen, dass diese Bereitschaft aber ihre Grenzen hat. Die genaue Grenze variiert natürlich von Ort zu Ort und von Haushalt zu Haushalt. Der massive Widerstand der „Gelbwesten"-Proteste in Frankreich gegen eine regelmäßige Erhöhung der Treibstoffsteuer, mit der die französische Regierung die globale Erwärmung bekämpfen wollte, im Frühwinter 2018 ist ein perfektes Beispiel für das Pielke'sche Gesetz. Die Proteste der Gelbwesten-Bewegung zwangen die Regierung, die Steuererhöhung zurückzunehmen. Die öffentliche Unterstützung für klimapolitische Maßnahmen nimmt in dem Maße ab, wie sich diese Maßnahmen auf die Kosten der Haushalte auswirken. Eine Konvergenz von Umwelt- und Wirtschaftspolitik ist nicht unmöglich. Eine solche Konvergenz tendiert jedoch wahrscheinlich zum wirtschaftlichen Teil der Gleichung, wenn die Emissionsreduktionspolitik mit dem Wirtschaftswachstum oder der Arbeitsmarktpolitik kollidiert.

Viertens: Die allgemein pessimistische Einschätzung der Fähigkeit demokratischer Regierungsführung, auf außergewöhnliche Umstände zu reagieren, sie zu bewältigen und zu kontrollieren, ist, wenn auch nur implizit, mit der seinerzeitigen optimistischen Einschätzung des Potenzials großmaßstäblicher Planung im Sinne des Social Engineering verbunden. Planung in jeder Größenordnung ist kaum einfach zu bewerkstelligen. Nicht nur die Fähigkeit der Regierungen, sondern auch die allgemeine Möglichkeit, die künftige Gegenwart von Gesellschaften zu planen, ist eher begrenzt, vielleicht sogar inexistent (siehe Tenbruck, 1977: 138). Wirtschaftliche und soziale Planungskonzepte, die vor Jahrzehnten weithin positiv diskutiert wurden, sind in Verruf geraten (siehe Giddens, 2009: 94–100). Bestimmte Pläne zur Verbesserung der menschlichen Lebensbedingungen sind gescheitert, wie James Scott (1998) in seinem Buch „Seeing like a State" Fall für Fall aufzeigt. Das einst aktive akademische Programm und die enthusiastische Unterstützung für die Futurologie über wünschenswerte Zukünfte ist verschwunden (Seefried, 2015). Moderne de-zentrierte, funktional differenzierte Gesellschaften schließen eine de-differenzierte, gesamtgesellschaftliche Sozialplanung prinzipiell aus (Luhmann 1976; [1992] 1998).

Fünftens stellt man in der Argumentation der ungeduldigen Kritiker der Demokratie eine unangemessene Verschmelzung von Natur und Gesellschaft fest. Die Ungewissheiten (in Bezug auf das Klima), die die Naturwissenschaften angeblich beseitigt haben, und der maßgebliche Konsens, den die Wissenschaften dadurch erlangt haben, werden einfach auf den Bereich der gesellschaftlichen Prozesse übertragen. Ein Konsens über die Beweise, so wird argumentiert, sollte einen Konsens über politisches Handeln motivieren. Wünschenswert ist eine rationale Gestaltung der sozialen Ordnung, die „dem wissenschaftlichen Verständnis der Naturgesetze entspricht" (Scott, 1998: 4), z. B. eine umfassende Planung der menschlichen Besiedlung und Produktion. Die Gestaltung der Gesellschaft von oben nach unten ist schematisch und ignoriert die wesentlichen Realitäten jeder real existierenden sozialen Ordnung: Die konstitutiven Ungewissheiten, die Fragilität und die Komplexität des sozialen, politischen und wirtschaftlichen Geschehens, die Schwierigkeit, die künftige Gegenwart zu antizipieren, werden als geringfügige Hindernisse behandelt, die so schnell wie möglich umschifft werden können – natürlich durch einen Top-down-Ansatz -, indem die Politiken umgesetzt werden, die der Glaube an wissenschaftliche Erkenntnisse vorschreibt. Dies untergräbt die Würde, die Pluralität und die Konflikte, die den heutigen Wissensgesellschaften immanent sind.

Und schließlich die bemerkenswerte Widerstandsfähigkeit der fortgeschrittenen kapitalistischen Demokratien, die von ihren Anfängen im frühen 20. Jahrhundert über eines der turbulentesten modernen Jahrhunderte hinweg mit großen „Schocks" konfrontiert wurden[th]. Die Demokratie ist ein effektiver Anpassungsorganismus als andere Formen des Regierens (Luce, 2017: 87). Obwohl die Vergangenheit nicht unbedingt eine solide Grundlage für die Vorhersage künftiger Zustände ist, ist die Wahrscheinlichkeit, dass reiche Demokratien in den Autoritarismus zurückfallen, nahezu gleich null (Iversen und Soskice 2019; siehe auch Przeworski und Limongi 1997). Offensichtlich gibt es Ausnahmen. Wir wissen nur noch nicht, ob die außergewöhnlichen Umstände des Klimawandels in der zukünftigen Gegenwart von solchem Ausmaß sein werden, dass die Vergangenheit tatsächlich keinen Hinweis auf die zukünftige Gesundheit von Demokratien gibt.

19.5 Was ist zu tun? Stärkung der Demokratie?

Was ist gute Regierungsführung unter außergewöhnlichen Umständen? Ist demokratisches Regieren effektives Regieren? Und warum sollte eine demokratischere und egalitärere Gesellschaft als gesellschaftspolitische Grundlage für die Bewältigung von Extremsituationen von Vorteil sein?

Der Diskurs der ungeduldigen Wissenschaftler in ihrer Demokratieverdrossenheit privilegiert hegemoniale Akteure wie Weltmächte, Staaten, transnationale Organisationen und multinationale Konzerne. Von partizipativen Strategien ist nur selten die Rede. Ebenso hat die globale Schadensbegrenzung Vorrang vor der lokalen Anpassung. „Globales" Wissen triumphiert über „lokales" Wissen. Gesellschaftliche Trends scheinen jedoch in die entgegengesetzte Richtung zu wirken. Die Fähigkeit großer gesellschaftlicher Institutionen, den Bürgern ihren Willen aufzuzwingen, nimmt ab (Stehr, 2001). Infolgedessen mobilisieren sich die Menschen für lokale Belange und Bemühungen, einschließlich der Folgen des Klimawandels, wodurch die demokratische Governance gestärkt wird.

Die Diskussion der Optionen für die künftige Klimapolitik unterstützt den Eindruck, dass die gleichen gescheiterten klimapolitischen Maßnahmen beibehalten werden müssen und der einzig richtige Ansatz sind; es geht lediglich darum, dass diese Maßnahmen effektiver und „vernünftiger" werden. Daraus folgt, dass die internationalen Verhandlungen zu einer Einigung auf konkrete, aber viel weiter gefasste Emissionsreduktionsziele führen müssen. Nur ein Super-Kyoto kann uns noch helfen. Wie aber die hehren Ziele einer umfassenden Emissionsreduktion praktisch und politisch *durchgesetzt* werden können, bleibt im Nebel allgemeiner Absichtserklärungen und schärft nur die politische Skepsis der Wissenschaftler.

Die nach wie vor dominierende Angriffslinie der Klimapolitik zeigt weder auf staatlicher noch auf globaler Ebene Erfolge. Im Gegenteil: Alles, was weiterhin weltweit in Gang gesetzt wird, zielt auf ein anhaltendes Wirtschaftswachstum, das einen Rückgang der Emissionen verhindert. Ein alternatives Modell ist erforderlich: Ein Modell, in dem Maßnahmen unter ambivalenten, unsicheren und unerwarteten Umständen erzwungen werden können. Ein Modell, das zudem anerkennt, dass der Klimawandel ein bösartiges Problem ist, das nur indirekt angegangen werden kann und Ausdauer über einen längeren Zeitraum hinweg erfordert. Diese Art von Modell wird nur durch eine wiederbelebte und nicht durch eine weniger demokratische Interaktion zu finden sein.

Die Klimapolitik muss mit der Demokratie vereinbar sein, sonst wird die Bedrohung der Zivilisation weit über die Veränderungen unserer physischen Umwelt hinausgehen. Der Klimawandel verlangt nach komplexen Lösungen, die die weltweite Befähigung und das Wissen von Einzelpersonen, Gruppen und Bewegungen, die sich für Umweltfragen einsetzen, voraussetzen. Mehr Demokratie in Verbindung mit politischen Bemühungen um eine gerechtere Gesellschaft könnte der Schlüssel zu einer nachhaltigen Klimapolitik sein. Mehr Demokratie bedeutet per definitionem mehr politische Teilhabe, vor allem für diejenigen, die heute typischerweise am Rande der politischen Teilhabe stehen, z. B. die Jugend und die wirtschaftlich benachteiligten Schichten.[20]

Eine egalitärere Gesellschaft „würde nicht notwendigerweise eine rationale ökologische Politik betreiben, aber sie würde dies mit größerer Wahrscheinlichkeit tun" (Best und Connolly, 1975: 59). Wenn die Lebenschancen gleichmäßiger verteilt sind und sichergestellt ist, dass niemand den Vorteilen und Kosten einer Lösung eines schwer-

---

[20] Konkrete Ratschläge zur Vermeidung oligarchischer Tendenzen in Organisationen finden sich beispielsweise in Robert K. Mertons (1966) Aufsatz über „Dilemmas of democracies in the voluntary association".

wiegenden öffentlichen Problems entgehen kann[21], sollte man erwarten, dass „das politische System sehr wahrscheinlich kollektive Antworten auf gemeinsame Gefahren und Belastungen hervorbringt" (Best und Connolly, 1975: 59). Der englische Politikwissenschaftler David Runciman (2013a: 316) nennt zwei weitere deutliche, praktische Vorteile von Demokratien gegenüber autoritären Regierungen, die mit außergewöhnlichen Umständen konfrontiert sind: „Der erste ist ihre Fähigkeit, an einem Strang zu ziehen, wenn die Bedrohung zu groß wird, um sie zu ignorieren [...]. Der zweite ist ihre Fähigkeit, immer wieder zu experimentieren und sich an die Herausforderungen anzupassen, denen sie begegnen".

Ein kriegsähnlicher Ansatz hat dagegen genau den gegenteiligen Effekt. Ein kriegsähnlicher Ansatz reduziert die Komplexität des sozialen und politischen Lebens insofern, als der Krieg „das Leben der Menschen nationalisiert. Private Aktivitäten [...] sind weitgehend von kollektiven Zwängen geprägt" (Rosanvallon, [2011] 2013: 183), wie es unter autoritärer Herrschaft der Fall wäre. Unter modernen Bedingungen erfordern insbesondere die gestiegenen kognitiven und sozialen Fähigkeiten der Bürger ihre politische Beteiligung für eine erfolgreiche Politik und eine gute Regierungsführung.[22]

Darüber hinaus wird eine weitere Entstaatlichung des Regierens dazu beitragen, neue, vielfältige Formen sozialer Solidarität und Verpflichtungen zu schaffen, lokale/regionale Antworten auf den Klimawandel zu stärken und das Verständnis für soziale Interdependenz zu verbessern. Darüber hinaus muss die Eigenständigkeit sozialer Institutionen gewährleistet und – wenn nötig – neu geschaffen werden, um Grenzen zu überschreiten und vermeintlich unterschiedliche Motive und Praktiken verschiedener sozialer Institutionen zu verbinden, z. B. indem wirtschaftliche und moralische Anreize zusammengeführt und die Komplexität der Bedürfnisse erhöht werden.

---

[21] Der systematische Abbau von Mustern sozialer Ungleichheit in modernen Gesellschaften verbessert die demokratische Regierungsführung und die politische Teilhabe (Soci, Maccagnan und Mantovani, 2014: 46).

[22] Hans Jonas ([1979] 1984: 146) macht eine ähnliche Beobachtung über die systematische Unfähigkeit autoritärer Regierungen, politische Fehler zu überwinden.

Die Tendenz, der Einzigartigkeit des Wissens (und der Information) im sozialen Verhalten eine entscheidende Rolle zuzuschreiben, wird deutlich, wenn man sich die Frage stellt, *wie viel Wissen* man für eine bestimmte Aufgabe benötigt, ganz zu schweigen davon, wie tief und subtil man es wissen muss. Die Neugier auf die Frage, wie viel wir wissen müssen, erstreckt sich auch auf die Frage, was wir nicht zu wissen brauchen. Erstens ist dies ein Thema, das nur selten systematisch untersucht wird. Zweitens besteht die Neigung, davon auszugehen, dass die Ressource Wissen in irgendeiner Weise ausreicht, um eine bestimmte Transaktion durchzuführen. Eine adäquatere Vermutung wäre, dass die meisten Entscheidungen und Handlungen mit eher begrenztem Wissen und Informationen (vgl. Akerlof, 1970; Smith 2015) über zukünftige Handlungsbedingungen durchgeführt werden und dass sich die Akteure bewusst sind, wie wenig Wissen sie in vielen Situationen typischerweise mobilisieren können. Der Handlungsdruck, der den Alltag prägt, sorgt dafür, dass trotz des begrenzten Wissens und der begrenzten Informationen der meisten Akteure Entscheidungen getroffen und Maßnahmen ergriffen werden. Dass wir oft gezwungen sind, mit begrenztem Wissen zu handeln, ist kein konstitutives Manko der Demokratie. „Das Leben kann nicht warten" (Durkheim ([1912] 1965: 479; siehe auch Gehlen, [1940] 1988: 296–297). In den meisten sozialen Kontexten hat das Bedürfnis zu handeln Vorrang vor dem Bedürfnis zu wissen.

Die Aushöhlung der Demokratie mag einigen, z. B. Populisten, „bequem" erscheinen, ist aber sicherlich eine unnötige Unterdrückung der sozialen Komplexität. Friedrich Hayek (1960: 25) wies auf eine paradoxe Entwicklung hin. Je weiter die Wissenschaft voranschreitet, desto stärker wird die Feststellung, dass wir „eine *bewusstere und umfassendere Kontrolle aller menschlichen Aktivitäten* anstreben sollten". Hayek fügt pessimistisch hinzu: „Aus diesem Grund werden diejenigen, die vom Fortschritt des Wissens berauscht sind, so oft zu Feinden der Freiheit".

Dass demokratisches Regieren *langsam* ist, beispielsweise im Vergleich zu der Geschwindigkeit, mit der Entscheidungen in der modernen Wirtschaft getroffen werden (siehe Stehr und Voss, 2019), lässt sich nicht leugnen. In den Augen vieler Bürgerinnen und Bürger, darunter natürlich auch Klimawissenschaftlerinnen und -wissenschaftler, erzeugt die Langsamkeit und die Bedächtigkeit der Entscheidungsfindung permanente Unzufriedenheit. Die Klimawissenschaftler mit ihren sich häufenden Warnungen vor den drohenden Risiken und Gefahren der Auswirkungen des Klimawandels und ihre Kommunikation über das Versagen der Politik, diese Warnungen zu beachten, tragen nicht dazu bei, diese Unruhe unter den Bürgern zu verringern. Es stellt daher eine große Herausforderung für Demokratien dar, die politische Entscheidungsfindung zu beschleunigen und die Möglichkeiten zur Beteiligung an demokratischen Entscheidungen zu verbessern, beispielsweise am Arbeitsplatz (vgl. Herzog, 2019) und in der lokalen politischen Gemeinschaft.

19.6 Schlussfolgerungen

Bestimmte Arten von Staaten, die von utopischen Plänen und einer autoritären Missachtung der Werte, Wünsche und Einwände ihrer Untertanen angetrieben werden, sind in der Tat eine tödliche Bedrohung für das menschliche Wohlergehen.
James Scott (1998: 7)

In *Nature* (4. Dezember 2014: 8) heißt es dazu: „Das Ausmaß des [...] Klimawandels ist beunruhigend ungewiss. Noch unsicherer sind die physischen, sozialen und wirtschaftlichen Nebenwirkungen der globalen Erwärmung. Es gibt allen Grund zu der Annahme, dass sie im Großen und Ganzen schädlich sein werden.". Die zentrale Frage ist nicht mehr, ob es einen Klimawandel gibt. Es geht vielmehr darum, was dagegen getan werden sollte. Der Klimawandel ist die größte Bedrohung, mit der die Menschheit in der Geschichte konfrontiert war. Würde man die demokratische Debatte und Entscheidungsfindung einschließlich einer umfassenden Bürgerbeteiligung aussetzen, um das Notwendige zu tun, müsste man entweder Experten zu Entscheidungsträgern ernennen oder die Macht an politische Entscheidungsträger delegieren (die zufällig einer bestimmten Gruppe von Experten glauben). Weder die erste, die technokratische oder sozialtechnische Vision, noch die Idee eines eher autoritären Umweltbewusstseins ist attraktiv. Ich habe Argumente gesammelt und vorgebracht, die dafürsprechen, dass die Demokratie als beste politische Grundlage für politische Maßnahmen zur Bewältigung des Klimawandels als bösartiges Problem gestärkt und nicht abgeschafft werden muss. Es ist wichtig, sich gegen vereinfachte Lösungen für den Klimawandel zu wehren. Bei der Diskussion, der Erforschung und dem Verständnis von Klima und Klimawandel täten wir gut daran, die komplexen Verflechtungen des Klimasystems zu beachten, aber auch die gesellschaftlichen Prozesse, Praktiken und Spannungen, durch die sich Wissenschaft, Gesellschaft, Natur und Klima gegenseitig durchdringen, begleiten, bedecken und umhüllen (für eine solche theoretische Perspektive siehe Stehr und Machin, 2019).

Literatur

Adam, David (2009), "Leading climate scientist: democratic process isn't working," *The Guardian*. Available at: http://www.theguardian.com/science/2009/mar/18/nasa-climate-change-james-hansen.

Aitken, Mhairi (2012) "Changing climate, changing democracy: a cautionary tale," *Environmental Politics* 21: 211-229.

Akerlof, George A. (1970), „The market for ‚lemons': Quality, uncertainty, and the market mechanism," *The Quarterly Journal of Economics* 84: 488-500.

Beeson, Mark (2010), 'The Coming of Environmental Authoritarianism' *Environmental Politics* Vol. 19: 276–294.

Best, Jacqueline (2018) "Technocratic exceptionalism: Monetary policy and the fear of democracy," *International Political Sociology* 12: 328-345. https://doi.org/10.1093/ips/oly017.

Best, Michael H. and William E. Connolly (1975), "Market images and corporate power: Beyond the 'economics of environmental management'," in Kenneth M. Dolbeare (ed.), *Sage Yearbooks Public Policy Evaluation*. Beverly Hills: Sage, pp. 41-74.

Bomberg, Elizabeth (2017), "Environmental politics in the Trump era: an early assessment," *Environmental Politics* 10: 1-8.

Churchman, C. West (1967), "Wicked problems," *Management Science* 14: B141-B142.

Crouch, Colin (2004), *Post-Democracy*. Cambridge: Cambridge University Press.

Dahl, Robert A. (1977), "On removing certain impediments to democracy in the United States." *Political Science Quarterly* 92:1–20.

Di Paola, Marcello and Dale Jamieson (2018) "Climate change and the challenges to dsemocraxcy," *University of Miami Law Review* 72: 369-424.

Downs, Anthony (1972) „Up and down with ecology – the issue-attention cycle" *Public Interest* 28:38-50.

Durkheim, Emile ([1912] 1965), *The Elementary Forms of Religious Life*. New York: Free Press.

Elias, Norbert (1984), "Knowledge and power," in Nico Stehr and Volker Meja (eds.), *Society and Knowledge*. Contemporary Perspectives on the Sociology of Knowledge. New Brunswick, New Jersey: Transaction Books, pp. 251–292.

Foucault, Michel ([1981–1985] 2005) „Die Maschen der Macht," in Michel Foucault (ed.), *Schriften*. Volume 4. Frankfurt am Main: Suhrkamp, S. 224–244.

Fischer, Frank (2017), *Climate Crisis and the Democratic Prospect*. Participatory Governance in Sustainable Communities. Oxford: Oxford University Press.

Fukuyama, Francis (1992), *The End of History and the Last Man*. New York: Free Press.

Fukuyama, Francis (2018) *Identity*. Contemporary Identity Politics and the Struggle for Recognition. London: Profile Books.

Gauchat, Gordon and Kenneth T. Andrews (2018) "The cultural-cognitive mapping of scientific professions," *American Sociological Review* 83: 567-595.

Gehlen, Arnold ([1940] 1988), *Man. His Nature and Place in the World*. New York: Columbia University Press.

Giddens, Anthony (2009) *The Politics of Climate Change*. Cambridge: Polity Press.

Gigerenzer, Gerd and Rocio Garcia-Rettamero (2017), "Cassandra's regret: The psychology of not wanting to know," *Psychological Review* 124: 179-196.

Gilley, Bruce (2012) "Authoritarian environmentalism and China´s response to climate change," *Environmental Politics* 21: 287-307.

Granovetter, Mark (1985), "Economic action and social structure: The problem of embeddedness," American Journal of Sociology 91: 481–510.

Grundmann, Reiner and Nico Stehr (2012) *The Power of Scientific Knowledge. From Research to Public policy.* Cambridge: Cambridge University Press.

Haldane, Andrew ([2009] 2013), "Rethinking the financial network," in Stephan Jansen, Eckhard Schröter and Nico Stehr (eds.), *Fragile Stabilität – stabile Fragilität.* Wiesbaden: Springer VS, pp. 243-278.

Hayek, Friedrich August von (1960), *The Constitution of Liberty.* London: Routledge.

Hayek, Friedrich August von (1944), *The Road to Serfdom.* London: George Routledge & Sons.

Herzog, Lisa (2019) *Die Rettung der Arbeit.* München: Hanser Berlin.

Iverson, Torben and David Soskice (2019) *Democracy and Prosperity:* Reinventing Capitalism through a Turbulent Century. Princeton University Press.

Jasanoff, Sheila (2012), *Science and Public Reason.* London and New York: Routledge.

Jamieson, Dale (2014) *Reason in a Dark Time.* Why the Struggle against Climate Change failed—and what it means for our Future. New York: Oxford University Press.

Jonas, Hans ([1979] 1984), *The Imperative of Responsibility.* In Search of an Ethics for the Technological Age. Chicago and London: University of Chicago Press.

Keller, Evelyn Fox (2017), "Climate science, truth and democracy," *Studies in History and Philosophy of Biological and Biomedical Sciences* 64: 106-122.

Kuklinski, James D. (1990) "Information and the study of politics," in John A. Forejohn und James H. Kuklinski (eds.), *Information and the Democratic Processes.* Urbana und Chicago: University of Illinois Press, pp. 391-395.

Kuttner, Robert (2018), *Can democracy survive global capitalism?.* New York: WW Norton & Company, 2018.

Levitsky, Steven and Daniel Ziblatt (2018) *How Democracies Die.* What History reveals about the Future. London: Viking.

Lipset, Seymour Martin, Martin Trow, and James S. Coleman ([1956] 1962), *Union Democracy:* The Internal Politics of the International Typographical Union. New York: Doubleday & Company.

Lovelock, James (2009) *The Vanishing Face of Gaia.* New York: Basic Books.

Luce, Edward (2017) *The Retreat of Western Liberalism.* London: Abacus.

Luhmann, Niklas (2005) *Risk.* A Sociological Theory. With a New Introduction by Nico Stehr and Gotthard Bechmann. London: Aldine Transaction.

Luhmann, Niklas ([1992] 1998), *Observations on Modernity*. Stanford, California: Stanford University Press.

Luhmann, Niklas (1976) "The future cannot begin: Temporal structure in modern society," *Social Research* 43: 130-152.

McKibben, Bill (2018) "A Very Grim Forecast," *New York Review of Books* (October 25, 2018) https://www.nybooks.com/articles/2018/11/22/global-warming-very-grim-forecast/.

McKibben, Bill (2016) "We're under attack by a powerful enemy – and our only hope it to mobilize like we did in WWII," *New Republic* (September): 22–321.

Marquand, David (2004), *The Decline of the Public*. The Hollowing Out of Citizenship. Cambridge: Polity Press.

Marshall, George (2014), *Don't Even Think About It*. Why Our Brains Are Wired to Ignore Climate Change. New York: Bloomsbury.

McDonald, Susan (2009) "Changing climate, changing minds," *International Journal of Sustainable Communities* 4: 45-63

Merton, Robert K. (1966), "Dilemmas of Democracy in the Voluntary Associations," *American Journal of Nursing* 66: 1055-1061.

Michels, Robert ([1915] 1949), *Political Parties:* A Sociological Study of the Oligarchical Tendencies of Modern Democracy. New York: Free Press.

Mounk, Yascha (2018) *The People vs. Democracy*. Why our Freedom is in Danger & How to Save it. Cambridge, Massachusetts: Harvard University Press.

Nordhaus, William (2015) *The Climate Casino*. Risk, Uncertainty, and Economics for a Warming World. New Haven, Connecticut: Yale University Press.

Petersen, Michael Bang and Lene Aarøe (2013), "Politics in the mind's eye: imagination as a link between social and political cognition," *American Political Science Review* 107: 275–293.

Pielke, Roger Jr. (2010) *The Climate Fix*. What Scientists and Politicians Won't Tell You About Global Warming. New York: Basic Books.

Prewitt, Kenneth (2010), "Introduction: Limits to knowledge? No easy answer," *Social Research* 77:901-904.

Prins, Gwyn, Isabel Galiana, Professor Christopher Green, Reiner Grundmann, Mike Hulme, Atte Korhola, Frank Laird, Ted Nordhaus, Roger Pielke Jr., Steve Rayner, Daniel Sarewitz, Michael Shellenberger, Nico Stehr, and Hiroyuki Tezuka (2010), *Hartwell Paper I*. London: London School of Economics.

Przeworski, Adam, and Fernando Limongi (1997) "Modernization: Theories and Facts," *World Politics* 49: 155-183.

Rosanvallon, Pierre ([2011] 2013), *The Society of Equals*. Cambridge, Massachusetts: Harvard University Press.

Rosanvallon, Pierre (2006), *Democracy Past and Future*. New York: Columbia University Press.

Rittel, Horst und Melvin M. Webber (1973), „Dilemmas in the general theory of planning," *Policy Sciences* 4: 154-59.

Rorty, Richard (2004), "Post-democracy," *London Review of Books* 26: 10-11.

Runciman, David (2018), *How Democracy Ends*. London: Profile Books.

Runciman, David (2013a), *The Confidence Trap*. A History of Democracy in Crisis from World War I to the Present. Princeton, New Jersey: Princeton University Press.

Sarewitz, Daniel (2010), "Normal science and the limits on knowledge: What we seek to know, what we choose not to know, what we don't bother knowing," *Social Research* 77: 997-1010.

Schon, David A. ([1963] 1967), *Invention and the evolution of ideas*. London: Tavistock.

Schumpeter, Joseph A., (1942), *Capitalism, Socialism and Democracy*. New York: Harper-Collins.

Scott, James C. (1998) *Seeing like a State*. How certain Schemes to Improve the Human Condition Have Failed. New Haven, Connecticut: Yale University Press.

Seefried, Elke (2015) *Zukünfte*. Aufstieg und Krise der Zukunftsforschung. Berlin: de Gruyter.

Shearman, David, Smith, Joseph Wayne (2007) *The Climate Change Challenge and the Failure of Democracy*. London: Praeger

Simmel, Georg ([1907] 1989), *Philosophie des Geldes*. Gesamtausgabe Band 6, Frankfurt am Main: Suhrkamp.

Skidelsky, Robert and Edward Skidelsky (2012) *How much is Enough?* Money and the Good Life. New York: Other Press.

Soci, Anna, Anna Maccagnan and Daniela Mantovani (2014) "Does inequality harm democracy? An empirical investigation on the UK," 6th International Scientific Conference on Economic and Social Development and 3rd Eastern European ESD Conference: Business Continuity, Vienna 24–25 April, 2014.

Smith, Charles (2015), *What the Market Teaches Us*. Limitations of Knowing and Tactics for Doing. Oxford: Oxford University Press.

Stehr, Nico (2016a), *Information, Power, and Democracy:* Liberty is a Daughter of Knowledge. Cambridge: Cambridge University Press.
Stehr, Nico (2016b), „Exceptional circumstances. Does climate change trump democracy?," *Issues in Science and Technology* 32: 37-44.
Stehr, Nico (2015), "Democracy is not an inconvenience," *Nature* 525: 449-450, 2015.
Stehr, Nico (2001), *The Fragility of Modern Societies*: Knowledge and Risk in the Information Age. London: Sage.
Stehr, Nico (1994), *Knowledge Societies*. London: Sage.
Stehr, Nico (1991), „The power of scientific knowledge - and its limits," *Canadian Review of Sociology and Anthropology* 29:460-482.
Stehr, Nico (1997) "Trust and climate." *Climate Research* 8: 163-169, 199.
Stehr, Nico and Dustin Voss (2019) *Money*. A Social Theory of Modernity. New York: Routledge.
Stehr, Nico and Amanda Machin (2019) *Society & Climate*. Transformations and Challenges. Singapore: World Scientific Publishers.
Stehr, Nico and Marion Adolf (2018) *Ist Wissen Macht?* Wissen als gesellschaftliche Tatsache. Weilerswist: Velbrück Wissenschaft.
Stehr, Nico and Amanda Machin (2016a) „Inequality in modern society: Causes, consequences," in Nico Stehr and Amanda Machin (eds.), *Understanding Inequality*: Social Costs and Benefits. Wiesbaden: Springer VS, pp. 3-36.
Stehr, Nico and Amanda Machin (2016b) „Trusting the climate: Catastrophe vs. stability," *Society*, 53: 573–580.
Swyngedouw, Erik (2011), "Interrogating post-democracy: Reclaiming egalitarian political spaces," *Political Geography* 30: 370-380.
Swyngedouw, Erik (2010) "Apocalypse forever? Post-political populism and the spectre of climate change." *Theory, Culture and Society*, 27: 213–232.
Tenbruck, Friedrich H. (1977), "Grenzen der staatlichen Planung," in Wilhelm Hennis, Peter Graf Kielmansegg and Ulrich Matz (eds.), *Regierbarkeit*. Studien zu ihrer Problematisierung. Band 1. Stuttgart: Klett-Cotta, pp. 134–149.
Van Dijk, Teun A. (2014) *Discourse and Knowledge*. A Sociocognitive Approach. Cambridge: Cambridge University Press.
Weber, Max ([1918] 1994), "Parliament and Government in Germany Under a New Political Order," in Peter Lassman and Ronald Spiers (eds.), *Weber. Political Writings*. Cambridge: Cambridge University Press, pp. 130–271.

Williamson, Oliver E. (1975), *Markets and Hierarchies*. Analysis and Antitrust Implications. New York: Free Press.
Williamson, Oliver E. (1985), *The Economic Institutions of Capitalism*. Firms, Markets, Relational Contracting. New York: Free Press.
Williamson, Oliver E. (1995), "Transaction cost economics and organization theory," in: Neil J. Smelser und Richard Swedberg (eds.), *The Handbook of Economic Sociology*. Princeton, New Jersey: Princeton University Press, pp. 77–107.
Wissenschaftliche Beirat der Bundesregierung „Globale Umweltveränderungen" (WBGU) (2012) *Welt im Wandel – Gesellschaftsvertrag für eine Große Transformation*. Berlin: Wissenschaftliche Beirat der Bundesregierung „Globale Umweltveränderungen".
Zakaria, Fareed ([2004] 2007) *The Future of Freedom*. Illiberal Democracy at Home and Abroad. New York: W.W. Norton.

20

Ein sehr blinder Fleck

Der Handlungsbedarf im Zusammenhang mit der Klimakrise könnte nicht dringender sein. Deshalb hat die jüngste hitzige Klimadebatte in vielen Ländern auch ihre guten Seiten. Die Klimafrage steht wieder ganz oben auf der dringenden politischen Agenda in Europa und anderswo. Zwar wird heftig über politisch und gesellschaftlich durchsetzbare Lösungen debattiert, aber fast immer und immer noch nur einseitig – mit proklamatorischen Forderungen nach symbolischen Maßnahmen, die die globalen Ursachen der Erderwärmung und die Notwendigkeit der gesellschaftlichen Anpassung an den Klimawandel ignorieren.

Die politische und gesellschaftliche Debatte in den Vereinigten Staaten und in Europa konzentriert sich weiterhin auf Maßnahmen zur Reduzierung der nationalen und/oder globalen Treibhausgasemissionen. Dazu gehören nicht nur die Bepreisung der CO_2-Emissionen, sondern auch die Aufforstung unseres Baumbestandes, die Förderung erneuerbarer Energien – zum Beispiel der Bau von Windkraftanlagen, die

---

Zuerst: Stehr, N., und H. von Storch „A very blind spot" Society 56: 611–612, 2019.

© Der/die Autor(en), exklusiv lizenziert an Springer Fachmedien Wiesbaden GmbH, ein Teil von Springer Nature 2023
N. Stehr und H. von Storch, *Die Wissenschaft in der Gesellschaft*,
https://doi.org/10.1007/978-3-658-41882-3_20

Elektromobilität, die Dämmung von Immobilien, die Senkung der Mehrwertsteuer auf Bahntickets usw.

Das verfügbare politische Kapital wird ausschließlich in die Vermeidung von nationalen Emissionen investiert.

Dies sind zweifellos förderungswürdige Unternehmungen, die jedoch nur sehr begrenzt geeignet sind, das Problem der sich in der Atmosphäre ansammelnden Treibhausgase und deren Auswirkungen auf das Klima zu bekämpfen. Darüber hinaus sind viele der Meinung, dass sie die gute Gelegenheit nutzen können, um andere Themen auf die Tagesordnung zu setzen, die einen erheblichen Einfluss auf das Klima haben – wie die Frage der Luftqualität und der Verwendung von Dieselfahrzeugen in Städten oder Schiffsabgasen in Häfen, Geschwindigkeitsbegrenzungen auf Autobahnen, Tierschutz oder Plastik im Meer.

Ein in der Öffentlichkeit wenig diskutiertes Phänomen ist jedoch die Verweildauer von Treibhausgasen in der Atmosphäre. Die Verweildauer der verschiedenen Gase ist unterschiedlich lang. Es dauert Jahrhunderte, bis die zusätzlichen Gase die Atmosphäre verlassen haben. Wir haben keine genauen Erkenntnisse, oder anders ausgedrückt, die Umkehrbarkeit des vom Menschen verursachten Klimawandels ist eine unsichere Größe. Eine aktuelle Studie schätzt, dass sich der Klimawandel erst 1000 Jahre nach dem vollständigen Stopp der Emissionen umkehren würde. Mit anderen Worten: Der vom Menschen verursachte Klimawandel ist für mindestens ein Jahrtausend unumkehrbar.

Die bisher eingetretenen und in den nächsten Jahren zu erwartenden Klimaveränderungen werden sich also fortsetzen und schließlich als „normal" angesehen werden, selbst wenn der ehrgeizige Plan, die Freisetzung von Treibhausgasen zu stoppen, erfolgreich ist. Das heißt, der Klimawandel ist da, wir können ihn begrenzen, aber wir müssen mit dem Klimawandel leben. Die Abschwächung verringert diese Veränderungen, macht sie aber nicht ungeschehen. Politik, Gesellschaft und Wissenschaft sollten sich dringend nicht nur mit der Eindämmung, sondern auch mit der Vorsorge gegen die Folgen des Klimawandels befassen. Dies wird durch drei Faktoren erschwert:

1. Es gibt keine abgestimmten Zeitskalen für nachhaltige Mäßigungs- und Anpassungsergebnisse. Die Erfolge einer Mäßigung der Treib-

hausgasemissionen werden erst in ferner Zukunft sichtbar. Selbst die sofortige Umsetzung geringerer CO_2-Emissionen kommt nicht rechtzeitig, um den Klimawandel in den nächsten Jahrzehnten zu begrenzen. Solange irgendwo auf der Welt Treibhausgase freigesetzt werden, wird sich das Klima weiter verändern. Die bisher unbegrenzten Emissionen sorgen dafür, dass der Klimawandel die Art und Weise, wie wir leben, verändern wird.
2. Die Bedrohung durch klimabedingte Extremereignisse wie starke Regenfälle, Überschwemmungen und Hitzewellen ist in vielen Regionen der Welt bereits sehr hoch. Man denke nur an New Orleans. Die Verwundbarkeit unserer Lebensgrundlagen nimmt in dem Maße zu, wie sich die wachsende Weltbevölkerung in gefährdeten Regionen ansiedelt, wo wachsende Bevölkerungsgruppen schutzlos an den Rand gedrängt und aufgrund der politischen Ökonomie zu Opfern von sogenannten Naturkatastrophen werden.
3. Die Regionen der Welt, deren Lebensgrundlagen von den Folgen des globalen Klimawandels besonders betroffen sein werden, insbesondere die am wenigsten entwickelten Länder, fordern schon jetzt zu Recht und in zunehmendem Maße, dass sich die Welt um ihren Schutz und nicht nur um den Klimaschutz kümmern sollte.

Trotz der bisher gegenteiligen Praxis aller politischen Parteien, von Klimaschutzprogrammen zu sprechen, ist Anpassung als Vorsorgemaßnahme politisch viel leichter umzusetzen und zu legitimieren als Vermeidungsstrategien; sie ist auch deshalb attraktiv, weil ihr Erfolg nicht erst in ferner Zukunft eintreten wird. Wenn es darum geht, Lösungen für ein Problem beispielsweise durch Innovationen in Wissenschaft und Technik zu finden, lassen sich diese viel besser darstellen, wenn sie als Anpassungsmaßnahmen konzipiert sind. Anpassungsstrategien erleichtern es auch, mehrere Ziele auf einmal zu erreichen: Die Verbesserung der Lebensqualität, der Luftqualität, der medizinischen Versorgung, die Verringerung sozialer Ungleichheit und die Erhöhung der politischen Teilhabe schließen sich nicht gegenseitig aus.

Anpassungsprozesse können zum Motor dessen werden, was wir heute als nachhaltige Wirtschaftstätigkeit bezeichnen. Anpassung kann zu einer Verringerung der Treibhausgasemissionen führen; Anpassung und Mäßigung stehen nicht im Widerspruch zueinander.

Die Verringerung der Emissionen allein führt jedoch nicht unbedingt zu einer Anpassung. Alle Nachhaltigkeit ist lokal. Es geht nicht nur um die Erhöhung von Küstendeichen, sondern um ein Bündel von Maßnahmen im Gesundheitsbereich, bei der Mobilität, den Ansprüchen an den Lebensraum, der Wasserversorgung, der Landnutzung, den Sozialisationsmustern, der Demokratie oder der Bewirtschaftung der Küstenökosysteme. Wir werden in den nächsten Jahrzehnten verstärkt darüber nachdenken müssen, was machbar ist. Und ein wesentlicher Teil des Machbaren ist die Vorsorge – zum Nutzen von uns allen.

Kurz und radikal ausgedrückt: Wir sollten anfangen, mit dem unausweichlichen Klimawandel und seinen Herausforderungen zu leben. Private und öffentliche Mittel werden benötigt, um eine problemorientierte Vorsorgeforschung für alle Bereiche des menschlichen Lebens zu ermöglichen. Bislang ist dieses Thema in der öffentlichen Debatte noch nicht wirklich angekommen. Obwohl in den technischen Abteilungen von Unternehmen und Verwaltungen längst über die Anpassung an die künftig zu erwartenden Veränderungen nachgedacht wird, scheinen sich Wirtschaft und Politik immer noch zu scheuen, das Wort Anpassung oder Vorsorge auszusprechen.

Das muss sich ändern. Anpassungs- und Minderungsmaßnahmen sind beides wichtige politische Ziele. Die Risiken und Gefahren des Umgangs mit den praktischen Folgen des Klimawandels in Form von Anpassungsmaßnahmen sollten ganz oben auf der politischen Agenda stehen.

21

Anpassung und Vermeidung oder von der Illusion der Differenz

Reaktion auf H. Ziegler. 2008. Adaptation versus mitigation – Zur Begriffspolitik in der Klimadebatte

Hansvolker Ziegler (2008) hat in seiner Polemik – dies, weil sein Beitrag voller Widersprüche ist und andere Positionen eigensinnig interpretiert – die Tugenden der angeblich herrschenden Begrifflichkeit, also die des International Panel on Climate Change (IPCC), gelobt. Ziegler argumentiert, dass das IPCC adaptation und mitigation schon immer als notwendig miteinander verbundene Vorgehensweisen in der Klimapolitik erkannt und gefordert habe. Er wirft uns vor, dass wir dies leugneten, indem wir einen unsinnigen Gegensatz zwischen Anpassung und Vermeidung konstruierten und damit der Wissenschaft, der Politik und dem Ziel der Nachhaltigkeit einen Bärendienst erwiesen.

Es gibt Personen, wie dies im besorgten Tenor Zieglers zum Ausdruck kommt, die „neuerdings" ungewohnte Fronten in der Auseinandersetzung mit den angeblich konvergierenden politischen Strategien als Antwort auf die globale Erwärmung eröffnet haben. Es handelt sich,

---

Zuerst: Stehr, N., und H. von Storch, 2008: Anpassung und Vermeidung oder von der Illusion der Differenz Reaktion auf H. Ziegler. 2008. Adaptation versus Mitigation? Zur Begriffspolitik in der Klimadebatte *GAIA* 17/1: 19–24; www.oekom.de/gaia | *GAIA* 17/3 (2008): 270–273.
Wir danken Reiner Grundmann und Hermann Strasser sowie einem Gutachter der GAIA für ihre konstruktiven Hinweise; für die in diesem Aufsatz vertretenen Positionen sind wir allerdings allein verantwortlich.

politisch korrekt formuliert, um „sogenannte Klimaskeptiker(innen)" und „Klimaleugner(innen)", die nicht nur von der Illusion der Differenz von Anpassung und Vermeidung beseelt sind, sondern darüber hinaus erfolgreich „manche Wissenschaftsquartiere" mit ihren abstrusen Vorstellungen infiziert haben. Dieser Personenkreis, dessen Größe uns nicht verraten wird, hat sich immer noch nicht „zur Selbstverpflichtung auf Nachhaltigkeit" eingeschossen.

Zwei Aspekte sollte man bei der Ziegler'schen Polemik herausarbeiten: erstens die gedankliche Unsauberkeit, wonach Anpassung und Vermeidung schon immer und notwendigerweise zwei gleichwertige Seiten einer Münze seien, die von uns aus merkwürdigen Gründen künstlich und für die Öffentlichkeit verwirrend als gesellschaftlich wie wissenschaftlich separate Zugänge dargestellt würden; zweitens die latente Aufforderung eines Vertreters der politischen Verwaltung an die Wissenschaft, die Verwendbarkeit der Wissenschaft für die Politik im Auge zu behalten.[1]

Wir beschränken uns hier auf den ersten Aspekt, eine Diskussion der Gleichgewichtigkeit (Konvergenz) und Bedingtheit (Differenz) von Anpassung und Vermeidung.

Um Missverständnisse zu vermeiden, sei klargestellt, dass es bei mitigation oder „Vermeidung" (auch „Minderung", „Milderung", „Mäßigung") darum geht, die menschlichen Ursachen der Erwärmung und ihre Folgen zu vermindern oder zu beseitigen, vor allem die Emissionen von Treibhausgasen wie Kohlendioxid oder Methan. Bei adaptation oder „Anpassung" handelt es sich darum, die Gesellschaft in den Stand zu setzen, mit den Gefahren des Klimas und insbesondere mit den in Zukunft verschärften Gefahren des Klimas umgehen zu können – nach dem Motto: handeln, bevor Schäden eintreten.

---

[1] Ziegler (2004) führt dies deutlicher aus in seinem früheren Beitrag Warum nur tut sich die Wissenschaft mit dem Vorsorgeprinzip so schwer? Interessanterweise fragen wir in unserem Zugang: „Warum tun sich Politik und Wissenschaft mit der Vorsorge (im Sinne vorsorglicher adaptation) so schwer?" Wir wollen die Problematik hier nicht vertiefen, verweisen aber darauf, dass wir es mit einem Anspruch an gesellschaftliche Nützlichkeit von Wissenschaft zu tun haben, wie er jüngst von Pielke (2007) überzeugend dekonstruiert wurde.

21 Anpassung und Vermeidung oder von der Illusion der Differenz

Sind aber schon Schäden zu verzeichnen, geht es bei der Anpassung darum, Schäden zu mildern. Natürlich kann es sein, dass adaptation und mitigation verknüpft sind: So können Bewaldungen einerseits der Speicherung von Kohlenstoff dienen, andererseits aber auch für Hangstabilität oder günstigere Bedingungen für die Speicherung von Niederschlag sorgen, der sonst ungebremst den Flüssen zugeleitet würde. In der Regel dienen Maßnahmen aber entweder überwiegend der Vermeidung oder der Anpassung. Tatsächlich halten wir Anpassung und Minderung für keine Alternativen, wie uns Ziegler unterstellt, sondern für notwendige Teile einer Gesamtstrategie. Darüber hinaus ist Minderung nützlich, wenn Anpassung weitgehend gelingt, und Anpassung nützlich, wenn Minderung weitgehend gelingt. Wenn wir in unseren Arbeiten das Gewicht auf Anpassung legen, bedeutet dies nicht, dass wir Minderungsstrategien kritisch gegenüberstehen, sondern nur einer systematischen Vernachlässigung der Anpassungsmaßnahmen durch Wissenschaft und Politik.

21.1 Von der Tugend der Einseitigkeit

Nicht nur die wissenschaftlichen Anstrengungen,[2] sondern auch die Klimapolitik ist überwiegend einseitig, wenn es um die mögliche Differenz oder Konvergenz von Vermeidung und Anpassung geht. Ziegler leugnet zwar, dass es diese Differenz geben kann oder darf, aber seine Argumentation lebt davon, dass in bestimmten Wissenschaftsquartieren genau so unterschieden wird. Richtig ist vielmehr – und wir haben diese Position seit vielen Jahren vertreten –, dass es in der öffentlich sichtbaren und wirksamen Wissenschaft und in der Politik eine nahezu singuläre Konzentration auf Vermeidungsstrategien gibt. Wie man die Tatsache der Differenzierung von Anpassung und Minderung in der bisherigen Praxis von Wissenschaft und Politik übersehen kann, ist uns rätselhaft. Ziegler im Verein mit Teilen der Wissenschaft und besonders mit der Klimapolitik scheint stillschweigend

---

[2] Siehe zum Beispiel den Stern Review (Stern 2006) und Heal (2008).

zu unterstellen, dass eine erfolgreiche Minderung eine Anpassungsstrategie unnötig macht. Genau dies macht die Ernsthaftigkeit einer bestimmten Klimastrategie unglaubwürdig. Ziegler referiert zwar einen IPCCKonsensus von 2007 (Ziegler 2008, Fußnote 2), gemäß dem die Verbindung von adaptation und mitigation viele (Genau welche? Wo? Wann?) Risiken des Klimawandels signifikant mindern könne. Dennoch betont das IPCC daran anschließend: „Many (auch hier: Genau welche? Wo? Wann?) impacts (of climate change) can be reduced, delayed or avoided by mitigation" (zitiert nach Ziegler 2008, Fußnote 2). Gleichzeitig behauptet Ziegler (2008, S. 20) – ohne dass dies, soweit erkennbar, auf Evidenz basiert –, dass „möglichst bald wirkende Strategien zur Stabilisierung und Reduzierung der Treibhausgase (THG) langfristig wirkungsvoller und kostengünstiger (sind), weil sie zugleich die Schäden und Kosten der Anpassung an den bereits eingetretenen oder wegen der Trägheit (inertia) der Systeme nicht mehr vermeidbaren Klimawandel verringern helfen." Also vorrangig Minderung, die nicht nur preiswerter ist, sondern auch (intendiert oder nicht?) Anpassungsmaßnahmen erübrigt?

21.2 Vom Tabu der Differenz

Wir möchten dieser klassischen, aber widersprüchlichen Position unsere – allerdings von Ziegler verdreht dargestellten – Überlegungen entgegensetzen. Von diesen Thesen, die nicht in dem von Ziegler verorteten Wissenschaftsquartier der Leugner(innen) des anthropogenen Klimawandels zu Hause sind, kann man sagen, dass sie sowohl realistisch sind, also auf soliden wissenschaftlichen Erkenntnissen beruhen, als auch ihrem Realismus folgend von einer Konvergenz von Anpassung und Vermeidung sowie von der Differenz entsprechender Forschungsprioritäten und Klimapolitik ausgehen. Im Folgenden versuchen wir unsere Position in neun Thesen zu erhärten. Angesichts der Polemik von Ziegler stellen wir darauf ab, warum es keineswegs „unsinnig" oder eine „Scheinalternative" ist, einen Unterschied zwischen Anpassung und Minderung zu machen, einmal davon abgesehen, dass beide in einem begrenzten Maß konvergieren oder ununterscheidbar werden können. Zieglers Position lässt sich mit einem Hausbesitzer illustrieren, der in einem Niedrigenergiehaus wohnt (mitigation) und sich deswegen sicher fühlt vor den Gefahren des Klimas. Er vergisst, dass sein Haus eines Tages bis zum Dach im Wasser stehen, sein Dach wegfliegen, den Hang hinunterrutschen oder in einer extremen Hitze- und Trockenperiode unbewohnbar werden könnte. Die vorsorgliche Anpassung vernachlässigt er im Verein mit der vorherrschenden Klimaschutzpolitik.

1. Die Klimaerwärmung ist kein vorübergehendes oder kurzlebiges Phänomen. Diese Feststellung ist deshalb von Belang, weil oft – bewusst oder nicht – der Eindruck geweckt wird, man könne das Klima innerhalb kurzer Frist ändern. Gleichzeitig ist Unsicherheit (im Sinne von Knight 1921) eines der fundamentalen Kennzeichen jeder Analyse der vorausschauenden Klimaproblematik. Es ist nicht der grundlegende Mechanismus der Erwärmung, der ungewiss ist, sondern deren natürliche und gesellschaftliche Folgen. Wir leben in einer zerbrechlichen Welt (siehe Stehr 2000), in der Wahrscheinlichkeitsverteilungen der Konsequenzen der Klimaänderungen (bisher) nicht vorhanden sind. Die Beendigung der globalen Erwärmung im Sinne der Klimarahmenkonvention der Vereinten Nationen erfordert eine Reduktion der anthropogenen Treibhausgasemissionen auf fast null,[3] was nur unter ungeheuren weltweiten Anstrengungen möglich ist. Bis darüber hinaus eine erhöhte CO_2-Konzentration zum vorindustriellen Gleichgewicht zurückkehrt, dauert es einige Jahrzehnte bis Jahrhunderte. Selbst wenn es gelänge, die Emissionen in lediglich einem Jahr um 80 % zu reduzieren, würde das Klima erst in Jahrzehnten ein neues Gleichgewicht erreichen. Mit anderen Worten:

---

[3] Matthews und Caldeira (2008) kommen zum Schluss, dass eine Stabilisierung der globalen Temperatur in den kommenden Jahrhunderten nur erreicht werden kann, wenn die CO_2-Emissionen auf null reduziert werden: „This means that avoiding future human-induced climate warming may require policies that seek not only to decrease CO_2 emissions, but to eliminate them entirely." Dieses Klimaschutzziel wird schwer zu erreichen sein; umso dringlicher sind vorsorgliche Adaptationsforschung und -politik. Je größer der Erfolg der mitigation, desto besser. Es bleibt aber in jedem Fall Anpassungsbedarf.

Die in Gang befindliche Klimaänderung lässt sich nicht von heute auf morgen stoppen, auch nicht durch noch so große Anstrengungen der Mitigationspolitik.[4] Eine Klimapolitik, die sich überwiegend der Mitigationsproblematik unter Missachtung des Anpassungsdrucks verschreibt, ist daher verantwortungslos. Das Ziel einer solchen Politik, das Klima vor der Gesellschaft – und damit die Gesellschaft vor sich selbst – zu schützen, ist erst in ferner Zukunft erreichbar.

2. Für die weltweite wie auch die deutsche Klimapolitik ist das Kyoto-Protokoll maßgebend. Dieses befasst sich fast ausschließlich mit Minderungsfragen. Die Minderungsziele des Kyoto-Protokolls, das 2012 ausläuft, werden wohl kaum erreicht. Sie würden den bis 2012 antizipierten Temperaturanstieg allenfalls um 0,1 Grad Celsius mindern. Der sogenannte clean development mechanism des Kyoto-Protokolls würde bis 2012 die Menge der weltweiten kumulierten Emissionen gegenüber einer Situation ohne Kyoto-Reduktionen um eine Woche verzögern.[5] Für Entwicklungs- und Schwellenländer, vor allem China und Indien, besteht nicht die Pflicht, die Treibhausgasemissionen zu reduzieren. Wir haben keine genauen Daten über die Treibhausgasemissionen dieser Staaten, können aber davon ausgehen, dass ihr Anteil am globalen Ausstoß ständig zunimmt. Auch die Emissionen der Industrieländer werden wahrscheinlich trotz aller Minderungsanstrengungen (weiter) ansteigen. Der Kyoto-Ansatz als gesellschaftlich restriktive, großflächige globale Planung ist gescheitert. Ein Nachfolgeprozess, der auf dieser hegemonialen Planungsmentalität basiert, wird nicht zielführend sein (vergleiche Scott 1998, Prins und Rayner 2007).

3. Der Klimawandel schreitet infolgedessen stetig voran und wird in Zukunft einen Gang zulegen. Eine Umkehr des Wandels unseres

---

[4] Gemäß der im Mai 2008 veröffentlichten Daten der US National Oceanic and Atmospheric Administration hat die atmosphärische CO_2-Konzentration mit 387 ppm einen neuen Rekord erreicht. Dies ist der höchste Wert seit 650 000 Jahren. Außerdem hat sich die Zuwachsrate in den vergangenen Jahren erhöht. www.esrl.noaa.gov/gmd/ccgg/trends (abgerufen 14.05.2008).

[5] Prometheus Science Policy Blog: http://sciencepolicy.colorado.edu/prometheus/archives/climate_change/0013676_days_in_2012_effe.html (abgerufen 14.05.2008).

21 Anpassung und Vermeidung oder von der Illusion der Differenz

Erdklimas ist nur in Jahrzehnten, wenn nicht sogar Jahrhunderten möglich.

4. Es gibt zumindest drei wichtige Gründe, warum sich Politik, Gesellschaft und Wissenschaft dringend nicht nur um mitigation, sondern auch um Adaptationsmaßnahmen als Reaktion auf die Folgen des Klimawandels kümmern müssten (vergleiche Pielke et al. 2007): Die bisherigen Emissionen stellen sicher, dass der Klimawandel unsere Lebensbedingungen verändern wird. Die Erfolge der mitigation zeigen sich hingegen erst in ferner Zukunft. Das Dilemma besteht darin, dass die Zeitskalen der Natur nicht deckungsgleich mit denen gesellschaftspolitischer Entscheidungskonjunkturen in demokratischen Gesellschaften sind, die sich etwa in Wahlperioden und Aufmerksamkeitszyklen, aber auch in grundsätzlichen Handlungshorizonten der Menschen niederschlagen. Die Gefährdung durch wetterbedingte Extremereignisse wie Starkregen, Überschwemmungen, Trockenheit, Muren und Hitzeperioden ist in vielen Regionen dieser Welt schon heute beträchtlich. Man denke nur an New Orleans, Myanmar oder den Hurrikan Mitch, der bei den Verhandlungen in Rio de Janeiro 1992 instrumentalisiert wurde. Die Verletzlichkeit unserer Existenzgrundlagen steigt in dem Maß, in dem das Wachstum der Weltbevölkerung in gefährdeten Regionen stattfindet und in den wachsenden Bevölkerungsgruppen schutzlos marginalisiert werden, die aufgrund der politischen Ökonomie dann Opfer sogenannter Naturkatastrophen werden. Eine totale Sicherheit kann eine zielführende, proaktive Anpassungspolitik nicht garantieren. Aber sie kann die Verletzlichkeit durch polit -ökonomische Bedingungen mildern. Die Regionen dieser Welt, die von den Folgen der Klimaänderung besonders betroffen sein werden, fordern mit Recht und wachsendem Nachdruck, dass sich die Welt um ihren direkten Schutz und nicht nur um den Schutz des Klimas kümmert.

5. Ein bezeichnendes Beispiel für die herrschende Einseitigkeit der Diskussion und der Klimaschutzbemühungen ist der oft leidenschaftslos benutzte Begriff der „Hitzetoten". Als seien Menschen nur Opfer der Natur und nicht Opfer bestimmter gesellschaftlicher Zustände, die die Betroffenen extremer Hitze aussetzen und nicht

präventiv schützen. Von Hitzetoten zu sprechen – wie im Sommer 2003 –, schützt letztlich nur die in ihrer Vorsorgepflicht versagenden Kommunen, Regionen oder Staaten. Die Ver wen dung des Begriffs garantiert sozusagen, dass die ihm zugrunde liegenden Entwicklungen sich aufgrund von Gedankenlosigkeit wiederholen.[6]

6. Der Klimawandel ist zudem ein nahezu perfektes Beispiel für die Tragödie der Allmende: Die Verursacher(innen) des Klimawandels werden kaum zur Kasse gebeten, obwohl sie die Vorteile ihres Tuns genießen. Verlängert man diese Sichtweise sowohl zeitlich als auch räumlich, werden es künftige Generationen und die weniger entwickelten Länder sein, die die Folgen des Klimawandels schultern müssen. Vorsorgliche Adaptationsmaßnahmen können diese Folgen mildern.

7. Trotz der bisher anscheinend gegenteiligen Ansichten aller politischen Parteien und deren Zögern, öffentlich von Klima-Adaptationsprogrammen zu sprechen,[7] ist Anpassung als Vorsorgemaßnahme politisch wesentlich leichter durchzusetzen und zu legitimieren als Vermeidung. Sie hat nicht zuletzt den Vorteil, dass ihr Erfolg nicht erst in ferner Zukunft eintritt. Anpassungsnahmen lassen sich eher auf die Interessen unterschiedlicher Bevölkerungsgruppen zuschneiden.[8] Koordinations- und Informationsdefizite lassen sich leichter ausräumen. Wenn es darum geht, durch Innovationen in Wissenschaft und Technik Lösungen für ein Problem zu finden, lassen sich diese leichter darstellen, wenn sie als Adaptationsmaßnahmen gedacht sind.

---

[6] Zu der wachsenden Literatur zu dieser Sichtweise gehören Klinenberg (2002) und Prisching (2006).

[7] Es bedarf natürlich detaillierterer Ausführungen, um darzustellen, warum es sowohl in der Wissenschaft als auch in der Politik diesen starken Widerstand gegen eine umfassendere Thematisierung der Anpassung gibt. Zu den Gründen gehören zweifellos die Bedenken, dass mit einer solchen Weichenstellung die bisherige Klimapolitik von der Öffentlichkeit als Fehlschlag verstanden werden könnte. Dabei ist ein solches Missverständnis keineswegs unvermeidlich, da Anpassung auch eine Flankierung zu Vermeidung darstellt.

[8] Die Anpassungsforschung muss entscheidende Fragen nach dem „Anpassung woran?" beantworten. Anpassungsmaßnahmen sind vorrangig lokale oder regionale Aufgaben, da die Klimaveränderung regional beziehungsweise lokal nicht gleichmäßig oder monoton voranschreitet (vergleiche Keenlyside et al. 2008, Wood 2008, S. 43).

8. Durch Anpassungsstrategien lassen sich auch mehrere Ziele auf einmal leichter erreichen: Die Verbesserung der Lebensqualität, die Verringerung sozialer Ungleichheit und ein Mehr an politischer Teilhabe. Risiken und Gefahren im Umgang mit Unsicherheiten, etwa neuen Technologien, sind im Falle von Anpassungsmaßnahmen geringer. Zweifellos erreichen Anpassungsmaßnahmen als solche diese multiplen Ziele nicht automatisch; dazu gehören auch flankierende politische und gesellschaftliche Rahmenbedingungen.
9. Adaptationsprozesse können zum Motor für nachhaltiges Wirtschaften werden, indem sie den Treibhausgasausstoß reduzieren (etwa geringerer Wasserverbrauch durch effiziente Spülmaschinen und damit geringerer Energiekonsum), denn Anpassung und Vermeidung widersprechen sich nicht. Nur: Vermeidung allein führt in den nächsten Jahrzehnten nicht unbedingt zur Anpassung. Jede Nachhaltigkeit ist lokal. Es geht nicht nur darum, die Küstendeiche zu erhöhen, sondern um ein Bündel von Maßnahmen im Gesundheitswesen, der Wasserversorgung oder dem Management der marinen Ökosysteme. Man muss in den kommenden Jahrzehnten zunehmend an das Machbare denken. Und das Machbare ist vorsorgliche Anpassung – zu unser aller Vorteil.

Kurz: Wir sollten uns daranmachen, zu überleben. Wir können deshalb nur fordern, endlich zusätzliche private und öffentliche Mittel für eine intelligente, umfassende Adaptationsforschung der Sozial- und Naturwissenschaften bereitzustellen. Dies heißt natürlich nicht, die bisherigen Klimaschutzziele zu verwerfen. Wirtschaft und Politik haben Angst, das Wort Anpassung auszusprechen, weil dies als Aufgeben gedeutet werden könnte, als Hinnehmen der Hybris. Und da gibt es jene, die sich hinter dem Scheinargument verstecken, dass es keinen Unterschied zwischen Anpassung und Minderung zu erkennen gebe. Das muss sich ändern.

Literatur

Heal, G. 2008. Climate economics: A meta-review and some suggestions. *NBER Working Paper* 13927. www.nber.org/papers/w13927 (abgerufen 14.05.2008).

Keenlyside, N.S., M. Latif, J. Jungclaus, L. Kornblueh, E. Roeckner. 2008. Advancing decadal-scale climate prediction in the North Atlantic sector. *Nature* 453: 84–88.

Klinenberg, E. 2002. *Heat wave* – A social autopsy of disaster in Chicago. Chicago, IL: University of Chicago Press.

Knight, F. 1921. *Risk, uncertainty and profit*. Boston, MA: Hart, Schaffner & Marx.

Matthews, H.D., K. Caldeira. 2008. Stabilizing climate requires near-zero emissions. *Geophysical Research Letters* 35, L04705, https://doi.org/10.1029/2007GL032388.

Pielke, R. Jr. 2007. *The honest broker:* Making sense of science in policy and politics. Cambridge, UK: Cambridge University Press.

Pielke, R. Jr., G. Prins, S. Rayner, D. Sarewitz. 2007. Lifting the taboo on adaptation. *Nature* 445: 597–598.

Prins, G., S. Rayner. 2007. The wrong trousers – Radically rethinking climate policy. *Discussion Paper*. Oxford, UK: James Martin Institute for Science and Civilisation, Oxford University.

Prisching, M. 2006. *Good Bye New Orleans*: Der Hurrikan Katrina und die amerikanische Gesellschaft. Graz: Leykam.

Scott, J. C. 1998. *Seeing like a state* – How certain schemes to improve the human condition have failed. New Haven, CT: Yale University Press.

Stehr, N. 2000. *Die Zerbrechlichkeit moderner Gesellschaften*. Göttingen: Velbrück.

Stern, N. 2006. *The economics of climate change*: The Stern review. https://www.lse.ac.uk/granthaminstitute/publication/the-economics-of-climate-change-the-stern-review/.

Wood, R. 2008. Natural ups and downs. *Nature* 453: 43–44.

Ziegler, H. 2004. Warum nur tut sich die Wissenschaft mit dem Vorsorgeprinzip so schwer? *GAIA* 13/4: 241–247.

Ziegler, H. 2008. Adaptation versus mitigation – Zur Begriffspolitik in der Klimadebatte. *GAIA* 17/1: 19–24.

Teil VI
Ausblick

22

Zeppelin Manifest zum Klimaschutz (2008)

Die von einflussreichen Kreisen der Klimaforschung unterstützte Klimaschutzpolitik ist weitgehend einseitig. Sie wird dem Problem nicht gerecht. Bisher werden unter dem Stichwort Klimaschutz fast ausschließlich Maßnahmen in den Bereichen Energie, Verkehr, Industrie und Hauswirtschaft ergriffen, wie z. B. Maßnahmen zur Energieeinsparung und Effizienzsteigerung und entsprechende gesetzliche Rahmenbedingungen.

Der Bedrohung der Lebensgrundlagen der Gesellschaft durch den Klimawandel kann nicht wie bisher allein durch Klimaschutz vor der Gesellschaft begegnet werden, zumal viele dieser Maßnahmen symbolischen Charakter haben. Es bedarf zusätzlicher wirksamer Anstrengungen von Wissenschaft, Politik und Wirtschaft, um den klimatischen Gefahren zu begegnen, die bereits heute bestehen und sich in Zukunft auch bei erfolgreicher Klimaschutzpolitik noch verstärken werden. Dieser Schutz kann nicht erst dann erfolgen, wenn wir Katastrophen nach Wetterextremen erlebt haben, sondern muss in

---

Veröffentlicht als Stehr, Nico und Hans von Storch, 2008: 10-Punkte-Manifest: So kann Deutschland den Klimawandel bewältigen – *spiegel online*, http://www.spiegel.de/wissenschaft/natur/0,1518,576032-11,00.html (sprachlich überarbeitet).

© Der/die Autor(en), exklusiv lizenziert an Springer Fachmedien Wiesbaden GmbH, ein Teil von Springer Nature 2023
N. Stehr und H. von Storch, *Die Wissenschaft in der Gesellschaft*,
https://doi.org/10.1007/978-3-658-41882-3_22

Form von Vorsorgemaßnahmen umgesetzt werden. Und daran mangelt es hier und heute!

Gegen einen solchen Vorschlag wird gelegentlich eingewandt, die Ergänzung der bisherigen Klimaschutzpolitik durch eine aktive Klimavorsorgepolitik sei im Grunde ein Eingeständnis des Scheiterns der bisherigen Politik. Dieses Argument ist offenkundig kurzsichtig und unbegründet.

Die Konzentration der Klimapolitik auf die Reduktion von Treibhausgasen ist nicht zielführend, wenn sie gleichzeitig dazu führt, dass keine Vorsorge betrieben wird. Eine solche einseitige Forschungsperspektive und Klimaschutzpolitik wird in den kommenden Jahrzehnten weder das Klima vor der Gesellschaft noch die Gesellschaft vor dem Klima schützen.

Unser Zeppelin-Manifest stellt sich dagegen der Realität und ihren Erfordernissen:

1. Die Erwärmung des Klimas ist kein flüchtiges, vorübergehendes oder kurzlebiges Phänomen. Es ist wichtig, dies klar und deutlich zu sagen, denn oft wird der Eindruck erweckt, ob absichtlich oder nicht, dass das Klima in kurzer Zeit in die eine oder andere Richtung verändert werden kann.

   Eine Verringerung der Emissionen bedeutet in erster Linie nur eine Verringerung des *Anstiegs* der Emissionskonzentration. Und in der Tat wäre es bereits ein Erfolg, wenn wir den Anstieg dieser Emissionen gegenwärtig verringern würden. Die langfristige Verhinderung der globalen Erwärmung erfordert jedoch eine *recht weitgehende* Reduzierung der Treibhausgasemissionen, d. h. eine Senkung der menschlichen Emissionen auf nahezu Null. Die Zeitspanne, die notwendig ist, bis unsere erhöhte CO_2-Konzentration auch nur annähernd in ihr ursprüngliches – hier: vorindustrielles – Gleichgewicht zurückkehrt, beträgt zwischen einigen *Jahrzehnten* und einigen *Jahrhunderten*.

   Warum sind diese Zeitspannen relevant? Zum einen verdeutlichen sie die enormen Anstrengungen, die weltweit notwendig sind, um die Klimaerwärmung wirksam zu stoppen; zum anderen sind diese

Zahlen der Ausgangspunkt für unsere weiteren Thesen, wie die Gesellschaft mit den Folgen der Klimaerwärmung umgehen muss.
2. Anpassung und Vermeidung, d. h. Emissionsminderung, sind sinnvolle Optionen, die gemeinsam verfolgt werden müssen. In der Regel handelt es sich jedoch um unterschiedliche Optionen. Die Anpassung an Klimagefahren wird nur nebenbei die Emissionen reduzieren; ebenso werden Energieeinsparung und andere Minderungsmaßnahmen nur selten die Verletzlichkeit unserer Lebensgrundlagen gegenüber Klimagefahren verringern. Beiden Optionen ist jedoch gemeinsam, dass sie durch technische Innovationen, vor allem aber durch gesellschaftliche Veränderungen unterstützt werden. Eine realistische Einschätzung und öffentliche Diskussion der Gefahren des Klimawandels ist die erste Voraussetzung, um Art und Umfang der notwendigen gesellschaftlichen Veränderungen zu verstehen. Ein positives Klima, in dem Innovationen aktiv gefördert und öffentlich anerkannt werden, ist nicht nur im Rahmen einer aktiven Klimapolitik sinnvoll.
3. Reduktive Maßnahmen sind in jedem Fall sinnvoll und notwendig. Das gilt auch für adaptive Maßnahmen, die auch dann noch nachhaltig wirken, wenn die reduktiven Maßnahmen zu einem späteren Zeitpunkt zu wirken beginnen. Je effektiver die Reduktion, desto wirksamer die adaptiven Maßnahmen – langfristig!
4. Nehmen wir in einem Gedankenexperiment an, dass es den Menschen auf diesem Planeten gelingen würde, das Ziel einer achtzigprozentigen Emissionsreduktion innerhalb eines Jahres zu erreichen. Wann würde die Klimamaschine unter diesen Bedingungen ein neues „Gleichgewicht" erreichen? Die Antwort lautet: erst nach Jahrzehnten. Mit anderen Worten: Der bereits eingetretene Klimawandel kann auch durch die größten denkbaren Anstrengungen der Klimapolitik nicht von heute auf morgen verhindert werden.
Eine Klimapolitik, die sich dem Problem der Minderung verschreibt und dabei den dringenden Anpassungsbedarf vernachlässigt, ist eine unverantwortliche Klimapolitik, weil sie die in den kommenden Jahrzehnten zwangsläufig höhere Verwundbarkeit der Gesellschaft negiert. Das Ziel einer solchen Politik – das Klima

vor der Gesellschaft und damit die Gesellschaft vor sich selbst zu schützen – wird erst in ferner Zukunft Früchte tragen.

Ein repräsentatives Beispiel für die vorherrschende Einseitigkeit der Diskussion um Klimaschutz und die Bemühungen in diesem Bereich ist der oft unsachlich verwendete Begriff „*Hitzetote*". Als wären die Menschen fast zwangsläufig wehrlose Opfer der Natur und nicht Opfer bestimmter gesellschaftlicher Umstände; und zwar solche gesellschaftlichen Umstände, die die Menschen in unverantwortlicher Weise der extremen Hitze und ihren Folgen ausliefern und die am stärksten betroffenen Bevölkerungsgruppen nicht präventiv abschirmen. Von „Hitzetoten" zu sprechen, wie es im Falle des Hitzesommers 2003 geschah, schützt nur die Gemeinden, Regionen oder Länder, die ihrer Pflicht zur Vorsorge nicht nachgekommen sind. Allein die Verwendung dieses Begriffs garantiert sozusagen, dass die Trends, die die eigentliche Ursache dieses Phänomens sind, gedankenlos wiederholt werden.

5. Es gibt mindestens drei wichtige Gründe, warum Politik, Gesellschaft und Wissenschaft dringend nicht nur über Abschwächung, sondern auch über Vorsorgemaßnahmen als Reaktion auf die Folgen des Klimawandels nachdenken müssen:

a) Die Zeitskalen der langfristigen Ergebnisse der Emissionsminderung und des Klimawandels stimmen nicht überein. Erfolge bei der Reduzierung des Ausstoßes von Treibhausgasen werden sich, wie gesagt, erst in ferner Zukunft auswirken. Eine Welt, in der nur noch geringe Mengen an CO_2 emittiert werden, wird zu spät kommen, um den Klimawandel in den nächsten Jahrzehnten zu begrenzen. Die praktisch unbegrenzten Emissionen der Vergangenheit und der Gegenwart garantieren, dass der Klimawandel unsere zukünftigen Lebensbedingungen verändern wird. Das Dilemma liegt darin, dass die Zeitskalen der Natur nicht deckungsgleich sind mit den politischen Entscheidungszyklen in demokratischen Gesellschaften, die in Wahlperioden und Aufmerksamkeitszyklen ablaufen und sich in den begrenzten Horizonten menschlichen Handelns widerspiegeln.

b) Die Bedrohung durch extreme Klimaereignisse wie Starkniederschläge, Überschwemmungen und Hitzewellen ist bereits heute groß und war es in vielen Regionen der Welt schon immer. Erinnert sei nur an New Orleans im Jahr 2005, die Sturmflut von 1872 an der deutschen Ostseeküste, die Sturmflut von 1953 in den Niederlanden oder den Hurrikan Mitch während der Verhandlungen in Rio de Janeiro 1992. Die Verwundbarkeit unserer Lebensgrundlagen steigt parallel zum Wachstum der Weltbevölkerung in gefährdeten Regionen, in denen immer größere Teile der Bevölkerung schutzlos ausgegrenzt und nicht zuletzt aus wirtschaftspolitischen Gründen Opfer von Extremwetterereignissen werden.

c) Die Regionen der Welt, deren Lebensgrundlagen von den Folgen der weltweiten Klimaveränderungen besonders betroffen sein werden, fordern schon heute zu Recht und immer vehementer, dass die Welt für ihren Schutz und nicht nur für den Schutz des Klimas sorgen muss.

6. Die weltweite Klimapolitik, wie auch die deutsche, wird besonders deutlich durch das Kyoto-Protokoll repräsentiert. Der Kyoto-Prozess beschäftigt sich fast ausschließlich mit Fragen der Reduktion. Die Reduktionsziele des Kyoto-Protokolls, das im Jahr 2012 ausläuft, werden kaum erreicht werden. Die erfolgreiche Durchführung des sogenannten „Clean Development Mechanism" (CDM) des Kyoto-Protokolls würde, bezogen auf den weltweiten CO_2-Ausstoß, bis 2012 das Volumen der weltweiten kumulierten Emissionen um etwa eine Wochenmenge reduzieren, verglichen mit der gleichen Entwicklung ohne Kyoto-Reduktionen.

Für Entwicklungs- und Schwellenländer, insbesondere China und Indien, besteht derzeit keine Verpflichtung zur Reduzierung der Treibhausgasemissionen. Wir haben keine genauen Daten über die Treibhausgasemissionen dieser Länder, aber wir können davon ausgehen, dass ihr Anteil an der globalen Treibhausgasbilanz kontinuierlich *steigt*. In Zukunft werden aber auch die entwickelten Gesellschaften (noch) mehr klimaschädliche Treibhausgase ausstoßen. Vor allem der Gesamtausstoß von Kohlendioxid wird trotz aller Reduktionsbemühungen in den Industrieländern bis 2012 voraussichtlich weiter ansteigen.

Der Kyoto-Ansatz als eine Form der sozial restriktiven, groß angelegten globalen Planung ist gescheitert. Jeder weitere Prozess, der auf dieser hegemonialen Planungsmentalität aufbaut, ist nicht zielführend. Die Folge: Der vom Menschen verursachte Klimawandel schreitet stetig voran und wird sich in Zukunft noch verstärken. Eine Umkehr dieser Veränderung des Weltklimas wird nur über Jahrzehnte, wenn nicht Jahrhunderte möglich sein.

7. Trotz der bisher gegenteiligen Meinung aller politischen Parteien und deren Zurückhaltung, sich öffentlich zu Klimavorsorgeprogrammen zu äußern, ist Anpassung als Vorsorgemaßnahme relativ leicht umzusetzen und politisch zu legitimieren. Außerdem hat sie den großen Vorteil, dass ihr Erfolg in absehbarer Zeit sichtbar sein wird. Wenn es darum geht, durch Innovationen in Wissenschaft und Technik Lösungen für ein Problem zu finden, ist es einfacher, diese in Form von Anpassungsmaßnahmen zu präsentieren.

8. Die Folgen der Erwärmung sind je nach Region und Klimazone sehr unterschiedlich. Die Erforschung von Vorsorgemaßnahmen bedeutet daher, dass wir unser Wissen über regionale Veränderungen erweitern müssen. Woran werden wir uns genau anpassen müssen? Mit Hilfe von Anpassungsstrategien können gleich mehrere Ziele erreicht werden, denn sie sind in erster Linie lokal oder regional ausgerichtet und daher flexibel gestaltbar: Die Verbesserung der Lebensqualität, die Verringerung sozialer Ungleichheit und die Erhöhung der politischen Teilhabe schließen sich nicht gegenseitig aus.

9. Die doppelte Herausforderung von Anpassung und Vermeidung führt auch zu einer sinnvollen Arbeitsteilung. Die Verantwortung des Bundes und der EU liegt auf der Ebene der Rahmenbedingungen für das Emissionsmanagement, während für die Verantwortlichen in den *Ländern* und Kommunen die Frage der Verringerung ihrer Verwundbarkeit im Vordergrund stehen sollte. Tatsächlich zeigen Institutionen und Personen, die mit spezifischen Aufgaben betraut sind – zum Beispiel für den Küstenschutz oder

den Hamburger Hafen – ein konkretes Engagement für die Lösung von Anpassungsproblemen.
10. In der öffentlichen Diskussion wird bis heute allein die Vermeidung als tugendhaftes Verhalten dargestellt, auch wenn es sich um rein symbolische und weitgehend unwirksame Handlungen handelt, wie z. B. der Verzicht auf Sonntagsfahrten, der Verzicht auf lange Reisen oder die Durchführung von öffentlichen Veranstaltungen. Diese Wahrnehmung ist insofern nicht unproblematisch, als sie bei den Akteuren den Eindruck erweckt, dass ausreichend Maßnahmen zum Schutz des Klimas ergriffen werden. Eine Revision bzw. Erweiterung dieser Wahrnehmung hin zu einer proaktiven Einstellung zur Vorsorge und zu notwendigen gesellschaftlichen Veränderungen, wie sie zum Schutz der Gesellschaft vor dem Klimawandel und damit zur Verringerung der Verwundbarkeit unserer Lebensgrundlagen notwendig ist, steht jedoch noch aus. Eine wirksame Verteidigung dieser Grundlage erfordert Vorsorgemaßnahmen in den kommenden Jahren und Jahrzehnten. Dies muss jetzt unsere Priorität sein.

23

Laufende verwandte Arbeiten von Nico Stehr

Wir untersuchen weiterhin unabhängig voneinander Forschungsfragen über die Wechselbeziehung zwischen Klima und Gesellschaft. Dazu gehören:

1. Klimapolitik als „wicked problem": Aus analytischer Sicht ist Klimapolitik ein „wicked problem". Im Gegensatz zu „zahmen" Problemen (komplex, aber mit definierten und erreichbaren Endzuständen und einfachen Kausalbeziehungen) bestehen „wicked problems" aus offenen, komplexen und unvollständig verstandenen Systemen. Ursprünglich von C. West Churchman (1967) beschrieben und später von Horst Rittel und Melvin Webber (1973) im Zusammenhang mit der Stadtplanung näher erläutert, sind „wicked problems" Probleme, die oft so formuliert werden, als seien sie einer einfachen, unilinearen Lösung zugänglich, obwohl sie dies in Wirklichkeit nicht sind. In einer Reihe von Hartwell Papers haben wir die Klimapolitik im Hinblick auf die Eigenschaften von Wicked Problems untersucht: Prins et al. 2010; Prins et al. 2013.

2. Was ist praktische Wissenschaft in der Gesellschaft: Gesellschaften, Klimawandel und Politiken? Überlegungen zu den Bedingungen

oder Konstituenten von praktischem Wissen müssen von der Annahme ausgehen, dass die Angemessenheit (Nützlichkeit) von Wissen, das in einem Kontext (der Produktion) produziert, aber in einem anderen Kontext (der Anwendung) eingesetzt wird, sich auf die Beziehung zwischen Wissen und den lokalen Handlungsbedingungen bezieht (Stehr, 1992; Grundmann und Stehr, 2012). Innerhalb des Anwendungskontextes werden Zwänge und Handlungsbedingungen entweder als offen oder als außerhalb der Kontrolle der relevanten Akteure stehend aufgefasst. Angesichts einer solchen Unterscheidung bezieht sich praktisches Wissen auf offene Handlungsbedingungen, was bedeutet, dass theoretisches Wissen, wenn es in der Praxis wirksam sein soll, wieder mit dem sozialen Kontext im Allgemeinen und den handlungsrelevanten Elementen der Situation im Besonderen verbunden werden muss.

3. Die moderne Gesellschaft ist eine Wissensgesellschaft: Die dominierende Ressource des fortgeschrittenen Kapitalismus ist immaterielles Kapital (Wissen) und immateriell-intensive Produktion. (Stehr, 1994; Stehr, 2001; Stehr. 2015). Im Vergleich zur sachkapitalintensiven Produktion der Industriegesellschaft sind die Grenzkosten der Produktion von immateriellen Gütern – als skalierbare Vermögenswerte – -in der Wissensgesellschaft, d. h. von Software, Standards, Organisationswissen, Plattformen und Texten, nahe Null. Die Erträge aus physischem Kapital sind aufgrund ihrer physischen Natur und der Skaleneffekte tendenziell endlich. Die Erträge aus immateriellen Vermögenswerten sind nahezu unendlich. Unendliche Skalenerträge heben das eiserne Gesetz abnehmender Grenzerträge auf, dass die Industriegesellschaft beherrschte. Das Vertrauen und die Strategie von Unternehmen in Wissensgesellschaften sind daher weitgehend auf die Schaffung und den Erwerb von Rechten des geistigen Eigentums (Patente, Urheberrechte, Warenzeichen, Marken, digitale Plattformen) ausgerichtet. Geistige Eigentumsrechte sind ihrerseits politische Konstrukte (Stehr, 2022).

Patentrecht, Mitigation und Adaptation: Die gesellschaftliche Kontrolle von Wissen (oder Wissenspolitik, vgl. Stehr, 2003), die rechtlich vor allem durch (internationales) Patentrecht formalisiert wird, wird eine wichtige Rolle bei den globalen Anstrengungen (vgl. Young, 2021) zur Minderung von Treibhausgasemissionen und zur Anpassung an den Klimawandel spielen. Die Frage, ob die Patentierung eine entscheidende Rolle bei den globalen Bemühungen spielen wird oder ob relevantes Wissen in die Wissensallmende verlagert und frei verfügbar gemacht werden sollte, ist höchst umstritten. So argumentiert Hardin (2020: 611; Chavez, 2015), dass „die Zahl der Erfindungen im Bereich des Climate Engineering oder ‚Geoengineering' in den letzten Jahren sprunghaft angestiegen ist und die Zahl der Patentanmeldungen und -erteilungen für Technologien in diesem Bereich ebenfalls dramatisch zugenommen hat". Er sieht die Beschränkung von Wissen als günstige Voraussetzung (als Hebel) für die Entwicklung neuer Technologien und Erkenntnisse zum Klimawandel. Umgekehrt kann das Bestreben, Wissen und Technologien zu begrenzen, als großes Hindernis für die schnelle und weite Verbreitung von klimarelevantem Wissen angesehen werden (vgl. Boldrin und Levine (2013)). Einige praktische Wissensfragen als Beispiel.

Klimagovernance für eine relisiente Gesellschaft: Die Dichotomie, die die Debatte über den Umgang mit einem wärmeren Klima am besten widerspiegelt, ist die Bevorzugung von Ansätzen, die große multinationale gesellschaftliche Organisationen und große gesellschaftliche Institutionen mit von oben nach unten gerichteten Verpflichtungen und Politiken bevorzugen. Schließlich hat sich ein Großteil des klimapolitischen Narrativs auf dem Höhepunkt der Globalisierungsdebatte entwickelt (vgl. Chakrabarty, 2017). Die entgegengesetzte Position befürwortet viel kleinere gesellschaftliche Organisationen und breite Partizipation als effektive Mittel des Regierens. Wenn der Schwerpunkt der Klimapolitik auf Emissionsreduktion liegt, stehen große Regierungen und Institutionen im Vordergrund; sobald der Schwerpunkt auf Anpassung liegt, werden – unabhängig vom Scheitern oder Erfolg nationaler und internationaler politischer Aktivitäten – einzelne Verbraucher, Gemeinden und Städte zu den wichtigsten Akteuren.

Wir befürchten, dass eine epistemologische Verengung auf einen technokratischen Ansatz, z. B. durch die Betonung von Algorithmen, (computergestützten) Modellen und (großen) Daten, einen demokratischen Ansatz als Form der Klimagovernance verdrängt (vgl. Edwards, 2010). Als zumindest implizite Aussage über die Aussicht, den Klimawandel zu lösen oder zukünftige Wege zu finden, mit ihm umzugehen, enthält der technokratische Ansatz eine im Wesentlichen optimistische und hoffnungsvolle Botschaft über seine Fähigkeit, den Klimawandel zu bekämpfen. Darüber hinaus ist der technokratische Ansatz tendenziell mit der Vorstellung verbunden, dass der Klimawandel ein Problem ist, das von internationalen Organisationen, großen Regierungen und großen Unternehmen gelöst werden muss (McLeod, 2020). Wir weisen darauf hin, dass die Perspektive eines widerstandsfähigen Planeten eine Unterstützung von unten nach oben erfordert. Ein solches Narrativ erfordert in jedem Fall ein Nachdenken über die Konzeptualisierung des Klimawandels als soziales und ökologisches Problem (auch Hirsch und Long, 2021).

Ein technokratischer Ansatz verkennt das „Klimaproblem". Das Klimaproblem ist eher ein wicked problem (ein „böses Problem") als ein einzelnes Problem, das gelöst werden muss. „Der Klimawandel ist besser als ein Dauerzustand zu verstehen, der bewältigt werden muss und nur teilweise mehr oder weniger gut bewältigt werden kann. Er ist nur ein Teil eines größeren Komplexes solcher Bedingungen, zu denen Bevölkerung, Technologie, Wohlstandsgefälle, Ressourcennutzung usw. gehören. Es handelt sich also nicht nur um ein „Umweltproblem". Es ist auch ein Energieproblem, ein Problem der wirtschaftlichen Entwicklung oder ein Landnutzungsproblem und kann auf diese Weise besser angegangen werden als ein Problem der Steuerung des Verhaltens des Erdklimas durch eine Änderung der Art und Weise, wie der Mensch Energie nutzt" (Prins et al., 2010: 16).

Was ein Problem zu einem „bösem" Problem macht, ist die „Unmöglichkeit, ihm eine endgültige Formulierung zu geben: Die Informationen, die man braucht, um das Problem zu verstehen, hängen von der Idee ab, die man hat, um es zu lösen. Außerdem gibt es für ‚wicked problems' keine Stoppregel: Wir können nicht wissen, ob wir genug verstanden haben, um die Suche nach mehr Verständnis einzustellen. In interagierenden offenen Systemen, für die das Klima das beste Beispiel ist, gibt es kein Ende der Kausalketten. Jedes Problem kann als Symptom für ein anderes Problem angesehen werden" (Prins et al., 2010: 16).

Die Arbeit an einer widerstandsfähigen (resilienten) Gesellschaft erfordert daher sowohl Minderungs- als auch Anpassungsanstrengungen, wie wir in den hier abgedruckten Beiträgen zu betonen versucht haben. Anpassungsmaßnahmen werden je nach den vorherrschenden Ökosystemen in verschiedenen Teilen der Welt unterschiedlich aussehen. Die Auswirkungen eines sich ändernden Klimas auf das tägliche Leben werden jedoch in allen Teilen der Welt von Jahr zu Jahr deutlicher spürbar werden; so werden z. B. die erhöhte Hitzebelastung durch ein sich erwärmendes Klima und der urbane Wärmeinseleffekt alle wachsenden urbanen Siedlungen weltweit betreffen (vgl. Tuholske et al., 2021).

Fit für 55: Eine der entscheidenden globalen politischen Arenen im Kampf gegen eine wärmere Welt ist die Europäische Union. Innerhalb Europas wird die Klimapolitik hauptsächlich in Brüssel gemacht. Wird Europa zum Vorbild für den Rest der Welt? Die EU-Kommission hat ihr „fit for 55"-Programm vorangetrieben. Die EU-Kommission schlägt vor, ihr CO_2-Budget bis 2030 um 55 % zu reduzieren. Nach China und den Vereinigten Staaten hat die EU den dritthöchsten CO_2-Ausstoß.

Nur wenn die 29 Staaten der Union bis 2030 ihren Wohlstand bewahren und ihr Minderungsziel erreichen, kann man erwarten, dass die EU zum Vorbild für die Welt wird. Die erweiterte Minderungspolitik wird auf Widerstand stoßen, und zwar nicht nur bei einigen Regierungen. Der Widerstand speist sich natürlich aus der Opposition gegen eine Ausweitung der Wirtschaftssektoren, auf die der Emissionshandel angewendet werden soll, und gegen eine Erhöhung des CO_2-Preises als Teil des EU-Emissionshandelsprogramms. Das Programm wird über die derzeitigen sektoralen Ziele hinausgehen und neben der Energie- und Industrieproduktion auch die CO_2-Emissionen des Verkehrs und der Heizung einbeziehen. Als Reaktion auf den höheren CO_2-Preis erwartet die Opposition einen starken Rückgang des Wirtschaftswachstums und eine Zunahme der wirtschaftlichen Ungleichheit – von Land zu Land. Ein Treiber für die Zustimmung der Opposition zum „fit for 55"-Programm der EU sind die durch den Emissionshandel generierten Mittel und deren geschickte Verteilung.

Eine weitere politische Initiative der EU zur Eindämmung des Klimawandels ist bereits in Planung: der „Green Deal", mit dem die Treibhausgasemissionen bis 2050 vollständig beseitigt werden sollen. Das umstrittenste Element der neuen Politik betrifft eine Entscheidung über die Definition der Kernenergie als nachhaltige Form der Energieerzeugung oder als nicht-grüne Energie. Die Befürworter der Definition der Kernenergie als grüne Energie argumentieren, dass das Ziel der Treibhausgasneutralität Europas nicht erreicht werden kann, ohne die Leistung von Atomkraftwerken in die Berechnung einzubeziehen. Ein schwieriges politisches Element des „Green Deal" ist die Beseitigung der durch den Wohnungsbau verursachten CO_2-Emissionen. Die Treibhausgasemissionen von Wohngebäuden machen ein Drittel aller Emissionen in der EU aus. Ob die verfügbaren finanziellen Mittel, die materiellen Ressourcen und das Humankapital ausreichen werden, um die Ziele im Wohnungsbau zu erreichen, ist höchst umstritten.

Was ist zu tun?
Wenn dem Klimawandel mittel- und langfristig wirksam begegnet werden soll, sollten drei neue politische Ansätze in Betracht gezogen werden: 1) Alle Gesellschaften müssen sich an Abschwächungs- und Anpassungsstrategien beteiligen; 2) es müssen umfangreiche Einnahmen gesichert werden, um die Kosten für diese Strategien zu decken und 3) das internationale Patentrecht, das vor mehr als 120 Jahren entwickelt wurde (vgl. Thurow, 1997), sollte an die Realitäten des Klimawandels angepasst werden. Die Regelungen zum Schutz des geistigen Eigentums sollten nicht dazu dienen, den Zugang zu Wissen oder Erfindungen einzuschränken, die wichtige Instrumente zur Abschwächung des Klimawandels und zur Anpassung an ihn darstellen.

Ausgehend von dem wachsenden Konsens, dass Anpassungsstrategien unverzichtbar sind, haben wir nur einen Vorschlag, wenn es um die Frage geht, was im politischen Bereich der Finanzierung dieser Aktivitäten zu tun ist. Unser Vorschlag ist die Einrichtung eines „universellen Kohlenstoff-Einkommensfonds" (UCR). Das Volumen der Investitionen, die erforderlich sind, um die ehrgeizigen Ziele einer kohlenstoffneutralen Welt zu erreichen, wird außerordentlich hoch sein müssen. Eine neuartige Art der Finanzierung der Investitionen ist erforderlich. Der UCR erfüllt diese Voraussetzungen.

Während der Pandemie wurde nicht zum ersten Mal die Besorgnis geäußert, dass das vorherrschende internationale System der Rechte an geistigem Eigentum den Patentinhabern einen übermäßigen Schutz bietet; aber angesichts der Notwendigkeit, die Weltbevölkerung schnell zu impfen, wurde die Forderung, das Know-how über Impfstoffe in der öffentlichen Domäne zu halten, immer lauter. Das globale Patentregime begünstigt nicht nur die Patentinhaber; der größte Teil des Nutzens aus den Patenten geht in der Regel an Unternehmen in den reichen Ländern, daher.

In einer global integrierten Wirtschaft – von der die Entwicklungs- und Schwellenländer in vielerlei Hinsicht enorm profitiert haben – sind globale Regeln wichtig. Globale Regeln sind immer so gesetzt worden, dass sie Länder mit hohem Einkommen begünstigen; sie werden weitgehend von den großen mächtigen Ländern und oft von mächtigen Partikularinteressen innerhalb dieser Länder bestimmt, während die Entwicklungsländer keinen Sitz am Tisch haben oder zumindest unterrepräsentiert sind (Korinek und Stiglitz, 2021: 341).

Eine ähnlich kontroverse Diskussion wird sich in den kommenden Jahren an der Frage entzünden, inwieweit die weit verbreitete Patentierung von technischen (und anderen) Innovationen im Bereich des Klimaschutzes und des Schutzes der Gesellschaft vor dem Klimawandel gerechtfertigt ist. Dies wiederum macht die Frage nach rechtlichen Beschränkungen des Zugangs zu diesem Wissen zu einem Streitthema, bei dem erneut bekannte politische, wirtschaftliche und rechtliche Positionen aufeinanderprallen werden (vgl. Biddle, 2016): Wie wichtig ist das Patentrecht für zusätzliches Wissen? Unsere Position ist: Bestimmte Erfindungen vom Patentschutz ausschließen, z. B. im Bereich der Klimaanpassung und des lebensrettenden geistigen Eigentums (d. h. Patente zur Bewältigung globaler Notfälle wie Pandemien oder die globale Erwärmung; Patente [Wissensbedarf], die sich auf globale öffentliche Güter beziehen, vgl. Frow, 1996). Den technologischen Fortschritt, der zur Erreichung einer kohlenstofffreien Welt notwendig ist, im öffentlichen Bereich halten.

Literatur

Boldrin, Michele and David K. Levine (2013), "The case against patents," *Journal of Economic Perspectives* 27:3-22.

Biddle, Justin B. (2016), "Intellectual Property Rights and Global Climate Change: Toward Resolving an Apparent Dilemma," *Ethics, Policy & Environment* 19:301-319.

Chakrabarty, Dipesh (2017), "The politics of climate change is more than the politics of capitalism," *Theory, Culture & Society* 34:25-37.

Chavez, Anthony E. (2015), "Exclusive rights to saving the planet: The patenting of geoengineering inventions," *Northwestern Journal of Technology and Intellectual Property* 13:1-35.

Churchman, C. West (1967), "Wicked problems," *Management Science* 14: B141-B142.

David, Paul A. (2005), "Koyaanisqatsi in cyberspace. The economics of an 'out-of-balance' regime of private property rights in data and information," S. 81-113 in Keith E. Maskus und Jerome H. Reichman (eds.), *International Public Goods and Transfer of Technology under a Globalized Intellectual Property Regime*. Cambridge: Cambridge University Press.

Edwards, Paul N. (2010), *A Vast Machine. Computer Models, Climate Data, and the Politics of Global Warming*. Cambridge, Massachusetts: MIT Press.

Frow, John (1996), "Information as gift and commodity," *New Left Review* (1996): 89-108.

Grundmann, Reiner and Nico Stehr (2012), *The Power of Scientific Knowledge. From Research to Public Policy*. Cambridge: Cambridge University Press.

Hardin, Buzz (2020), "Compulsory licensing of climate engineering patents: How embracing technology– and research-sharing strategies brings us a step closer to solving climate change," *Arkansas Law Review* &3:611-629.

Hirsch, Shana Lee and Jerrold (2021), "Adaptive epistemologies: Conceptualizing adaptation to climate change in environmental science," *Science, Technology & Human Values* 46:298–319.

Korinek, Anton und Joseph E. Stiglitz (2021), "Artificial Intelligence, Globalization, and Strategies for Economic Development," *NBER Working Paper* No. 28453 w28453.

McLeod, Kathy Baughman (2020), "Building a resilient planet," *Foreign Affairs* May/June:54–59.

Prins, Gwythian, Isabel Galiana, Christopher Green, Reiner Grundmann, Mike Hulme, Atte Korhola, Frank Laird, Ted Nordhaus, Roger

Pielke Jr., Steve Rayner, Daniel Sarewitz, Michael Shellenberger, Nico Stehr and Hiroyuki Tezuka (2010), *The Hartwell-Paper*. A new direction for climate policy after the crash of 2009. https://eprints.lse.ac.uk/27939/1/?HartwellPaper_English_version.pdf (Access: 2 January, 2022).

Prins, Gwythian Mark Caine, Keigo Akimoto, Paulo Calmon, John Constable, Enrico Deiaco, Martin Flack, Isabel Galiana, Reiner Grundmann, Frank Laird, Elizabeth Malone, Yuhji Matsuo, Lawrence Pitt, Mikael Roman, Andrew Sleigh, Amy Sopinka, Nico Stehr, Margaret Taylor, Hiroyuki Tezuka, Masakazu Toyoda, (2013), *The Vital Spark*: Innovating clean and affordable energy for all. London: LSE Academic Publishing, 2013. ISBN 978-1-909890-01-5.

Rittel, Horst & Melvin Webber (1973), "Dilemmas in the General Theory of Planning," *Policy Sciences*, 4, 1973, S. 154–159.

Stehr, Nico (2022), *Knowledge Capitalism*. New York: Routledge.

Stehr, Nico (2015), "Knowledge Society, History of," S. 105–110 in James D. Wright (editor-in-chief), *International Encyclopedia of the Social & Behavioral Science.*, 2nd edition, Vol 13. Oxford: Elsevier.

Stehr, Nico (2003), *Wissenspolitik. Die Überwachung des Wissens*. Frankfurt am Main: Suhrkamp.

Stehr, Nico (2001), *The Fragility of Modern Societies*. Knowledge and Risk in the Information Age. London: Sage.

Stehr, Nico (1994), *Knowledge Societies*. London: Sage.

Stehr, Nico (1992), *Practical Knowledge*: Applying Social Science Knowledge. London: Sage.

Thurow, Lester C. (1997), "Needed: A new system of intellectual property rights," Harvard Business Review September-October:95–103.

Tuholske, Cascade, Kelly Caylor, Chris Funk, Andrew Verdin, Stuart Sweeney, Kathryn Grace, Pete Peterson, and Tom Evans (2021), "Global urban population exposure to extreme heat," *PNAS* 118:1-9.

Young, Oran (2021), *Grand Challenges of Planetary Governance*. Global Order in Turbulent Times. Cheltenham: Edward Elgar.

24

Laufende, verwandte Arbeiten von Hans von Storch

Neben den rein naturwissenschaftlichen Fragen interessierte sich Hans von Storch für die Geschichte der Klimawissenschaft, für die Vorstellungen der Klimawissenschaftler über die Rolle und Bedeutung der Klimawissenschaft in der Gesellschaft und für die Herausforderung, an seinem Institut eine regionale Klimaberatungsstelle bzw. einen Klimadienst aufzubauen.

Dabei wurde ein neuer Aspekt der Wissenschaftsgeschichte dokumentiert, nämlich die Rolle der Klimatologie bei der Förderung des europäischen Kolonialismus – sowohl bei der Bereitstellung einer ideologischen Grundlage durch die Anwendung des Klimadeterminismus als auch bei der Vorbereitung der Ausbeutung der Kolonien.

Die Arbeit zum Stand und zur Rolle der Klimawissenschaft in der wissenschaftlichen Gemeinschaft wurde hauptsächlich mit einem ehemaligen Mitarbeiter von Nico Stehr, dem kanadischen Soziologen Dennis Bray, durchgeführt. Vier Umfragen wurden konzipiert und unter internationalen Populationen von Klimawissenschaftlern durchgeführt, die erste 1996 und die letzte 2013, um ihre Meinungen zum Klimawandel, zu Klimamodellen, aber auch zur Rolle der Wissenschaft und der Wissenschaftler in Gesellschaft und Politik zu untersuchen.

Die Umfragen wurden durch eine Reihe von persönlichen Interviews vorbereitet, um Themen und relevante Fragen zu ermitteln. Viele der gestellten Fragen sind über die Zeit gleichgeblieben und ermöglichen es, zu beurteilen, inwieweit sich die Meinungen und Wahrnehmungen der Klimawissenschaftler im Laufe der Zeit verändert haben.

Die Daten der Serie zeigen, dass der Konsens in Fragen der Manifestation und Zuschreibung des Klimawandels stark zugenommen hat, während sich die Bewertung der Klimamodelle in den letzten 20 Jahren kaum verändert hat.

Auf der Grundlage dieser Umfragen wurde eine Reihe spezifischer Fragen untersucht. Ein erster Versuch, bei dem nur die Daten von 1996 verwendet wurden, zeigte den postnormalen Charakter der Klimawissenschaft.[1] Es wurde auch deutlich, dass Kontakte zu politischen Entscheidungsträgern selten waren, während mehr Wissenschaftler Kontakte zu den Medien hatten.

Die Umfrage aus dem Jahr 2007 diente dazu, die von Klimawissenschaftlern verwendete Terminologie in Bezug auf zwei Schlüsselkonzepte der Klimawissenschaft, nämlich *Vorhersagen* und *Projektionen*, zu untersuchen. Die Umfragedaten deuten darauf hin, dass die vom Zwischenstaatlichen Ausschuss für Klimaänderungen verwendete Terminologie von einer bedeutenden Minderheit von Wissenschaftlern nicht oder nur sehr lose übernommen wird.[2]

Die Umfrage von 2013 ermöglichte eine Bewertung, ob sich Klimawissenschaftler an die Mertonschen CUDO-Normen für wissenschaftliches Verhalten halten würden: Die Daten deuten darauf hin, dass die CUDOs zwar die allgemeinen moralischen Leitprinzipien bleiben, aber im Verhalten der Klimawissenschaftler nicht vollständig unterstützt werden oder präsent sind.[3]

---

[1] Bray, D. und H. von Storch, 1999: Climate Science. Ein empirisches Beispiel für postnormale Wissenschaft. Bull. Amer. Met. Soc. 80: 439–456.

[2] Bray, D., und H. von Storch, 2009: „Vorhersage" oder „Projektion"? Die Nomenklatur der Klimawissenschaft. *Wissenschaftskommunikation* (2009); 30; 534.

[3] Bray, D., und H. von Storch, 2017: Die normativen Orientierungen von Klimawissenschaftlern. *Science and Engineering Ethics* 23:1351?1367 https://doi.org/10.1007/s11948-014-9605-1.

24 Laufende, verwandte Arbeiten von Hans von Storch

Besonders hilfreich war die Analyse, dass sich die Klimawissenschaft in einer postnormalen Phase befindet. Sie ermöglichte ein besseres Verständnis der Arbeitsweise der Klimawissenschaftler und ihrer Interaktion mit dem Zeitgeist. Ein von Jerry Ravetz und Silvio Funtowicz eingeführter Begriff besagt, dass postnormale Bedingungen herrschen, wenn wissenschaftliches Wissen tatsächlich und unvermeidlich unsicher ist, wenn viel auf dem Spiel steht, wenn Entscheidungen dringend sind und wenn gesellschaftliche Werte umstritten sind. Unter diesen Bedingungen besteht die Tendenz, Politik zu entpolitisieren und Wissenschaft zu „entwissenschaftlichen", oder: Wissenschaft zu politisieren und Politik zu verwissenschaftlichen. Politische Nützlichkeit siegt über methodische Strenge.

Nach dem Ausscheiden von Dennis Bray wurden die Erhebungen mit anderen Partnern fortgesetzt, die sich nicht nur mit Klimafragen, sondern auch mit regionalen Umweltfragen beschäftigten.[4]

Diese Ergebnisse sind in den Aufbau eines regionalen Klimadienstes eingeflossen, der nicht nur versucht, Ergebnisse zu formulieren, die mit wissenschaftlichen Aussagen konsistent sind, sondern auch die Wissensbasis möglicher Stakeholder und Adressaten berücksichtigt.[5]

---

[4] Siehe Fußnoten 1 und 2 in Kap. 1a.

[5] Krauss, W., und H., von Storch, 2012: Post-Normal Practices Between Regional Climate Services and Local Knowledge. *nature and culture* 7: 213–230.
  von Storch, H., I. Meinke, N. Stehr, B. Ratter, W. Krauss, R.A. Pielke jr., R. Grundmann, M. Reckermann und R. Weisse, 2011: Regionale Klimadienste am Beispiel von Erfahrungen aus Nordeuropa. *Zeitschrift für Umweltrecht und Umweltpolitik 1/2011*, 1–15.

25

Regionales Klimawissen für die Gesellschaft

Es folgt ein Artikel, der bereits im Jahr 2012 veröffentlicht wurde. Es überrascht nicht, dass der Artikel nicht mehr ganz aktuell ist; die Organisation des Instituts für Küstenforschung hat sich nach der Pensionierung von Hans von Storch etwas verändert; auch die angekündigte Veröffentlichung von Berichten zum Klimawandel ist inzwischen erfolgt. Die wesentlichen Konzepte und Ideen sind jedoch als Grundlage für die Verbindung von Wissenschaft und Politik nach wie vor nützlich.

Zusammenfassung Die derzeitige Fehleinschätzung der Klimawissenschaft und ihrer Interaktion mit der Öffentlichkeit ist überholt. Während die Wissensbasis über die Dynamik des Klimas und seine Empfindlichkeit gegenüber erhöhten Treibhausgaskonzentrationen mit breitem Konsens in der wissenschaftlichen Gemeinschaft erheblich erweitert wurde, hat die Kommunikation mit der Öffentlichkeit und den politischen Entscheidungsträgern nicht zur Umsetzung wirksamer Maßnahmen zur Begrenzung des anthropogenen Klimawandels geführt. Es wird vorgeschlagen, einen anderen Ansatz zu wählen und einen regionalen Klimadienst einzurichten, der es der Öffentlichkeit und den Interessengruppen ermöglicht, Klimawissen zu berücksichtigen, wenn es darum geht, klimabezogene Probleme anzugehen. Die Klimawissen-

---

von Storch, H., 2012: Regionales Klimawissen für die Gesellschaft. In: M. Trögeler und S. Lingner, 2012: *Fernerkundung und regionaler Klimawandel*, ESPI-Bericht 41, S. 13–18.

schaft sollte also nicht die Avantgarde der Klimapolitik sein, sondern den politischen Prozess durch die Bereitstellung von Wissen unterstützen.

25.1 Klimawandel und der IPCC

Der Zwischenstaatliche Ausschuss für Klimaänderungen (Intergovernmental Panel on Climate Change, IPCC) dokumentiert und bewertet die wissenschaftlichen Erkenntnisse über den laufenden Klimawandel und dessen Perspektiven. Das vom IPCC behandelte Themenspektrum ist sehr breit gefächert, und der Grad des Vertrauens, den die Berichte der verschiedenen Arbeitsgruppen genießen, ist sehr unterschiedlich. Insbesondere der Bericht der Arbeitsgruppe 1, der sich mit der „Wissenschaft" befasst, genießt breite Akzeptanz und enthält eine Reihe von Schlüsselaussagen, nämlich

1. starke übereinstimmende Beweise dafür, dass sich das Klimasystem erwärmt,
2. Der größte Teil dieser Erwärmung kann ohne den Anstieg der Treibhausgaskonzentrationen nicht erklärt werden – mit dem heutigen Wissen,
3. Daher wird die Erwärmung des Klimasystems aufgrund der anhaltenden menschlichen Emissionen von Treibhausgasen (THG) in absehbarer Zukunft noch viele Jahrzehnte anhalten.

Wie stark die Zustimmung unter den Klimawissenschaftlern ist, dass es eine globale Erwärmung gibt („Manifestation") und dass diese durch erhöhte Treibhausgaskonzentrationen erklärt werden muss („Attribution"), wurde im Laufe der Jahre in einer Reihe von Umfragen ermittelt, die von Bray zusammengefasst wurden.[1] Während 1996 die Manifestation von etwa 62 % aller Befragten akzeptiert wurde und die

---

[1] Bray, D. „The Scientific Consensus of Climate Change Revisited". Env. Sci. Pol. 13 (2010): 340–350.

Attribution nur von 38 %, sind beide Zahlen 2010 auf weit über 90 % gestiegen. Die Akzeptanz, dass die Erwärmung und die Treibhausgase die Hauptursache sind, ist also unter den Klimawissenschaftlern nahezu universell.

Leider hat es der IPCC versäumt, z. B. in seiner „Zusammenfassung für politische Entscheidungsträger" den Konsens in Fragen zu dokumentieren, *in denen kein Konsens besteht,* wie z. B. das Schicksal der Eisschilde, die Projektionen des Meeresspiegels, die gegenwärtigen Veränderungen bei Hurrikanen und die gegenwärtigen Veränderungen bei verschiedenen Arten von Extremen. Die beiden anderen Arbeitsgruppen haben weniger wissenschaftliche Autorität erlangt. Die bedauerlichen und schlecht gemanagten Fehler im AR4-Bericht der Arbeitsgruppe II über die Auswirkungen sowie das Versäumnis des Vorsitzenden der Arbeitsgruppe III, Manipulationsvorwürfe zurückzuweisen, haben dazu geführt, dass die Arbeit dieser beiden Arbeitsgruppen unter den Wissenschaftlern weniger respektiert wird.[2]

25.2 Entscheidungen zur Klimapolitik

Viele, insbesondere physikalische Klimawissenschaftler, wenden das „lineare Modell" an, demzufolge das Wissen über die Klimadynamik, insbesondere über den Zusammenhang zwischen Treibhausgaskonzentration und Erwärmung, Meeresspiegel und anderen wichtigen Zustandsvariablen, direkt in eine Reihe notwendiger politischer und marktwirtschaftlicher Instrumente übersetzt werden kann. Dieses Instrumentarium würde die Summe der Anpassungs- und Ver-

---

[2] Von Storch, H. „Klimawissenschaft, IPCC, Postnormalität und die Krise des Vertrauens", In: N. Roll-Hansen, 2011: Status i klimaforskningen. Kunnskap og usikkerhet, vitenskapelige og politiske utforderinger, Det Norske Videnskaps- Akademi, Novus forlag – Oslo, (2011) 151–182. Klimazwiebel. Noch keine Reaktion auf Richard Tol's Behauptung über falsche Aussagen von Edenhofer im ZDF. http://klimazwiebel.blogspot.com/2010/10/still-no-reaction-to-richard-tols.html.

meidungskosten minimieren.³ In der Tat wird im öffentlichen Diskurs der Eindruck erweckt, dass nach den eindeutigen Ergebnissen des IPCC – wie oben dargelegt – ein zwingender politischer Kurs klar wäre, nämlich eine möglichst weitgehende Verringerung der Treibhausgasemissionen, so dass der Temperaturanstieg seinen Höhepunkt bei 2 Grad oder weniger erreichen und sich dann stabilisieren würde.

Doch trotz einer massiven öffentlichen Kampagne, die sich auf einen – zumindest im Westen so genannten – wissenschaftlichen Konsens und eine wissenschaftliche Schlussfolgerung stützt, sind konkrete und wirksame Maßnahmen dieser Art nach wie vor selten und nicht überzeugend. Offensichtlich funktioniert das lineare Modell nicht. Ein Grund dafür ist, dass die Welt als im Wesentlichen einseitig betrachtet wird, d. h., dass Entscheidungen und somit „Maßnahmen" im Wesentlichen direkt aus dem wissenschaftlichen Verständnis hervorgehen würden. Außerdem beruht es auf einem ziemlich idealisierten Verständnis der Interaktion zwischen Wissenschaft und Öffentlichkeit; eine Idealisierung besteht darin, dass es auf der Seite der Wissensanbieter keine Konflikte darüber gibt, was die „Fakten" sind; die Wissenschaft als Wissensvermittler erscheint monolithisch.

Nach meinem Verständnis stützt sich der politische Prozess nicht auf wissenschaftliche „Wahrheit" – was immer das auch sein mag –, sondern auf Wahrnehmungen und Wissensansprüche, die das Ergebnis einer Metamorphose wissenschaftlicher Erkenntnisse sind. Die Frage ist zu einer Frage konkurrierender Wissensansprüche geworden, die ihrerseits bestimmten Weltanschauungen und Wertvorstellungen untergeordnet sind. Dies war in der Tat zu erwarten, nachdem sich die Klimawissenschaft in einer postnormalen Situation befand, in der *viel auf dem Spiel steht, Fakten ungewiss, Entscheidungen dringend und*

---

³ Hasselmann, K. „Wie gut können wir die Klimakrise vorhersagen?" Umweltknappheit – die internationale Dimension. Ed. H. Siebert. Tübingen: JCB Mohr, 1990. 165–183. Nordhaus, W. D. „To Slow or Not to Slow: the Economy of the Greenhouse Effect". Econ. J. 101 (1991): 920–937.

Werte umstritten sind.[4] Der interessengeleitete Nutzen ist in einer postnormalen Phase eine wichtige Triebkraft im Forschungsbereich, weniger die „normale Neugier".

25.3 Unterschiedliche Wissensansprüche

Nach meinem Verständnis *ist der Klimawandel ein „konstruiertes" Thema*. Die Menschen erleben den „Klimawandel" kaum. Es gibt verschiedene Klassen von *Konstruktionen*.[5] Die eine ist *wissenschaftlich*, d. h. eine „objektive" Analyse von Beobachtungen und Interpretation durch Theorien. Die andere ist *kulturell* und wird insbesondere von den öffentlichen Medien aufrechterhalten und verändert.

Die *wissenschaftliche Konstruktion* beschreibt ein Klima, das dem Einfluss von Treibhausgasen (THG) unterliegt, mit dem primären Effekt höherer Temperaturen und damit zusammenhängender Facetten, die mit höheren THG-Konzentrationen verbunden sind, und sekundären Effekten im Zusammenhang mit dynamischen Veränderungen in Bezug auf Bewölkung, Zirkulation usw. Nach dieser Beschreibung ist der Mensch für die erhöhten Treibhausgaskonzentrationen verantwortlich und kann die Auswirkungen des vom Menschen verursachten Klimawandels durch die Regulierung der Treibhausgasemissionen begrenzen. Da jedoch bereits erhebliche Mengen an Treibhausgasen freigesetzt wurden, kann der Effekt nicht innerhalb weniger Jahrzehnte oder Jahre gestoppt werden. Angesichts der Trägheit des Klimas und des Wirtschaftssystems wird die Erwärmung noch eine Weile anhalten. Es müssen sehr große Anstrengungen unternommen werden, um die Erwärmung auf 2 Grad über dem vorindustriellen Niveau zu

---

[4] Funtowicz, S. O., und J. R. Ravetz. „Drei Arten der Risikobewertung: eine methodologische Analyse". *Risikoanalyse im privaten Sektor*. Hrsg. C. Whipple, und V. T. New York: Plenum, 1985: 217–231.

[5] Von Storch, H. „Klimaforschung und Politikberatung: Wissenschaftliche und kulturelle Konstruktionen von Wissen," *Env. Science Pol.* 12 (2009): 741–747. http://dx.doi.org/10.1016/j.envsci.2009.04.008.

begrenzen, auch wenn Zweifel bestehen, ob dies überhaupt möglich ist. Daher müssen nicht nur Anstrengungen zur Verringerung des Flusses von Treibhausgasen in die Atmosphäre von der Wissenschaft erforscht und möglicherweise von den Gesellschaften umgesetzt werden, sondern es müssen auch Maßnahmen zum Umgang mit den unvermeidlichen Veränderungen des möglicherweise begrenzten, vom Menschen verursachten Klimawandels untersucht und getestet werden.

In der wissenschaftlichen Konstruktion sind die Anpassung an den Klimawandel und die Abschwächung des vom Menschen verursachten Klimawandels beides Schlüsselaspekte der Klimafrage.

Die *kulturelle Konstruktion* beschreibt ein anderes System, nämlich eine sündige Menschheit, die die Natur misshandelt – die schließlich zurückschlägt, in einem Akt globaler Gerechtigkeit. Die Natur, genauer gesagt das Klima, schlägt mit allen möglichen Extremen zurück, vor allem mit Stürmen und Wirbelstürmen, aber auch mit Überschwemmungen und Dürren; mit dem Anstieg des Meeresspiegels, der in naher Zukunft große Küsten- und Inselgebiete zerstören wird. All dies kann aufgehalten werden, wenn die Treibhausgasemissionen drastisch gesenkt werden; dann, und nur dann, kann die Klimakrise oder -katastrophe bewältigt werden, und weitere Anpassungsmaßnahmen werden nicht erforderlich sein, zumindest keine wesentlichen.

Natürlich sind die beiden Konstruktionen nicht voneinander getrennt; beide beeinflussen sich gegenseitig – wie es in einer postnormalen Situation üblich ist.

Die Tatsache, dass es der Wissenschaft derzeit nicht gelingt, die politische Entscheidungsfindung wirklich konstruktiv und effektiv zu beeinflussen, könnte mit den folgenden Beobachtungen zusammenhängen:

1. Die Interaktion zwischen Wissenschaft, Politik und Öffentlichkeit ist keine Frage des linearen Modells von „Wissen spricht zu Macht".
2. Das Problem ist nicht, dass die Öffentlichkeit dumm oder ungebildet ist.

3. Die Wissenschaft hat es versäumt, auf legitime Fragen der Öffentlichkeit zu antworten, und hat stattdessen gefragt: „Vertraut uns, wir sind Wissenschaftler".
4. Das Problem ist, dass wissenschaftliches Wissen auf dem „Erklärungsmarkt" mit anderen Formen des Wissens konfrontiert wird. Wissenschaftliches Wissen „gewinnt" diesen Wettbewerb nicht unbedingt.
5. Der gesellschaftliche Prozess „Wissenschaft" wird durch diese anderen Wissensformen beeinflusst.

Ich würde vorschlagen, dass diese Situation zu einem Umdenken unter den Wissenschaftlern führen sollte, nämlich die Pläne aufzugeben, die Gesellschaften zur Umsetzung bestimmter politischer Maßnahmen zu überreden, und stattdessen den gesellschaftlichen Prozess der Lösungsfindung für das „Klimaproblem" zu unterstützen, indem so objektiv wie möglich Fragen zu den Folgen verschiedener politischer Maßnahmen sowie zu den Optionen und dem Bedarf an regionalen und lokalen Anpassungsmaßnahmen beantwortet werden. Anstatt zu versuchen, politische Probleme auf der Hinterbühne wissenschaftlicher Debatten zu „lösen", sollte die Wissenschaft zu ihrer Rolle als ehrlicher Makler zurückkehren[6] und einen Dialog mit der Öffentlichkeit aufbauen, der unter dem Namen *regionaler Klimadienst läuft*.[7]

25.4 Regionaler Klimadienst

Das Konzept des „Climate Service" tauchte zuerst in Nordamerika auf, mit ersten Veröffentlichungen in Regierungsdokumenten in den frühen 1980er Jahren und davor. Seine Aufgabe und sein Umfang lassen sich wie folgt zusammenfassen: „Ein N[ational] C[limate] S[ervice] identi-

---

[6] Pielke, Jr., R. A., Hrsg. *The Honest Broker: Making Sense of Science in Policy and Politics.* Cambridge University Press, 2007.
[7] Von Storch, H., I. Meinke, N. Stehr, B. Ratter, W. Krauss, R.A. Pielke jr., R. Grundmann, M. Reckermann, und R. Weisse. „Regionale Klimadienste am Beispiel von Erfahrungen aus Nordeuropa," *Zeitschrift für Umweltpolitik & Umweltrecht* 1 (2011): 1–15.

fiziert, produziert und liefert relevante und zeitnahe Informationen über Klimaschwankungen und -trends und deren Auswirkungen auf bebaute und natürliche Systeme auf regionaler, nationaler und globaler Ebene. Diese Informationen dienen als Grundlage für Entscheidungsfindung, Risikomanagement und Ressourcenmanagement für eine Vielzahl öffentlicher und privater Nutzer auf regionaler, nationaler und internationaler Ebene. Zu den Interessengruppen (und der Wählerschaft für ein NCS) gehören öffentliche und private Einzelpersonen und Organisationen auf Bundes-, Landes- und kommunaler Ebene ... mit Sensibilität für und Bedarf an klimarelevanten Informationen". Die Stakeholder auf den verschiedenen Ebenen vertreten unterschiedliche Standpunkte, wobei nationale und internationale Akteure mehr an Fragen der Minderung des anthropogenen Klimawandels interessiert sind, während regionale und lokale Akteure mehr an Anpassungsmaßnahmen interessiert sind. Die wichtigsten Elemente eines solchen Klimadienstes sind:[8]

1. „Als Clearinghouse und technische Anlaufstelle für Interessengruppen für regional und national relevante Informationen zum Klima, zu Klimaauswirkungen und zur Anpassung an den Klimawandel zu dienen und umfassende Datenbanken mit Informationen zu entwickeln, die für spezifische regionale und nationale Bedürfnisse von Interessengruppen relevant sind.
2. Aufklärung über Klimaauswirkungen, Anfälligkeiten und die Anwendung von Kundeninformationen bei der Entscheidungsfindung
3. Entwicklung von Instrumenten zur Entscheidungsfindung, die die Nutzung von Klimainformationen für die kurzfristige Arbeit der Beteiligten und die langfristige Planung erleichtern
4. Zugang der Nutzer zu Experten für Klima und Klimaauswirkungen, um technische Unterstützung bei der Nutzung von Klimainformationen zu erhalten und um die Klimavorhersagegemeinschaft über ihren Informationsbedarf zu informieren

---

[8] Miles et al., op cit.

5. Zugang von Forschern, Modellierern und Beobachtungsexperten zu den Nutzern, um die Ausrichtung von Forschungs-, Modellierungs- und Beobachtungsaktivitäten zu unterstützen
6. Vorschlagen und Bewerten von Anpassungsstrategien für Klimaschwankungen und -veränderungen".

Dieses Konzept fügt sich gut in das oben erörterte lineare Modell ein, das davon ausgeht, dass das Wissen über die Dynamik im System Erde-Gesellschaft zusammen mit dem Verständnis der anfallenden Kosten für Anpassung und Abschwächung das Klimaproblem „lösen" und den Entscheidungsträgern Anhaltspunkte dafür liefern würde, wie sie auf die Perspektive des anthropogenen Klimawandels vernünftig und kosteneffizient reagieren können.

Als Teil des Klimadienstes werden Datenerfassung, Qualitätskontrolle und Archivierung, Verbreitung und Anleitung zur Nutzung solcher Daten, Szenarien des Klimawandels und der Auswirkungen sowie Links zur angewandten Forschung häufig aufgeführt.[9] Regionale und globale Datensätze, die aktuelle, laufende und mögliche zukünftige Klimaänderungen und -auswirkungen beschreiben, sind wichtige Elemente, die einen effizienten Klimadienst ermöglichen.[10]

25.5 Unsere Aktivitäten am Institut für Küstenforschung am Helmholtz-Zentrum Geestacht

Das Institut für Küstenforschung am Helmholtz-Zentrum Geesthacht (bei Hamburg, Deutschland) beschreibt seine Aufgabe so: „Küstensysteme stehen unter ständigem Druck durch kurz- und langfristige natürliche Einflüsse wie Erosion oder Meeresspiegelanstieg aufgrund des Klimawandels und durch menschliche Eingriffe wie Verkehr, Land-

---

[9] Siehe Chagnon et al., a.a.O.
[10] Von Storch, H., und I. Meinke. „Regionale Klimabüros und regionale Bewertungsberichte erforderlich". Nature Geo Sciences 1.2 (2008): 78, doi:10.1038/ngeo111.

nutzung, Tourismus usw. Als Mittel zur Ermittlung des Veränderungs-, Nachhaltigkeits- und Anpassungspotenzials liefert die Küstenforschung die Instrumente, Bewertungen und Szenarien für das Management dieser anfälligen Landschaft. Die Forschungstätigkeiten erstrecken sich sowohl auf die natürliche als auch auf die menschliche Dimension der Küstendynamik, wobei das Küstensystem im globalen und regionalen Kontext analysiert wird, Bewertungen des Zustands und der Empfindlichkeit des Küstensystems gegenüber natürlichen und menschlichen Einflüssen durchgeführt werden und Szenarien für künftige Küstenoptionen entwickelt werden".

Das Institut erhebt den Anspruch, nützliches Wissen zu generieren, das vor allem in regionalen und lokalen Kontexten für das Küstenmanagement, insbesondere im Hinblick auf den Klimawandel, genutzt werden kann. Da das Institut mit der oben beschriebenen Problematik konfrontiert ist, wurden gemeinsam mit Partnern aus den Sozial- und Geisteswissenschaften besondere Anstrengungen entwickelt und umgesetzt.

Diese Bemühungen umfassen:

1. Analyse der kulturellen Konstruktionen des Klimas, des Klimawandels und der Auswirkungen, einschließlich der üblichen Übertreibungen in den Medien.[11]
2. Festlegung von Reaktionsmöglichkeiten auf lokaler und regionaler Ebene: hauptsächlich Anpassung, aber auch regionale und lokale Abschwächung.[12]
3. *Dialog* zwischen Interessenvertretern und Vermittlern von Klimawissen in „Klimabureaus".[13]

---

[11] Z. B., Neverla, I., und H. von Storch, Wer den Hype braucht. Die Presse, 24. Juli 2010.
[12] Z. B. von Storch, H., M. Claussen, und KlimaCampus Autoren Team, eds. Klimabericht für die Metropolregion Hamburg. Springer Verlag Heidelberg Dordrecht London New York, 2010:321, https://doi.org/10.1007/978-3-642-16035-6.
[13] Meinke, I., und H. von Storch. „Regionale Klimabüros als Bindeglied zwischen Klimaforschung und Entscheidungsträgern". Extended Abstract for International Desaster Reduction Conference (IDRC), Davos, Schweiz, 25–29 August 2008: 938–941.
Schipper, J.W., I. Meinke, S. Zacharias, R. Treffeisen, Ch. Kottmeier, H. von Storch, und P. Lemke. „Regionale Helmholtz-Klimabüros bilden bundesweites Netz." DMG Nachrichten 1 (2009): 10–12.

4. Analyse des *Konsenses* zu relevanten Themen (Klima-Konsensberichte).[14]
5. Beschreibung der jüngsten und gegenwärtigen *Veränderungen sowie* Projektion *möglicher zukünftiger* Veränderungen, die dynamisch konsistent und möglich sind („Szenarien") („CoastDat")[15]
6. Direkter Austausch und Diskussion über Klimawissenschaft und Klimapolitik mit Einzelpersonen über ein Weblog.[16]

25.5.1 Norddeutsches Klimabüro

Das Norddeutsche Klimabüro wurde 2006 als Einrichtung gegründet, die die Kommunikation zwischen Wissenschaft und Stakeholdern ermöglicht[17], d. h. dafür sorgt, dass:

1. die Wissenschaft versteht die Fragen und Anliegen einer Vielzahl von Interessengruppen
2. die Interessengruppen die wissenschaftlichen Bewertungen und ihre Grenzen verstehen.

Das Büro befasst sich speziell mit Themen, die wissenschaftlich vom Heimatinstitut abgedeckt werden, d. h. mit verschiedenen Aspekten des Klimawandels und der Klimaauswirkungen in den deutschen Küstenregionen. Zu den typischen Stakeholdern gehören Vertreter und Stakeholder aus den Bereichen Küstenschutz, Landwirtschaft, Offshore-Aktivitäten (Energie), Tourismus, Wasserwirtschaft, Fischerei und Stadtplanung.

---

[14] BACC-Autorenteam. Bewertung des Klimawandels im Ostseeraum. Springer Verlag Berlin-Heidelberg, 2008: 473 pp. und von Storch, Claussen et al. op cit.

[15] Weisse, R., H. von Storch, U. Callies, A. Chrastansky, F. Feser, I. Grabemann, H. Günther, A. Plüss, T. Stoye, J. Tellkamp, J. Winterfeldt, und K. Woth. „Regionale Meteo-Marine Reanalysen und Projektionen zum Klimawandel: Results for Northern Europe and Potentials for Coastal and Offshore Applications". Bull. Amer. Meteor. Soc. 90 (2009): 849–860. <http://dx.doi.org/10.1175/2008BAMS2713.1.>.

[16] http://klimazwiebel.blogspot.com/

[17] http://www.norddeutsches-klimabuero.de. und Meinke und von Storch, a.a.O.

Ein besonderes Produkt ist der Norddeutsche Klimaatlas, der in deutscher Sprache verfügbar ist, um der Nachfrage der Kunden gerecht zu werden.[18] Dieser webbasierte Atlas beschreibt mögliche Klimazukunftsszenarien, wie sie sich aus – bisher – 12 regionalen Klimaprojektionen für verschiedene Regionen in Norddeutschland (plus eine Region an der deutsch-polnischen Grenze) ergeben. Die Szenarien werden durch ein Ensemble-Mittel beschrieben, aber auch durch minimale und maximale Veränderungen in der Gruppe der Szenarien.

25.5.2 Regionale Klima-Konsensberichte

Wissenschaftlich legitimes Wissen über das Klima, den Klimawandel und die Klimaauswirkungen wird in einem IPCC-ähnlichen Prozess geprüft. Alle Literatur, nicht nur in englischer Sprache, wird berücksichtigt, solange sie in regulären wissenschaftlichen Zeitschriften oder von angesehenen wissenschaftlichen Institutionen (wie Wetterdiensten) veröffentlicht wird. In einer Reihe von Kapiteln mit verantwortlichen Leitautoren werden Themen wie vergangene und laufende regionale Veränderungen, mögliche zukünftige Veränderungen und klimabedingte Veränderungen in terrestrischen und marinen Ökosystemen behandelt. Vor der Veröffentlichung werden die Berichte anonym geprüft und der regionalen wissenschaftlichen Öffentlichkeit vorgestellt. Politische oder verwaltungstechnische Empfehlungen werden nicht ausgesprochen, aber wissenschaftlich umstrittene Bereiche werden hervorgehoben. Die Berichte werden an politische Gremien weitergeleitet, die sie als Grundlage für weitere Beratungen nutzen.

Bislang wurden zwei solcher Berichte fertiggestellt.

1. Die Bewertung des Klimawandels: Report oft he Baltic Sea Catchment BACC. Etwa 80 Wissenschaftler aus 10 Ländern dokumentierten und bewerteten das veröffentlichte Wissen, das

---

[18] http://www.norddeutscher-klimaatlas.de/

2008 in englischer Sprache veröffentlicht wurde.[19] Die Bewertung wurde von der zwischenstaatlichen Helsinki-Kommission/Baltischen Meeresschutzkommission HELCOM für die Ostsee als Grundlage für ihre zukünftigen Beratungen verwendet.[20] Für 2013 wird derzeit die Veröffentlichung eines aktualisierten Bewertungsberichts (BACC II) vorbereitet.[21] Klimagutachten für die Metropolregion Hamburg. In den Jahren 2007–2010 wurde ein Klimagutachten über den wissenschaftlich dokumentierten Kenntnisstand zum Klimawandel in der Region Hamburg erstellt – als Aktivität des Klima-Exzellenzzentrums CLISAP an der Universität Hamburg, das gemeinsam mit dem Helmholtz-Zentrum Geesthacht und dem Max-Planck-Institut für Meteorologie betrieben wird.

2. Der Hamburger Senat und das schleswig-holsteinische Umweltministerium nutzten die Ergebnisse für die Klimaanpassungsplanung.

25.5.3 CoastDat. Regionale und lokale Bedingungen in der jüngsten Vergangenheit und im nächsten Jahrhundert

Mit Hilfe einer Modellierungsstrategie, die homogene mehrdekadische Analysen der großräumigen Zirkulation mit einem regionalen Klimamodell verarbeitet (dynamisches Downscaling), wird eine realistische Beschreibung des Wetterstroms seit 1948 bis (fast) heute erstellt. Diese Beschreibung ist nicht fehlerfrei, aber die Statistik dieser Fehler bleibt über die gesamte Zeit gleich. In ähnlicher Weise werden Szenarien möglicher zukünftiger Bedingungen erstellt.

---

[19] Reckermann, M., Isemer, H.-J., und von Storch, H. „Climate Change Assessment for the Baltic Sea Basin". EOS Trans. Amer. Geophys. U. 2008: 161–162, und BACC Autorenteam, op cit.
[20] http://www.helcom.fi/. Helsinki Kommission. „Klimawandel im Ostseeraum. HELCOM Thematic Assessment in 2007". Baltic Sea Environment Proceedings 111 (2007).
[21] http://www.baltex-research.eu/organisation/bwg_bacc2.html.

Der gesamte Datensatz, der atmosphärische und ozeanografische Daten umfasst, trägt den Namen CoastDat.[22] Er enthält lange (60 Jahre) und hochauflösende Rekonstruktionen der jüngsten Offshore- und Küstenbedingungen, vor allem in Bezug auf Wind, Stürme, Wellen, Fluten und Strömungen und andere Variablen in Nordeuropa, sowie Szenarien (100 Jahre) möglicher konsistenter Zukünfte der Küsten- und Offshore-Bedingungen. Derzeit werden Anstrengungen unternommen, um den Datensatz zu erweitern, um ökologische Variablen, aber auch andere Regionen wie die Ostsee, Ostasien und die Laptewsee abzudecken.

Nutzer dieser Daten sind verschiedene *staatliche/kommunale Küstenbehörden*, die sich mit Küstenschutz und Küstenverkehr befassen, *Unternehmen*, die Risiken (Schiffs- und Offshore-Bau und -Betrieb) und Chancen (Windenergie) bewerten müssen, und schließlich die *breite Öffentlichkeit/Medien*, die Erklärungen zu den Ursachen des Wandels sowie Perspektiven und Optionen für den Umgang mit dem Wandel verlangen.

Das CoastDat-Projekt wird in Zusammenarbeit mit einer Vielzahl von Regierungsbehörden und auch mit Unternehmen durchgeführt. Die Anwendungen umfassen Themen wie Schiffskonstruktion, Navigationssicherheit, Bewertung von Offshore-Windpotenzialen, Interpretation von Messungen, Bewertung von Ölverschmutzungsrisiken und chronischer Ölverschmutzung, Bewertung von Meeresenergieperspektiven sowie Szenarien möglicher zukünftiger Brandungs- und Wellenbedingungen.

25.6 Schlussbemerkungen

Wenn man das Thema „Wissen für die Gesellschaft" diskutiert, muss man festlegen, was die Aufgabe der Wissenschaft in der Interaktion mit der Gesellschaft sein sollte oder könnte. Meiner Ansicht nach besteht diese Aufgabe darin:

---

[22] http://www.coastdat.de/index_home.html.en, und Weisse et al., op. cit.

1. Erklärungen für eine komplexe Welt, ihre Dynamik, Verbindungen und Abhängigkeiten bieten.
2. Geben Sie an, was getan werden kann, nicht was getan werden muss.
3. Maßnahmen zur Sicherung der Qualität der Wissenschaft zu ergreifen, indem sie auf der wissenschaftlichen Methode bestehen (vgl. CUDOS von Merton).
4. Denken Sie daran, dass das Kapital der Wissenschaft nicht in der Nützlichkeit der wissenschaftlichen Erkenntnisse liegt, sondern in der Methodik, mit der diese Erkenntnisse gewonnen werden.

Die CUDOS-Normen von Merton werden hier wiederholt; sicherlich keine strikten Regeln, aber eine Orientierungshilfe, und mit Fragezeichen, inwieweit diese Regeln von weiten Teilen der Wissenschaft tatsächlich angewendet werden.[23]

1. „Communalism: das gemeinsame Eigentum an wissenschaftlichen Entdeckungen, bei dem die Wissenschaftler im Gegenzug für Anerkennung und Wertschätzung auf geistige Eigentumsrechte verzichten.
2. Universalismus: Er besagt, dass Wahrheitsansprüche anhand universeller oder unpersönlicher Kriterien und nicht auf der Grundlage von Rasse, Klasse, Geschlecht, Religion oder Nationalität bewertet werden.
3. Unvoreingenommenheit: Wenn Wissenschaftler ihre Arbeit öffentlich präsentieren, sollten sie dies ohne Vorurteile oder persönliche Wertvorstellungen und in einer unpersönlichen Art und Weise tun.

---

[23] Merton, Robert K. „Die normative Struktur der Wissenschaft". Die Soziologie der Wissenschaft. Ed. N. W. Storer, Chicago, IL: University of Chicago Press, 1974: 267–273.
Stehr, N. „The Ethos of Science Revisited Social and Cognitive Norms," *Sociological Inquiry* 48 (1978): 172–196.

4. Organisierter Skeptizismus: Alle Ideen müssen getestet werden und unterliegen einer strengen, strukturierten Gemeinschaftsprüfung (Peer Review)."[24]

Ich schlage vor, diese Regeln insbesondere in den Klimawissenschaften anzuwenden, da dies ein Weg sein kann, den Strudel der postnormalen Wissenschaften zu verlassen und dazu beizutragen, die Klimawissenschaft zu normalen Bedingungen zurückzubringen. In der gegenwärtigen Situation verweist der politische Entscheidungsprozess auf die Wissenschaft, wenn es um Entscheidungen geht, selbst wenn es schwierige, wertorientierte Probleme gibt *(Verwissenschaftlichung der Politik).*[21] Die Wissenschaft kann diese Probleme nicht lösen. Aber wenn sie es versucht, verkauft sie das Kapital der Wissenschaft, nämlich das Vertrauen der Öffentlichkeit, dass die Wissenschaft im Geiste der Mertonschen Regeln liefern wird. Wenn die Wissenschaft hingegen offen wertorientierte Positionen zugunsten der einen oder anderen politischen Agenda einnimmt *(Politisierung der Wissenschaft),* werden die Grundlagen guter Wissenschaft zerstört.

Die Botschaften, die ich dem Leser mit auf den Weg geben möchte, sind:

1. Die gesellschaftliche Aufgabe der Wissenschaft besteht darin, komplexe Phänomene mit Hilfe der wissenschaftlichen Methodik nach Merton (CUDOS) zu erklären.
2. Die Klimawissenschaft befindet sich in einer postnormalen Situation, die mit einer Tendenz zur Politisierung der Wissenschaft und zur Verwissenschaftlichung der Politik einhergeht. Die Kulturwissenschaft muss die Klimawissenschaft bei der Bewältigung dieser Herausforderung unterstützen.
3. Die Klimawissenschaft muss einen „Klimaservice" anbieten, der die Aufnahme eines Dialogs mit der Öffentlichkeit (direkt oder über die Medien) und den Interessengruppen beinhaltet – unter *Berücksichtigung der soziokulturellen Dynamik des Themas.*

---

[24] Reiner Grundmann, pers. Mitteilung.